土木工程施工常用表格

中国建筑工程总公司　编

中国建筑工业出版社

图书在版编目(CIP)数据

土木工程施工常用表格/中国建筑工程总公司编. —北京:
中国建筑工业出版社,2005
ISBN 7-112-07350-2

Ⅰ. 土... Ⅱ. 中... Ⅲ. 土木工程-工程施工-表格
Ⅳ. TU7-62

中国版本图书馆 CIP 数据核字 (2005) 第 032976 号

本书收集了土木工程施工过程中经常要使用到的各种表格范本，极具实用价值，内容全面。主要内容包括：建设工程概（预，结）算用表；建设工程招投标用表；建设工程安全检查用表；建设工程报监理审批用表；建设工程施工现场资料用表；工程资料目录用表；建设工程竣工验收备案用表；建设工程其他用表。

本书所附的光盘包含为本书精心制作的一个专用软件。利用这个软件，你可以轻松地用电脑编辑、输出和打印各个表格，使用方便快捷，节省读者的宝贵时间和精力。本书能使您对施工各种常用表格的处理得心应手，游刃有余。通过使用本书，您会发现表格处理不再是一件令人头疼和心烦的事情，表格处理也能如此方便和轻松！

本书也可以视为一本表格的数据宝典。当您需要某些没有做过的表格时，可以直接从本书中查询调（套）用，而不必再去书店购买那些印好的表格，更何况那些表格只能手填，已跟不上当前社会发展的需要。

责任编辑：咸大庆　郭　栋
责任设计：郑秋菊
责任校对：刘　梅　孙　爽

土木工程施工常用表格
中国建筑工程总公司　编

*

中国建筑工业出版社出版、发行（北京西郊百万庄）
新　华　书　店　经　销
北京嘉泰利德公司制版
北京云浩印刷有限责任公司印刷

*

开本：787×1092 毫米　1/16　印张：64½　字数：1560 千字
2005 年 7 月第一版　　2005 年 7 月第一次印刷
印数：1—4000 册　　定价：130.00 元（含光盘）
ISBN 7-112-07350-2
(13304)

（邮政编码 100037）
本社网址：http://www.china-abp.com.cn
网上书店：http://www.china-building.com.cn

编 写 委 员 会

主　　编： 毛志兵

副 主 编： 张晶波

编写人员： 王建英　李丽娅　贾振宇　张　凯　杜　杰　郑春华
陈迎昌　程建军

表格提供单位及人员

中建一局： 冯世伟

中建二局： 张　满　江　红　高新云

中建三局： 李　蓉　赵研华

中建四局： 虢明跃　李重文　裴前蓉　李方波　潘和平　刘西航
周富昌

中建六局： 邵　辉　王立新　陆海英　刘昌文　袁志浩　王春明
张　杰　张通利　王　群　高新楼　姬　虹　谢新宇
张传德　高　锋　高德成　霍薪雨

中建七局： 徐仕英

中建八局： 刘　涛　王学士　赵　俭　苗冬梅　曹丹桂　高云清
曾自如　刘文成　曹丹宇　聂淑娥　邵亚绪　唐利红
陈玉梅　田宝吉　于爱水　乔聚忠　金　福　朱仁平
刘贵新　南燕良　高兴刚　亓立刚　李艳华　崔爱珍

中建国际： 费　琳　杨　威　闫松川　朱　健　关远航

目　录

（一）建设工程概（预，结）算用表

（二）建设工程招投标用表

（三）建设工程安全检查用表

（四）建设工程报监理审批用表

（五）建设工程施工现场资料用表

（六）工程资料目录用表

（七）建设工程竣工验收备案用表

（八）建设工程其他用表

（一）

建 设 工 程
概（预，结）算用表

一、以定额形式报价用表

工程概（预）算书 1001

工程名称： 工程地点：

建筑面积： 结构类型：

概算造价： 单方造价：

建设单位： 设计单位：

施工单位： 编制人：

审核人： 编制日期：

建设单位：（公章） 设计单位：（公章）

负责人： 负责人：

年 月 日 年 月 日

编 制 说 明

一、编制依据

1. 设计施工图及有关说明。

2. 现行的标准图集、规范、工艺标准、材料做法。

3. 现行的北京市建筑安装定额、单位估价表、材料价格及有关的补充说明解释等。

4. 现场施工条件、实际情况。

二、［地区］建筑安装工程竣工调价系数［　　　］。

三、补充单位估价项目［　　　］项，换算定额单价［　　　］项。

四、暂估单价［　　　］项。

五、工程概况：［主要实物量］

六、设备及主要材料来源：

七、其他：施工时发生图纸变更或赔偿双方协商解决。

工程总说明

1. 工程概况：建设单位、工程名称、工程范围、工程地点、建筑面积、占地面积、经济指标、层高、层数、结构形式、基础形式、装饰标准等。

2. 编制依据（计价办法的采用、图纸、规范）。

3. 特殊材料、设备情况说明。

4. 其他需特殊说明的问题。

预 算 汇 总 表

1003

<table>
<tr><th rowspan="3">序号</th><th rowspan="3">工程项目名称</th><th colspan="6">预算价（元）</th></tr>
<tr><th colspan="3">土建</th><th colspan="2">安装</th><th rowspan="2">合计</th></tr>
<tr><th>建筑</th><th>装饰</th><th>小计</th><th>电气、预埋、防雷等</th><th>小计</th></tr>
<tr><td></td><td></td><td></td><td></td><td></td><td></td><td></td><td></td></tr>
<tr><td></td><td></td><td></td><td></td><td></td><td></td><td></td><td></td></tr>
<tr><td></td><td></td><td></td><td></td><td></td><td></td><td></td><td></td></tr>
<tr><td></td><td></td><td></td><td></td><td></td><td></td><td></td><td></td></tr>
<tr><td></td><td>合计</td><td colspan="6"></td></tr>
</table>

单位工程费用表

1004

项目名称：　　工程

行号	序号	费用名称	取费说明	费率	费用金额
1	一	预算基价合计	直接费		
2	二	利润	[1]		
3	三	价差合计	[4～7]		
4	1	人工费调整	人工费合计		
5	2	材料价差合计	材料价差合计		
6	3	施工用水电调整	直接费		
7	4	次材调整	材料费合计		
8	四	合计	[1～2] + [3]		
9	五	税金	[8]		
10	六	含税造价	[8] + [9]		

编制人：　　审核人：　　年　月　日

单位工程概预算表（一）

1005

项目文件：　　工程采暖

序号	定额编号	子目名称	工程量		单位价值（元）						总价值（元）					工日合计
			单位	数量	主材/设备		单价	其中			主材设备费	合价	其中			
					单价	损耗		人工费	材料费	机械费			人工费	材料费	机械费	
1																
2																
3																
4																
5																
6																
7																
8																
9																
10																
11																
12																
13																
14																
15																
16																

编制人：　　　　审核人：[审核人]　　　　年　　月　　日

单位工程概预算表（二）

1006

项目名称：　　工程电气

序号	定额编号	子目名称	工程量		价值（元）		其中（元）				工日
			单位	数量	单价	合价	人工费	材料费	主材费	设备费	合计
1											
2											
3											
4											
5											
6											
7											
8											
9											
10											
11											
12											
13											
14											
15											
16											
17											
18											

编制人：　　　　校核人：　　　　审核人：　　　　年　月　日

单位工程人材机汇总表

1007

项目文件：

序号	名称及规格	单位	数 量	预算价	合 计

编制人： 审核人： 年 月 日

单位工程人材机价差表

1008

项目文件：

序号	材 料 名 称	单位	材料量	预算价	市场价	价　差	价差合计

编制人：　　　　　　　　　　审核人：　　　　　　　　年　　月　　日

分部工程人材机汇总表

1009

项目名称：

行号	编　号	名称及规格	单位	数　量	单　价	合　价

编制人：　　　　　　　　审核人：　　　　　　　　年　　月　　日

单位工程甲供材料表

1010

项目文件：

序号	名称及规格	单位	甲供材料量	预算价	市场价	甲供合计

编制人： 审核人： 年 月 日

单位工程工程量计算书

1011

项目名称：

序号	定额编号	工程量		名称及工程量表达式
		单位	数量	

编制人： 审核人： 年 月 日

单位工程三材汇总表 1012

项目文件：

序　号	材　料　名　称	单　位	数　　量
1	钢材	t	
2	其中：钢筋	t	
3	木材	m^3	
4	水泥	t	

编制人：　　　　　　　　　　　　　　审核人：　　　　　　　　　年　　月　　日

单位工程费用表

1013

项目名称：

行号	序号	费 用 名 称	取 费 说 明	费 率	费用金额

编制人： 审核人： 年 月 日

单位工程设备表

1014

项目文件：

序号	名 称 及 规 格	单位	数 量	预算价	合 计

编制人：　　　　　　　　　　审核人：　　　　　　　　　　年　　月　　日

单位工程主材表

1015

项目文件：

序号	名 称 及 规 格	单位	数 量	预算价	合 计

编制人：　　　　　　　　审核人：　　　　　　　　年　　月　　日

其 他 增 项 表

1016

项目文件：

序号	材料号	类别	材 料 名 称	单位	材料量	预算价	市场价	价　差	价差合计

编制人：　　　　　　　　　　审核人：　　　　　　　　年　　月　　日

构件子目表

1017

构 件 名 称	子 目 编 号 名 称

编制人：[报价员]　　　　证号：　　　编制日期：　　年　　月　　日

子 目 构 件 表

1018

子目编号	名　　称	构　件　名　称

编制人：[报价员]　　　　　　证号：　　　编制日期：　　　年　　月　　日

补充子目人材机汇总表

1019

项目文件：

序号	编　号	名称及规格	单位	数　量	单　价	合　价

编制人：　　　　　　　　　　　　　　审核人：　　　　　　　　　　　年　　月　　日

工 程 造 价 表

1020

工程名称：

序号	费用名称	费率（%）	计算基础与计算式	合价（元）
	工程造价（大写）			

工程预(结)算表

1021

工程名称:　　　　　　　　　　　　　(土建部分)

序号	定额号	工程项目及说明	工程量		单价(元)	合价(元)	其中
			单位	数量			人工费(元)

工程预（结）算表

1022

工程名称：　　　　　　　　　　　　　（装饰部分）

序号	定额号	工程项目及说明	工程量		单价（元）	合价（元）
			单位	数量		

工程预（结）算表

1023

工程名称：　　　　　　　　　　（安装部分）

序号	定额号	工程项目及说明	工程量		主材、设备			定额价（元）			合计（元）		
			单位	数量	单位	含量	单价（元）	基价	人工费	机械费	主材设备费	合价	人工费

材料汇总及价差调整表 1024

工程名称：

序号	名称及规格	单位	数量	定额价（元）	编制价（元）	价差（元）	合价（元）

材料价差分析计算表 1025

工程名称：

序号	编号	名称及规格	单位	数量	定额价（元）	市场价（元）	价格差	合价（元）

设备数量、价格明细表

1026

工程名称：

序号	编码	名称、规格、型号	单位	数量	单价（元）	合价（元）	备注
	合计						

二、以工程量清单形式报价用表

____________工程 1027

工 程 量 清 单

招 标 人：__________________________________（单位签字盖章）

法定代表人：__________________________________（签字盖章）

造价工程师
及注册证号：__________________________________（签字盖执业专用章）

编 制 时 间：__________________________________

投　标　总　价　　1028

建设单位：＿＿＿＿＿＿＿＿＿＿＿＿＿＿＿＿＿＿＿＿

工程名称：＿＿＿＿＿＿＿＿＿＿＿＿＿＿＿＿＿＿＿＿

投标总价（小写）：＿＿＿＿＿＿＿＿＿＿＿＿＿＿＿＿

（大写）：＿＿＿＿＿＿＿＿＿＿＿＿＿＿＿＿

投标人：＿＿＿＿＿＿＿＿＿＿＿＿＿＿（单位签字盖章）

法定代表人：＿＿＿＿＿＿＿＿＿＿＿＿（签字盖章）

编制时间：＿＿＿＿＿＿＿＿＿＿＿＿＿＿

工程项目总价表

1029

工程名称：　　　　　　　　　　　　　　　　　　　　　　　　　第　页共　页

序号	单项工程名称	金额（元）
	合　计	

单项工程费汇总表

1030

工程名称：　　　　　　　　　　　　　　　　　　　　　　　　　　第　页共　页

序号	单位工程名称	金额（元）
	合　计	

单位工程费汇总表

1031

工程名称：　　　　　　　　　　　　　　　　　　第　页共　页

序号	项　目　名　称	金额（元）
1	分部分项工程量清单计价合计	
2	措施项目清单计价合计	
3	其他项目清单计价合计	
4	规费	
5	税金	
	合　　计	

分部分项工程量清单计价表

1032

工程名称:　　　　　　　　　　　　　　　　　　　　　　　　　第　页共　页

序号	项目编号	项目名称	计量单位	工程数量	金额（元）	
					综合单价	合　价
		本页小计				
		合　计				

措施项目清单计价表

1033

工程名称：　　　　　　　　　　　　　　　　　　　　　　　　第　页共　页

序号	项目名称	金额（元）
	合　计	

其他项目清单计价表

1034

工程名称： 第 页共 页

序号	项 目 名 称	金额（元）
1	招标人部分	
	小 计	
2	投标人部分	
	小 计	
	合 计	

零星工作项目计价表

1035

工程名称：　　　　　　　　　　　　　　　　　　　　　　　　　　第　页共　页

序号	名　　称	计量单位	数　量	金额（元）	
				综合单价	合　　价
1	人工				
	小　　计				
2	材料				
	小　　计				
3	机械				
	小　　计				
	合　　计				

分部分项工程量清单综合单价分析表

1036

工程名称：　　　　　　　　　　　　　　　　　　　　　　　　　　第　页共　页

序号	项目编号	项目名称	工程内容	综合单价组成					综合单价
				人工费	材料费	机械使用费	管理费	利润	

措施项目分析表

1037

工程名称：　　　　　　　　　　　　　　　　　　　　　　　　　　第　页共　页

序号	措施项目名称	单位	数量	金额（元）					
				人工费	材料费	机械使用费	管理费	利润	小计
	合计								

主要材料价格表

工程名称：　　　　　　　　　　　　　　　　　　　　　　　　第　页共　页

序号	材料编号	材料名称	规格、型号等特殊要求	单位	单价（元）

（二）

建设工程
招投标用表

一、土建部分

资格预审必要合格条件标准

2001

序号	项目内容	合格条件	投标申请人具备的条件或说明
1	有效营业执照	有	
2	资质等级证书	房屋建筑工程施工总承包贰级或贰级以上资质	
3	财务状况	现有可供本项目使用的流动资金不少于工程总造价的30%（开户银行出具有效证明）和符合要求的财务报表	
4	履约情况	有无因投标申请人违约或不恰当履约引起的合同中止、纠纷、争议、仲裁和诉讼记录	
5	分包情况	符合《中华人民共和国建筑法》和《中华人民共和国招标投标法》的规定	

资格预审申请书（一）

2002

致：________________

1. 经授权作为代表，并以（投标申请人名称）（以下简称“投标申请人”）的名义，在充分理解《投标申请人资格预审须知》的基础上，本申请书签字人在此以________________工程投标申请人的身份，向你方提出资格预审申请。

2. 本申请书附有下列内容的正本文件的复印件：

2.1　投标申请人的法人营业执照；

2.2　投标申请人的（施工资质等级）证书。

3. 按资格预审文件的要求，你方授权代表可调查、审核我方提交的与本申请书相关的声明、文件和资料，并通过我方的开户银行和客户，澄清本申请书中有关财务和技术方面的问题。本申请书还将授权给有关的任何个人或机构及其授权代表，按你方的要求，提供必要的相关资料，以核实本申请书中提交的或与本申请人资金来源、经验和能力有关的声明和资料。

4. 你方授权代表可通过下列人员得到进一步的资料：

一般质询和管理方面的质询	
联系人1：	电话：
联系人2：	电话：

有关人员方面的质询	
联系人1：	电话：
联系人2：	电话：

有关技术方面的质询	
联系人1：	电话：
联系人2：	电话：

有关财务方面的质询	
联系人1：	电话：
联系人2：	电话：

5. 本申请充分理解下列情况：

5.1　你方保留更改本招标项目的规模和金额的权利。前述情况发生时，投标仅面向资格预审合格且能满足变更后要求的投标申请人。

6. 如为联合体投标，随本申请，我们提供联合体各方的详细情况，包括资金投入（及其他资源投入）和盈利（亏损）协议。我们还将说明各方在每个合同价中以百分比形式表示的财务方面以及合同履行方面的责任。

7. 我们确认如果我方投标，则我方的投标文件和与之相应的合同将：

7.1　得到签署，从而使联合体各方共同地和分别地受到法律约束；

7.2　随同提交一份联合体协议，该协议将规定，如果我方被授予合同，联合体各方共同的和分别的责任。

8. 下述签字人在此声明，本申请书中所提交的声明和资料在各方面都是完整、真实和准确的。

签名：	签名：
姓名：	姓名：
兹代表（申请人或联合体主办人）	兹代表（联合体成员 1）
申请人或联合体主办人盖章	联合体成员 1 盖章
签字日期：	签字日期：

签名：	签名：
姓名：	姓名：
兹代表（联合体成员 2）	兹代表（联合体成员 3）
联合体成员 2 盖章	联合体成员 3 盖章
签字日期：	签字日期：

签名：	签名：
姓名：	姓名：
兹代表（联合体成员 4）	兹代表（联合体成员 5）
联合体成员 4 盖章	联合体成员 5 盖章
签字日期：	签字日期：

注：1. 联合体的资格预审申请，联合体各方应分别提交本申请书第 2 条要求的文件。

2. 联合体各方应按本申请书第 4 条的规定分别单独列表提供相关资料。

3. 非联合体的申请人无须填写本申请书第 6、7 条以及第 8 条有关部分。

4. 联合体的主办人必须明确，联合体各方均应在资格预审申请书上签字并加盖公章。

资格预审申请书（二） 2004

日期：__年__月__日

致：　　省建设工程招标代理有限责任公司

1. __________经授权作为代表，并以____________________（以下简称“申请人”）的名义，同时基于对提供的资格预审资料做了检查和充分的理解，签字人在此以____________工程的投标人的身份，向你方提出的资格预审申请。

2. 本函后附有关以下内容的文件的复印件：

1）企业营业执照（副本）

2）企业资质证书（副本）

3）项目经理证

3. 我方授权你方及其授权代表查询或调查我们递交的与此申请相关的声明、文件和资料，并通过我们的开户银行和客户澄清申请文件查询有关财务和技术方面的问题。该申请书还将授权给提供与申请有关的证明资料的任何个人或机构的授权代表，按你方及其授权代表的要求，提供必要的或要求的资料以核实本申请中提交的与申请人的资金来源、经验和能力有关的声明和资料。

4. 你方及其授权代表可通过下列人员得到进一步的资料：

一般情况和管理的质询

联系人1：	电话：
联系人2：	电话：

人员质询

联系人1：	电话：
联系人2：	电话：

技术质询

联系人1：	电话：
联系人2：	电话：

财务质询

联系人1：	电话：
联系人2：	电话：

5. 本申请充分理解下列情况：

1）资格预审合格申请人的投标，必须以投标时所有资格预审材料的更新为前提。

2）你方及其授权代表保留如下的权力：

2005

a. 更改本项目下合同的规模和金额，在这种情况下，投标仅面向资格预审合格且能满足变更后要求的投标人；

b. 废除或接受任何申请，取消资格预审和废除全部申请。

3）你方及其授权代表将不对其上述行为承担责任，亦无义务向申请人解释其原因。

6. 下述签字人在此声明，申请文件中所提交的报告和资料在各方面都是完整的、真实的和准确的。

姓名：
签名：
兹代表（申请人）：

注：申请人均应签字并加盖公章。

2006

附件 1

企业营业执照（副本复印件）

附件 2

企业资质证书（副本复印件）

附件 3

项目经理证（复印件）

附件 4

2007

授 权 书

本授权书声明：我__________（姓名）系__________（投标人名称）的法定代表人，现授权委托__________（单位名称）的__________（姓名）为我公司代理人，以本公司的名义参加__________（招标人）的__________工程的投标活动。代理人在开标、评标、合同谈判过程中所签署的一切文件和处理与之有关的一切事务，我均予以承认。

代理人无转授权。特此授权。

代理人：　　　　性别：　　　　年龄：

单位：　　　　部分：　　　　职务：

投标人：(盖章)

法定代表人：(签字或盖章)

日期：　　　年　　月　　日

投标申请人一般情况

2008

1	企业名称	
2	总部地址	
3	当地代表处地址	
4	电话	联系人
5	传真	电子邮箱
6	注册地	注册年份（请附营业执照复印件）
7	公司资质等级证书号　　　　（请附有关证书的复印件）	
8	公司(是否通过，何种）质量保证体系认证（如通过请附相关证书复印件，并提供认证机构年审监督报告）	
9	主营范围 1. ________ 2. ________ 3. ________ 4. ________ … …	
10	作为总承包人经历年数	
11	作为分包商经历年数	
12	其他需要说明的情况	

注：1. 独立投标申请人或联合体各方均须填写此表。

2. 投标申请人拟分包部分工程，专业分包人或劳务分包人也须填写此表。

近三年工程营业额数据表

2009

投标申请人或联合体成员名称：______________________________

近三年工程营业额		
财务年度	营业额（万元）	备　注
第一年（　　年）		
第二年（　　年）		
第三年（　　年）		

注：1. 本表内容将通过投标申请人提供的财务报表进行审核。

2. 所填写的年营业额为投标申请人（或联合体各方）每年从各招标人那里得到的已完工程施工收入额。

3. 所有独立投标申请人或联合体各成员均须填写此表。

近三年已完工程一览表

2010

序号	工程名称	监理（咨询）单位	合同金额（万元）	竣工质量标准	竣工日期
1					
2					
3					
4					
5					
6					
7					
8					
9					
10					
11					
……					

注：1. 申请人应列出近三年所有已完工程情况。

2. 对于已完工工程，投标申请人应提供有关以下方面的资料：近三年《××省建筑业企业建筑业总产值、工程质量、施工安全统计表》中的数据。

目前在建工程一览表

序号	工程名称	监理（咨询）单位	合同金额（万元）	未完成部分金额（万元）	预计完工日期
1					
2					
3					
4					
5					
……					

注：1. 投标申请人必须附上工程的合同复印件（显示招标人和承包人名称、项目名称、金额和签字时间的部分即可）并提供招标人的名称、地址、联系方法。

2. 对于目前在建工程，投标申请人应提供有关以下方面的资料：①所有被授予的合同中目前未完成部分；②收到的授标意向书或委托书；③接近完工，还未签发最终竣工证书的合同。

财 务 状 况 表

（一）开户银行情况

<table>
<tr><td rowspan="4">开户银行</td><td colspan="2">名称：</td></tr>
<tr><td colspan="2">地址：</td></tr>
<tr><td>电话：</td><td>联系人及职务：</td></tr>
<tr><td>传真：</td><td>电传：</td></tr>
</table>

（二）近三年每年的资产负债情况

财务状况（万元）	近三年		
	第一年（　　年）	第二年（　　年）	第三年（　　年）
1. 总资产			
2. 流动资产			
3. 总负债			
4. 流动负债			
5. 税前利润			
6. 税后利润			

注：投标申请人请附最近三年经过审计的财务报表，包括资产负债表、损益表和现金流量表。

（三）为达到本项目现金流量需要提出的信贷计划（投标申请人在其他合同上投入的资金不在此范围内）

信贷来源	信贷金额（万元）
1	
2	
3	
4	

联合体情况

2012

成员身份	各方名称
1. 主办人	
2. 成员	
3. 成员	
4. 成员	
5. 成员	
6. 成员	
…	

注：联合体情况表后须附联合体共同投标协议，如果招标人认为该协议不能被接受，则该投标申请人将不能通过资格预审。

类似工程经验 2013

投标申请人或联合体成员名称：________________

序号	内容
1	合同号
	合同名称
	工程地址
2	发包人名称
3	发包人地址（请详细说明发包人联系电话及联系人）
4	与投标申请人所申请的合同相类似的工程性质和特点
5	合同身份（注明其中之一） □独立承包人　　□分包人　　□联合体成员
6	合同总价
7	合同授予时间
8	完工时间
9	合同工期
10	其他要求：（如施工经验、技术措施、安全措施等）

注：1. 类似现场条件下的施工经验要求申请人填写已完或在建类似工程经验。

2. 每个类似工程合同须单独具表，并附中标通知书或合同协议书或工程竣工验收证明，无相关证明的工程在评审时将不予确认。

公司人员及拟派往本招标工程项目的人员情况

2014

投标申请人或联合体成员名称：________________

1. 公司人员				
人员类别 / 数量	管理人员	工人		其他
		总数	其中技术工人	
总数				
拟为本工程提供的人员总数				

2. 拟派往本招标工程项目的管理人员和技术人员			
经历 / 数量 / 类别	从事本专业工作时间		
	10 年以上	5 ~ 10 年	5 年以下
项目经理			
主要技术负责人			

现场条件类似的合同的施工经验　　　　2015

1	合同号
	合同名称
	工程地址
2	发包人名称
3	发包人地址（请详细说明发包人联系电话及联系人）
4	与投标申请人所申请的合同相类似的工程性质和特点（请详细说明所承担的合同工程内容，如结构类型、跨度、高度、桩基工程、基层/底基层工程、土方、石方、地下挖方、混凝土浇筑的年完成量等）
5	合同身份（注明其中之一） □独立承包人　　□联合体成员 如为非独立承包人，请注明参与工程比例
6	合同总价
7	合同授予时间
8	完工时间 工程若获得省部级以上荣誉证书，请注明证书编号
9	合同工期
10	具体要求

注：1. 类似现场条件下的施工经验要求申请人必须填写在本地或毗邻地区的施工经验。申请人应提供其在类似现场条件下的施工经验，包括桩基工程、土方、安全措施和结构物等。

2. 每个合同须单独列表，并附上中标通知书或合同协议书或工程竣工验收证明，无相关证明的合同在评审时将不予确认。

拟派往本工程的人员

2016

<table>
<tr><td rowspan="3">1</td><td>职位名称</td></tr>
<tr><td>主要候选人姓名</td></tr>
<tr><td>替补候选人姓名</td></tr>
<tr><td rowspan="3">2</td><td>职位名称</td></tr>
<tr><td>主要候选人姓名</td></tr>
<tr><td>替补候选人姓名</td></tr>
<tr><td rowspan="3">3</td><td>职位名称</td></tr>
<tr><td>主要候选人姓名</td></tr>
<tr><td>替补候选人姓名</td></tr>
<tr><td rowspan="3">4</td><td>职位名称</td></tr>
<tr><td>主要候选人姓名</td></tr>
<tr><td>替补候选人姓名</td></tr>
</table>

注：1. 拟派往本工程的关键人员应包括项目经理、项目技术负责人、合同管理负责人、财务经理、主要专业工程师（包括结构工程师、水电专业工程师、测量工程师、质量工程师）、安全员、质量员、计划统计员等。

2. 对有关合同执行的关键职位，投标申请人应提供至少1个能满足规定要求的候选人姓名，其经验应依据拟派往本工程的人员表对每个候选人单独具表。

拟派往本工程的公司人员

<table>
<tr><td colspan="5">1. 公司人员总数</td></tr>
<tr><td>人员类别
数量</td><td>管理人员</td><td>技术工人</td><td>工人</td><td>其他</td></tr>
<tr><td>总数</td><td></td><td></td><td></td><td></td></tr>
<tr><td>拟为申请合同提供总数</td><td></td><td></td><td></td><td></td></tr>
<tr><td colspan="5">2. 拟为本合同提供的管理人员和技术人员</td></tr>
<tr><td rowspan="2" colspan="2">经历
数量</td><td colspan="3">从事本专业工作时间</td></tr>
<tr><td>10年以上</td><td>5~10年</td><td>5年以下</td></tr>
<tr><td colspan="2">主要专业工程师（如下所列）</td><td></td><td></td><td></td></tr>
<tr><td colspan="2">结构工程师</td><td></td><td></td><td></td></tr>
<tr><td colspan="2">测量工程师</td><td></td><td></td><td></td></tr>
<tr><td colspan="2">质量工程师</td><td></td><td></td><td></td></tr>
<tr><td colspan="2">水电专业工程师</td><td></td><td></td><td></td></tr>
<tr><td colspan="2">其他管理人员（如下所列）</td><td></td><td></td><td></td></tr>
<tr><td colspan="2">项目经理</td><td></td><td></td><td></td></tr>
<tr><td colspan="2">技术负责人</td><td></td><td></td><td></td></tr>
<tr><td colspan="2">技术员</td><td></td><td></td><td></td></tr>
<tr><td colspan="2">质量员</td><td></td><td></td><td></td></tr>
<tr><td colspan="2">安全员</td><td></td><td></td><td></td></tr>
<tr><td colspan="2">材料员</td><td></td><td></td><td></td></tr>
<tr><td colspan="2">预算员</td><td></td><td></td><td></td></tr>
</table>

注：此处列举的专业人员可随项目的性质变化而变化。

拟派往本招标工程项目负责人与项目技术负责人简历 2017

投标申请人或联合体成员名称：______________________

<table>
<tr><td colspan="3">职　　位</td><td colspan="2">候选人
□主要　　□替补</td></tr>
<tr><td colspan="2" rowspan="4">候选人资料</td><td>候选人姓名</td><td colspan="2">出生年月
年　月</td></tr>
<tr><td colspan="3">执业或职业资格</td></tr>
<tr><td>学历</td><td colspan="2">职称</td></tr>
<tr><td>职务</td><td colspan="2">工作年限</td></tr>
<tr><td>自</td><td colspan="2">至</td><td colspan="2">公司项目职务有关技术及管理经验</td></tr>
<tr><td>年　月</td><td colspan="2">年　月</td><td colspan="2"></td></tr>
<tr><td>年　月</td><td colspan="2">年　月</td><td colspan="2"></td></tr>
<tr><td>年　月</td><td colspan="2">年　月</td><td colspan="2"></td></tr>
<tr><td>年　月</td><td colspan="2">年　月</td><td colspan="2"></td></tr>
</table>

注：1. 提供主要候选人的专业经验，特别须注明其在技术及管理方面与本工程相类似的特殊经验。

2. 投标申请人须提供派往本招标工程项目负责人与项目技术负责人的候选人的技术职称或等级证书复印件。

拟派往本工程关键人员的履历 2018

<table>
<tr><td colspan="2">职　　位</td><td colspan="3">候选人
主要（　）　　替补（　）</td></tr>
<tr><td colspan="2" rowspan="4">候选人资料</td><td>候选人姓名</td><td colspan="2">出生日期</td></tr>
<tr><td colspan="3">专业资质</td></tr>
<tr><td>学　　历</td><td colspan="2">职　　称</td></tr>
<tr><td>职　　务</td><td colspan="2">工作年限</td></tr>
<tr><td>自</td><td colspan="2">至</td><td colspan="2">公司/项目/职务/有关技术及管理经验</td></tr>
<tr><td></td><td colspan="2"></td><td colspan="2"></td></tr>
<tr><td></td><td colspan="2"></td><td colspan="2"></td></tr>
<tr><td></td><td colspan="2"></td><td colspan="2"></td></tr>
<tr><td></td><td colspan="2"></td><td colspan="2"></td></tr>
<tr><td></td><td colspan="2"></td><td colspan="2"></td></tr>
</table>

注：依从今往前的时序，汇总候选人在过去 8 年中的专业经验，特别须其在技术及管理方面与本工程相类似的特殊经验。

拟派往本工程项目经理履历 2019

<table>
<tr><td>姓名</td><td></td><td>性别</td><td></td><td>年龄</td><td></td></tr>
<tr><td>职务</td><td></td><td>职称</td><td></td><td>学历</td><td></td></tr>
<tr><td>参加工作时间</td><td colspan="2"></td><td colspan="2">从事项目经理年限</td><td></td></tr>
<tr><td colspan="6">已完工程项目情况</td></tr>
<tr><td>建设单位</td><td colspan="2">项目名称</td><td>工程规模（万元）</td><td>开竣工日期</td><td>质量等级</td></tr>
<tr><td></td><td colspan="2"></td><td></td><td></td><td></td></tr>
<tr><td></td><td colspan="2"></td><td></td><td></td><td></td></tr>
<tr><td></td><td colspan="2"></td><td></td><td></td><td></td></tr>
<tr><td></td><td colspan="2"></td><td></td><td></td><td></td></tr>
<tr><td></td><td colspan="2"></td><td></td><td></td><td></td></tr>
<tr><td></td><td colspan="2"></td><td></td><td></td><td></td></tr>
<tr><td></td><td colspan="2"></td><td></td><td></td><td></td></tr>
<tr><td></td><td colspan="2"></td><td></td><td></td><td></td></tr>
<tr><td></td><td colspan="2"></td><td></td><td></td><td></td></tr>
<tr><td></td><td colspan="2"></td><td></td><td></td><td></td></tr>
<tr><td></td><td colspan="2"></td><td></td><td></td><td></td></tr>
<tr><td></td><td colspan="2"></td><td></td><td></td><td></td></tr>
<tr><td></td><td colspan="2"></td><td></td><td></td><td></td></tr>
<tr><td></td><td colspan="2"></td><td></td><td></td><td></td></tr>
<tr><td></td><td colspan="2"></td><td></td><td></td><td></td></tr>
<tr><td></td><td colspan="2"></td><td></td><td></td><td></td></tr>
<tr><td></td><td colspan="2"></td><td></td><td></td><td></td></tr>
<tr><td></td><td colspan="2"></td><td></td><td></td><td></td></tr>
<tr><td></td><td colspan="2"></td><td></td><td></td><td></td></tr>
<tr><td></td><td colspan="2"></td><td></td><td></td><td></td></tr>
</table>

拟用于本招标工程项目的主要施工设备情况（一） 2020

投标申请人或联合体成员名称：________________

<table>
<tr><td colspan="3">设备名称</td></tr>
<tr><td rowspan="2">设备资料</td><td>1. 制造商名称</td><td>2. 型号及额定功率</td></tr>
<tr><td>3. 生产能力</td><td>4. 制造年代</td></tr>
<tr><td rowspan="2">目前状况</td><td colspan="2">5. 目前位置</td></tr>
<tr><td colspan="2">6. 目前及未来工程拟参与情况详述</td></tr>
<tr><td>来　源</td><td colspan="2">7. 注明设备来源
□自有　□购买　□租赁　□专门生产</td></tr>
<tr><td rowspan="4">所 有 者</td><td colspan="2">8. 所有者名称</td></tr>
<tr><td colspan="2">9. 所有者地址</td></tr>
<tr><td>电话</td><td>联系人及职务</td></tr>
<tr><td>传真</td><td>电传</td></tr>
<tr><td>协　议</td><td colspan="2">特为本项目所签的购买/租赁/制造协议详述</td></tr>
</table>

注：1. 投标申请人应就其提供的每一项设备分别单独具表，且应就关键设备出具所有权证明或租赁协议或购买协议，没有上述证明材料的设备在评审时将不予考虑。

2. 若设备为投标申请人或联合体成员自有，则无需填写所有者、协议二栏。

拟用于本招标工程项目的主要施工设备情况（二） 2021

机械或设备名称	型　　号	数量 （台）	总功率 （kW）	制造国 或产地	现在何处	制造 年份

现场组织机构情况

2022

A. 现场组织机构框图

B. 现场组织机构框图文字详述

C. 总部与现场管理部门之间的关系详述
（注：明确赋予现场管理部门以何种权限与职责）

拟分包企业情况

2023

________________工程

<table>
<tr><td>名　　称</td><td colspan="4"></td></tr>
<tr><td>地　　址</td><td colspan="4"></td></tr>
<tr><td>拟分包工程</td><td colspan="4"></td></tr>
<tr><td>分 包 理 由</td><td colspan="4"></td></tr>
<tr><td colspan="5">近三年已完成的类似工程</td></tr>
<tr><td>工程名称</td><td>地　　点</td><td>总包单位</td><td>分包范围</td><td>履约情况</td></tr>
<tr><td></td><td></td><td></td><td></td><td></td></tr>
<tr><td></td><td></td><td></td><td></td><td></td></tr>
<tr><td></td><td></td><td></td><td></td><td></td></tr>
<tr><td></td><td></td><td></td><td></td><td></td></tr>
<tr><td></td><td></td><td></td><td></td><td></td></tr>
<tr><td></td><td></td><td></td><td></td><td></td></tr>
</table>

注：每个拟分包企业应分别填写本表。

其他资料　　2024

1. 近三年的已完和目前在建工程合同履行过程中，投标申请人所介入的诉讼或仲裁情况。请分别说明事件年限、发包人名称、诉讼原因、纠纷事件、纠纷所涉及金额，以及最终裁判是否有利于投标申请人。

2. 近三年中所有发包人对投标申请人所施工的类似工程的评价意见。

3. 与资格预审申请书评审有关的其他资料。

投标申请人不应在其资格预审申请书中附有宣传性材料，这些材料在资格评审时不予考虑。

注：1. 如有必要，以上各表可另加附页，如果表的内容超出了一页的范围，在每个表的每一页的右上角要清楚注明：表1，第1页；表1，第2页等等。

2. 附表的附件应清楚注明：表1，附件1；表1，附件2等等。

3. 投标申请人应使用不褪色的蓝、黑墨水填写或按同样的要求打印表格，并按表格要求内容提供资料。

4. 凡表格中涉及金额处，均以__万元__为单位。

招标代理服务费承诺书　　2025

致：

我们在贵公司组织的××工程公开招标项目中如果获中标（招标文件编号：________），我们保证在收到中标通知书的同时按国家计委计价格【2002】1980号文和发改办价格【2003】857号文的规定，自愿替业主向贵方交纳招标代理服务费，此项费用我公司已在投标总价中予以考虑。

我方如违约，愿凭贵方开出的违约通知，按上述承诺金额在投标保证金中扣除。

特此承诺！

承诺方法定名称：
地址：
电话：
传真：
承诺方授权代表签字：
承诺日期：
承诺方盖章：

备注：
送交资格预审文件时以小信封形式单独交给招标代理公司，否则视为资格预审不合格。

法定代表人身份证明书

2026

单位名称：________________

单位性质：________________

地　　址：________________

成立时间：________年________月________日

经营期限：________________

姓　　名：________性别：________年龄：________职务：________

系________（投标人单位名称）________的法定代表人。

特此证明。

投标人：________（盖公章）

日　期：____年____月____日

投标文件签署授权委托书

2027

本授权委托书声明：我____________（姓名）系 （投标人名称） 的法定代表人，现授权委托 （单位名称） 的 （姓名） 为我公司签署本工程的投标文件的法定代表人授权委托代理人，我承认代理人全权代表我所签署的本工程的投标文件的内容。

代理人无转委托权，特此委托。

代理人：（签字）性别：______年龄：______

身份证号码：________________职务：__________

投标人：________________________（盖章）

法定代表人：__________________（签字或盖章）

授权委托日期：____年____月____日

投 标 函

2028

致：＿（招标人名称）＿

1. 根据你方招标工程项目编号为＿＿＿＿＿＿的＿＿＿＿＿＿工程招标文件，遵照《中华人民共和国招标投标法》等有关规定，经踏勘项目现场和研究上述招标文件的投标须知、合同条款、图纸、工程建设标准和工程量清单及其他有关文件后，我方愿以人民币（大写）＿＿＿元（RMB ￥＿＿＿元）的投标报价并按上述图纸、合同条款、工程建设标准和工程量清单（如有时）的条件要求承包上述工程的施工、竣工，并承担任何质量缺陷保修责任。

2. 我方已详细审核全部招标文件，包括修改文件（如有时）及有关附件。

3. 我方承认投标函附录是我方投标函的组成部分。

4. 一旦我方中标，我方保证按合同协议书中规定的工期＿＿＿＿＿日历天内完成并移交全部工程。

5. 如果我方中标，我方将按照规定提交上述总价＿＿％的银行保函或上述总价＿＿＿％的由具有担保资格和能力的担保机构出具的履约担保书作为履约担保。

6. 我方同意所提交的投标文件在招标文件的投标须知中第＿＿条规定的投标有效期内有效，在此期间内如果中标，我方将受此约束。

7. 除非另外达成协议并生效，你方的中标通知书和本投标文件将成为约束双方的合同文件的组成部分。

8. 我方将与本投标函一起，提交人民币＿＿＿元作为投标担保。

投 标 人：＿＿＿＿＿＿＿＿＿＿＿＿（盖章）

单位地址：＿＿＿＿＿＿＿＿＿＿＿＿

法定代表人或其委托代理人：＿＿＿＿＿（签字或盖章）

邮政编码：＿＿＿＿＿电话：＿＿＿＿＿传真：＿＿＿＿

开户银行名称：＿＿＿＿＿＿＿＿＿＿＿＿

开户银行账号：＿＿＿＿＿＿＿＿＿＿＿＿

开户银行地址：＿＿＿＿＿＿＿＿＿＿＿＿

开户银行电话：＿＿＿＿＿＿＿＿＿＿＿＿

日期：＿＿年＿＿月＿＿日

开标一览表 2029

项目名称：

招标文件编号：

合同标段：　　　　开标时间：　　年　　月　　日　　时（北京时间）

序号	投标单位	施工企业等级	投标报价（元）	开、竣工日期（年月日）	质量目标	优惠条件	投标人签字

注：1. 填报的内容必须和投标文件中的内容相一致。

2. 送达时间和投标文件送达时间应一致。

投标单位（盖章）：

法定代表人（签字、盖章）

投标函附录 2030

序号	项目内容	合同条款号	约定内容	备注
1	履约保证金 银行保函金额 履约担保书金额		 合同价款的（　）% 合同价款的（　）%	
2	施工准备时间		签订合同后（　）天	
3	误期违约金额		（　）元/天	
4	误期赔偿费限额		合同价款（　）%	
5	提前工期奖		（　）元/天	
6	施工总工期		（　）日历天	
7	质量标准			
8	工程质量违约金最高限额		（　）元	
9	预付款金额		合同价款的（　）%	
10	预付款保函金额		合同价款的（　）%	
11	进度款付款时间		签发月付款凭证后（　）天	
12	竣工结算款付款时间		签发竣工结算付款凭证后（　）天	
13	保修期		依据保修书约定的期限	

投标担保书

2031

致：（招标人名称）

根据本担保书，________作为委托人（以下简称“投标人”）和（担保机构名称）作为担保人（以下简称“担保人”）共同向________（以下简称“招标人”）承担支付（币种，金额，单位）（小写）的责任，投标人和担保人均受本担保书的约束。

鉴于投标人于____年____月____日参加招标人的________________工程的投标，本担保人愿为投标人提供投标担保。

本担保书的条件是：如果投标人在投标有效期内收到你方的中标通知书后：

1. 不能或拒绝按投标须知的要求签署合同协议书；

2. 不能或拒绝投标须知的规定提交履约保证金。

只要你方指明产生上述任何一种情况的条件时，则本担保人在接到你方以书面形式的要求后，即向你方支付上述全部款额，无需你方提出充分证据证明其要求。

本担保人不承担支付下述金额的责任；

1. 大于本担保书规定的金额；

2. 大于投标人投标价与招标人中标价之间的差额的金额。

担保人在此确认，本担保书责任在投标有效期或延长的投标有效期满后28天内有效，若延长投标有效期无须通知本担保人，但任何索款要求应在上述投标有效期内送达本担保人。

担保人：________（盖章）

法定代表人或委托代理人：（签字或盖章）

地址：

邮政编码：

日期：______年______月______日

投标报价说明

2032

1. 本报价依据本工程投标须知和合同文件的有关条款进行编制。

2. 分部工程工料价格计算表中所填入的工料单价和合价，为分部工程所涉及的全部项目的价格，是按照有关定额的人工、材料、机械消耗量标准及市场价格计算、确定的直接费。其他直接费、间接费、利润、税金和有关文件规定的调价、材料差价、设备价格、现场因素费用、施工技术措施费以及用固定价格的工程所测算的风险金等按现行的计算方法计取，计入分部工程费用计算表中。

3. 本报价中没有填写的项目的费用，视为已包括在其他项目之中。

4. 本报价的币种为________。

5. 投标人应将投标报价需要说明的事项，用文字书写与投标报价表一并报送。

投标报价汇总表

2033

工程名称：________________

序　号	表　号	工程项目名称	合计（万元）	备　注
一		土建工程分部工程		
1				
2				
3				
4				
二		安装工程分部工程		
1				
2				
3				
4				
三		设备费用		
四		其他项目		
五		总计		
投标总报价（大写）：__________元				

投标人：________（盖章）

法定代表人或委托代理人：________（签字或盖章）

日期：____年____月____日

主要材料清单报价表

2034

______工程　　　　共　页第　页

序　号	材料名称及规格	计量单位	数　量	报价（元）		备　注
				单价	合价	
1	2	3	4	5	6	7

投标人：______（盖章）

法定代表人或委托代理人：______（签字或盖章）

日期：____年____月____日

设备清单报价表

2035

______________工程　　　　　　　　　　　　　　　　　　　　　　　共　页第　页

序号	设备名称	规格型号	单位	数量	单价（元）				合价（元）				备注
					出厂价	运杂费	税金	单价	出厂价	运杂费	税金	合价	
1	2	3	4	5	6	7	8	9	10	11	12	13	14
小计：______元（其中设备出厂价______元；运杂费______元；税金______元）													
设备报价（含运杂费、税金）合计______元，（结转至　　　）													

投标人：______（盖章）

法定代表人或委托代理人：______（签字或盖章）

日期：____年____月____日

分部工程工料价格计算表

2036

______工程　　　　共　页第　页

序号	编号	项目名称	计量单位	工程量	工料单位（单位）				工料合价（单位）				备注
					单价	其中			合价	其中			
						人工费	材料费	机械费		人工费	材料费	机械费	
1	2	3	4	5	6	7	8	9	10	11	12	13	14
工料合价合计：（币种，金额，单位），人工费合计：（币种，金额，单位）（结转至　　）													

投标人：　　（盖章）

法定代表人或委托代理人：　　（签字或盖章）

日期：　　年　　月　　日

分部工程费用计算表

2037

________工程　　　　　　　　　　　　　　　　　　　　　　　　共　页第　页

代码	序号	费用名称	单位	费率标准	金额	计算公式
A	一	直接工程费				
A1	1	直接费				
A1.1						
A1.2						
A2	2	其他直接费合计				
A2.1						
A3	3	现场经费				
A3.1						
B	二	间接费				
B1						
B2						
C	三	利润				
D	四	其他				
D1						
D2						
D3						
E	五	税金				
F	六	总计				A+B+C+…+E
合计：________（币种，金额，单位）________（结传至　　）						

投标人：　　　（盖章）

法定代表人或委托代理人：　　　　（签字或盖章）

日期：　　年　　月　　日

注：表内代码根据费用内容增删

劳动力计划表

2038

________________工程　　　　　　　　　　　　　　　　单位：人

工程	按工程施工阶段投入劳动力情况						

注：1. 投标人应按所列格式提交包括分包人在内的估计劳动力计划表。

2. 本计划表是以每班八小时工作制为基础编制的。

计划开、竣工日期和施工进度网络图 2039

1. 投标人应提交的施工进度网络图或施工进度表，说明按招标文件要求的工期进行施工的各个关键日期。中标的投标人还应按合同条件有关条款的要求提交详细的施工进度计划。

2. 施工进度表可采用网络图（或横道图）表示，说明计划开工日期和各分项工程各阶段的完工日期和分包合同签订的日期。

3. 施工进度计划应与施工组织设计相适应。

施工总平面图 2040

投标人应提交一份施工总平面图，绘出现场临时设施布置图表并附文字说明，说明临时设施、加工车间、现场办公、设备及仓储、供电、供水、卫生、生活等设施的情况和布置。

临 时 用 地 表 2041

__________________工程

用　　途	面　　积（m^2）	位　　置	需用时间
合　　计			

注：1. 投标人应逐项填写本表，指出全部临时设施用地面积以及详细用途。

2. 若本表不够，可加附页。

项目管理机构配备情况表 2042

＿＿＿＿＿＿＿＿＿＿工程

职务	姓名	职称	执业或职业资格证明					已承担在建工程情况	
			证书名称	级别	证号	专业	原服务单位	项目数	主要项目名称
一旦我单位中标，将实行项目经理负责制，我方保证并配备上述项目管理机构。上述填报内容真实，若不真实，愿按有关规定接受处理。项目管理班子机构设置、职责分工等情况另附资料说明。									

项目管理机构配备情况辅助说明资料

2043

______________工程

注：1. 辅助说明资料主要包括管理机构的机构设置、职责分工、有关复印证明资料以及投标人认为有必要提供的资料。辅助说明资料格式不做统一规定，由投标人自行设计。

2. 项目管理班子配备情况辅助说明资料另附（与本投标文件一起装订）。

拟分包项目情况表

2044

_______________工程

分包人名称			地址		
法定代表人		营业执照号码		资质等级证书号码	

拟分包的工程项目	主 要 内 容	预计造价（万元）	已经做过的类似工程

企业简介

2045

<table>
<tr><td>企业注册名称</td><td colspan="4"></td><td>成立日期</td><td colspan="2"></td></tr>
<tr><td>企业法人代表</td><td></td><td>职称</td><td colspan="2"></td><td>电话/传真</td><td colspan="2"></td></tr>
<tr><td>企业资质等级</td><td colspan="4"></td><td>证书编号</td><td colspan="2"></td></tr>
<tr><td>经营方式</td><td colspan="4"></td><td>企业性质</td><td colspan="2"></td></tr>
<tr><td>经营范围</td><td colspan="7"></td></tr>
<tr><td>上级主管部门</td><td colspan="7"></td></tr>
<tr><td>投标联系人</td><td></td><td colspan="2">职务/职称</td><td colspan="2"></td><td>电话</td><td></td></tr>
<tr><td>企业简介</td><td colspan="7"></td></tr>
</table>

银行履约保函格式

2046

鉴于　　　　　　　　（下称“承包单位”）已保证按　　　　　　　　　　（下称“建设单位”）的《　　　　　　　　合同》（下称“合同”）实施工程施工。

鉴于你方在上述合同中要求承包单位向你方提交下述金额的银行开具的保函，作为承包单位履行本合同责任的保证金；

本银行同意为承包单位出具本保函；

本银行在此代表承包单位向你方承担支付人民币　　　元的责任，承包单位在履行合同中，由于资金、技术、质量或非不可抗力等原因给你方造成经济损失时，在你方以书面提出要求得到上述金额内的任何付款时，本银行即予支付，不挑剔、不争辩、也不要求你方出具证明或说明背景、理由。

本银行放弃你方应先向承包单位要求赔偿上述金额然后再向本银行提出要求的权利。

本银行进一步同意在你方和承包单位之间的合同条件、合同项下的工程设计监理或合同发生变化、补充或修改后，本银行承担本保函的责任也不改变，有关上述变化、补充和修改也无须通知本银行。

本保函至工程竣工验收合格后一年内一直有效。

银行名称：（盖章）

银行法定代表人：（签字、盖章）

地址：

邮政编码：

日期：　　　年　　月　　日

二、路桥部分

投标书附录

2047

序　号	事　　项	合同条款	数　据
1	投标担保金额		
2	履约担保金额		
3	发开工令期限（从签订合同协议之日算起）		
4	开工期（接到监理工程师的开工令之日算起）		
5	工期		
6	拖期损失赔偿金		
7	拖期损失赔偿金限额		
8	缺陷责任期		
9	中期（月进度）支付证书最低限额		
10	保留金的百分比		
11	保留金限额		
12	开工预付款		
13	材料、设备预付款		
14	支付时间		
15	未付款额的利率		

投标书签署人签名：＿＿＿＿＿＿＿＿

拟为承包本合同工程设立的组织机构图 2048

组织机构图
说明

拟在本合同工程任职的主要人员简历表　　2049

<table>
<tr><td>姓　名</td><td colspan="2"></td><td>年　龄</td><td></td><td>专　业</td><td></td></tr>
<tr><td>职　称</td><td colspan="2"></td><td>职　务</td><td></td><td>拟在本合同工程中担任职务</td><td></td></tr>
<tr><td>毕业学校</td><td colspan="6"></td></tr>
<tr><td colspan="7">经　　　历</td></tr>
<tr><td>年～　年</td><td colspan="4">参加过施工的工程项目名称</td><td>担任何职</td><td>备注</td></tr>
<tr><td></td><td colspan="4"></td><td></td><td></td></tr>
</table>

拟投入本合同工程的主要施工机械表

2050

机械名称	规格型号	额定功率（kW）或容量（m^3）或吨位（t）	厂牌及出厂时间	数量（台）				新旧程度（%）	预计进场时间
				小计	其中 拥有	其中 新购	其中 租赁		

拟配备本合同工程主要的材料试验、测量、质检仪器设备表

2051

序号	仪器设备名称	规格型号	单位	数量	备注

临时用地计划表 2052

用途	面积（m^2）				需用时间 年　月至 年　月	用地位置		
	菜地	水田	旱地	果园		桩号	左侧（m）	右侧（m）
一、临时工程								
1. 便道								
2. 便桥								
二、生产及生活临时设施								
1. 临时住房								
2. 办公等公用房屋								
3. 搅拌站								
4. 修理车间								
5. 预制场								
租用面积合计								

分 包 人 表 2053

分包人名称		地址		
法定代表人姓名	营业执照号码	无	资质等级证书号码	无
拟分包的工程内容	估计分包值（元）	以往做过的类似的工程		
		注： ①本栏应写明分包人以往做过的类似工程，包括工程名称、工程地点、造价、工期、竣工年份和其业主与监理工程师的姓名和地址。 ②若无分包人，投标人应填写无。		
分包值合计				

近五年内已完成工程经历表 2054

（公路工程部分）

<table>
<tr><td colspan="3">项目或指标</td><td>单位</td><td></td><td></td><td></td></tr>
<tr><td colspan="3">工程名称</td><td></td><td></td><td></td><td></td></tr>
<tr><td colspan="3">起讫地点（合同段）</td><td></td><td></td><td></td><td></td></tr>
<tr><td colspan="3">里程长度</td><td>km</td><td></td><td></td><td></td></tr>
<tr><td colspan="3">技术等级/行车道数</td><td></td><td></td><td></td><td></td></tr>
<tr><td rowspan="5">路基</td><td colspan="2">挖方</td><td>万 m^3</td><td></td><td></td><td></td></tr>
<tr><td colspan="2">填方</td><td>万 m^3</td><td></td><td></td><td></td></tr>
<tr><td colspan="2">防护工程</td><td>m^3</td><td></td><td></td><td></td></tr>
<tr><td rowspan="2">软基处理</td><td>水泥加固土桩</td><td>km</td><td></td><td></td><td></td></tr>
<tr><td>塑板（砂井）加固</td><td>km</td><td></td><td></td><td></td></tr>
<tr><td colspan="3">大型公路桥梁</td><td>m/座</td><td></td><td></td><td></td></tr>
<tr><td colspan="3">中型公路桥梁</td><td>m/座</td><td></td><td></td><td></td></tr>
<tr><td colspan="3">米跨度高速公路隧道</td><td>m/座</td><td></td><td></td><td></td></tr>
<tr><td colspan="3">互通式立体交叉</td><td>处</td><td></td><td></td><td></td></tr>
<tr><td colspan="3">合同总价/合同结算价</td><td>万元</td><td></td><td></td><td></td></tr>
<tr><td colspan="3">在工程中承担的比例</td><td>%</td><td></td><td></td><td></td></tr>
<tr><td colspan="3">竣工日期</td><td>年、月</td><td></td><td></td><td></td></tr>
<tr><td colspan="3">合同工期/实际日期</td><td>月/月</td><td></td><td></td><td></td></tr>
<tr><td colspan="3">竣工质量评定</td><td></td><td></td><td></td><td></td></tr>
<tr><td colspan="3">业主/监理工程师</td><td></td><td></td><td></td><td></td></tr>
<tr><td colspan="3">备注</td><td></td><td></td><td></td><td></td></tr>
</table>

近五年内已完成工程经历表 2055

（大型公路桥梁工程部分）

项目或指标		单位		
工程名称				
所在路线及里程桩号				
最大跨径		m		
桥梁长度/桥面净宽		m		
设计荷载				
结构类型	上部结构			
	礅　台			
	基　础			
主要施工方法	上部结构			
	基　础			
全部混凝土/钢筋混凝土数量		m^3		
全桥砌体圬工数量		m^3		
合同总价/合同结算价		万元		
在工程中承担的比例		%		
竣工日期		年、月		
合同工期/实际工期		月		
竣工质量评定				
业主/监理工程师				
备注				

近五年内已完成类似工程经历表

2056

申请人：　　　　　　　　　　　　　　　　　　　　申请合同段：

项目或指标	单位			
工程名称				
起讫地点				
里程长度	km			
技术等级	级			
道路宽度	m			
路基土石方	万 m^3			
路面	$1000m^2$			
桥梁	m/座			
合同总价/合同结算价	万元			
竣工日期	年、月			
合同工期/实际工期	月/月			
竣工质量评定				
业主/监理工程师				
备注				

财务状况表

2057

申请人：　　　　　　　　　　　　　　　　　　　　　　申请合同段：

项目或指标	单位			
一、固定资产（原值/净值）	万元			
二、经营资金				
1. 固定资产	万元			
2. 流动资产合计	万元			
3. 用于周转的自有资金	万元			
4. 流动负债合计				
三、实际完成建安产值	万元			
四、实现利润总额	万元			
备　注				

在建项目主要工程情况表

2058

项目或指标	单位	
工程名称		
起讫地点或位置		
里程长度/技术等级	km/级	
路基宽度/行车道数	m/个	
路基土石方	万 m^3	
软基处理	km	
（结构类型）大桥	m/座	
（结构类型）中桥	m/座	
小　桥	m/座	
涵　洞	m/道	
防护工程	m^3	
已（计划）投入施工机械数量	台	
已（计划投入）高、中级技术人员数量	人	
合同总价	万元	
开工日期/合同工期	年/月/日	
业主/监理工程师		

（三）

建设工程
安全检查用表

3001

各级管理人员
安全生产责任制

施工单位：

工程名称：

日　　期：

资料员（章）：

管理人员花名册

3002

工程名称：　　　　　　　　　　　　　　　　　　　　　　　　　　　　年　　月　　日

序号	姓名	性别	年龄	文化程度	职务	证件名称	证件编号	发证时间	复审时间	从事本岗位起始时间	备注

工程项目负责人：　　　　　　　　　　　　　　制表人：

安全生产责任制
考核记录

施工单位：

工程名称：

日　　期：

资料员（章）：

安全生产责任制考核记录

3004

工程名称：

<table>
<tr><td>被考核部门（人）</td><td></td><td>考核时间</td><td></td></tr>
<tr><td>责任制执行情况</td><td colspan="3"></td></tr>
<tr><td>存在问题</td><td colspan="3"></td></tr>
<tr><td>考核意见</td><td colspan="3">考核单位：　　　　考核负责人：
年　月　日</td></tr>
</table>

注：考核与被考核部门（人）各一份。　　　　制表人：

项目分包安全责任书

3005

部门/项目：__________

分包名称			
分包范围			
资质等级		人　数	

责任书内容：

编　制		分包商经理		项目经理	

建设工程安全报监书

工程名称：

施工单位（章）：

建设单位（章）：

监理单位（章）：

报 监 须 知

3007

一、建筑施工企业办理建筑工程安全报监手续，必须提供下列资料：

1. 建筑工程安全报监书（一式两份）；

2. 《建筑业企业安全资格证书》；

3. 工程中标《通知书》；

4. 工程施工合同；

5. 施工现场安全防护设施的使用计划（品种、规格、数量）和费用计划；

6. 施工现场平面布置图和临建设施规划方案；

7. 计划使用的施工机械设备（塔式起重机、龙门架及井架物料提升机、外用电梯）的型号、数量；

8. 建筑施工企业职工意外伤害保险手续；

9. 业主（或其代建单位）、施工单位、监理单位的安全监督人员、关键岗位管理人员和特种作业人员资格证书（原件）；

10. 工程自检《建筑施工安全检查表》。

二、建筑施工安全监督管理部门拉网检查，平时抽检的评定情况也作为阶段性安全评定结果。

工 程 概 况

3008

工程名称		项目经理		证书编号	
工程地点		项目总监		证书编号	
施工单位		联系电话			
监理单位		联系电话			
建设单位		联系电话			
面积、造价	（m^2）（万元）	建设单位代表			
结构型式		建设物跨度			
层数、层高	层（m）	开、竣工日期			

安全监管人员

单　　位	姓　名	证书编号	姓　名	证书编号	姓　名	证书编号
施工单位						
监理单位						
建设单位						

关键岗位管理人员

岗　位	姓　名	证书编号	姓　名	证书编号	姓　名	证书编号
安全员						
施工员						
质检员						
材料员						
机械管理员						

施工现场特种作业人员持证情况　　3009

工　种	姓　名	证书编号	工　种	姓　名	证书编号

注：以上人员包括（电工、焊工、架子工、塔吊司机、起重工、外用电梯司机、信号指挥工、机械操作工、卫生急救员、安全技术资料员）

工程所在地建筑施工安全监督管理部门意见 3010

<table>
<tr><td colspan="2">工程所在地建筑施工安全监督管理部门意见。</td><td colspan="6">（章）
年 月 日</td></tr>
<tr><td rowspan="4">阶段安全评定情况（基础）</td><td colspan="2">自检评定日期 年 月 日</td><td>评定分数</td><td></td><td>等级</td><td colspan="2"></td></tr>
<tr><td colspan="7">施工企业（章） 监理单位（章） 建设单位（章）
评定负责人： 评定负责人： 评定负责人：</td></tr>
<tr><td colspan="2">抽检日期 年 月 日</td><td>抽检分数</td><td></td><td>等级</td><td colspan="2">备注</td></tr>
<tr><td colspan="5">安全监督管理部门（章） 抽检人：</td><td colspan="2"></td></tr>
<tr><td rowspan="2">阶段安全评定情况（主体）</td><td colspan="2">自检评定日期 年 月 日</td><td>评定分数</td><td></td><td>等级</td><td colspan="2"></td></tr>
<tr><td colspan="7">施工企业（章） 监理单位（章） 建设单位（章）
评定负责人： 评定负责人： 评定负责人：</td></tr>
</table>

<table>
<tr><td rowspan="2"></td><td>抽检日期　　　　年　　月　　日</td><td>抽检分数</td><td></td><td>等级</td><td>备注</td></tr>
<tr><td colspan="4">安全监督管理部门（章）　　　　抽检人：</td><td></td></tr>
<tr><td rowspan="4">阶段安全评定情况（主体）</td><td>自检评定日期　　年　　月　　日</td><td>评定分数</td><td></td><td>等级</td><td></td></tr>
<tr><td colspan="5">施工企业（章）　　监理单位（章）　　建设单位（章）
评定负责人：　　评定负责人：　　评定负责人：</td></tr>
<tr><td>抽检日期　　　　年　　月　　日</td><td>抽检分数</td><td></td><td>等级</td><td>备注</td></tr>
<tr><td colspan="4">安全监督管理部门（章）　　　　抽检人：</td><td></td></tr>
<tr><td rowspan="2">阶段安全评定情况（主体）</td><td>自检评定日期　　年　　月　　日</td><td>评定分数</td><td></td><td>等级</td><td></td></tr>
<tr><td colspan="5">施工企业（章）　　监理单位（章）　　建设单位（章）
评定负责人：　　评定负责人：　　评定负责人：</td></tr>
</table>

	抽检日期　　　年　月　日	抽检分数		等级	备注
	安全监督管理部门（章）　　　　抽检人：				
阶段安全评定情况（外装修前）	自检评定日期　　年　月　日	评定分数		等级	
	施工企业（章） 评定负责人：	监理单位（章） 评定负责人：	建设单位（章） 评定负责人：		
	抽检日期　　　年　月　日	抽检分数		等级	备注
	安全监督管理部门（章）　　　　抽检人：				
阶段安全评定情况（竣工前）	自检评定日期　　年　月　日	评定分数		等级	
	施工企业（章） 评定负责人：	监理单位（章） 评定负责人：	建设单位（章） 评定负责人：		

<table>
<tr><td rowspan="2"></td><td>抽检日期　　　　　年　月　日</td><td>抽检分数</td><td></td><td>等级</td><td>备注</td></tr>
<tr><td colspan="4">安全监督管理部门（章）　　　　　　　抽检人：</td><td></td></tr>
</table>

<table>
<tr><td rowspan="3">市以上建设主管部门检查记录</td><td>年　月　日　记录人：</td></tr>
<tr><td>年　月　日　记录人：</td></tr>
<tr><td>年　月　日　记录人：</td></tr>
<tr><td rowspan="2">重大安全事故情况记录</td><td>年　月　日　记录人：</td></tr>
<tr><td>年　月　日　记录人：</td></tr>
</table>

<table>
<tr><td></td><td colspan="5">

年　　月　　日　　记录人：</td></tr>
<tr><td rowspan="2">综合
评定
结论</td><td colspan="5">安全监督主管部门（章）　　　　　　　　评定人：</td></tr>
<tr><td>评定日期　　　年　　月　　日</td><td>评定分数</td><td></td><td>等级</td><td></td></tr>
<tr><td>备注</td><td colspan="5"></td></tr>
</table>

管理人员责任制考核表

3016

年　月　日

姓名	职务	责任制条款												
		1	2	3	4	5	6	7	8	9	10	11	12	13

考核负责人:　　　　填表人:

备注：考核合格者打☆，不合格者打×

管理人员安全责任制执行情况考核表

3017

单位:　　　　考核时间:　　年　月　日

序号	管理部门	姓名	职务	责任制执行情况	考核分数

注：每月对管理人员安全责任制执行情况进行一次考核评定。

各类人员安全培训登记表

3018

单位：　　　　　　　　　　　　　　　　　　　　　　　　　　年　　月　　日

培训对象		培训日期	
培训人员		授课人	
培训主要内容			

序号	姓　　名	职　　务	考核分数	备　　注

注：除新人场工人三级安全教育外均填此表。

安全生产责任制考核表

3019

施工企业：

工程名称：

<table>
<tr><td>被考核人</td><td></td><td>性别</td><td></td><td>年龄</td><td></td><td>职务(职称)</td><td></td></tr>
<tr><td>职责范围</td><td colspan="5"></td><td>考核日期</td><td></td></tr>
<tr><td colspan="4">责任制考核内容</td><td colspan="4">责任制考核情况</td></tr>
<tr><td colspan="4"></td><td colspan="4"></td></tr>
<tr><td colspan="8">考
核
结
果
考核人：
年　　月　　日</td></tr>
</table>

安全责任目标分解表

3020

责任人	职　务	安　全　责　任　目　标　条　款

注：责任目标考核由各建筑工程项目根据本工程的实际情况制订考核标准或办法。

公司　　　　　　　　　　　　　　　　　　　　年　　月　　日

项目部

安全责任目标考核记录

3021

工程名称：

<table>
<tr><td colspan="2">被考核部门（人）</td><td></td><td>考核时间</td><td></td></tr>
<tr><td>责任目标执行情况</td><td colspan="4"></td></tr>
<tr><td>存在问题</td><td colspan="4"></td></tr>
<tr><td>考核意见</td><td colspan="4">考核负责人：
年 月 日</td></tr>
</table>

注：考核与被考核部门（人）各一份。

制表人：

责任目标考核表

3022

工程名称		项目经理部	
施工单位		项目经理	
被考核人		考核日期	

序号	考核项目	考　核　情　况
1	伤亡事故控制达标	
2	安全达标	
3	文明施工目标	
4		
考核结果	考核单位（章） 年　月　日	

施工组织设计（方案）审批表

3023

<table>
<tr><td>工程名称</td><td></td><td>工程地点</td><td></td></tr>
<tr><td>建设单位</td><td></td><td>建筑面积</td><td>m^2</td></tr>
<tr><td>结构类型</td><td></td><td>工程造价</td><td>万元</td></tr>
<tr><td>设计单位</td><td></td><td>监理单位</td><td></td></tr>
<tr><td>层数、高度</td><td>层　m</td><td>建筑物跨度</td><td>m</td></tr>
<tr><td>开、竣工日期</td><td></td><td>编制人</td><td></td></tr>
<tr><td>项目负责人</td><td></td><td>项目安全负责人</td><td></td></tr>
<tr><td colspan="4">参加会审人员签字</td></tr>
<tr><td>单位</td><td></td><td></td><td></td></tr>
<tr><td>职务</td><td></td><td></td><td></td></tr>
<tr><td>职称</td><td></td><td></td><td></td></tr>
<tr><td>签名</td><td></td><td></td><td></td></tr>
<tr><td>审批结论</td><td colspan="3">技术负责人签字盖章
年　月　日</td></tr>
<tr><td>建设单位审批</td><td colspan="3">签字盖章
年　月　日</td></tr>
</table>

专项施工组织设计（方案）审批表 **3024**

<table>
<tr><td colspan="2">工程名称</td><td></td><td>工程地点</td><td></td></tr>
<tr><td colspan="2">建设单位</td><td></td><td>建筑面积</td><td>m^2</td></tr>
<tr><td colspan="2">结构类型</td><td></td><td>工程造价</td><td>万元</td></tr>
<tr><td colspan="2">设计单位</td><td></td><td>监理单位</td><td></td></tr>
<tr><td colspan="2">层数、高度</td><td>层　m</td><td>建筑物跨度</td><td>m</td></tr>
<tr><td colspan="2">开、竣工日期</td><td></td><td>编制人</td><td></td></tr>
<tr><td colspan="2">项目负责人</td><td></td><td>项目安全负责人</td><td></td></tr>
<tr><td colspan="5">参加会审人员签字</td></tr>
<tr><td>单位</td><td colspan="2"></td><td></td><td></td></tr>
<tr><td>职务</td><td colspan="2"></td><td></td><td></td></tr>
<tr><td>职称</td><td colspan="2"></td><td></td><td></td></tr>
<tr><td>签名</td><td colspan="2"></td><td></td><td></td></tr>
<tr><td>审批结论</td><td colspan="4">技术负责人签字盖章
年　　月　　日</td></tr>
<tr><td>建设单位审批</td><td colspan="4">签字盖章
年　　月　　日</td></tr>
</table>

安全技术措施审批表

3025

单位工程名称			工　程 地　点			方　案 编制人	
建筑面积(m^2)		结构及 高　度		开工 日期		方　案 执行人	
审批意见：							

分管经理　　　　　　　　　　　　总工程师　　　　　　　　　　　　安全管理部门

注：此表一式叁份，分别存留项目部、技术、安全管理部门。　　　　　　年　　月　　日

单项工程安全技术施工方案

3026

单位：　　　　　　　　　　　　　　　　　　　　编号：

<table>
<tr><td colspan="2">工 程 名 称</td><td></td><td>施工方案项目</td><td></td></tr>
<tr><td colspan="2">施 工 日 期</td><td></td><td>工 程 负 责 人</td><td></td></tr>
<tr><td colspan="2">编 制 日 期</td><td></td><td>编　制　人</td><td></td></tr>
<tr><td colspan="2">参加编制人员</td><td colspan="3"></td></tr>
<tr><td rowspan="2">分公司</td><td>技术负责人
意　　见</td><td colspan="3">年　月　日签章</td></tr>
<tr><td>安 全 部 门
意　　见</td><td colspan="3">年　月　日签章</td></tr>
<tr><td rowspan="3">总公司（厂）</td><td>技术处负责人
意　　见</td><td colspan="3">年　月　日签章</td></tr>
<tr><td>安全处负责人
意　　见</td><td colspan="3">年　月　日签章</td></tr>
<tr><td>总 工 程 师
意　　见</td><td colspan="3">年　月　日签章</td></tr>
<tr><td colspan="2">交底人签章</td><td></td><td>被交底负责人
签　　章</td><td></td></tr>
</table>

注：1. 对于一般常规性单项工程安全技术施工方案，可由分公司审批；但危险性大，技术复杂的由总公司（厂）审批。

2. 按建设部标准脚手架工程，施工用电、基坑支护、模板工程、起重吊装作业、塔吊、龙门架等其他垂直运输设备安装拆除等危险性较大的作业必须编制单项工程安全技术施工方案。

________施工方案变更表　3027

工程名称		施工单位	
变更部门		变更日期	
变更主要内容： 设计变更人：　　　　审核人：　　　　建设单位负责人： 年　月　日　　　　年　月　日　　　　年　月　日			
备注			

3028

分部（分项）工程安全技术交底

施工单位：

工程名称：

日　　期：

资料员（章）：

安全技术交底

3029

<table>
<tr><td>工程名称</td><td></td><td>分部工程</td><td></td></tr>
<tr><td colspan="4">分项工程（工种）名称</td></tr>
<tr><td colspan="4">交底内容：</td></tr>
<tr><td colspan="2">交底人：
年　月　日</td><td colspan="2">接底人：
年　月　日</td></tr>
</table>

注：分部（分项）工程安全技术交底与各工种交底均用此表。

基础施工安全技术交底

3030

工程名称		设备编号	
规格型号		生产厂家	

安全技术交底：

交底人： 年　月　日	接底人： 年　月　日

安装（拆卸）安全技术交底

3031

拆装队伍名称：

<table>
<tr><td>工程名称</td><td></td><td>设备编号</td><td></td></tr>
<tr><td>规格型号</td><td></td><td>生产厂家</td><td></td></tr>
<tr><td colspan="4">安全技术交底：</td></tr>
<tr><td colspan="2">交底人：
年　月　日</td><td colspan="2">接底人：
年　月　日</td></tr>
</table>

注：本表适用于塔吊、物料提升机及外用电梯。

机械使用安全技术交底记录表

3032

部门/项目：______________

工程名称		施工部位	
机械名称		机械型号	
机械编号		交底日期	
交底内容：			
交底人签字：		受交底人签字：	

临时用电安全技术交底记录表

3033

部门/项目：________

工程名称		施工部位	
分项工程名称		交底日期	
安全活动技术交底内容：			
交底人签字：		受交底人签字：	

人工挖孔桩工程安全技术交底

3034

<table>
<tr><td colspan="2">施工单位名称</td><td colspan="2"></td><td colspan="2">单位工程名称</td><td></td></tr>
<tr><td colspan="2">施工部位</td><td colspan="2"></td><td colspan="2">施工内容</td><td></td></tr>
<tr><td>安全技术交底内容</td><td colspan="6">1. 按照施工方案的要求作业；
2. 挖孔、起吊、护壁、余渣运输等所使用的一切设备、设施、安全装置、防毒面具工具、配件、材料和个人劳动防护用品，必须在使用前检查，确保使用的安全；
3. 每天必须有专人进行有毒气体检测并做好记录，符合要求才可下孔作业；
4. 开挖过程必须有专人监视开挖桩孔的施工情况；
5. 孔桩开挖按规定的距离进行跳挖，每挖深 500～800mm 就护壁一次；
6. 第一节护壁要高于孔口 250mm，按规定做好孔口的防护设施；
7. 孔内作业照明应采用安全矿灯或 12V 以下的安全电压；
8. 下孔人员必须戴安全帽、系安全带、由刚性爬梯上落，成孔或作业下班后，必须在孔周围设 1.2m 高的护栏和盖孔口板；
9. 挖孔抽水时，作业人员必须上地面后才可进行，抽水后电源必须断开；
10. 验收合格方可进行作业，未经验收或验收不合格不准作下一道工序作业。</td></tr>
<tr><td>施工现场针对性安全交底</td><td colspan="6"></td></tr>
<tr><td>交底人签名</td><td></td><td>接受交底
负责人签名</td><td></td><td>交底
时间</td><td colspan="2">年　月　日</td></tr>
<tr><td>作业人员签名</td><td colspan="6"></td></tr>
</table>

本表一式两份，班组自存一份，资料室归档一份。

土方工程施工安全技术交底

3035

<table>
<tr><td colspan="2">施工单位名称</td><td></td><td colspan="3">单位工程名称</td><td></td></tr>
<tr><td colspan="2">施工部位</td><td></td><td colspan="3">施工内容</td><td></td></tr>
<tr><td>安全技术交底内容</td><td colspan="6">1. 按照施工方案的要求作业；
2. 人工挖土时应由上而下，逐层挖掘，严禁偷岩或在孤石下挖土，夜间应有充足的照明；
3. 在深基坑操作时，应随时注意土壁的变动情况，如发现有大面积形象裂缝现象，必须暂停施工，报告项目经理进行处理；
4. 在基坑或深井下作业时，必须戴安全帽，严防上面土块及其他物体落下砸伤头部，遇有地下水渗出时，应把水引到集水井加以排除；
5. 挖土方时，如发现有不能辨认的物品或事先没有预见到的地下电缆等，应及时停止操作，报告上级处理，严禁敲击或玩弄；
6. 人工吊运泥土，应检查工具，绳索，钩子是否牢靠，起吊时垂线下不得有人，用车子运土，应平整走道，清除障碍；
7. 在水下作业，必须严格检查电器的接地或接零和漏电保护开关，电缆应完好，并穿戴防护用品；
8. 修坡时，要按照要求进行，人员不能过于集中，如土质比较差时，应指定专人看管；
9. 验收合格方可进行作业，未经验收或验收不合格不准作下一道工序作业。</td></tr>
<tr><td>施工现场针对性安全交底</td><td colspan="6"></td></tr>
<tr><td colspan="2">交底人签名</td><td>接受交底负责人签名</td><td></td><td>交底时间</td><td colspan="2">年　月　日</td></tr>
<tr><td>作业人员签名</td><td colspan="6"></td></tr>
</table>

本表一式两份，班组自存一份，资料室归档一份。

脚手架搭设拆除工程安全技术交底

3036

<table>
<tr><td colspan="2">施工单位名称</td><td></td><td colspan="2">单位工程名称</td><td></td></tr>
<tr><td colspan="2">施工部位</td><td></td><td colspan="2">施工内容</td><td></td></tr>
<tr><td>安全技术交底内容</td><td colspan="5">1. 按照施工方案的要求作业；
2. 安装拆除人员必须按高处作业要求挂好安全带；
3. 按规定处理好基层，内排柱离建筑物不得大于200mm；
4. 剪刀撑控制在45°～60°的范围之内，按规定连接；
5. 立网拉挂平整顺直，网连接材料要符合要求；
6. 平桥满铺，不得留空头板，保证有3个支撑点绑扎固定；
7. 拉顶点按规范设置，拉顶材料要符合规范要求；
8. 主要通道必须按规范搭设双层平挡板，斜桥角度按规定搭设；
9. 拆除时材料应垂直放下，设警戒线，不得随意抛落；
10. 验收合格方可进行作业，未经验收或验收不合格不准作下一道工序作业。</td></tr>
<tr><td>施工现场针对性安全交底</td><td colspan="5"></td></tr>
<tr><td>交底人签名</td><td></td><td>接受交底负责人签名</td><td></td><td>交底时间</td><td>年 月 日</td></tr>
<tr><td>作业人员签名</td><td colspan="5"></td></tr>
</table>

本表一式两份，班组自存一份，资料室归档一份。

附着式升降脚手架工程安全技术交底

3037

<table>
<tr><td colspan="2">施工单位名称</td><td colspan="3"></td><td colspan="2">单位工程名称</td><td></td></tr>
<tr><td colspan="2">施工部位</td><td colspan="3"></td><td colspan="2">施工内容</td><td></td></tr>
<tr><td>安全技术交底内容</td><td colspan="7">1. 按照施工方案的要求作业；
2. 架体按规范搭设剪刀撑，每层满铺脚手板，设高度不少于180mm的踢脚板；
3. 落实架体安全防护设施，离建筑物的间隙控制在200mm之内，间隙设活动盖板遮盖；
4. 保证架体高出工作面的规范高度，以满足施工安全防护要求；
5. 提升、降落统一指挥，各岗位人员必须坚守岗位，不得擅自离岗；
6. 总控制开关人员必须服从总指挥调度，除总指挥外，任何人不得指挥控制台的工作；
7. 提升前全面检查并清除一切障碍物，提升后全面检查各部件连接是否符合要求；
8. 验收合格方可进行作业，未经验收或验收不合格不准作下一道工序作业。</td></tr>
<tr><td>施工现场针对性安全交底</td><td colspan="7"></td></tr>
<tr><td colspan="2">交底人签名</td><td></td><td>接受交底负责人签名</td><td></td><td>交底时间</td><td colspan="2">年　月　日</td></tr>
<tr><td>作业人员签名</td><td colspan="7"></td></tr>
</table>

本表一式两份，班组自存一份，资料室归档一份。

钢井架安装拆卸工程安全技术交底

3038

施工单位名称		单位工程名称	
施工部位		施工内容	
安全技术交底内容	1. 按照施工方案的要求作业； 2. 安装拆卸人员必须按高处作业要求挂好安全带； 3. 组装后必须全面进行空载，动载的有效超载试验，设防雷装置； 4. 安装拆卸过程中，严禁人员乘吊篮升降及攀登架体和从架体下面穿越； 5. 缆风绳选用钢丝绳，直径不少于9.3mm，按规定设置。与地面夹角在45°～60°； 6. 缆风绳不得栓在树上、电杆或物料堆等物体上； 7. 拆除应按规定从上至下，物件放下应有措施，不得随意抛落； 8. 验收合格方可进行作业，未经验收或验收不合格不准作下一道工序作业。		
施工现场针对性安全交底			
交底人签名		接受交底负责人签名		交底时间	年　月　日
作业人员签名			

本表一式两份，班组自存一份，资料室归档一份。

模板工程安全技术交底

3039

<table>
<tr><td colspan="2">施工单位名称</td><td colspan="2"></td><td colspan="2">单位工程名称</td><td></td></tr>
<tr><td colspan="2">施工部位</td><td colspan="2"></td><td colspan="2">施工内容</td><td></td></tr>
<tr><td>安全技术交底内容</td><td colspan="6">1. 按照施工方案的要求作业；
2. 模板安装按施工设计进行，严禁随意变动，支顶必须有垫块；
3. 上层和下层支柱在同一垂直线上，模板及其支撑系统在安装过程中，必须设置临时固定设施；
4. 支柱全部安装完毕后，应及时沿横向和纵向加设水平平撑和垂直剪刀撑；
5. 支柱高度小于4m 时，水平撑应设上下两道，两道水平撑之间，在纵、横加设剪刀撑；
6. 拆除时严格遵守安全规定，高处、复杂结构模板拆除应有专人指挥，严禁非操作人员进入作业区；
7. 拆除的模板、柱杆、支撑要及时运走，妥善堆放；
8. 拆除板、梁、柱墙模板，在 4m 以上的作业时应搭脚手架或操作平台，并设防护栏杆，严禁在同一垂直面上操作；
9. 安装和拆除柱、墙、梁、板的操作层，从首层以上各层应安装安全平网。进行拆除作业时，应设置警示标牌；
10. 验收合格方可进行作业，未经验收或验收不合格不准作下一道工序作业。</td></tr>
<tr><td>施工现场针对性安全交底</td><td colspan="6"></td></tr>
<tr><td colspan="2">交底人签名</td><td></td><td>接受交底负责人签名</td><td></td><td>交底时间</td><td>年　月　日</td></tr>
<tr><td>作业人员签名</td><td colspan="6"></td></tr>
</table>

本表一式两份，班组自存一份，资料室归档一份。

钢筋工程安全技术交底

3040

<table>
<tr><td>施工单位名称</td><td></td><td>单位工程名称</td><td colspan="3"></td></tr>
<tr><td>施工部位</td><td></td><td>施工内容</td><td colspan="3"></td></tr>
<tr><td>安全技术交底内容</td><td colspan="5">1. 切断机固定和活动刀之间水平间隙控制在0.5～1mm，断料时活动刀向后退，才可送料入刀口。严禁切烧红的钢筋及超过刀刃硬度的材料。使用前空载试运行正常后才能使用；
2. 弯曲机使用前全面检查一次，并空载运转，运转过程不能加油或抹车床。屈曲的钢筋不准用弯曲机调直。弯曲钢筋时按规定的钢筋直径、根数进行操作。
3. 冷拉机的作业区警示标志、防护栏杆、两端地锚是否有效，防护罩是否牢固，钢丝绳不能有损，符合使用安全才可运作；
4. 绑扎基础钢筋时按规定摆放支架或马凳架起上部钢筋，不得任意减少，操作前应检查基坑土壁和支撑是否牢固；
5. 绑扎主柱、墙体钢筋，不得站在钢筋前架上操作和攀登骨架上下，柱筋在4m以上时，应搭设工作台，柱、墙梁、骨架应用临时支撑拉牢，以防倾倒；
6. 高处绑扎和安装钢筋，不得将钢筋集中堆放在模板或脚手架上，尽量避免在高处修整、扳弯钢筋。在必须操作时，应配戴安全带；
7. 安装绑扎钢筋时，不得碰撞电线，在深基础或夜间施工需要使用移动式行灯照明时，电压不得超过36V。
8. 验收合格方可进行作业，未经验收或验收不合格不准作下一道工序作业。</td></tr>
<tr><td>施工现场针对性安全交底</td><td colspan="5"></td></tr>
<tr><td>交底人签名</td><td></td><td>接受交底负责人签名</td><td></td><td>交底时间</td><td>年　月　日</td></tr>
<tr><td>作业人员签名</td><td colspan="5"></td></tr>
</table>

本表一式两份，班组自存一份，资料室归档一份。

混凝土工程施工安全技术交底

3041

<table>
<tr><td>施工单位名称</td><td></td><td>单位工程名称</td><td></td></tr>
<tr><td>施工部位</td><td></td><td>施工内容</td><td></td></tr>
<tr><td>安全技术交底内容</td><td colspan="3">1. 车子向料斗倒料，应有挡车措施，不得用力过猛和撤把，脚不得踏在料斗上，料升起时斗的下方不得站人。清理料斗下砂石时，必须将两条斗链扣牢；
2. 在搅拌机运转过程中，不得将工具伸入滚筒内；
3. 用井架运输时，小车车把不得伸出笼外，车轮前后要楔牢；
4. 浇灌框架梁柱混凝土，要注意观察模板、顶架情况，发现异常及时报告，不准直接站在模板或支撑上操作；
5. 在浇灌结构边沿的柱、梁混凝土时，外部应有平桥或安全网等必要的安全措施；
6. 浇灌深基坑基础混凝土前和在施工过程中，应检查基坑边坡土质有无崩裂倾塌的危险，如发现情况，应立即报告并采取措施；
7. 使用振动棒时应穿戴防护用品，用装有漏电保护开关的制箱，制箱应架空放置；
8. 验收合格方可进行作业，未经验收或验收不合格不准作下一道工序作业。</td></tr>
<tr><td>施工现场针对性安全交底</td><td colspan="3"></td></tr>
</table>

交底人签名		接受交底负责人签名		交底时间	年　月　日
作业人员签名					

本表一式两份，班组自存一份，资料室归档一份。

塔吊安装、拆卸工程安全技术交底

3042

<table>
<tr><td colspan="2">施工单位名称</td><td colspan="3"></td><td colspan="2">单位工程名称</td><td></td></tr>
<tr><td colspan="2">施工部位</td><td colspan="3"></td><td colspan="2">施工内容</td><td></td></tr>
<tr><td>安全技术交底内容</td><td colspan="7">1. 专人指挥，相互配合，确保安全生产；
2. 高处作业人员严格遵守安全技术规范；
3. 安装及拆卸作业区内禁止闲人逗留；
4. 认真检查吊装用的钢丝套、卡环，严格按更新标准及时更新；
5. 认真检查各连接螺栓、锁轴，发现损坏、疲劳、开裂的要及时更新；
6. 要紧固严密液压顶升系统各部分管接头；
7. 拆除影响安全作业的电线，检查电缆电线的绝缘是否良好，电机接线是否正确，各行程开关动作是否灵敏可靠；
8. 必须有完好的接地设施，接地电阻值不得大于4Ω；
9. 确保安全装置良好有效，如起重限制器、力矩限制器、高度限制器、行程限制器和吊钩保险，卷筒保险装置；
10. 验收合格方可进行作业，未经验收或验收不合格不准作下一道工序作业。</td></tr>
<tr><td>施工现场针对性安全交底</td><td colspan="7"></td></tr>
<tr><td colspan="2">交底人签名</td><td></td><td>接受交底负责人签名</td><td></td><td>交底时间</td><td colspan="2">年 月 日</td></tr>
<tr><td>作业人员签名</td><td colspan="7"></td></tr>
</table>

本表一式两份，班组自存一份，资料室归档一份。

外用电梯安装拆卸工程安全技术交底 3043

<table>
<tr><td colspan="2">施工单位名称</td><td colspan="3"></td><td colspan="2">单位工程名称</td><td></td></tr>
<tr><td colspan="2">施工部位</td><td colspan="3"></td><td colspan="2">施工内容</td><td></td></tr>
<tr><td>安全技术交底内容</td><td colspan="7">1. 安装拆卸过程有专人统一指挥，并熟悉图纸；
2. 装上两节立柱后，在其两个方向调整垂直度，把平衡重梯笼就位；
3. 安装后调试梯笼，调试导滚轮与导轨间隙，并在离地面10m高度以内上下运动试验；
4. 按规定安装附壁连接系统，安装完毕后进行整机运行调试；
5. 拆卸先把平衡铁拆下放平，拆下钢丝绳及天轮组；
6. 安装拆卸附壁杆及各层通道架铺板时，梯笼应随之停置在作业层高度。不得在拆除过程中同上下运行；
7. 安装和拆卸除人员必须按高处作业要求挂好安全带；
8. 验收合格方可进行作业，未经验收或验收不合格不准作下一道工序作业。</td></tr>
<tr><td>施工现场针对性安全交底</td><td colspan="7"></td></tr>
<tr><td colspan="2">交底人签名</td><td></td><td>接受交底负责人签名</td><td></td><td>交底时间</td><td colspan="2">年　月　日</td></tr>
<tr><td>作业人员签名</td><td colspan="7"></td></tr>
</table>

本表一式两份，班组自存一份，资料室归档一份。

砌砖、抹灰工程安全技术交底

3044

<table>
<tr><td colspan="2">施工单位名称</td><td></td><td colspan="2">单位工程名称</td><td></td></tr>
<tr><td colspan="2">施工部位</td><td></td><td colspan="2">施工内容</td><td></td></tr>
<tr><td>安全技术交底内容</td><td colspan="5">1. 用小车运送红砖、砂浆时应注意稳定，进入吊笼应停放平稳，禁止整车材料倾卸；
2. 上落脚手架应走斜道，不准站在砖墙上进行砌砖抹灰、划线称角、清扫墙面等工作；
3. 严格检查作业面附近的预留洞口、临边的封蔽、防护设施，严禁在封蔽不符合要求的预留洞口上作业；
4. 砌砖抹灰使用工具应放置稳妥，斩砖时应面向墙内斩砖，严禁随意向下扔砖头杂物等；
5. 脚手架上堆砖，只允许单行侧摆三层，工作完毕后应清理干净；
6. 在山墙砌完后应立即安放檩条或加临时支撑固定；
7. 验收合格方可进行作业，未经验收或验收不合格不准作下一道工序作业。</td></tr>
<tr><td>施工现场针对性安全交底</td><td colspan="5"></td></tr>
<tr><td>交底人签名</td><td></td><td>接受交底负责人签名</td><td></td><td>交底时间</td><td>年　月　日</td></tr>
<tr><td>作业人员签名</td><td colspan="5"></td></tr>
</table>

本表一式两份，班组自存一份，资料室归档一份。

搅拌机操作安全技术交底

3045

<table>
<tr><td colspan="2">施工单位名称</td><td colspan="2"></td><td colspan="2">单位工程名称</td><td></td></tr>
<tr><td colspan="2">施工部位</td><td colspan="2"></td><td colspan="2">施工内容</td><td></td></tr>
<tr><td>安全技术交底内容</td><td colspan="6">1. 操作要持证上岗，专人专机；
2. 必须按照配合比要求下料，严格控制水灰比；
3. 开机前必须检查机械是否正常运转，发现问题及时报告；
4. 机器未停稳禁止进行装料卸料及排除故障的作业。排除设备故障须断电源；
5. 每天完工后，要及时清洗干净，断开电源，电箱加锁后才能下班。</td></tr>
<tr><td>施工现场针对性安全交底</td><td colspan="6"></td></tr>
<tr><td>交底人签名</td><td></td><td>接受交底负责人签名</td><td></td><td>交底时间</td><td colspan="2">年　月　日</td></tr>
<tr><td>作业人员签名</td><td colspan="6"></td></tr>
</table>

本表一式两份，班组自存一份，资料室归档一份。

井架卷扬机操作安全技术交底

3046

<table>
<tr><td colspan="2">施工单位名称</td><td colspan="2"></td><td colspan="2">单位工程名称</td><td></td></tr>
<tr><td colspan="2">施工部位</td><td colspan="2"></td><td colspan="2">施工内容</td><td></td></tr>
<tr><td>安全技术交底内容</td><td colspan="6">1. 必须持证上岗，专人专机，禁止把设备交给无证人员操作；
2. 作业前，应检查钢丝绳、离合器、制动器、保险棘轮、传动滑轮等，确认安全可靠，方准操作；
3. 钢丝绳在卷筒上必须排列整齐，作业中最少需保留三圈；
4. 不得擅离岗位，工作中必须集中精神，注意指挥信号，信号不明或可能引起事故时，应暂停操作，待弄清情况后方可继续作业；
5. 发现层间闸门未关闭时，提示装运人员关好闸门方可开机运行，井架吊篮禁止载人；
6. 作业中突然停电，应采取应急措施，防止吊篮下滑及来电后卷扬机突然起动；
7. 做好设备保养工作，并做好保养和操作记录，发现异常情况随时报告；
8. 当班工作完毕后，吊篮必须返回首层，断开电源，电箱加锁才能下班。</td></tr>
<tr><td>施工现场针对性安全交底</td><td colspan="6"></td></tr>
<tr><td>交底人签名</td><td></td><td>接受交底负责人签名</td><td></td><td>交底时间</td><td colspan="2">年　月　日</td></tr>
<tr><td>作业人员签名</td><td colspan="6"></td></tr>
</table>

本表一式两份，班组自存一份，资料室归档一份。

电焊工操作安全技术交底

3047

<table>
<tr><td>施工单位名称</td><td></td><td>单位工程名称</td><td></td></tr>
<tr><td>施工部位</td><td></td><td>施工内容</td><td></td></tr>
<tr><td>安全技术交底内容</td><td colspan="3">1. 电焊工须持特种作业证上岗，作业证过期未年审的不准施焊作业；
2. 施焊作业必须办理动火审批手续；
3. 电焊机外壳，必须接地良好，要有触电保护器，电源的拆装应由电工完成；
4. 电焊机要设单独的开关，开关应在防雨的开关箱内；
5. 焊钳与把线必须绝缘良好，连接牢固，更换焊条要戴手套。在潮湿地点工作，应站在绝缘胶板或木板上；
6. 严禁在带压力的容器或管道上施焊，焊接带电的设备必须先切断电源；
7. 焊接贮存过易燃、易爆、有毒物品的容器或管道，必须清除干净，并将所有气孔打开；
8. 在密闭金属容器内施焊，容器必须可靠接地，通风良好，并应有监护；严禁向容器内输氧气；
9. 雷雨时，应停止露天施焊作业；
10. 施焊场地周围应清除易燃易爆物品，或进行覆盖、隔离，并在施焊部位配备灭火器材；
11. 焊点下方未设接火斗时不准施焊作业；
12. 四级大风及以上不准高处施焊作业；
13. 必须在易燃易爆气体或液体扩散区施焊时，应经有关部门检试许可后，方可施焊；
14. 作业结束，应切断焊机电源，并检查作业地点，确认无起火危险后，方可离开。</td></tr>
<tr><td>施工现场针对性安全交底</td><td colspan="3"></td></tr>
</table>

交底人签名		接受交底负责人签名		交底时间	年　月　日

作业人员签名	

本表一式两份，班组自存一份，资料室归档一份。

气焊工操作安全技术交底

3048

<table>
<tr><td colspan="2">施工单位名称</td><td colspan="2"></td><td colspan="2">单位工程名称</td><td></td></tr>
<tr><td colspan="2">施工部位</td><td colspan="2"></td><td colspan="2">施工内容</td><td></td></tr>
<tr><td>安全技术交底内容</td><td colspan="6">1. 气焊工须持特种作业证上网，作业证过期未年审的不准施焊作业；
2. 施焊作业必须办理动火审批手续；
3. 施焊场地周围应清除易燃易爆物品，或进行覆盖、隔离，并在施焊部位配备灭火器材；
4. 必须在易燃易爆气体或液体扩散区施焊时，应经有关部门检试许可后，方可施焊；
5. 乙炔气瓶必须装减压阀和防回火装置，乙炔气瓶与氧气瓶之间距离不得小于5m，严禁平放，严禁曝晒，距易燃易爆物品和明火的距离不得少于10m。检验是否漏气，要用肥皂水，严禁用明火；
6. 氧气瓶、氧气表及焊割工具上，严禁沾染油脂；
7. 气瓶的购、运、储存和领用必须严格执行公安部门的有关规定；
8. 点火时，焊枪口不准对人，正在燃烧的焊枪不得放在工件或地面上。带有乙炔和氧气时，不准放在金属容器内，以防气体逸出发生燃烧事故；
9. 严禁在带压力的容器或管道上施焊，焊接带电的设备必须先切断电源；
10. 焊接贮存过易燃、易爆、有毒物品的容器或管道，必须清除干净，并将所有气孔打开；
11. 作业结束，应将气瓶气阀关好，拧上安全罩，检查作业地点，确认无着火危险，方可离开。</td></tr>
<tr><td>施工现场针对性安全交底</td><td colspan="6"></td></tr>
<tr><td colspan="2">交底人签名</td><td></td><td>接受交底负责人签名</td><td></td><td>交底时间</td><td>年　月　日</td></tr>
<tr><td>作业人员签名</td><td colspan="6"></td></tr>
</table>

本表一式两份，班组自存一份，资料室归档一份。

防水工程施工安全技术交底

3049

<table>
<tr><td>施工单位名称</td><td colspan="3"></td><td colspan="2">单位工程名称</td><td></td></tr>
<tr><td>施工部位</td><td colspan="3"></td><td colspan="2">施工内容</td><td></td></tr>
<tr><td>安全技术交底内容</td><td colspan="6">1. 进入现场戴好安全帽、防毒口罩及其他安全防毒用具，扎紧袖口、裤，手不得直接与沥青、油性材料接触；
2. 作业前，应检查所用工具是否牢固可靠。脚手架搭设牢固，不摆动。暂停作业时，应将工具放置稳妥，严禁抛掷工具及废料；
3. 所用须调配材料，应先在地面调好后，再送至使用地区，材料用后要及时封存好剩余材料；
4. 材料堆放必须远离火源，有毒性物品必须封存，并且配置消防器材；
5. 运送材料时，当心坠落伤人，施工过程中严禁靠近烟火，同时，必须随身携带灭火器材；
6. 操作人员操作时，如有头痛、恶心现象，应停止作业。患有材料刺激过敏人员，不得参加相应的工作；
7. 屋面临边高处作业，应有1.2m高护栏，且挂扣安全带。</td></tr>
<tr><td>施工现场针对性安全交底</td><td colspan="6"></td></tr>
<tr><td>交底人签名</td><td></td><td>接受交底
负责人签名</td><td></td><td>交底
时间</td><td colspan="2">年 月 日</td></tr>
<tr><td>作业人员签名</td><td colspan="6"></td></tr>
</table>

本表一式两份，班组自存一份，资料室归档一份。

项目经理部分项安全自检记录表 3050

<table>
<tr><td>检查时间</td><td></td><td rowspan="2">参加人员</td><td rowspan="2"></td></tr>
<tr><td>分项内容</td><td></td></tr>
<tr><td colspan="4">检查意见：</td></tr>
<tr><td colspan="4">整改措施：

项目经理签名：</td></tr>
<tr><td colspan="4">复查结论：

施工员签名：　　月　日　安全员签名：　　月　日</td></tr>
</table>

安全生产中间检查记录

3051

工程名称		结构类型		建筑面积			
检　查　项　目				应得分	实得分		
					好	较好	一般
一、安全技术措施执行情况	安全教育经常、有安全标志和安全标语			5			
	脚手架按规定搭设，没有超载、集载			8			
	施工现场，按规定使用“三宝”			8			
	机械设备有防护设施，非司机人员不准开机			5			
	井架有防雷设备，吊装的吊具、吊索完好			6			
	施工现场须设置消防工具易燃材料按规定堆放			5			
	楼面堆放建筑材料不得超过限额			3			
	配电线须架空、配电箱上锁并有防雨设施			6			
	不准任意设置使墙体横向受力的支撑缆绳			4			
	楼梯口、电梯井口、架口、施工洞口有防护措施			6			
	氧气瓶、乙炔罐预按规定地点安放			4			
二	安全生产有书面交底			20			
三	安全生产检查记录齐全			20			
检查意见：				整改措施：			
应得分 100 分，实得分　　　分。							

检查单位：　　　　　　检查人签字：　　　　　　受检工程负责人签字：

年　　月　　日

________________安全检查记录　　3052

<table>
<tr><td>工程名称</td><td></td><td>检查时间</td><td></td><td rowspan="2">部
位</td><td rowspan="2"></td></tr>
<tr><td>施工单位</td><td></td><td>检查负责人</td><td></td></tr>
<tr><td>参加检查人</td><td colspan="5"></td></tr>
<tr><td colspan="6">检　查　记　录</td></tr>
<tr><td colspan="6">

检查负责人：　　　　　　　　年　月　日</td></tr>
</table>

隐患整改通知单（一）

3053

工程名称：　　　　　　　　　　　年　　月　　日　　　　　　　　编号：

序号	检查中存在的问题	整改反馈情况		
		整改措施	整改人	整改时间
整改期限：	被检查单位负责人：	检查负责人：		

隐患整改通知单（二）

3054

<table>
<tr><td>工程名称</td><td></td><td>施工单位</td><td></td></tr>
<tr><td>检查日期</td><td></td><td>工程部位</td><td></td></tr>
<tr><td>检查部门</td><td></td><td>检查形式</td><td></td></tr>
<tr><td colspan="4">参加检查人：</td></tr>
<tr><td colspan="4">现场存在问题：

落实整改负责人：　　　　　　检查负责人：
年　月　日　　　　　　年　月　日</td></tr>
<tr><td>复查意见</td><td colspan="3">
复查人：　　　　年　月　日</td></tr>
</table>

隐患整改通知书

3055

编号：

<table>
<tr><td colspan="2">施工单位</td><td></td><td>工程名称</td><td></td></tr>
<tr><td colspan="2">送达时间</td><td></td><td>工程地点</td><td></td></tr>
<tr><td>存在隐患</td><td colspan="4"></td></tr>
<tr><td>整改期限</td><td colspan="4"></td></tr>
<tr><td>单位意见</td><td colspan="4">负责人：　　　　年　　月　　日</td></tr>
<tr><td>签发单位意见</td><td colspan="4">签发单位（章）：　　　　负责人：　　　　年　　月　　日</td></tr>
</table>

注：1. 检查单位、被检查单位各 1 份。

2. 整改完毕，写出整改报告书，报检查单位。

隐患整改报告书

3056

报告单位（公章）： 原通知书编号：

<table>
<tr><td>工程名称</td><td></td><td>工程地点</td><td></td></tr>
<tr><td>整
改
情
况</td><td colspan="3">

项目负责人：
年　月　日</td></tr>
<tr><td>复查情况</td><td colspan="3">
复查负责人：
年　月　日</td></tr>
<tr><td>批复意见</td><td colspan="3">批复单位（章）：　　　负责人：
年　月　日</td></tr>
</table>

注：1. 附原隐患整改通知书。

2. 整改情况要有整改人、整改时间、整改措施等内容。

隐患整改及复查结果登记表

3057

施工企业：

工程名称：

下达通知日期	通知编号	主要内容	被通知单位	复查时间及结果	整改负责人

填表人：　　　　　　　　　　　　　　　　日期：　　年　　月　　日

隐患整改反馈表

3058

工程名称		施工单位	
存在问题项数		施工部位	
整改负责人		完成时间	
整改结果：			
其他需要说明的问题	整改负责人：　　　　　　　年　　月　　日		

施工现场安全保证资料

3059

工程名称		天气情况	
工程部位		停水停电	

安　全　检　查　记　录

安全负责人：

（页）　　　　日期：　　年　　月　　日

施工现场违章违纪登记表

3060

<table>
<tr><td colspan="2">工程名称</td><td colspan="2"></td><td>施工单位</td><td colspan="2"></td></tr>
<tr><td colspan="2">项目经理</td><td colspan="2"></td><td>施工负责人</td><td colspan="2"></td></tr>
<tr><td colspan="2">违章人员姓名</td><td>年　龄</td><td>性　别</td><td colspan="2">身份证号</td><td>操作证号</td></tr>
<tr><td colspan="2"></td><td></td><td></td><td colspan="2"></td><td></td></tr>
<tr><td>1</td><td>违章违纪情况</td><td colspan="5"></td></tr>
<tr><td>2</td><td>处理意见</td><td colspan="5"></td></tr>
<tr><td>3</td><td>违章违纪情况依据</td><td colspan="5"></td></tr>
<tr><td colspan="7">违章人签字：　　　　安全员：
施工单位负责人：　　　　项目负责人：
年　　月　　日</td></tr>
</table>

______作业人员登记表　3061

单位名称						登记日期	
序号	姓　　名	工　种	工　龄	等级	发证单位	证件编号	备　注
1							
2							
3							
4							
5							
6							
7							
8							
9							
10							
11							
12							
13							
14							
15							
16							
17							
18							
19							
20							

填表人：　　　　　　　　　　　　时间：　　年　　月　　日

作业人员操作证复印件

3062

序号____所属单位		项目部名称		工种	
贴操作证复印件					
序号____所属单位		项目部名称		工种	
贴操作证复印件					

填表人：　　　　　　　　　　　　　　　　　　　　时间：　　　年　　月　　日

职工安全教育培训花名册

3063

年　月　日

序号	姓　名	性别	出生年月	入厂时间	工种（岗位）	教育内容

建筑业企业
职工安全教育档案

施工单位：

工程名称：

日　　期：

资料员（章）：

编制说明

3065

一、《建筑业企业职工安全教育档案》是记录职工在企业接受安全培训教育的档案材料，建筑施工企业的所有职工（包括临时用工人员），必须一人一册。职工在本企业调动时，其教育档案随本人转移。

二、《建筑业企业职工安全教育档案》由企业安全管理部门统一管理。

三、根据建设部《建筑业企业职工安全培训教育暂行规定》要求，建筑业企业职工每年必须接受一次专门的安全培训。

（一）企业法定代表人、项目经理每年接受安全培训的时间，不得少于30学时；

（二）企业专职安全管理人员除按照建教［1991］522号文《建设企事业单位关键岗位执证上岗管理规定》的要求，取得岗位合格证书并执证上岗外，每年还必须接受安全专业技术业务培训，时间不少于40学时；

（三）企业其他管理人员和技术人员每年接受安全培训的时间，不得少于20学时；

（四）企业的特种作业人员，在通过专业技术培训并取得岗位操作证后，每年仍必须接受有针对性的安全培训，时间不得少于20学时；

（五）企业其他职工每年接受安全培训的时间，不得少于15学时；

（六）企业待岗、转岗的职工，在重新上岗前，必须接受一次安全培训，时间不得少于20学时。

四、建筑业企业新进场的工人，必须接受公司、项目（或工区、工程处、施工队）、班组的三级安全培训教育，经考核合格者，方能上岗。

（一）公司安全培训教育的主要内容是：国家和地方有关安全生产的方针、政策、法律、法规、标准、规范、规程和企业的安全规章制度等，培训教育的时间不得少于15学时。

（二）项目安全培训教育的主要内容是：工地安全制度、施工现场环境、工程施工特点及可能存在的不安全因素等，培训教育的时间不得少于15学时。

（三）班组安全培训教育的主要内容是：本工种的安全操作规程、事故案例剖析、劳动纪律和岗位讲评等，培训教育的时间不得少于20学时。

五、需持安全管理人员上岗证的人员包括企业法人代表、分管安全生产的经理、总工程师、分公司经理（工程处处长）、项目经理、安全处（科）长及专（兼）职安全员、安全资料管理员等。

六、经常性安全教育。包括季节性、节假日前后和临时性的安全教育（如春季开工前、安全周和开展的安全无事故活动等）。

七、《建筑业企业职工安全教育档案》必须贴职工本人一寸免冠照片一张。

八、各项教育由受教育人签字生效。

档案编号：　　　　**3066**

照片

企业名称：

姓名：________性别：________出生年月：________文化程度：

入厂时间：________________工种（岗位）：

籍贯：

现家庭住址：

身份证编号：

新入厂工人三级安全教育记录

3067

序号	项目	教育内容	时间	授课人	课时	考核分数	受教育人签字	上岗意见及负责人签字
1	公司级教育						年　月　日	负责人： 年　月　日
2	项目部（处、队）级教育						年　月　日	负责人： 年　月　日
3	班组级教育						年　月　日	负责人： 年　月　日

变换工种安全教育记录

<table>
<tr><td rowspan="2">项目
年月</td><td>现从事工种</td><td></td><td>原工种</td><td colspan="2"></td><td colspan="2">变换工种时间</td><td colspan="2"></td></tr>
<tr><td colspan="2">教育内容</td><td>授课人</td><td>课时</td><td colspan="2">考核分数</td><td colspan="2">授课地点</td><td>受教育人签名</td></tr>
<tr><td></td><td colspan="2"></td><td></td><td></td><td colspan="2"></td><td colspan="2"></td><td>年 月 日</td></tr>
<tr><td></td><td colspan="2"></td><td></td><td></td><td colspan="2"></td><td colspan="2"></td><td>年 月 日</td></tr>
<tr><td></td><td colspan="2"></td><td></td><td></td><td colspan="2"></td><td colspan="2"></td><td>年 月 日</td></tr>
</table>

年度安全培训考核记录 3069

姓　名	职　务	岗　位	证件名称	证件编号	考核成绩	考核人签字	备　注

注：1. 此表适用于施工管理人员。

2. 考核内容附后。

管理人员、专（兼）职安全人员年度安全培训登记 3070

序号	姓名	性别	年龄	职务（工种）	籍贯	培训内容	培训时间
1							
2							
3							
4							
5							
6							
7							
8							
9							
10							
11							
12							
13							
14							
15							
16							
17							
18							
19							
20							
21							

单位负责人：　　　　　　　　　　填表人：

变换工种人员教育登记表

3071

序号	姓 名	性别	年龄	工作单位	原工种	现工种	教育时间	考核分数	备 注

项目部管理人员教育登记表

3072

施工企业：

<table>
<tr><td colspan="2">项目部名称</td><td colspan="4"></td><td>受教育单位</td><td></td></tr>
<tr><td colspan="2">安全教育内容</td><td colspan="4"></td><td>教育日期</td><td></td></tr>
<tr><td>序号</td><td>姓　名</td><td>性别</td><td>年龄</td><td>职　务</td><td>职　称</td><td>考核成绩</td><td>受教育者签名</td></tr>
<tr><td>1</td><td></td><td></td><td></td><td></td><td></td><td></td><td></td></tr>
<tr><td>2</td><td></td><td></td><td></td><td></td><td></td><td></td><td></td></tr>
<tr><td>3</td><td></td><td></td><td></td><td></td><td></td><td></td><td></td></tr>
<tr><td>4</td><td></td><td></td><td></td><td></td><td></td><td></td><td></td></tr>
<tr><td>5</td><td></td><td></td><td></td><td></td><td></td><td></td><td></td></tr>
<tr><td>6</td><td></td><td></td><td></td><td></td><td></td><td></td><td></td></tr>
<tr><td>7</td><td></td><td></td><td></td><td></td><td></td><td></td><td></td></tr>
<tr><td>8</td><td></td><td></td><td></td><td></td><td></td><td></td><td></td></tr>
<tr><td>9</td><td></td><td></td><td></td><td></td><td></td><td></td><td></td></tr>
<tr><td>10</td><td></td><td></td><td></td><td></td><td></td><td></td><td></td></tr>
<tr><td>11</td><td></td><td></td><td></td><td></td><td></td><td></td><td></td></tr>
<tr><td>12</td><td></td><td></td><td></td><td></td><td></td><td></td><td></td></tr>
<tr><td>13</td><td></td><td></td><td></td><td></td><td></td><td></td><td></td></tr>
<tr><td>14</td><td></td><td></td><td></td><td></td><td></td><td></td><td></td></tr>
<tr><td>15</td><td></td><td></td><td></td><td></td><td></td><td></td><td></td></tr>
<tr><td>16</td><td></td><td></td><td></td><td></td><td></td><td></td><td></td></tr>
<tr><td>17</td><td></td><td></td><td></td><td></td><td></td><td></td><td></td></tr>
<tr><td>18</td><td></td><td></td><td></td><td></td><td></td><td></td><td></td></tr>
<tr><td>19</td><td></td><td></td><td></td><td></td><td></td><td></td><td></td></tr>
<tr><td>20</td><td></td><td></td><td></td><td></td><td></td><td></td><td></td></tr>
</table>

填表人：　　　　　　　　　　　　　　　　　　　日期：　　　年　　月　　日

生产作业人员教育登记表

3073

施工企业：

项目部名称		受教育单位	
安全教育内容		考核日期	

序号	姓　名	性别	年龄	工　种	入厂时间	考核成绩	受教育者签名
1							
2							
3							
4							
5							
6							
7							
8							
9							
10							
11							
12							
13							
14							
15							
16							
17							
18							
19							
20							

填表人：　　　　　　　　　　　　　　　　日期：　　　年　　月　　日

管理人员上岗证复印件

3074

序号____所属单位		项目部名称		岗位	
贴上岗证复印件					
序号____所属单位		项目部名称		岗位	
贴上岗证复印件					

填表人：　　　　　　　　　　　　　　时间：　　　年　　月　　日

项目三级教育记录

3075

施工企业：

<table>
<tr><td>项目工程部</td><td></td><td>教育负责人</td><td></td></tr>
<tr><td colspan="2">教育类别：（定期、经常性、季节性、节假日）</td><td>教育日期</td><td></td></tr>
<tr><td>教育地点</td><td></td><td>主　讲　人</td><td></td></tr>
<tr><td>受教育单位</td><td></td><td>人　　　数</td><td></td></tr>
<tr><td colspan="4">安全教育内容：</td></tr>
<tr><td colspan="2">受教育单位负责人：</td><td colspan="2">项目负责人：</td></tr>
</table>

填表人：　　　　　　　　　　　　　　　　　　时间：　　　年　　月　　日

各工种安全培训记录

3076

<table>
<tr><td colspan="3">项目工程部</td><td colspan="4"></td><td>施工单位</td><td colspan="2"></td></tr>
<tr><td>序号</td><td>考核日期</td><td>姓　名</td><td>年龄</td><td>性别</td><td>原工种</td><td>现工种</td><td colspan="2">学习及考核内容</td><td>考核分数</td></tr>
<tr><td>1</td><td></td><td></td><td></td><td></td><td></td><td></td><td colspan="2"></td><td></td></tr>
<tr><td>2</td><td></td><td></td><td></td><td></td><td></td><td></td><td colspan="2"></td><td></td></tr>
<tr><td>3</td><td></td><td></td><td></td><td></td><td></td><td></td><td colspan="2"></td><td></td></tr>
<tr><td>4</td><td></td><td></td><td></td><td></td><td></td><td></td><td colspan="2"></td><td></td></tr>
<tr><td>5</td><td></td><td></td><td></td><td></td><td></td><td></td><td colspan="2"></td><td></td></tr>
<tr><td>6</td><td></td><td></td><td></td><td></td><td></td><td></td><td colspan="2"></td><td></td></tr>
<tr><td>7</td><td></td><td></td><td></td><td></td><td></td><td></td><td colspan="2"></td><td></td></tr>
<tr><td>8</td><td></td><td></td><td></td><td></td><td></td><td></td><td colspan="2"></td><td></td></tr>
<tr><td>9</td><td></td><td></td><td></td><td></td><td></td><td></td><td colspan="2"></td><td></td></tr>
<tr><td>10</td><td></td><td></td><td></td><td></td><td></td><td></td><td colspan="2"></td><td></td></tr>
<tr><td>11</td><td></td><td></td><td></td><td></td><td></td><td></td><td colspan="2"></td><td></td></tr>
<tr><td>12</td><td></td><td></td><td></td><td></td><td></td><td></td><td colspan="2"></td><td></td></tr>
<tr><td>13</td><td></td><td></td><td></td><td></td><td></td><td></td><td colspan="2"></td><td></td></tr>
<tr><td>14</td><td></td><td></td><td></td><td></td><td></td><td></td><td colspan="2"></td><td></td></tr>
<tr><td>15</td><td></td><td></td><td></td><td></td><td></td><td></td><td colspan="2"></td><td></td></tr>
<tr><td>备注</td><td colspan="9"></td></tr>
</table>

填表人：　　　　　　　　　　　　　　　　　　时间：　　　年　　月　　日

班前安全活动

班前安全活动记录

3077

施工企业：

工程名称：

<table>
<tr><td>班组</td><td></td><td>出勤人数</td><td></td><td>施工内容</td><td></td><td>日期</td><td></td></tr>
<tr><td>活动内容</td><td colspan="5"></td><td>天气</td><td></td></tr>
<tr><td colspan="8">安全技术交底：</td></tr>
<tr><td colspan="8">制定措施：

班组负责人：</td></tr>
</table>

填表人：　　　　　　　　　　时间：　　年　　月　　日

安全例会记录

3078

施工企业：

工程名称：

<table>
<tr><td>会议时间</td><td colspan="2"></td><td>会议地点</td><td colspan="2"></td></tr>
<tr><td>会议内容</td><td colspan="3"></td><td>参加人数</td><td></td></tr>
<tr><td>会议范围</td><td colspan="3"></td><td>主 持 人</td><td></td></tr>
<tr><td colspan="6">会 议 记 录

记录人：</td></tr>
</table>

特种作业人员花名册

3079

工程名称： 年 月 日

序号	姓 名	性别	年龄	文化程度	工种（职务）	证件编号	发证机关	发证时间	复审时间	从事本工种起始时间	备 注

工程项目负责人： 制表人：

施工现场职工伤亡事故月报表

3080

填报工地：　　　　　　　　　　　　　　　　　　　　　　　　　年　　月

事故类别	合计	物体打击	触电	机械伤害	起重伤害	高处坠落	中毒和窒息	火灾和爆炸	坍塌	车辆伤害	其他伤害			
序号	1	2	3	4	5	6	7	8	9	10	11	12	13	14
死亡														
重伤														
轻伤														

补充资料：1. 本工地本月全部职工平均人数　　人，负伤者全月歇工总工日　　工日　　负伤频率　　‰

2. 本月事故造成经济损失　　元。

3. 企业职工以外人员：①死亡　　人，重伤　　人；②其他人员死亡　　人，重伤　　人。

4. 自年初累计：死亡　　人，重伤　　人，轻伤　　人，歇工总工日　　工日，负伤频率　　‰。经济损失　　元。

工地负责人：　　　　　　制表人：　　　　　　实际报出日期：　　　年　　月　　日

伤亡/重大未遂 事故记录

3081

<table>
<tr><td colspan="2">工程名称</td><td colspan="4"></td><td>发生事故时间</td><td colspan="2"></td></tr>
<tr><td colspan="2">事故类别</td><td colspan="4"></td><td>事故性质</td><td colspan="2"></td></tr>
<tr><td rowspan="4">事故
情况</td><td rowspan="2">姓　名</td><td rowspan="2">性别</td><td rowspan="2">年龄</td><td rowspan="2">工龄</td><td rowspan="2" colspan="2">伤亡
未遂　情况</td><td colspan="2">经济损失（元）</td></tr>
<tr><td>直接</td><td>间接</td></tr>
<tr><td></td><td></td><td></td><td></td><td colspan="2"></td><td></td><td></td></tr>
<tr><td></td><td></td><td></td><td></td><td colspan="2"></td><td></td><td></td></tr>
<tr><td colspan="9">事故经过及处理情况：</td></tr>
<tr><td colspan="2">工地负责人</td><td colspan="3">年　月　日</td><td>记录人</td><td colspan="3">年　月　日</td></tr>
</table>

报送因工伤亡事故调查处理结案审批表

3082

事故单位		发生事故时间	
所有制性质		事故类别	
资质等级		事故地点	
专　　业		死亡　人　重伤　人　轻伤　人	
安全资格证书号		事故性质	
隶属关系		直接经济损失	
事故经过			

事故原因分析
主要防范措施

事故调查组对责任者处理意见
县（市、区）主管部门意见 年　月　日（章）
市地主管部门意见 年　月　日（章）
省建筑安全监督部门意见 年　月　日（章）

备注：死亡1人事故，由市地批复结案，并将此表报送省安监总站2份备案。

职工工伤事故台账

3085

序号	姓名	性别	年龄	工种	受伤时间和地点	受伤原因	伤害部位	受伤程度	歇工天数	经济损失
1										
2										
3										
4										
5										
6										
7										
8										
9										
10										
11										
12										
13										
14										
15										
16										

单位：填表人：　　　　　　　　　　　　　　年　　月　　日

安全标志台账

3086

工程名称		填表日期	
名　称	数　量（块）	悬挂位置	备　注

制表人：

安全标志牌登记表

3087

施工企业：

工程名称：

序　号	标志牌内容	数　量	使用情况
1			
2			
3			
4			
5			
6			
7			
8			
9			
10			
11			
12			
13			
14			
15			
备注			

填表人：　　　　　　　　　　　　　　　　　　时间：　　年　　月　　日

“四口”及临边防护验收表

3088

<table>
<tr><td>工程名称</td><td colspan="3"></td><td>施工单位</td><td colspan="3"></td></tr>
<tr><td>结构类型</td><td></td><td>栋号层数</td><td></td><td>验收层数</td><td></td><td>验收日期</td><td></td></tr>
<tr><td>项目经理</td><td></td><td colspan="2">参加验收人员</td><td colspan="4"></td></tr>
<tr><td>验收项目</td><td colspan="2">防护标准要求</td><td colspan="5">验　收　情　况</td></tr>
<tr><td></td><td colspan="2"></td><td colspan="5"></td></tr>
<tr><td>验收结果</td><td colspan="7">搭设负责人：　　　　项目负责人：　　　　安全负责人：
年　月　日　　　　年　月　日　　　　年　月　日</td></tr>
</table>

安全防护、临时设施费与准用证管理制度

施工单位：

工程名称：

日　　期：

资料员（章）：

安全防护、临时设施费统计表

3090

第　层　　　　　　　　　　　　年　月　日

工程名称		层　数	
开工时间		竣工时间	
工程总造价		工程直接费	
安全防护设施提取金额		临时设施提取金额	
该层使用金额		开工至该层累计金额	

名　称	数　量	金　额	备　注

说明	1. 每两层填写一次 2. 根据施工现场实际填写

工程负责人：　　　　　　　　　　　　　　　　制表人：

安全防护用具及机械设备准用管理

施工单位：

工程名称：

日　　期：

资料员（章）：

安全防护用具及机械设备准用登记表 3092

名　称	规　格	数　量	生产厂家	供货单位	票据号码	购置时间	备　注

注：此表后附有关原始票据。

安全保护装置分项工程质量检验评定表　3093

工程名称：　　　　　　　　　　部位：　　　　　　　　　　施工单位：

<table>
<tr><td rowspan="7">保证项目</td><td colspan="2">项　目</td><td colspan="11">质 量 情 况</td></tr>
<tr><td>1</td><td>各种安全保护开关</td><td colspan="11"></td></tr>
<tr><td>2</td><td>与机械配合的安全开关</td><td colspan="11"></td></tr>
<tr><td>3</td><td>各种按钮和开关</td><td colspan="11"></td></tr>
<tr><td>4</td><td>极限、限位、缓速装置</td><td colspan="11"></td></tr>
<tr><td>5</td><td>安全触板</td><td colspan="11"></td></tr>
<tr><td>6</td><td>安全距离</td><td colspan="11"></td></tr>
<tr><td rowspan="4">基本项目</td><td colspan="2" rowspan="2">项　目</td><td colspan="10">质 量 情 况</td><td rowspan="2">等 级</td></tr>
<tr><td>1</td><td>2</td><td>3</td><td>4</td><td>5</td><td>6</td><td>7</td><td>8</td><td>9</td><td>10</td></tr>
<tr><td>1</td><td>安全钳楔块面与导轨顶面间隙</td><td></td><td></td><td></td><td></td><td></td><td></td><td></td><td></td><td></td><td></td><td></td></tr>
<tr><td>2</td><td>安全钳钳口与导轨顶面间隙</td><td></td><td></td><td></td><td></td><td></td><td></td><td></td><td></td><td></td><td></td><td></td></tr>
<tr><td rowspan="2">检查结果</td><td colspan="2">保证项目</td><td colspan="11"></td></tr>
<tr><td colspan="2">基本项目</td><td colspan="11">检查　　项，其中优良　　项，优良率　　%</td></tr>
<tr><td colspan="14">复查结果：　　　　　　　　　　　　复查人：　　　　月　　日</td></tr>
<tr><td colspan="4">评定等级：
工程负责人：
工　　长：
班 组 长：</td><td colspan="5">质检员核验等级：

质检员：</td><td colspan="5">监理工程师或建设单位代表认定等级：

认定人：</td></tr>
</table>

年　　月　　日

动火作业申请表

3094

施工企业：

工程名称：

<table>
<tr><td>作业班组</td><td></td><td>作业人</td><td></td><td>监护人</td><td></td></tr>
<tr><td>动火时间</td><td colspan="2">月　　日至　　日　　日</td><td>灭火器材数量</td><td colspan="2"></td></tr>
<tr><td>作业部位及简图</td><td colspan="5"></td></tr>
<tr><td>作业性质</td><td colspan="5"></td></tr>
<tr><td>防护措施</td><td colspan="5">监护人：
年　　月　　日</td></tr>
<tr><td>审批意见</td><td colspan="5">保卫部门负责人：
年　　月　　日</td></tr>
</table>

动火监护记录

3095

施工企业：

工程名称：

工程项目		作业班组		
作业时间	作　业　性　质		灭火器材品种数量	监护人
备注				

填表人：　　　　　　　　　　　　　　　　时间：　　　年　　月　　日

龙门架（井字架）安装验收单

3096

施工项目名称：＿＿＿＿＿＿＿＿　　验收时间：＿＿年＿＿月＿＿日

架体安装位置：＿＿＿＿＿＿＿＿　　高　　度：＿＿＿＿＿＿

序号	验收项目		量化验收内容及标准	现场实际检测值	验收结果
1	架体制作		1. 有经上级审批的设计计算书。2. 架体制作符合设计要求和规范要求。3. 使用厂家产品有安全监督管理部门准用证。		
2	限位保险装　置		1. 吊篮有定型化停靠装置。2. 有超高限位装置。3. 摩擦式卷扬机超高限位禁用断电方式。4. 高架提升机有极限限位器、缓冲器、超载限制器。		
3	架体稳定	缆风绳	1. 架高 20m 以下设一组，20 ~ 30m 设两组。2. 缆风绳使用钢丝绳，钢丝绳直径大于 9.3mm，角度为 45°~60°。3. 有地锚，无随意绑扎。		
		与建筑结构连接	1. 连墙杆位置符合规范要求，连接牢固。2. 不与脚手架连接。3. 材质、连接做法符合要求。		
4	钢丝绳		1. 钢丝绳合格无锈蚀及绳芯缺油。2. 绳卡符合规定。3. 钢丝绳无拖地，有过路保护。		
5	楼层卸料平台防护		1. 卸料平台两侧有严密的防护栏杆。2. 平台脚手板铺设严密平整。3. 平台防护门定型化、工具化。4. 地面进料口有防护棚。		
6	吊　篮		1. 吊篮设有安全门并形成定型化、工具化。2. 高架提升机要使用吊笼。3. 无违章乘人现象。4. 吊篮提升禁用单根钢丝绳。		
7	架　体		1. 有架体安装拆除施工方案。2. 基础平整夯实有混凝土基础。3. 架体垂直在允许偏差内，架体与吊篮间隙符合规定。4. 架体外侧设立网防护，防护严密。5. 摇臂把杆按设计安装并有保险绳。6. 井字架开口处已加固。		
8	传动系统		1. 卷扬机地锚牢固，卷筒有防脱保险。2. 导向滑轮与卷筒间距符合规定。3. 滑轮与钢丝绳匹配。4. 卷筒钢丝绳缠绕整齐。5. 滑轮翼缘完好与架体未柔体性连接。		
9	联络信号		有联络信号，信号方式合理准备		
10	卷扬机操作棚		卷扬机有操作棚，操作棚符合规定要求		
11	避　雷		防雷保护范围以外有符合要求的避雷装置		
12	其　他				
综合评价意见					

项目负责人签章：　　　组装负责人签章：　　　验收人签章：

注：必须按建设部《建筑施工安全检查标准》规定量化验收。

________脚手架分段使用验收单　　3097

施工项目名称：________________　　验收时间：_____年____月____日

架设安装位置：________________　　高　　度：________________

序号	验收项目	量化验收内容及标准	现场实际检测值	验收结果
1				
2				
3				
4				
5				
6				
7				
8				
9				
10				
综合评价意见				

项目负责人签字：　　组装负责人签章：　　验收人签章：

注：1. 此验收单适应各种脚手架验收使用。

2. 请按建设部《建筑施工安全检查标准》规定量化验收。

________脚手架验收表

3098

工程名称			施工单位		
架体种类		架体高度		验收日期	
架体总长度		架体荷载		分段验收高度	
施工负责人		参加验收人员			
验收项目	施工方案要求	验收情况			
脚手架有关技术资料					
架体基础					
架体支撑系统					
架体稳定					
安全装置					
架体防护					
验收意见	搭设负责人	项目负责人	安全技术主管部门		
	年　月　日	年　月　日	年　月　日		

落地式脚手架验收表

3099

<table>
<tr><td colspan="2">工程名称</td><td colspan="2"></td><td>架体名称</td><td></td></tr>
<tr><td colspan="2">搭设高度</td><td colspan="2"></td><td>验收日期</td><td></td></tr>
<tr><td>序号</td><td colspan="2">验收内容</td><td colspan="2">验收要求</td><td>验收结果</td></tr>
<tr><td>1</td><td>施工方案</td><td>专项施工方案
设计计算书</td><td colspan="2"></td><td></td></tr>
<tr><td>2</td><td>立杆基础</td><td>基础
钢底座
垫木
纵、横向扫地杆
排水措施</td><td colspan="2"></td><td></td></tr>
<tr><td>3</td><td>架体拉结</td><td>硬拉结
软硬拉结</td><td colspan="2"></td><td></td></tr>
<tr><td>4</td><td>杆件间距与剪刀撑</td><td>立杆间距
大横杆间距
小横杆间距
剪刀撑宽度、角度
剪刀撑间距
剪刀撑高度
横向支撑</td><td colspan="2"></td><td></td></tr>
<tr><td>5</td><td>脚手板与防护栏杆</td><td>脚手板种类
脚手板规格
脚手板铺设
密目网封闭
网边连接
施工层防护栏杆
施工层挡脚板</td><td colspan="2"></td><td></td></tr>
<tr><td>6</td><td>小横杆设置</td><td>大横杆、立杆交点处
杆件固定
伸入墙内长度</td><td colspan="2"></td><td></td></tr>
</table>

序号	验收内容		验收要求	验收结果
7	杆件连接	立杆 大横杆 剪刀撑 各杆件伸出扣件长度		
8	架体内封存	架里首层兜网 层间平网 施工层平网 内立杆与建筑物之间封闭		
9	材质	钢管 扣件 脚手板		
10	通道	宽度、坡度 防滑条 转角平台 通道防护 剪刀撑		
11	卸料平台	计算书 立杆横杆尺寸 剪刀撑支撑 平台底板 拉结系统 使用荷载		
验收签字		搭设负责人： 安全负责人：	使用负责人： 项目负责人：	
验收结论		技术负责人： 年 月 日		

悬挑式脚手架验收表

3101

工程名称			架体名称	
搭设高度			验收日期	

序号	验收内容		验收要求	验收结果
1	施工方案	专项施工方案 设计计算书		
2	悬挑梁及架体稳定	悬挑梁安装 结构连接 立杆底部固定 架体与建筑物拉结		
3	脚手板	脚手板种类 脚手板规格 脚手板铺设		
4	荷载	使用荷载 荷载堆放		
5	杆件间距	立杆间距 大横杆间距		

<table>
<tr><th>序号</th><th colspan="2">验收内容</th><th>验收要求</th><th>验收结果</th></tr>
<tr><td>6</td><td>架体防护</td><td>施工层栏杆
施工层挡脚板
外侧密目网</td><td></td><td></td></tr>
<tr><td>7</td><td>层间防护</td><td>架里首层兜网
层间平网
施工层平面</td><td></td><td></td></tr>
<tr><td>8</td><td>剪刀撑</td><td>剪刀撑宽度角度
剪刀撑间距
剪刀撑高度</td><td></td><td></td></tr>
<tr><td>9</td><td>架体材质</td><td>挑梁规格、材质
架体钢管
扣件
脚手板</td><td></td><td></td></tr>
<tr><td colspan="2">验收签字</td><td colspan="3">搭设负责人:　　　　使用负责人:
安全负责人:　　　　项目负责人:</td></tr>
<tr><td colspan="2">验收结论</td><td colspan="3">技术负责人:
年　月　日</td></tr>
</table>

门型脚手架验收表

3103

工程名称		架体名称	
搭设高度		验收日期	

序号	验收内容		验收要求	验收结果
1	施工方案	专项施工方案 设计计算书		
2	架体基础	架体基础 垫木 扫地杆		
3	架体稳定	架体拉结 剪刀撑设置 层间大横杆 杆件锁件 立杆垂直度		
4	脚手板	脚手板铺设 脚手板材质、规格		
5	架体防护	操作层挡脚板 操作层防护栏杆 架体外侧密目网		
6	材质	杆件锁件 架体焊接		
7	荷载	施工荷载 荷载堆放		
8	通道	宽度 坡度 防滑条		
验收签字	搭设负责人： 安全负责人：		使用负责人： 项目负责人：	
验收结论	技术负责人： 年　月　日			

挂脚手架验收表

3104

<table>
<tr><td colspan="2">工程名称</td><td></td><td>架体名称</td><td></td></tr>
<tr><td colspan="2">搭设高度</td><td></td><td>验收日期</td><td></td></tr>
<tr><td>序号</td><td colspan="2">验收内容</td><td>验收要求</td><td>验收结果</td></tr>
<tr><td>1</td><td>施工方案</td><td>专项施工方案
设计计算书</td><td></td><td></td></tr>
<tr><td>2</td><td>制作组装</td><td>架体制作与组装
悬挂点
悬挂点部件制作
悬挂点间距</td><td></td><td></td></tr>
<tr><td>3</td><td>材质</td><td>杆件
部件</td><td></td><td></td></tr>
<tr><td>4</td><td>脚手板</td><td>种类
规格
铺设</td><td></td><td></td></tr>
<tr><td>5</td><td>荷载</td><td>施工荷载
作业人数</td><td></td><td></td></tr>
<tr><td>6</td><td>架体防护</td><td>防护栏杆
架体外侧封闭
架体底部封闭</td><td></td><td></td></tr>
<tr><td>7</td><td>安装人员</td><td>专项培训</td><td></td><td></td></tr>
<tr><td colspan="2">验收签字</td><td colspan="3">搭设负责人：　　使用负责人：
安全负责人：　　项目负责人：</td></tr>
<tr><td colspan="2">验收结论</td><td colspan="3">技术负责人：
年　　月　　日</td></tr>
</table>

吊篮脚手架验收表

3105

<table>
<tr><td colspan="2">工程名称</td><td></td><td>架体名称</td><td></td></tr>
<tr><td colspan="2">搭设高度</td><td></td><td>验收日期</td><td></td></tr>
<tr><td>序号</td><td colspan="2">验收内容</td><td>验收要求</td><td>验收结果</td></tr>
<tr><td>1</td><td>施工方案</td><td>专项施工方案
设计计算书</td><td></td><td></td></tr>
<tr><td>2</td><td>制作组装</td><td>挑梁、锚固、配种等
抗倾覆装置
吊篮组装
电动、手动葫芦
吊篮荷载</td><td></td><td></td></tr>
<tr><td>3</td><td>安全装置</td><td>葫芦保险卡
保险绳
吊钩保险
作业人员安全带</td><td></td><td></td></tr>
<tr><td>4</td><td>脚手板</td><td>脚手板铺设
脚手板材质、规格</td><td></td><td></td></tr>
<tr><td>5</td><td>升降操作</td><td>操作人员
升降作业
两个吊篮升降同步装置</td><td></td><td></td></tr>
</table>

序号	验收内容		验收要求	验收结果
6	吊篮防护	吊篮外侧封闭 周围设挡脚板 多层作业防护顶板 两端头防护		
7	架体稳定	吊篮与建筑物拉结 吊篮与墙体间隙 钢丝绳垂吊		
8	使用荷载	施工荷载 荷载堆放		
验收签字		搭设负责人： 安全负责人：	使用负责人： 项目负责人：	
验收结论		技术负责人： 年 月 日		

附着式升降脚手架验收表

3107

<table>
<tr><td colspan="2">工程名称</td><td></td><td>架体名称</td><td></td></tr>
<tr><td colspan="2">搭设高度</td><td></td><td>验收日期</td><td></td></tr>
<tr><td>序号</td><td colspan="2">验收内容</td><td>验收要求</td><td>验收结果</td></tr>
<tr><td>1</td><td>使用条件</td><td>准用证
专项施工组织设计
操作规程</td><td></td><td></td></tr>
<tr><td>2</td><td>设计计算</td><td>设计计算书
设计荷载
安装图纸</td><td></td><td></td></tr>
<tr><td>3</td><td>架体构造</td><td>支撑主框架
支撑框架
架体构造
架体升降悬臂
架体支座</td><td></td><td></td></tr>
<tr><td>4</td><td>附着支撑</td><td>主框架与楼层连接
钢挑架</td><td></td><td></td></tr>
<tr><td>5</td><td>升降装置</td><td>同步升降装置
索具　吊具
升降支撑装置
升降操作</td><td></td><td></td></tr>
</table>

<table>
<tr><th>序号</th><th colspan="2">验收内容</th><th>验收要求</th><th>验收结果</th></tr>
<tr><td>6</td><td>防坠防倾装置</td><td>防坠落装置
防倾斜装置</td><td></td><td></td></tr>
<tr><td>7</td><td>脚手板</td><td>材质、规格
铺设
距墙间隙</td><td></td><td></td></tr>
<tr><td>8</td><td>架体防护</td><td>架体外侧
防护栏杆
挡脚板</td><td></td><td></td></tr>
<tr><td>9</td><td>操作事项</td><td>操作方法
操作人员
安全警戒
荷载堆放
升降荷载</td><td></td><td></td></tr>
<tr><td>验收签字</td><td colspan="4">搭设负责人：　　使用负责人：
安全负责人：　　项目负责人：</td></tr>
<tr><td>验收结论</td><td colspan="4">技术负责人：
年　月　日</td></tr>
</table>

安全网支挂验收表

3109

<table>
<tr><td>工程名称</td><td colspan="3"></td><td>施工单位</td><td colspan="3"></td></tr>
<tr><td>架体高度</td><td></td><td>支挂部位</td><td></td><td>支挂形式</td><td></td><td>验收日期</td><td></td></tr>
<tr><td>项目经理</td><td></td><td colspan="2">参加验收人员</td><td colspan="4"></td></tr>
<tr><td colspan="8">验　收　情　况</td></tr>
<tr><td colspan="8"></td></tr>
<tr><td>验收结果</td><td colspan="7">搭设负责人：　　　　项目负责人：　　　　安全负责人：
年　月　日　　　　年　月　日　　　　年　月　日</td></tr>
</table>

模板工程验收表

3110

工程名称			支模部位	
支模日期			验收日期	

序号	验收内容		验收要求	验收结果
1	施工方案	专项施工方案 混凝土输送安全措施		
2	支撑系统	支撑设计计算书 支撑安装		
3	立柱稳定	立柱材料 立柱垫板 纵横向支撑 立柱间距		
4	施工荷载	施工荷载 荷载堆放		

<table>
<tr><th>序号</th><th colspan="2">验收内容</th><th>验收要求</th><th>验收结果</th></tr>
<tr><td>5</td><td>模板存放</td><td>大模板存放
模板堆放</td><td></td><td></td></tr>
<tr><td>6</td><td>支拆模板</td><td>警戒措施
拆模申请
混凝土强度报告</td><td></td><td></td></tr>
<tr><td>7</td><td>运输道路</td><td>宽度
走道垫板</td><td></td><td></td></tr>
<tr><td>8</td><td>作业环境</td><td>孔洞及临边防护
垂直作业防护</td><td></td><td></td></tr>
<tr><td>验收签字</td><td colspan="4">搭设负责人：　　　　使用负责人：
安全负责人：　　　　项目负责人：</td></tr>
<tr><td>验收结论</td><td colspan="4">技术负责人：
年　　月　　日</td></tr>
</table>

模板拆除申请报告书

3112

年　　月　　日

<table>
<tr><td>工程名称</td><td></td><td>拆模部位</td><td></td></tr>
<tr><td>设计混凝土
强度等级</td><td></td><td>浇筑混凝土
日　　期</td><td></td></tr>
<tr><td>试压混凝土
强度等级</td><td></td><td>试压混凝土
报告单号</td><td></td></tr>
<tr><td colspan="4">

申请班组：
年　月　日</td></tr>
<tr><td colspan="4">批复意见：
技术负责人：
年　月　日</td></tr>
</table>

基坑支护验收表 3113

<table>
<tr><td colspan="2">工程名称</td><td></td><td>架体名称</td><td></td></tr>
<tr><td colspan="2">搭设高度</td><td></td><td>验收日期</td><td></td></tr>
<tr><td>序号</td><td colspan="2">验收内容</td><td>验收要求</td><td>验收结果</td></tr>
<tr><td>1</td><td>施工方案</td><td>专项施工方案
混凝土输送安全措施</td><td></td><td></td></tr>
<tr><td>2</td><td>临边防护</td><td>临边防护
其他防护</td><td></td><td></td></tr>
<tr><td>3</td><td>坑壁支护</td><td>坑槽边坡
深坑支护
支护设施</td><td></td><td></td></tr>
<tr><td>4</td><td>排水措施</td><td>排水措施
防临边建筑沉降措施</td><td></td><td></td></tr>
</table>

序号	验收内容		验收要求	验收结果
5	坑边荷载	积土、料具堆放 机械设备与坑边距离		
6	上下通道			
7	土方开挖	施工机械进场 挖土作业		
8	变形检测	基坑支护变形检测 毗邻建筑物等检测		
验收签字	搭设负责人： 安全负责人：		使用负责人： 项目负责人：	
验收结论	技术负责人： 年　月　日			

安全防护设施验收记录

3115

<table>
<tr><td colspan="2">工程名称</td><td></td><td>验收日期</td><td></td></tr>
<tr><td colspan="2">搭设高度</td><td></td><td></td><td></td></tr>
<tr><td>序号</td><td colspan="2">检查内容</td><td>验收标准</td><td>验收结果</td></tr>
<tr><td>1</td><td>三宝</td><td>安全帽
安全带
安全网</td><td></td><td></td></tr>
<tr><td>2</td><td>楼梯口</td><td>防护栏杆
挡脚板</td><td></td><td></td></tr>
<tr><td>3</td><td>电梯井口</td><td>井内防护
井口防护</td><td></td><td></td></tr>
<tr><td>4</td><td>预留洞口</td><td>洞口防护</td><td></td><td></td></tr>
<tr><td>5</td><td>通道口</td><td>长度、宽度
防护棚
防护栏杆
防护网</td><td></td><td></td></tr>
<tr><td>6</td><td>各处临边</td><td>阳台
楼板
楼梯
基坑
屋面</td><td></td><td></td></tr>
<tr><td colspan="2">验收签字</td><td colspan="3">安装负责人：　　　　安全负责人：
项目负责人：</td></tr>
<tr><td colspan="2">验收结论</td><td colspan="3">技术负责人：
年　月　日</td></tr>
</table>

施工用电线路系统验收表

3116

<table>
<tr><td>工程名称</td><td colspan="3"></td><td>施工单位</td><td colspan="2"></td></tr>
<tr><td>敷设形式</td><td colspan="4"></td><td>验收日期</td><td></td></tr>
<tr><td>项目经理</td><td></td><td>参加验收人员</td><td colspan="4"></td></tr>
<tr><td>验收项目</td><td>施工组织设计要求</td><td colspan="5">验 收 情 况</td></tr>
<tr><td></td><td></td><td colspan="5"></td></tr>
<tr><td>验收结果</td><td colspan="6">安装负责人：
年 月 日　　项目负责人：
年 月 日　　电气负责人：
年 月 日　　安技负责人：
年 月 日</td></tr>
</table>

临时用电验收表（一） 3117

工程名称：

<table>
<tr><th>分部验收</th><th>分项验收</th><th>验收内容</th><th>验收结果</th></tr>
<tr><td rowspan="3">外电防护</td><td rowspan="3">外电防护距离及防护措施</td><td>水平距离</td><td></td></tr>
<tr><td>垂直距离</td><td></td></tr>
<tr><td>防护措施</td><td></td></tr>
<tr><td rowspan="8">接地与接零保护系统</td><td rowspan="3">接地分类</td><td>工作接地</td><td></td></tr>
<tr><td>重复接地</td><td></td></tr>
<tr><td>防雷接地</td><td></td></tr>
<tr><td rowspan="3">接地装置</td><td>接地体</td><td></td></tr>
<tr><td>接地线</td><td></td></tr>
<tr><td>接地位置</td><td></td></tr>
<tr><td rowspan="2">接零保护系统</td><td>导线截面</td><td></td></tr>
<tr><td>统一标志</td><td></td></tr>
<tr><td rowspan="8">配电箱开关箱</td><td rowspan="3">三级配电</td><td>总配电箱</td><td></td></tr>
<tr><td>分配电箱</td><td></td></tr>
<tr><td>开关箱</td><td></td></tr>
<tr><td rowspan="2">二级保护</td><td>总漏电保护器</td><td></td></tr>
<tr><td>末级漏电保护器</td><td></td></tr>
<tr><td rowspan="3">配电装置</td><td>隔离开关</td><td></td></tr>
<tr><td>闸具</td><td></td></tr>
<tr><td>线路标记</td><td></td></tr>
</table>

临时用电验收表（二） 3118

分部验收	分项验收	验收内容	验 收 结 果
现场照明	照明供电	额定电压	
		安全电压	
	照明装置	室外照明	
		室内照明	
		金属卤化物灯具	
配电线路	架空线路	杆具	
		横担挡距	
		相序	
		线径	
	电缆线路	架设	
		直埋	
		最大电弧	
	负荷线路	电缆	
		过道保护	
装置电器	装置电器	开关	
		熔断器	
		安装使用	
变配电装置	装置变电	变压器型号	
		连接组别	
		接地系统	
	装置配电	配电屏（盘）	
		自备电源	

临时用电验收表（三）

3119

<table>
<tr><th>分部验收</th><th>分项验收</th><th>验收内容</th><th>验 收 结 果</th></tr>
<tr><td rowspan="7">用电档案</td><td rowspan="3">施工组织设计</td><td>计算书</td><td></td></tr>
<tr><td>平面图　立面图</td><td></td></tr>
<tr><td>系统接地图</td><td></td></tr>
<tr><td>专业人员</td><td>电工岗位资格证书</td><td></td></tr>
<tr><td rowspan="3">电工检查</td><td>巡视维修记录</td><td></td></tr>
<tr><td>地极摇测记录</td><td></td></tr>
<tr><td>档案、管理</td><td></td></tr>
<tr><td>验收记录</td><td colspan="3">安全负责人：　　　　　　项目负责人：
技术负责人：
年　月　日</td></tr>
</table>

电气设备安装验收表

3120

<table>
<tr><td>工程名称</td><td colspan="2"></td><td>施工单位</td><td colspan="2"></td></tr>
<tr><td>验收负责人</td><td></td><td>验收时间</td><td></td><td>设备名称及编号</td><td></td></tr>
<tr><td>参加验收人员</td><td colspan="5"></td></tr>
<tr><td colspan="2">电气设备安装标准要求</td><td colspan="4">验 收 情 况</td></tr>
<tr><td colspan="2"></td><td colspan="4"></td></tr>
<tr><td colspan="6">安装电工:　　设备负责人:　　安全负责人:
年 月 日　　年 月 日　　年 月 日</td></tr>
</table>

______基础验收表 3121

工程名称		设备编号	
规格型号		生产厂家	
轨道式	基础与建筑物平面图（注明各测试点:）		
	测 试 要 求	测 试 结 果	
	纵向、横向坡度＜1/1000		
	轨距误差＜1/1000，且＜6mm		
	钢轨接头间隙＜4mm		
	接头轨顶高度差＜2mm		
基础	基础与建筑物平面图（注明各测试点:）		
	测 试 要 求	测 试 结 果	
	基础水平超测，平面度符合本机说明书要求		
基础承载力符合本机说明书要求			
基础排水措施			
验收结论	施工技术负责人： 年 月 日		

注：1. 此表适用于塔吊、物料提升机、外用电梯。

2. 此表后附基础与建筑的平面图、地基隐蔽工程验收记录、钢筋隐蔽工程验收记录，混凝土试验报告。

塔机安装前零部件检验表

3122

<table>
<tr><td colspan="2">工程名称</td><td></td><td>设备编号</td><td></td></tr>
<tr><td colspan="2">规格型号</td><td></td><td>生产厂家</td><td></td></tr>
<tr><td colspan="4">检验项目及要求</td><td>检　验　结　果</td></tr>
<tr><td>钢结构</td><td colspan="3">钢结构齐全、无丢失、无变形、开焊、裂纹，结构表面无严重锈蚀，油漆无大面积脱落</td><td></td></tr>
<tr><td>机构传动</td><td colspan="3">减速机、卷扬机、制动器、回转机构、液压顶升系统部件齐全，工作正常</td><td></td></tr>
<tr><td>吊钩</td><td colspan="3">无裂纹、变形、严重磨损，钩身无补焊、钻孔现象</td><td></td></tr>
<tr><td>钢丝绳</td><td colspan="3">完好、无断股、断丝不超过规范要求</td><td></td></tr>
<tr><td>滑轮</td><td colspan="3">完好、转动灵活，无卡、塞现象</td><td></td></tr>
<tr><td>安全装置</td><td colspan="3">各限位装置和保险装置齐全、牢固、动作灵敏</td><td></td></tr>
<tr><td>电气</td><td colspan="3">电缆无破损，控制开关无损坏、丢失、开关灵敏</td><td></td></tr>
<tr><td>油料</td><td colspan="3">各部油箱油量、油质符合本机说明书要求，油路畅通无泄露、堵塞现象</td><td></td></tr>
<tr><td>其他部件</td><td colspan="3">齐全，无损坏、丢失</td><td></td></tr>
<tr><td>验收结论</td><td colspan="4">施工技术负责人：
年　月　日</td></tr>
</table>

塔机附着锚固装置及垂直度检验表 3123

<table>
<tr><td colspan="2">工程名称</td><td></td><td>设备编号</td><td colspan="2"></td></tr>
<tr><td colspan="2">规格型号</td><td></td><td>生产厂家</td><td colspan="2"></td></tr>
<tr><td rowspan="8">附着式</td><td>附着点距地高度</td><td></td><td>自由端高度</td><td colspan="2"></td></tr>
<tr><td>附着道数</td><td></td><td>与建筑物水平距离</td><td colspan="2"></td></tr>
<tr><td colspan="2">检验项目与要求</td><td colspan="3">实　测　结　果</td></tr>
<tr><td colspan="2">框架、附着杆安装正确，无开焊、变形、裂缝</td><td colspan="3"></td></tr>
<tr><td colspan="2">塔身与框架固定牢固无下滑</td><td colspan="3"></td></tr>
<tr><td colspan="2">框架、附着杆、墙板各处螺栓、销轴齐全</td><td colspan="3"></td></tr>
<tr><td colspan="2">自由端高度符合要求</td><td colspan="3"></td></tr>
<tr><td colspan="2"></td><td colspan="3"></td></tr>
<tr><td rowspan="4">缆风绳式</td><td colspan="2">缆风绳必须使用钢丝绳，严禁使用铅丝、钢筋、麻绳代替</td><td colspan="3"></td></tr>
<tr><td colspan="2">缆风绳四角对称设置，且与地面夹角60°</td><td colspan="3"></td></tr>
<tr><td colspan="2">缆风绳与地锚连接，不得拴在树木、电杆或堆放物等物体上</td><td colspan="3"></td></tr>
<tr><td colspan="2">地锚设置符合规范要求</td><td colspan="3"></td></tr>
<tr><td colspan="3" rowspan="2">塔机垂直度≤3%</td><td>塔高</td><td>偏差</td><td>垂直度</td></tr>
<tr><td></td><td></td><td></td></tr>
<tr><td>验收结果</td><td colspan="5">检验人员：

安装负责人：　　　　　　　　年　　月　　日</td></tr>
</table>

注：1. 缆风绳式仅限于有风绳井架式塔机。

2. 附着式塔机每附着升顶一次，填本表一次。

塔机安装验收表

3124

工程名称		设备编号	
规格型号		生产厂家	
验收项目与要求		验 收 结 果	
金属结构	金属构件无裂纹、变形、焊缝无开裂		
	高强度螺栓预紧力符合装配技术要求，无松动、缺损		
	不允许在水平面呈现65°～75°之间设梯子		
	高于地面2m以上直立梯应设置护圈，护圈条件符合GB5144—94 4.2.4规定		
卷筒和滑轮	主要结构件锈蚀深度达原深度的10%应予报废		
	卷筒两侧边缘的高度大于钢丝绳直径2倍		
	钢丝绳在放出最大长度后卷筒上的钢丝至少保留3圈		
	滑轮应设有防钢丝绳跳槽装置，防跳槽装置与滑轮最外边缘间隙不得超过钢丝绳直径的20%		
钢丝绳	钢丝绳的型号、规格和长度符合本机说明书规定；当钢丝绳采用绳夹固定时，绳卡数量与绳径相匹配，间距为6～7倍绳径，滑轮放在受力一侧，不得正反交错		
吊钩	应设有防脱棘爪，不得焊接及钻孔		
	报废标准按照GB5144—94 5.3.2		
工作机构	各工作运转正常，无异响		

验收项目与要求		验收结果
安全保护装置	力矩限制器灵敏可靠	
	重量限制器灵敏可靠	
	起升高度限位器灵敏可靠	
	行走限位器灵敏可靠	
	卷筒保险正常有效	
	吊钩保险正常有效	
	其他安全保护装置灵敏可靠	
电气	紧急断电开关灵敏可靠；并有短路及过流、欠压、过压及失压保护、零位保护、电源错相及断相保护	
	主体结构、电机机底座和所有电气设备的金属外壳、导线的金属护管都应接地，接地电阻不大于4Ω（重复接地电阻不大于10Ω） 在主电路、控制电路中，对地绝缘电阻不大于0.5MΩ	
防护	齿轮、皮带、链等传动装置的外露旋转零件应设防护罩	
	各种防护罩均坚固、且便于观察、检修	
液压系统	溢流阀、平衡阀等各阀灵敏可靠	
	溢流阀的调压力≤额定工作压力	
	油箱有足够容量，温升不超过40℃	
垂直度	无风状态下，塔身轴心对支承面的侧向垂直度为4/1000	

验收项目与要求		验收结果
压重平衡重	平衡重、压重符合本机说明书要求	
附着装置	附着装置的安装符合本机说明书要求	
空载试验	起升、回转、变幅、行走机构运转平稳；起制动装置正常，无爬行、振颤、冲击、噪声等现象	
额定荷载试验	在最大幅度时，起升相应的额定起升载荷及起升额定起升载荷在该荷载相应地最大幅度时起升、回转、变幅、行走和行走机构启动、运转、制动平稳无异常	
安全距离	起重机与建筑物周围施工设施之间距≥0.5m	
	起重机的任何部位与输电线路安全距离符合 GB5144—94 10.4 规定	
	两台塔机距离：低位的起重机臂架端部与另一台塔机之间间距至少为 2m；高位起重机最低位置的部件与低位起重机中处于高位置部件之间的垂直距离不小于 2m	
障碍灯	塔顶高于 30m，起重机应在塔顶和两臂端安装红色障碍指示灯	
风速仪	臂架根部交点高度 >50m，起重机应在顶部安装风速仪	
验收结论	安装部门负责人： 年 月 日	使用单位负责人： 年 月 日

________进场验收记录　3127

<table>
<tr><td colspan="2">工程名称</td><td colspan="2"></td><td colspan="2">施工单位</td><td></td></tr>
<tr><td colspan="2">生产单位</td><td></td><td>进场时间</td><td></td><td>合格证号</td><td></td></tr>
<tr><td colspan="2">项目经理</td><td></td><td>参加验收人员</td><td colspan="3"></td></tr>
<tr><td>序号</td><td>项　　目</td><td colspan="5">验　收　情　况</td></tr>
<tr><td>1</td><td>有关资料</td><td colspan="5"></td></tr>
<tr><td>2</td><td>各类部件</td><td colspan="5"></td></tr>
<tr><td>3</td><td>动力系统</td><td colspan="5"></td></tr>
<tr><td>4</td><td>安全装置</td><td colspan="5"></td></tr>
<tr><td>5</td><td></td><td colspan="5"></td></tr>
<tr><td>验收结果</td><td colspan="6">设备负责人：　年　月　日
安全负责人：　年　月　日</td></tr>
</table>

物料提升机（龙门架、井字架）验收表 3128

工程名称		设备编号	
安装单位		安装高度	
验收项目	验收项目及要求		验收结果
架体安装	架体安装正确，螺栓紧固		
	垂直偏差≤3‰，且最大不超过200mm（新制作≤1.5‰）		
	架体与吊篮间隙控制在5~10之间		
	缆风绳组数符合规范要求，使用钢丝绳直径$\phi \geq 9.3$mm，与地面夹角45°~60°；地锚设置符合规范要求		
	架高压20m以下设置一组缆风绳，21~30m设两组		
	附墙杆材质和架体相同，连接可靠，位置准确，间隔≤9m		
	井架顶部自由高度不得超过6m		
吊篮	两侧应设置高度1m的安全挡板或挡网，顶板采用50厚木板，前后设工具化安全门，不得使用单根钢丝绳提升		
机构	卷扬机安装稳固，设置前桩后锚，安全卷筒保险		
	钢丝绳缠绕整齐，润滑良好，不超过报废标准，过路有保护和防拖地措施		
	第一个导向滑轮距离大于15倍卷筒高度		
	滑轮与架体钢性连接，无破损，且与钢丝绳匹配		

验收项目	验收项目及要求	验收结果
安全防护	安全停靠装置灵敏可靠	
	超高限位装置灵敏可靠	
	31～150m高架提升机必须安装下极限限位器、缓冲器和超载限位器	
	卸料平台安装符合规范要求，设防护栏杆，防护严密；脚手板搭设符合要求；有工具化防护门	
	地面进料口防护棚符合规范要求	
	卷扬机操作棚符合规范要求	
电气	架体及设备外壳做保护接零；使用符合要求的开关箱，采用按钮开关，严禁使用倒顺开关	
	避雷装置设置冲击接地电阻值不大于30Ω	
验收结论	安装部门负责人：　　　　使用部门负责人： 年　月　日	

外用电梯安装验收表

3130

<table>
<tr><td>工程名称</td><td colspan="2"></td><td>设备编号</td><td colspan="2"></td></tr>
<tr><td>规格类型</td><td colspan="2"></td><td>生产厂家</td><td colspan="2"></td></tr>
<tr><td colspan="4">验收项目及要求</td><td colspan="2">验收结果</td></tr>
<tr><td rowspan="3">结构</td><td colspan="3">各部件安装正确无缺漏，螺栓紧固</td><td colspan="2"></td></tr>
<tr><td colspan="3">钢丝绳完好，牢固可靠，符合规范要求</td><td colspan="2"></td></tr>
<tr><td colspan="3">附墙装置安装牢固，间距符合说明书要求</td><td colspan="2"></td></tr>
<tr><td rowspan="11">安全防护</td><td colspan="3">限速器灵敏有效</td><td colspan="2"></td></tr>
<tr><td colspan="3">笼门联锁装置灵敏有效</td><td colspan="2"></td></tr>
<tr><td colspan="3">上下限位灵敏可靠</td><td colspan="2"></td></tr>
<tr><td colspan="3">顶门限位灵敏可靠</td><td colspan="2"></td></tr>
<tr><td colspan="3">断绳保护装置灵敏可靠</td><td colspan="2"></td></tr>
<tr><td colspan="3">缓冲器安装齐全功能正常</td><td colspan="2"></td></tr>
<tr><td colspan="3">底笼安装齐全牢靠</td><td colspan="2"></td></tr>
<tr><td colspan="3">地面吊笼出入口防护棚搭设符合坠落半径要求，且防雨防砸；悬挂吊笼限载人数和重量</td><td colspan="2"></td></tr>
<tr><td colspan="3">每层卸料平台搭设和防护符合要求，且不与脚手架连接</td><td colspan="2"></td></tr>
<tr><td colspan="3">卸料平台防护门齐全，使用可靠</td><td colspan="2"></td></tr>
<tr><td colspan="3">卷扬机操作棚符合规范要求</td><td colspan="2"></td></tr>
<tr><td colspan="4">传动机构运行平稳，起制动正常，无异响</td><td colspan="2"></td></tr>
<tr><td colspan="4">联络信号清晰准确</td><td colspan="2"></td></tr>
<tr><td colspan="4">电缆无破损，走线畅通</td><td colspan="2"></td></tr>
<tr><td colspan="4">避雷装置设置冲击接地电阻不大于30Ω</td><td colspan="2"></td></tr>
<tr><td colspan="4">基础符合本机说明书要求，且有良好排水措施</td><td colspan="2"></td></tr>
<tr><td colspan="4" rowspan="2">架体垂直度符合本机说明书要求</td><td>架高</td><td>偏差</td></tr>
<tr><td></td><td></td></tr>
<tr><td>试车</td><td colspan="3">空载、额定荷载试验各驱动装置、制动装置、各限位开关，运行无异常、灵敏可靠。</td><td colspan="2"></td></tr>
<tr><td>验收结论</td><td colspan="5">安装部门负责人：　　　　使用部门负责人：
年　　月　　日</td></tr>
</table>

平刨验收表

3131

<table>
<tr><td>工程名称</td><td></td><td>设备编号</td><td></td></tr>
<tr><td>验收项目</td><td colspan="2">验收内容及要求</td><td>验收结果</td></tr>
<tr><td rowspan="3">安装</td><td colspan="2">作业场所有齐全可靠的消防器材，周围无明火和易燃品</td><td></td></tr>
<tr><td colspan="2">机身安装稳固，台面平整</td><td></td></tr>
<tr><td colspan="2">刀片重量厚度一致：刀架、夹板吻合；合金刀片焊缝不超出刀头；不使用有裂缝的刀具；坚固刀片的螺钉应嵌入槽内，并离刀背不少于 10mm</td><td></td></tr>
<tr><td rowspan="2">安装装置</td><td colspan="2">护手装置安全有效</td><td></td></tr>
<tr><td colspan="2">传动皮带齐全完好，防护罩符合要求</td><td></td></tr>
<tr><td>电气</td><td colspan="2">设备外壳做保护接零，使用符合要求的形状开关箱，操作使用专用按钮开关；配电线路符合绝缘、防火要求</td><td></td></tr>
<tr><td>运转</td><td colspan="2">工作平稳，无异响</td><td></td></tr>
<tr><td></td><td colspan="2"></td><td></td></tr>
<tr><td>验收结论</td><td colspan="3">安装部门负责人：　　　　设备管理人：
操作人：
年　月　日</td></tr>
</table>

圆盘锯验收表

3132

<table>
<tr><td>工程名称</td><td></td><td>设备编号</td><td></td></tr>
<tr><td>验收项目</td><td colspan="2">验收内容及要求</td><td>验收结果</td></tr>
<tr><td rowspan="3">安装</td><td colspan="2">作业场所有齐全可靠的消防器材，周围无明火和易燃品</td><td></td></tr>
<tr><td colspan="2">机身安装稳固，台面平整</td><td></td></tr>
<tr><td colspan="2">锯片安装稳固、无裂纹、无连续断齿</td><td></td></tr>
<tr><td rowspan="4">安装装置</td><td colspan="2">锯片上方防护挡板安全有效</td><td></td></tr>
<tr><td colspan="2">锯片防护罩齐全</td><td></td></tr>
<tr><td colspan="2">锯片后 10 ~ 15mm 安装分料器</td><td></td></tr>
<tr><td colspan="2">传动皮带齐全完好，防护罩符合要求</td><td></td></tr>
<tr><td>电气</td><td colspan="2">设备外壳做保护接零，使用符合要求的形状开关箱，操作使用专用按钮开关；配电线路符合绝缘、防火要求</td><td></td></tr>
<tr><td>运转</td><td colspan="2">工作平稳，无异响</td><td></td></tr>
<tr><td></td><td colspan="2"></td><td></td></tr>
<tr><td>验收结论</td><td colspan="3">安装部门负责人：　　　　设备管理人：
操作人：
年　月　日</td></tr>
</table>

电焊机验收表

3133

工程名称		设备编号	
验收项目	验收内容及要求		验收结果
机体安放	焊机有完整的防护外壳，设有防雨、防潮、防晒的机棚，并备有消防用品。施焊现场 10m 范围内，不得堆放氧气、乙炔、木材等		
导线	一次线长度不超过 5m，穿管保护；二次线长度不超过 30m，接头不应超过三处，绝缘完好		
	一、二次接线柱处应有保护罩，接线螺栓不松动		
	焊钳与把线绝缘良好、连接牢固，不得用钢丝绳或机电设备代替零线		
电气安全装置	设置二次空载降压保护器或触电保护器		
	电源使用自动开关控制		
	设备外壳做保护接零，使用符合要求的形状开关箱		
验收结论	安装部门负责人：　　设备管理人： 操作人： 年　月　日		

钢筋冷拉机验收表

3134

工程名称		设备编号	
验收项目	验收内容及要求	验收结果	
安装	卷扬机安装稳固，地基坚实，设置前桩后锚		
	钢丝绳在卷筒上排列整齐，润滑良好，不超过报废标准，工作时卷筒上最少保留三圈		
	夹具完好有效，使用时不脱滑		
安全防护	卷扬机前应设置防护栏杆		
	冷拉场地不准站人和通行		
	卷扬机操作棚防雨防砸		
电气	设备外壳做保护接零，使用符合要求的形状开关箱，使用按钮开关，严禁使用倒顺开关		
验收结论	安装部门负责人：　　设备管理人： 操作人： 年　月　日		

钢筋弯曲机验收表

3135

<table>
<tr><td>工程名称</td><td colspan="2"></td><td>设备编号</td><td></td></tr>
<tr><td>验收项目</td><td colspan="2">验收内容及要求</td><td colspan="2">验收结果</td></tr>
<tr><td rowspan="3">安装</td><td colspan="2">机身安装稳固，工作台和弯曲机台面保持水平</td><td colspan="2"></td></tr>
<tr><td colspan="2">按加工钢筋的直径和弯曲半径的要求装好芯轴、成型轴、挡铁轴或可弯挡架，芯轴直径应为钢筋直径的2.5倍</td><td colspan="2"></td></tr>
<tr><td colspan="2">检查芯轴、挡块、转盘无损坏和裂纹</td><td colspan="2"></td></tr>
<tr><td rowspan="3">安全防护</td><td colspan="2">传动部位防护罩坚固、可靠</td><td colspan="2"></td></tr>
<tr><td colspan="2">弯曲钢筋的作业半径内无障碍物</td><td colspan="2"></td></tr>
<tr><td colspan="2">操作棚防雨、防砸</td><td colspan="2"></td></tr>
<tr><td>运转</td><td colspan="2">试运转正常，无异常</td><td colspan="2"></td></tr>
<tr><td>电气</td><td colspan="2">设备外壳做保护接零，使用符合要求的形状开关箱，使用按钮开关，严禁使用倒顺开关</td><td colspan="2"></td></tr>
<tr><td></td><td colspan="2"></td><td colspan="2"></td></tr>
<tr><td>验收结论</td><td colspan="4">安装部门负责人：　　设备管理人：
操作人：
年　月　日</td></tr>
</table>

搅拌机验收表

3136

工程名称		设备编号	
验收项目	验收内容及要求	验收结果	
安装位置	搅拌机安装在坚实的地面上，用支架或支脚筒架稳，不以轮胎代替支撑		
钢丝绳	钢丝绳完好，不超过报废标准，且润滑良好；料斗提升卷筒上的钢丝绳在放出最大长度后，至少预留三圈		
运转检查	离合器灵活、制动器可靠，各部润滑良好，运转平稳，无异响		
安全装置	料斗保险挂钩、操作手柄保险装置、传动部位防护罩齐全有效		
操作棚	操作棚防雨、防砸		
电气	设备外壳做保护接零，使用符合要求的开关箱，操作箱箱体完好，按钮开关灵活、可靠		
验收结论	安装部门负责人：　　　　设备管理人： 操作人： 年　　月　　日		

塔机安全保护装置检测表

3137

工程名称		设备编号	
规格型号		生产厂家	

1. 力矩限制器

起重量 \ 结果 \ 幅度						

2. 起升高度限位器		3. 行走限位器	
测试次数	吊钩架与定滑轮的垂直距离 (吊钩架顶部至小车架下端距离)	测试次数	测试结果
一		一	
二		二	
三		三	

4. 幅度限位器

测试次数	最 小 幅 度	最 大 幅 度
一		
二		
三		

5. 其他安全保护装置测试	
检测结论	检测人:　　　　操作人: 技术负责人: 年　月　日

龙门架及井架物料提升机安全装置检测表 3138

<table>
<tr><td colspan="2">工程名称</td><td></td><td>设备编号</td><td colspan="2"></td></tr>
<tr><td colspan="4">检测项目及要求</td><td colspan="2">检测结果</td></tr>
<tr><td rowspan="3">安全停靠装置</td><td colspan="3" rowspan="3">分三次三个高度停靠吊篮，检测装置的灵敏性、可靠性</td><td>第一次</td><td></td></tr>
<tr><td>第二次</td><td></td></tr>
<tr><td>第三次</td><td></td></tr>
<tr><td rowspan="3">断绳保护装置</td><td colspan="3" rowspan="3">分三次检测装置的灵敏性、可靠性，且滑落行程<1m</td><td>第一次</td><td></td></tr>
<tr><td>第二次</td><td></td></tr>
<tr><td>第三次</td><td></td></tr>
<tr><td rowspan="3">上极限限位器</td><td colspan="3" rowspan="3">分三次起升吊篮，检测限位的灵敏性、可靠性。临近限位处低速运行</td><td>第一次</td><td></td></tr>
<tr><td>第二次</td><td></td></tr>
<tr><td>第三次</td><td></td></tr>
<tr><td rowspan="3">紧急断电开关</td><td colspan="3" rowspan="3">分三次检测开关的灵敏性、可靠性</td><td>第一次</td><td></td></tr>
<tr><td>第二次</td><td></td></tr>
<tr><td>第三次</td><td></td></tr>
<tr><td>检测结论</td><td colspan="5">检测人：　　　　操作人：
技术负责人：
年　月　日</td></tr>
</table>

外用电梯安全装置检测表

3139

工程名称		设备编号	
规格型号		生产厂家	

检测项目及要求		检测结果	
限速器	分三次三个高度停靠吊篮，检测装置的灵敏性、可靠性	第一次	
		第二次	
		第三次	
上极限限位器	分三次提笼运行，检测限位的灵敏性、可靠性。临近限位处低速运行	第一次	
		第二次	
		第三次	
笼门连锁装置	分三次检测装置的灵敏性、可靠性	第一次	
		第二次	
		第三次	
顶门限位	分三次检测装置的灵敏性、可靠性	第一次	
		第二次	
		第三次	
断绳保护装置	分三次检测装置的灵敏性、可靠性	第一次	
		第二次	
		第三次	
检测结论	检测人：　　操作人： 技术负责人： 年　月　日		

漏电保护器检测记录

3140

施工单位				仪表型号	
工程名称				天气情况	
负责人				检测人	
序号	用电设备	漏保型号	漏电动作电流（mA）	漏电动作时间（s）	按钮试验

注：按钮试验，动作划✓，不动作划×，并检查、更换。

接地电阻检测记录

3141

施工单位：　　　　　　　　　　　　　　　　　　　　年　月　日

<table>
<tr><td>施工单位</td><td colspan="2"></td><td>仪表型号</td><td></td></tr>
<tr><td>工程名称</td><td colspan="2"></td><td>天气情况</td><td>℃</td></tr>
<tr><td>检 测 人</td><td colspan="2"></td><td>负 责 人</td><td></td></tr>
<tr><td>检测项目</td><td>设备名称</td><td colspan="2">接地位置</td><td>电阻值（Ω）</td></tr>
<tr><td rowspan="2">工作接地</td><td></td><td colspan="2"></td><td></td></tr>
<tr><td></td><td colspan="2"></td><td></td></tr>
<tr><td rowspan="5">重复接地</td><td></td><td colspan="2"></td><td></td></tr>
<tr><td></td><td colspan="2"></td><td></td></tr>
<tr><td></td><td colspan="2"></td><td></td></tr>
<tr><td></td><td colspan="2"></td><td></td></tr>
<tr><td></td><td colspan="2"></td><td></td></tr>
<tr><td rowspan="3">防雷接地</td><td></td><td colspan="2"></td><td></td></tr>
<tr><td></td><td colspan="2"></td><td></td></tr>
<tr><td></td><td colspan="2"></td><td></td></tr>
</table>

绝缘电阻检测记录

3142

施工单位：　　　　　　　　　　　　　　　　　　　　　　　　年　　月　日

工程名称				仪表型号		
天　　气				气温（℃）		
检 测 人				负 责 人		
序号	设备名称	规格型号	额定电压（V）	电阻值（MΩ）		
				外壳	相间	一、二次绕组

注：变压器、电焊机以及绕线式电动机应检测一、二次绕组绝缘电阻。

电工日巡查维修记录

3143

<table>
<tr><td colspan="2">工程名称</td><td colspan="2"></td><td>施工单位</td><td colspan="2"></td></tr>
<tr><td colspan="2">巡视人姓名</td><td colspan="3"></td><td>巡视日期</td><td></td></tr>
<tr><td>序号</td><td colspan="6"></td></tr>
<tr><td>1</td><td>巡查情况</td><td colspan="5"></td></tr>
<tr><td>2</td><td>维修情况</td><td colspan="5">维修人　　　　年　月　日</td></tr>
<tr><td>3</td><td>结论意见</td><td colspan="5">电气负责人　　　　年　月　日</td></tr>
<tr><td colspan="2">备注</td><td colspan="5"></td></tr>
</table>

塔式起重机安装调试记录

3144

工程名称		施工单位					
调试负责人		调试人		机长			
塔　型		编号		安装高度	m	臂长	m
起重力矩	t · m	最大起重量	t	安装高度	m		

	调试内容	调 试 方 法	调 试 情 况
安全装置调试	力矩限位器		
	重量荷载限 位 器		
	变幅限位器		
	行走限位器		
	超 高 低限 位 器		
	回转限位器		

	项　　目	空载试验	额定荷载试验	超载试验
荷载试验	结　　构			
	提升机构			
	回转机构			
	行走机构			

其他	
验收结果	调试人：　　　　安装负责人： 年　月　日　　　　年　月　日

塔式起重机基础验收表

3145

<table>
<tr><td>工程名称</td><td colspan="2"></td><td>施工单位</td><td colspan="2"></td></tr>
<tr><td>起重机型号</td><td colspan="3"></td><td>验收日期</td><td></td></tr>
<tr><td>安装负责人</td><td></td><td>参加验收人员</td><td colspan="3"></td></tr>
<tr><td>验收项目</td><td>施工方案要求</td><td colspan="4">验　收　情　况</td></tr>
<tr><td></td><td></td><td colspan="4"></td></tr>
</table>

<table>
<tr><td rowspan="2">验收结果</td><td>安装负责人</td><td>项目负责人</td><td>安全负责人</td></tr>
<tr><td>年　月　日</td><td>年　月　日</td><td>年　月　日</td></tr>
</table>

塔式起重机安装验收表

3146

<table>
<tr><td>工程名称</td><td colspan="4"></td><td>施工单位</td><td colspan="3"></td></tr>
<tr><td>安装负责人</td><td colspan="2"></td><td colspan="2">参加验收人员</td><td colspan="4"></td></tr>
<tr><td>塔型</td><td></td><td>编号</td><td></td><td>验收日期</td><td></td><td>安装高度</td><td colspan="2"></td></tr>
<tr><td>臂长</td><td>m</td><td>起重力矩</td><td>t·m</td><td colspan="2">最大起重量</td><td>t</td><td colspan="2"></td></tr>
<tr><td>验收项目</td><td colspan="2">安装方案要求</td><td colspan="6">验　收　情　况</td></tr>
<tr><td></td><td colspan="2"></td><td colspan="6"></td></tr>
<tr><td>验收结果</td><td colspan="8">安装负责人：　　设备负责人：　　项目负责人：　　安全负责人：

年　月　日　　年　月　日　　年　月　日　　年　月　日</td></tr>
</table>

塔式起重机顶升锚固验收表

3147

<table>
<tr><td colspan="2">工程名称</td><td colspan="4"></td><td>施工单位</td><td colspan="4"></td></tr>
<tr><td colspan="2">安装负责人</td><td colspan="4"></td><td>机　长</td><td colspan="2"></td><td>安装总人数</td><td></td></tr>
<tr><td colspan="2" rowspan="2">塔　式
起重机</td><td>塔型</td><td colspan="2"></td><td>编号</td><td></td><td>塔高</td><td></td><td>顶升后塔高</td><td></td></tr>
<tr><td>附着部位</td><td></td><td>附着间距</td><td colspan="2"></td><td colspan="3">与建筑物水平附着距离</td><td>m</td></tr>
<tr><td rowspan="2">顶升附着锚固前检查</td><td colspan="2">标准要求</td><td colspan="8">验　收　情　况</td></tr>
<tr><td colspan="2"></td><td colspan="8"></td></tr>
<tr><td>顶升附着锚固后检查</td><td colspan="2"></td><td colspan="8"></td></tr>
<tr><td>验收结果</td><td colspan="10">安装负责人：　　　项目负责人：　　　安全技术主管部门：

年　月　日　　　年　月　日　　　年　月　日</td></tr>
</table>

起重吊装机具验收表

3148

<table>
<tr><td>工程名称</td><td colspan="3"></td><td>施工单位</td><td colspan="2"></td></tr>
<tr><td>设备类型</td><td colspan="2"></td><td>吨位台数</td><td></td><td>验收日期</td><td></td></tr>
<tr><td>项目经理</td><td></td><td colspan="2">参加验收人员</td><td colspan="3"></td></tr>
<tr><td>验收项目</td><td>标准要求</td><td colspan="5">验 收 情 况</td></tr>
<tr><td></td><td></td><td colspan="5"></td></tr>
<tr><td>验收结果</td><td colspan="6">吊装负责人： 项目负责人： 安全负责人：

年 月 日 年 月 日 年 月 日</td></tr>
</table>

________施工机具（设备）安装验收表 3149

<table>
<tr><td>工程名称</td><td colspan="2"></td><td colspan="2">施工单位</td><td colspan="3"></td></tr>
<tr><td colspan="2">机具（设备）型号</td><td colspan="2"></td><td>台数</td><td></td><td>验收日期</td><td></td></tr>
<tr><td>项目经理</td><td></td><td colspan="2">参加验收人员</td><td colspan="4"></td></tr>
<tr><td colspan="2">安装标准要求</td><td colspan="6">验　收　情　况</td></tr>
<tr><td colspan="2"></td><td colspan="6"></td></tr>
<tr><td>验收结果</td><td colspan="7">安装负责人：　　设备负责人：　　项目负责人：　　安全负责人：
年　月　日　　年　月　日　　年　月　日　　年　月　日</td></tr>
</table>

3150

施工现场门卫交接班记录

施工单位:

工程名称:

日　　期:

资料员（章）:

施工现场门卫交接班记录 3151

交接时间	
值班情况	
交接班人	
交接时间	
值班情况	
交接班人	
交接时间	
值班情况	
交接班人	

3152

外来人员登记簿

施工单位：

工程名称：

日　　期：

资料员（章）：

外来人员登记簿

3153

姓名	工作单位	寻访何人	进入时间	离开时间	接待人

3154

动 火 审 批 手 续

施工单位：

工程名称：

日　　期：

资料员（章）：

动 火 审 批 表

3155

<table>
<tr><td>______________：
审批事由：

申请单位（章）
年　月　日</td></tr>
<tr><td>批复意见：

申请单位（章）
年　月　日</td></tr>
</table>

注：1. 一般动火审批由企业消防安全主管部门或项目经理批复。

2. 重大动火应报当地消防主管部门批准。

急救人员花名册

3156

工程名称： 年 月 日

序号	姓名	性别	年龄	岗位	发证机关	发证时间	证件编号	复审时间	备注

夜间施工申请报告

3157

<table>
<tr><td>审批事由：

申请单位（章）
年　月　日</td></tr>
<tr><td>批复意见：

审批单位（章）
年　月　日</td></tr>
</table>

施工不扰民群众来访登记 3158

施工企业：

工程名称：

来访时间	反映问题	解决措施	解决时间	完成负责人

建筑施工安全检查评分汇总表

3159

企业名称： 经济类型： 资质等级：

<table>
<tr><td rowspan="2">单位工程（施工现场）名称</td><td rowspan="2">建筑面积（m^2）</td><td rowspan="2">结构类型</td><td rowspan="2">总计得分（满分分值100分）</td><td colspan="10">项目名称及分值</td></tr>
<tr><td>安全管理（满分分值为10分）</td><td>文明施工（满分分值为20分）</td><td>脚手架（满分分值为10分）</td><td>基坑支护与模板工程（满分分值为10分）</td><td>“三宝”、“四口”防护（满分分值为10分）</td><td>施工用电（满分分值为10分）</td><td>物料提升机与外用电梯（满分分值为10分）</td><td>塔吊（满分分值为10分）</td><td>起重吊装（满分分值为5分）</td><td>施工机具（满分分值为5分）</td></tr>
<tr><td></td><td></td><td></td><td></td><td></td><td></td><td></td><td></td><td></td><td></td><td></td><td></td><td></td><td></td></tr>
<tr><td colspan="14">评语：</td></tr>
<tr><td>检查单位</td><td colspan="3"></td><td>负责人</td><td colspan="2"></td><td>受检项目</td><td colspan="3"></td><td>项目经理</td><td colspan="2"></td></tr>
</table>

年 月 日

安全管理检查评分表

3160

序号	检查项目		扣分标准	应得分数	扣减分数	实得分数
1	保证项目	安全生产责任制	未建立安全责任制，扣10分 各级各部门未执行责任制，扣4～6分 经济承包中无安全生产指标，扣10分 未制定各工种安全技术操作规程，扣10分 未按规定配备专（兼）职安全员的扣10分 管理人员责任制考核不合格，扣5分	10		
2		目标管理	未制定安全管理目标（伤亡控制指标和安全达标、文明施工目标），扣10分 未进行安全责任目标分解的扣10分 无责任目标考核规定的扣8分 考核办法未落实或落实不好的扣5分	10		
3		施工组织设计	施工组织设计中无安全措施，扣10分 施工组织设计未经审批，扣10分 专业性较强的项目，未单独编制专项安全施工组织设计，扣8分 安全措施不全面，扣2～4分 安全措施无针对性，扣6～8分 安全措施未落实，扣8分	10		
4		分部（分项）工程安全技术交底	无书面安全技术交底的扣10分 交底针对性不强，扣4～6分 交底不全面，扣4分 交底未履行签字手续，扣2～4分	10		
5		安全检查	无定期安全检查制度，扣5分 安全检查无记录，扣5分 检查出事故隐患整改做不到定人、定时间、定措施，扣2～6分 对重大事故隐患整改通知书所列项目未如期完成，扣5分	10		
6		安全教育	无安全教育制度，扣10分 新入厂工人未进行三级安全教育，扣10分 无具体安全教育内容，扣6～8分 变换工种时未进行安全教育，扣10分 每有一人不懂本工种安全技术操作规程，扣2分 施工管理人员未按规定进行年度培训的扣5分 专职安全员未按规定进行年度培训考核或考核不合格的扣5分	10		
		小计		60		

序号	检查项目		扣分标准	应得分数	扣减分数	实得分数
7	一般项目	班前安全活动	未建立班前安全活动制度，扣10分 班前安全活动无记录，扣2分	10		
8		特种作业持证上岗	有一人未经培训从事特种作业，扣4分 有一人未持操作证上岗，扣2分	10		
9		工伤事故	工伤事故未按规定报告，扣3～5分 工伤事故未按事故调查分析规定处理，扣10分 未建立工伤事故档案，扣4分	10		
10		安全标志	无现场安全标志布置总平面图，扣5分 现场未按安全标志总平面图设置安全标志的扣5分	10		
		小计		40		
检查项目合计				100		

注：1. 每项最多扣减分数不大于该项应得分数；

2. 保证项目有一项不得分或保证项目小计得分不足40分的，检查评分表计零分；

3. 该表换算到汇总表后得分 $=\frac{10\times \text{该表检查项目实得分数合计}}{100}$。

文明施工检查评分表 3162

序号	检查项目		扣分标准	应得分数	扣减分数	实得分数
1	保证项目	现场围挡	在市区主要路段的工地周围未设置高于2.5m的围挡，扣10分 一般路段的工地周围未设置高于1.8m的围挡，扣10分 围挡材料不坚固、不稳定、不整洁、不美观，扣5~7分 围挡没有沿工地四周连续设置的扣3~5分	10		
2		封闭管理	施工现场进出口无大门的，扣3分 无门卫和无门卫制度的，扣3分 进入施工现场不佩戴工作卡的，扣3分 门头未设置企业标志的，扣3分	10		
3		施工场地	工地地面未做硬化处理的，扣5分 道路不畅通的，扣5分 无排水设施、排水不通畅的，扣4分 无防止泥浆、污水、废水外流或堵塞下水道和排水河道措施的，扣3分 工地有积水的，扣2分 工地未设置吸烟处、随意吸烟的，扣2分 温暖季节无绿化布置的，扣4分	10		
4		材料堆放	建筑材料、构件、料具不按总平面布局堆放的，扣4分 料堆未挂名称、品种、规格等标牌的，扣2分 堆放不整齐，扣3分 未做到工完场地清的，扣3分 建筑垃圾堆放不整齐、未标出名称、品种的，扣3分 易燃易爆物品未分类存放的，扣4分	10		
5		现场住宿	在建工程兼作住宿的，扣8分 施工作业区与办公、生活区不能明显划分的，扣6分 宿舍无保暖和防煤气中毒措施的，扣5分 宿舍无消暑和防蚊虫叮咬措施的，扣3分 无床铺、生活用品放置不整齐的，扣2分 宿舍周围环境不卫生、不安全的，扣3分	10		
6		现场防火	无消防措施、制度或无灭火器材的，扣10分 灭火器材配置不合理的，扣5分 无消防水源（高层建筑）或不能满足消防要求，扣8分 无动火审批手续和动火监护的，扣5分	10		
		小计		60		

序号	检查项目		扣分标准	应得分数	扣减分数	实得分数
7	一般项目	治安综合治理	生活区未给工人设置学习和娱乐场所的，扣4分 未建立治安保卫制度的、责任未分解到人的，扣3~5分 治安防范措施不利，常发生失盗事件的，扣3~5分	8		
8		施工现场标牌	大门口处挂的五牌一图、内容不全、缺一项，扣2分 标牌不规范、不整齐的，扣3分 无安全标语，扣5分 无宣传栏、读报栏、黑板报等的，扣5分	8		
9		生活设施	厕所不符合卫生要求的，扣4分 无厕所，随地大小便的，扣8分 食堂不符合卫生要求的，扣8分 无卫生责任制，扣5分 不能保证供应卫生饮水的，扣10分 无淋浴室或淋浴室不符合要求，扣5分 生活垃圾未及时清理，未装容器，无专人管理的，扣3~5分	8		
10		保健急救	无保健医药箱的，扣5分 无急救措施和急救器材的，扣8分 无经培训的急救人员，扣4分 未开展卫生防病宣传教育的，扣4分	8		
11		社区服务	无防粉尘、防噪声措施，扣5分 夜间未经许可施工的，扣8分 现场焚烧有毒、有害物质的，扣5分 未建立施工不扰民措施的，扣5分	8		
		小计		40		
检查项目合计				100		

注：1. 每项最多扣减分数不大于该项应得分数；

2. 保证项目有一项不得分或保证项目小计得分不足40分的，检查评分表计零分；

3. 该表换算到汇总表后得分 $=\frac{20\times\text{该表检查项目实得分数合计}}{100}$。

落地式外脚手架检查评分表 3164

序号	检查项目		扣分标准	应得分数	扣减分数	实得分数
1	保证项目	施工方案	脚手架无施工方案的，扣10分 脚手架高度超过规范规定无设计计算书或未经审批的，扣10分 施工方案，不能指导施工的，扣5~8分	10		
2		立杆基础	每10延长米立杆基础不平、不实、不符合方案设计要求，扣2分 每10延长米立杆缺少底座、垫木，扣5分 每10延长米无扫地杆，扣5分 每10延长米木脚手架立杆不埋地或无扫地杆，扣5分 每10延长米无排水措施，扣3分	10		
3		架体与建筑结构拉结	脚手架高度在7m以上，架体与建筑结构拉结，按规定要求每少一处，扣2分 拉结不坚固每一处，扣1分	10		
4		杆件间距与剪刀撑	每10延长米立杆、大横杆、小横杆间距超过规定要求每一处，扣2分 不按规定设置剪刀撑的每一处，扣5分 剪刀撑未沿脚手架高度连续设置或角度不符合要求，扣5分	10		
5		脚手板与防护栏杆	脚手板不满铺，扣7~10分 脚手板材质不符合要求，扣7~10分 每有一处探头板，扣2分 脚手架外侧未设置密目式安全网或网间不严密的，扣10分 施工层不设1.2m高防护栏杆和18cm高挡脚板的，扣5分	10		
6		交底与验收	脚手架搭设前无交底，扣5分 脚手架搭设完毕未办理验收手续，扣10分 无量化的验收内容，扣5分	10		
		小计		60		

序号	检查项目		扣分标准	应得分数	扣减分数	实得分数
7	一般项目	小横杆设置	不按立杆与大横杆交点处设置小横杆的，每有一处扣2分 小横杆只固定一端的，每有一处扣1分 单排架子小横杆插入墙内小于24cm的，每有一处扣2分	10		
8		杆件搭接	木立杆、大横杆每一处搭接小于1.5m，扣1分 钢管立杆采用搭接的，每一处扣2分	5		
9		架体内封闭	施工层以下每隔10m未用平网或其他措施封闭的，扣5分 施工层脚手架内立杆与建筑物之间未进行封闭的，扣5分	5		
10		脚手架材质	木杆直径、材质不符合要求的，扣4~5分 钢管弯曲、锈蚀严重的，扣4~5分	5		
11		通道	架体不设上下通道的，扣5分 通道设置不符合要求的，扣1~3分	5		
12		卸料平台	卸料平台未经设计计算，扣10分 卸料平台搭设不符合设计要求，扣10分 卸料平台支撑系统与脚手架连结的，扣8分 卸料平台无限定荷载标牌的，扣3分	10		
		小计		40		
检查项目合计				100		

注：1. 发现脚手架钢木、钢竹混合搭设或竹脚手架搭设单排架，检查评分表计零分；

2. 每项最多扣减分数不大于该项应得分数；

3. 保证项目有一项不得分或保证项目小计得分不足40分的，检查评分表计零分；

4. 该表换算到汇总表后得分 $=\frac{10\times \text{该表检查项目实得分数合计}}{100}$。

悬挑式脚手架检查评分表

3166

序号	检查项目		扣分标准	应得分数	扣减分数	实得分数
1	保证项目	施工方案	脚手架无施工方案、设计计算书或未经上级审批的，扣10分 施工方案中搭设方法不具体的，扣6分	10		
2		悬挑梁及架体稳定	外挑杆件与建筑结构连接不牢固的每有一处，扣5分 悬挑梁安装不符合设计要求的，每有一处扣5分 立杆底部固定不牢的，每有一处扣3分 架体未按规定与建筑结构拉结的，每有一处扣5分	20		
3		脚手架	脚手板铺设不严、不牢，扣7~10分 脚手板材质不符合要求，扣7~10分 每有一处探头板，扣2分	10		
4		荷载	脚手架荷载超过规定，扣10分 施工荷载堆放不均匀，每有一处扣5分	10		
5		交底与验收	脚手架搭设不符合方案要求，扣7~10分 每段脚手架搭设后，无验收资料，扣5分 无交底记录，扣5分	10		
		小计		60		
6	一般项目	杆件间距	每10延长米立杆间距超过规定，扣5分 大横杆间距超过规定，扣5分	10		
7		架体防护	施工层外侧未设置1.2m高防护栏杆和未设18cm高的挡脚板，扣5分 脚手架外侧不挂密目式安全网或网间不严密，扣7~10分	10		
8		层间防护	作业层下无平网或其他措施防护的，扣10分 防护不严密的，扣5分	10		
9		脚手架材质	杆件直径、型钢规格及材质不符合要求的，扣7~10分	10		
		小计		40		
检查项目合计				100		

注：1. 发现脚手架钢木、钢竹混合搭设，检查评分表计零分；

2. 每项最多扣减分数不大于该项应得分数；

3. 保证项目有一项不得分或保证项目小计得分不足40分的，检查评分表计零分；

4. 该表换算到汇总表后得分 = $\frac{10\times \text{该表检查项目实得分数合计}}{100}$。

门型脚手架检查评分表 3167

序号	检查项目		扣分标准	应得分数	扣减分数	实得分数
1	保证项目	施工方案	脚手架无施工方案，扣10分 施工方案不符合规范要求，扣5分 脚手架高度超过规范规定，无设计计算书或未经上级审批，扣10分	10		
2		架体基础	脚手架基础不平、不实、无垫木，扣10分 脚手架底部不加扫地杆，扣5分	10		
3		架体稳定	不按规定间距与墙体拉结的，每有一处扣5分 拉结不牢固的，每有一处扣5分 不按规定设置剪刀撑的，扣5分 不按规定高度作整体加固的，扣5分 门架立杆垂直偏差超过规定的，扣5分	10		
4		杆件、锁件	未按说明书规定组装，有漏装杆件和锁件的，扣6分 脚手架组装不牢、每一处紧固不合要求的，扣1分	10		
5		脚手板	脚手板不满铺，离墙大于10cm以上的，扣5分 脚手板不牢、不稳、材质不合要求的，扣5分	10		
6		交底与验收	脚手架搭设无交底，扣6分 未办理分段验收手续，扣4分 无交底记录，扣5分	10		
		小计		60		

序号	检查项目		扣分标准	应得分数	扣减分数	实得分数
7	一般项目	架体防护	施工层外侧未设置 1.2m 高防护栏杆和 18cm 高的挡脚板，扣 5 分 架体外侧未挂密目式安全网或网间不严密，扣 8 ~ 10 分	10		
8		材质	杆件变形严重的，扣 10 分 局部开焊的，扣 10 分 杆件锈蚀未刷防锈漆的，扣 5 分	10		
9		荷载	施工荷载超过规定的，扣 10 分 脚手架荷载堆放不均匀的，每有一处扣 5 分	10		
10		通道	不设置上下专用通道的，扣 10 分 通道设置不符合要求的，扣 5 分	10		
		小计		40		
检查项目合计				100		

注：1. 每项最多扣减分数不大于该项应得分数；

2. 保证项目有一项不得分或保证项目小计得分不足 40 分的，检查评分表计零分；

3. 该表换算到汇总表后得分 $= \frac{10 \times \text{该表检查项目实得分数合计}}{100}$。

挂脚手架检查评分表　　3169

序号	检查项目		扣分标准	应得分数	扣减分数	实得分数
1	保证项目	施工方案	脚手架无施工方案、设计计算书，扣10分 施工方案未经审批，扣10分 施工方案措施不具体指导性差，扣5分	10		
2		制作组装	架体制作与组装不符合设计要求，扣17~20分 悬挂点无设计或设计不合理，扣20分 悬挂点部件制作及埋设不合设计要求，扣15分 悬挂点间距超过2m，每有一处扣20分	20		
3		材质	材质不符合设计要求、杆件严重变形、局部开焊，扣12分 杆件、部件锈蚀未刷防锈漆，扣4~6分	10		
4		脚手板	脚手板铺设不满、不牢的，扣8分 脚手板材质不符合要求的，扣6分 每有一处探头板的，扣8分	10		
5		交底与验收	脚手架进场无验收手续，扣12分 第一次使用前未经荷载试验，扣8分 每次使用前未经检查验收或资料不全，扣6分 无交底记录，扣5分	10		
		小计		60		
6	一般项目	荷载	施工荷载超过1kN的，扣5分 每跨（不大于2m）超过2人作业的，扣10分	15		
7		架体防护	施工层外侧未设置1.2m高防护栏杆和未作18cm高的踏脚板，扣5分 脚手架外侧未用密目式安全网封闭或封闭不严，扣12~15分 脚手架底部封闭不严密，扣10分	15		
8		安装人员	安装脚手架人员未经专业培训，扣10分 安装人员未系安全带，扣10分	10		
		小计		40		
检查项目合计				100		

注：1. 发现脚手架钢木、钢竹混合搭设，检查评分表计零分；

2. 每项最多扣减分数不大于该项应得分数；

3. 保证项目有一项不得分或保证项目小计得分不足40分的，检查评分表计零分；

4. 该表换算到汇总表后得分 $=\dfrac{10\times\text{该表检查项目实得分数合计}}{100}$。

吊篮脚手架检查评分表

3170

序号	检查项目		扣分标准	应得分数	扣减分数	实得分数
1	保证项目	施工方案	无施工方案、无设计计算书或未经上级审批，扣10分 施工方案不具体、指导性差，扣5分	10		
2		制作组装	挑梁锚固或配重等抗倾覆装置不合格，扣10分 吊篮组装不符合设计要求，扣7~10分 电动（手扳）葫芦使用非合格产品，扣10分 吊篮使用前未经荷载试验，扣10分	10		
3		安全装置	升降葫芦无保险卡或失效的，扣20分 升降吊篮无保险绳或失效的，扣20分 无吊钩保险的，扣8分 作业人员未系安全带或安全带挂在吊篮升降用的钢丝绳上，扣17~20分	20		
4		脚手板	脚手板铺设不满、不牢，扣5分 脚手板材质不合要求，扣5分 每有一处探头板，扣2分	5		
5		升降操作	操作升降的人员不固定和未经培训，扣10分 升降作业时有其他人员在吊篮内停留，扣10分 两片吊篮连在一起同时升降无同步装置或虽有但达不到同步的，扣10分	10		
6		交底与验收	每次提升后未经验收上人作业的，扣5分 提升及作业未经交底的，扣5分	5		
		小计		60		

序号	检查项目		扣分标准	应得分数	扣减分数	实得分数
7	一般项目	防护	吊篮外侧防护不符合要求的，扣7～10分 外侧立网封闭不整齐的，扣4分 单片吊篮升降两端头无防护的，扣10分	10		
8		防护顶板	多层作业无防护顶板的，扣10分 防护顶板设置不符合要求，扣5分	10		
9		架体稳定	作业时吊篮未与建筑结构拉牢，扣10分 吊篮钢丝绳斜拉或吊篮离墙空隙过大，扣5分	10		
10		荷载	施工荷载超过设计规定的，扣10分 荷载堆放不均匀的，扣5分	10		
		小计		40		
检查项目合计				100		

注：1. 每项最多扣减分数不大于该项应得分数；

2. 保证项目有一项不得分或保证项目小计得分不足40分的，检查评分表计零分；

3. 该表换算到汇总表后得分 $=\frac{10\times 该表检查项目实得分数合计}{100}$。

附着式升降脚手架（整体提升架或爬架）检查评分表

3172

序号	检查项目		扣分标准	应得分数	扣减分数	实得分数
1	保证项目	使用条件	未经建设部组织鉴定并发放生产和使用证的产品，扣10分 不具有当地建筑安全监督管理部门发放的准用证，扣10分 无专项施工组织设计，扣10分 安全施工组织设计未经上级技术部门审批的，扣10分 各工种无操作规程的，扣10分	10		
2		设计计算书	无设计计算书的，扣10分 设计计算书未经上级技术部门审批的，扣10分 设计荷载未按承重架3.0kN/m²，装饰架2.0kN/m²，升降状态0.5kN/m²取值的，扣10分 压杆长细比大于150，受拉杆件的长细比大于300的，扣10分 主框架、支撑框架（桁架）各节点的各杆件轴线不汇交于一点的，扣6分 无完整的制作安装图的，扣10分	10		
3		架体构造	无定型（焊接或螺栓联接）的主框架的，扣10分 相邻两主框架之间的架体无定型（焊接或螺栓联接）的支撑框架（桁架）的，扣10分 主框架同脚手架的立杆不能将荷载直接传递到支撑框架上的，扣10分 架体未按规定构造搭设的，扣10分 架体上部悬臂部分大于架体高度的1/3，且超过4.5m的，扣8分 支撑框架未将主框架作为支座的，扣10分	10		
4		附着支撑	主框架未与每个楼层设置连接点的，扣10分 钢挑架与预埋钢筋环连接不严密的，扣10分 钢挑架上的螺栓与墙体连接不牢固或不符合规定的，扣10分 钢挑架焊接不符合要求的，扣10分	10		

序号	检查项目		扣分标准	应得分数	扣减分数	实得分数
5		升降装置	无同步升降装置或有同步升降装置但达不到同步升降的，扣10分 索具、吊具达不到6倍安全系数的，扣10分 有两个以上吊点升降时，使用手拉葫芦（导链）的，扣10分 升降时架体只有一个附着支撑装置的，扣10分 升降时架体上站人的，扣10分	10		
6		防坠落、导向防倾斜装置	无防坠装置的，扣10分 防坠装置设在与架体升降的同一个附着支撑装置上，且无两处以上的，扣10分 无垂直导向和防止左右、前后倾斜的防倾装置的，扣10分 防坠装置不起作用的，扣7～10分	10		
		小计		60		
7	一般项目	分段验收	每次提升前，无具体的检查记录的，扣6分 每次提升后、使用前无验收手续或资料不全的，扣7分	10		
8	一般项目	脚手板	脚手板铺设不严不牢的，扣3～5分 离墙空隙未封严的，扣3～5分 脚手板材质不符合要求的，扣3～5分	10		
9	一般项目	防护	脚手架外侧使用的密目式安全网不合格的，扣10分 操作层无防护栏杆的，扣8分 外侧封闭不严的，扣5分 作业层下方封闭不严的，扣5～7分	10		
10	一般项目	操作	不按施工组织设计搭设的，扣10分 操作前未向现场技术人员和工人进行安全交底的，扣10分 作业人员未经培训，未持证上岗又未定岗位的，扣7～10分 安装、升降、拆除时无安全警戒线的，扣10分 荷载堆放不均匀的，扣5分 升降时架体上有超过2kN重的设备的，扣10分	10		
	一般项目	小计		40		
检查项目合计				100		

注：1. 每项最多扣减分数不大于该项应得分数；

2. 保证项目有一项不得分或保证项目小计得分不足40分的，检查评分表计零分；

3. 该表换算到汇总表后得分 $=\frac{10\times \text{该表检查项目实得分数合计}}{100}$。

基坑支护安全检查评分表 3174

序号	检查项目		扣分标准	应得分数	扣减分数	实得分数
1	保证项目	施工方案	基础施工无支护方案的，扣20分 施工方案针对性差不能指导施工的，扣12～15分 基坑深度超过5m无专项支护设计的，扣20分 支护设计及方案未经上级审批的，扣15分	20		
2		临边防护	深度超过2m的基坑施工无临边防护措施的，扣10分 临边及其他防护不符合要求的，扣5分	10		
3		坑壁支护	坑槽开挖设置安全边坡不符合安全要求的，扣10分 特殊支护的作法不符合设计方案的，扣5～8分 支护设施已产生局部变形又未采取措施调整的，扣6分	10		
4		排水措施	基坑施工未设置有效排水措施的，扣10分 深基础施工采用坑外降水，无防止临近建筑危险沉降措施的，扣10分	10		
5		坑边荷载	积土、料具堆放距槽边距离小于设计规定的，扣10分 机械设备施工与槽边距离不符合要求，又无措施的，扣10分	10		
		小计		60		

序号	检查项目		扣分标准	应得分数	扣减分数	实得分数
6	一般项目	上下通道	人员上下无专用通道的，扣10分 设置的通道不符合要求的，扣6分	10		
7		土方开挖	施工机械进场未经验收的，扣5分 挖土机作业时，有人员进入挖土机作业半径内的，扣6分 挖土机作业位置不牢、不安全的，扣10分 司机无证作业的，扣10分 未按规定程序挖土或超挖的，扣10分	10		
8		基坑支护	未按规定进行基坑支护变形监测的，扣10分 未按规定对毗邻建筑物和重要管线和道路进行沉降观测的，扣10分	10		
9		作业环境	基坑内作业人员无安全立足点的，扣10分 垂直作业上下无隔离防护措施的，扣10分 光线不足未设置足够照明的，扣5分	10		
		小计		40		
检查项目合计				100		

注：1. 每项最多扣减分数不大于该项应得分数；

2. 保证项目有一项不得分或保证项目小计得分不足40分的，检查评分表计零分；

3. 该表换算到汇总表后得分 $=\frac{10\times\text{该表检查项目实得分数合计}}{100}$。

模板工程安全检查评分表

3176

序号	检查项目		扣分标准	应得分数	扣减分数	实得分数
1	保证项目	施工方案	模板工程无施工方案或施工方案未经审批的，扣10分 未根据混凝土输送方法制定有针对性安全措施的，扣8分	10		
2		支撑系统	现浇混凝土模板的支撑系统无设计计算的，扣6分 支撑系统不符合设计要求的，扣10分	10		
3		立柱稳定	支撑模板的立柱材料不符合要求的，扣6分 立柱底部无垫板或用砖垫高的，扣6分 不按规定设置纵横向支撑的，扣4分 立柱间距不符合规定的，扣10分	10		
4		施工荷载	模板上施工荷载超过规定的，扣10分 模板上堆料不均匀的，扣5分	10		
5		模板存放	大模板存放无防倾倒措施的，扣5分 各种模板存放不整齐、过高等不符合安全要求的，扣5分	10		
6		支拆模板	2m以上高处作业无可靠立足点的，扣8分 拆除区域未设置警戒线且无监护人的，扣5分 留有未拆除的悬空模板的，扣4分	10		
		小计		60		

序号	检查项目		扣分标准	应得分数	扣减分数	实得分数
7	一般项目	模板验收	模板拆除前未经拆模申请批准的，扣5分 模板工程无验收手续的，扣6分 一验收单无量化验收内容的，扣4分 支拆模板未进行安全技术交底的，扣5分	10		
8		混凝土强度	模板拆除前无混凝土强度报告的，扣5分 混凝土强度未达规定提前拆模的，扣8分	10		
9		运输道路	在模板上运输混凝土无走道垫板的，扣7分 走道垫板不稳不牢的，扣3分	10		
10		作业环境	作业面孔洞及临边无防护措施的，扣10分 垂直作业上下无隔离防护措施的，扣10分	10		
		小计		40		
检查项目合计				100		

注：1. 每项最多扣减分数不大于该项应得分数；

2. 保证项目有一项不得分或保证项目小计得分不足40分的，检查评分表计零分；

3. 该表换算到汇总表后得分 $=\frac{10\times \text{该表检查项目实得分数合计}}{100}$。

“三宝”、“四口”防护检查评分表 3178

序号	检查项目	扣分标准	应得分数	扣减分数	实得分数
1	安全帽	有一人不戴安全帽的，扣5分 安全帽不符合标准的，每发现一顶扣1分 不按规定佩戴安全帽的，有一人扣1分	20		
2	安全网	在建工程外侧未用密目式安全网封闭的，扣25分 安全网规格、材质不符合要求的，扣25分 安全网未取得建筑安全监督管理部门准用证的，扣25分	25		
3	安全带	每有一人未系安全带的，扣5分 有一人安全带系挂不符合要求的，扣3分 安全带不符合标准，每发现一条扣2分	10		
4	楼梯口、电梯井口防护	每一处无防护措施的，扣6分 每一处防护措施不符合要求或不严密的，扣3分 防护设施未形成定型化、工具化的，扣6分 电梯井内每隔两层（不大于10m）少一道平网的，扣6分	12		
5	预留洞口、坑井防护	每一处无防护措施的，扣7分 防护设施未形成定型化、工具化的，扣6分 每一处防护措施不符合要求或不严密的，扣3分	13		
6	通道口防护	每一处无防护棚的，扣5分 每一处防护不严的，扣2~3分 每一处防护棚不牢固、材质不符合要求的，扣3分	10		
7	阳台、楼板、屋面等临边防护	每一处临边无防护的，扣5分 每一处临边防护不严、不符合要求的，扣3分	10		
检查项目合计			100		

注：1. 每项最多扣减分数不大于该项应得分数；

2. 该表换算到汇总表后得分 $=\frac{10\times\text{该表检查项目实得分数合计}}{100}$。

施工用电检查评分表 3179

序号	检查项目		扣分标准	应得分数	扣减分数	实得分数
1	保证项目	外电防护	小于安全距离又无防护措施的，扣20分 防护措施不符合要求、封闭不严密的，扣5~10分	20		
2		接地与接零保护系统	工作接地与重复接地不符合要求的，扣7~10分 未采用TN-S系统的，扣10分 专用保护零线设置不符合要求的，扣5~8分 保护零线与工作零线混接的，扣10分	10		
3		配电箱开关箱	不符合“三级配电两级保护”要求的，扣10分 开关箱（末级）无漏电保护或保护器失灵，每一处扣5分 漏电保护装置参数不匹配，每发现一处扣2分 电箱内无隔离开关，每一处扣2分 违反“一机、一闸、一漏、一箱”的，每一处扣5~7分 安装位置不当、周围杂物多等不便操作的，每一处扣5分 闸具损坏、闸具不符合要求的，每一处扣5分 配电箱内多路配电无标记的，每一处扣5分 电箱下引出线混乱的，每一处扣2分 电箱无门、无锁、无防雨措施的，每一处扣2分	20		
4		现场照明	照明专用回路无漏电保护的，扣5分 灯具金属外壳未作接零保护的，每一处扣2分 室内线路及灯具安装高度低于2.4m，未使用安全电压供电的，扣10分 潮湿作业未使用36V以下安全电压的，扣10分 使用36V安全电压照明线路混乱和接头处未用绝缘布包扎的，扣5分 手持照明灯未使用36V及以下电源供电的，扣10分	10		
		小计		60		

序号	检查项目		扣分标准	应得分数	扣减分数	实得分数
5	一般项目	配电线路	电线老化、破皮未包扎的，每一处扣10分 线路过道无保护的，每一处扣5分 电杆、横担不符合要求的，扣5分 架空线路不符合要求的，扣7~10分 未使用五芯线（电缆）的，扣10分 使用四芯电缆外加一根线替代五芯电缆的，扣10分 电缆架设或埋设不符合要求的，扣7~10分	15		
6		电器装置	闸具、熔断器参数与设备容量不匹配、安装不合要求的，每一处扣3分 用其他金属丝代替熔丝的，扣10分	10		
7		变配电装置	不符合安全规定的，扣3分	5		
8		用电档案	无专项用电施工组织设计的，扣10分 无地极阻值摇测记录的，扣4分 无电工巡视维修记录或填写不真实的，扣4分 档案乱、内容不全、无专人管理的，扣3分	10		
		小计		40		
检查项目合计				100		

注：1. 每项最多扣减分数不大于该项应得分数；

2. 保证项目有一项不得分或保证项目小计得分不足40分的，检查评分表计零分；

3. 该表换算到汇总表后得分 $=\frac{10\times\text{该表检查项目实得分数合计}}{100}$。

物料提升机（龙门架、井字架）检查评分表　3181

序号	检查项目			扣分标准	应得分数	扣减分数	实得分数
1	保证项目	架体制作		无设计计算书或未经上级审批的，扣9分 不符合设计要求和规范要求架体制作的，扣7~9分 使用厂家生产的产品，无建筑安全监督管理部门准用证的，扣9分	9		
2		限位保险装置		吊篮无停靠装置的，扣9分 停靠装置未形成定型化的，扣5分 无超高限位装置的，扣9分 使用摩擦式卷扬机超高限位采用断电方式的，扣9分 高架提升机无下极限限位器、缓冲器或无超载限制器的，每一项扣3分	9		
3		架体稳定	缆风绳	架高20m以下时设一组，20~30m设二组，少一组扣9分 缆风绳不使用钢丝绳的，扣9分 钢丝绳直径小于9.3mm或角度不符合45~60°的，扣4分 地锚不符合要求的，扣4~7分	9		
			与建筑结构连接	连墙杆的位置不符合规范要求的，扣5分 连墙杆连接不牢的，扣5分 连墙杆与脚手架连接的，扣9分 连墙杆材质或连接做法不符合要求的，扣5分			
4		钢丝绳		钢丝绳磨损已超过报废标准的，扣8分 钢丝绳锈蚀、缺油，扣2~4分 绳卡不符合规定的，扣2分 钢丝绳无过路保护的，扣2分 钢丝绳拖地的，扣2分	8		
5		楼层卸料平台防护		卸料平台两侧无防护栏杆或防护不严的，扣2~4分 平台脚手板搭设不严、不牢的，扣2~4分 平台无防护门或不起作用的，每一处扣2分 防护门未形成定型化、工具化的，扣4分 地面进料口无防护棚或不符合要求的，扣2~4分	8		

序号	检查项目		扣分标准	应得分数	扣减分数	实得分数
6	一般项目	吊篮	吊篮无安全门的，扣8分 安全门未形成定型化、工具化的，扣4分 高架提升机不使用吊笼的，扣4分 违章乘坐吊篮上下的，扣8分 吊篮提升使用单根钢丝绳的，扣8分	8		
7		安装验收	无验收手续和责任人签字的，扣9分 验收单无量化验收内容的，扣5分	9		
		小计		60		
8		架体	架体安装拆除无施工方案的，扣5分 架体基础不符合要求的，扣2~4分 架体垂直偏差超过规定的，扣5分 架体与吊篮间隙超过规定的，扣3分 架体外侧无立网防护或防护不严的，扣4分 摇臂把杆未经设计的或安装不符合要求或无保险绳的，扣8分 井字架开口处未加固的，扣2分	10		
9		传动系统	卷扬机地锚不牢固，扣2分 卷筒钢丝绳缠绕不整齐，扣2分 第一个导向滑轮距离小于15倍卷筒宽度的，扣2分 滑轮翼缘破损或与架体柔性连接，扣3分 卷筒上无防止钢丝绳滑脱保险装置，扣5分 滑轮与钢丝绳不匹配的，扣2分	9		
10		联络信号	无联络信号的，扣7分 信号方式不合理、不准确的，扣2~4分	7		
11		卷扬机操作棚	卷扬机无操作棚的，扣7分 操作棚不符合要求的，扣3~5分	7		
12		避雷	防雷保护范围以外无避雷装置的，扣7分 避雷装置不符合要求的，扣4分	7		
		小计		40		
检查项目合计				100		

注：1. 每项最多扣减分数不大于该项应得分数；

2. 保证项目有一项不得分或保证项目小计得分不足40分的，检查评分表计零分；

3. 该表换算到汇总表后得分 $=\frac{10\times \text{该表检查项目实得分数合计}}{100}$。

外用电梯（人货两用电梯）检查评分表

3183

序号	检查项目		扣分标准	应得分数	扣减分数	实得分数
1	保证项目	安全装置	吊笼安全装置未经试验或不灵敏的，扣10分 门连锁装置不起作用的，扣10分	10		
2		安全防护	地面吊笼出入口无防护棚的，扣8分 防护棚材质搭设不符合要求的，扣4分 每层卸料口无防护门的，扣10分 有防护门不使用的，扣6分 卸料台口搭设不符合要求的，扣6分	10		
3		司机	司机无证上岗作业的，扣10分 每班作业前不按规定试车的，扣5分 不按规定交接班或无交接记录的，扣5分	10		
4		荷载	超过规定承载人数无控制措施的，扣10分 超过规定重量无控制措施的，扣10分 未加配重载人的，扣10分	10		
5		安装与拆卸	未制定安装拆卸方案的，扣10分 拆装队伍没有取得资格证书的，扣10分	10		
6		安装验收	电梯安装后无验收或拆装无交底的，扣10分 验收单上无量化验收内容的，扣5分	10		
		小计		60		

序号	检查项目		扣分标准	应得分数	扣减分数	实得分数
7	一般项目	架体稳定	架体垂直度超过说明书规定的，扣7~10分 架体与建筑结构附着不符合要求的，扣7~10分 架体附着装置与脚手架连接的，扣10分	10		
8		联络信号	无联络信号的，扣10分 信号不准确的，扣6分	10		
9		电气安全	电气安装不符合要求的，扣10分 电气控制无漏电保护装置的，扣10分	10		
10		避雷	在避雷保护范围外无避雷装置的，扣10分 避雷装置不符合要求的，扣5分	10		
		小计		40		
检查项目合计				100		

注：1. 每项最多扣减分数不大于该项应得分数；

2. 保证项目有一项不得分或保证项目小计得分不足40分的，检查评分表计零分；

3. 该表换算到汇总表后得分 $=\frac{10\times \text{该表检查项目实得分数合计}}{100}$。

塔吊检查评分表

3185

序号	检查项目		扣分标准	应得分数	扣减分数	实得分数
1	保证项目	力矩限制器	无力矩限制器，扣13分 力矩限制器不灵敏，扣13分	13		
2		限位器	无超高、变幅、行走限位的，每项扣5分 限位器不灵敏的，每项扣5分	13		
3		保险装置	吊钩无保险装置的，扣5分 卷扬机滚筒无保险装置，扣5分 上人爬梯无护圈或护圈不符合要求，扣5分	7		
4		附墙装置与夹轨钳	塔吊高度超过规定不安装附墙装置的，扣10分 附墙装置安装不符合说明书要求的，扣3~7分 无夹轨钳，扣10分 有夹轨钳不用每一处，扣3分	10		
5		安装与拆卸	未制定安装拆卸方案的，扣10分 作业队伍没有取得资格证的，扣10分	10		
6		塔吊指挥	司机无证上岗，扣7分 指挥无证上岗，扣4分 高塔指挥不使用旗语或对讲机的，扣7分	7		
		小计		60		

序号	检查项目		扣分标准	应得分数	扣减分数	实得分数
7	一般项目	路基与轨道	路基不坚实、不平整、无排水措施，扣3分 枕木铺设不符合要求，扣3分 道钉与接头螺栓数量不足，扣3分 轨距偏差超过规定的，扣2分 轨道无极限位置阻挡器，扣5分 高塔基础不符合设计要求，扣10分	10		
8		电气安全	行走塔吊无卷线器或失灵，扣6分 塔吊与架空线路小于安全距离又无防护措施，扣10分 防护措施不符合要求，扣2~5分 道轨无接地、接零，扣4分 接地、接零不符合要求，扣2分	10		
9		多塔作业	两台以上塔吊作业、无防碰撞措施，扣10分 措施不可靠，扣3~7分	10		
10		安装验收	安装完毕无验收资料或责任人签字的，扣10分 验收单上无量化验收内容，扣5分	10		
		小计		40		
检查项目合计				100		

注：1. 每项最多扣减分数不大于该项应得分数；

2. 保证项目有一项不得分或保证项目小计得分不足40分的，检查评分表计零；

3. 该表换算到汇总表后得分 $=\frac{10\times \text{该表检查项目实得分数合计}}{100}$。

起重吊装安全检查评分表　3187

序号	检查项目		扣分标准	应得分数	扣减分数	实得分数
1	保证项目	施工方案	起重吊装作业无方案，扣10分 作业方案未经上级审批或方案针对性不强，扣5分	10		
2		起重机械（起重机）	起重机无超高和力矩限制器，扣10分 吊钩无保险装置，扣5分 起重机未取得准用证，扣20分 起重机安装后未经验收，扣15分	20		
		起重机械（起重扒杆）	起重扒杆无设计计算书或未经审批，扣20分 扒杆组装不符合设计要求，扣17～20分 扒杆使用前未经试吊，扣10分			
3		钢丝绳与地锚	起重钢丝绳磨损、断丝超标的，扣10分 滑轮不符合规定的，扣4分 缆风绳安全系数小于3.5倍的，扣8分 地锚埋设不符合设计要求，扣5分	10		
4		吊点	不符合设计规定位置的，扣5～10分 索具使用不合理、绳径倍数不够的，扣5～10分	10		
5		司机、指挥	司机无证上岗的，扣10分 非本机型司机操作的，扣5分 指挥无证上岗的，扣5分 高处作业无信号传递的，扣10分	10		
		小计		60		

3188

序号	检查项目		扣分标准	应得分数	扣减分数	实得分数
6	一般项目	地耐力	起重机作业路面地耐力不符合说明书要求的，扣5分 地面铺垫措施达不到要求的，扣3分	5		
7	一般项目	起重作业	被吊物体重量不明就吊装的，扣3~6分 有超载作业情况的，扣6分 每次作业前未经试吊检验的，扣3分	6		
8	一般项目	高处作业	结构吊装未设置防坠落措施的，扣9分 作业人员不系安全带或安全带无牢靠悬挂点的，扣9分 人员上下无专设爬梯、斜道的，扣5分	9		
9	一般项目	作业平台	起重吊装人员作业无可靠立足点的，扣5分 作业平台临边防护不符合规定的，扣2分 作业平台脚手板不满铺的，扣3分	5		
10	一般项目	构件堆放	楼板堆放超过1.6m高度的，扣2分 其他物件堆放高度不符合规定的，扣2分 大型构件堆放无稳定措施的，扣3分	5		
11	一般项目	警戒	起重吊装作业无警戒标志，扣3分 未设专人警戒，扣2分	5		
12	一般项目	操作工	起重工、电焊工无安全操作证上岗的，每一人扣2分	5		
	一般项目	小计		40		
检查项目合计				100		

注：1. 每项最多扣减分数不大于该项应得分数；

2. 保证项目有一项不得分或保证项目小计得分不足40分的，检查评分表计零分；

3. 该表换算到汇总表后得分 $=\frac{5\times \text{该表检查项目实得分数合计}}{100}$。

施工机具检查评分表 3189

序号	检查项目	扣分标准	应得分数	扣减分数	实得分数
1	平刨	平刨安装后无验收合格手续，扣5分 无护手安全装置，扣5分 传动部位无防护罩，扣5分 未做保护接零、无漏电保护器的，各扣5分 无人操作时未切断电源的，扣3分 使用平刨和圆盘锯合用一台电机的多功能木工机具的，平刨和圆盘锯，两项扣20分	10		
2	圆盘电锯	电锯安装后无验收合格手续的，扣5分 无锯盘护罩、分料器、防护挡板安全装置和传动部位无防护，每缺一项的扣5分 未做保护接零、无漏电保护器的，各扣5分 无人操作时未切断电源的，扣3分	10		
3	手持电动工具	Ⅰ类手持电动工具无保护接零的，扣10分 使用Ⅰ类手持电动工具不按规定穿戴绝缘用品的，扣5分 使用手持电动工具随意接长电源线或更换插头的，扣5分	10		
4	钢筋机械	机械安装后无验收合格手续的，扣5分 未做保护接零、无漏电保护器的，各扣5分 钢筋冷拉作业区及对焊作业区无防护措施的，扣5分 传动部位无防护的，扣3分	10		
5	电焊机	电焊机安装后无验收合格手续的，扣5分 未做保护接零、无漏电保护器的，各扣5分 无二次空载降压保护器或防触电装置的，扣5分 一次线长度超过规定或不穿管保护的，扣5分 焊把线接头超过3处或绝缘老化的，扣5分 电源不使用自动开关的，扣3分 电焊机无防雨罩的，扣4分	10		

序号	检查项目	扣分标准	应得分数	扣减分数	实得分数
6	搅拌机	搅拌机安装后无验收合格手续的，扣5分 未做保护接零、无漏电保护器的，各扣5分 离合器、制动器、钢丝绳达不到要求的，每项扣3分 操作手柄无保险装置的，扣3分 搅拌机无防雨棚和作业台不安全的，扣4分 料斗无保险挂钩或挂钩不使用的，扣3分 传动部位无防护罩的，扣4分 作业平台不平稳的，扣3分	10		
7	气瓶	各种气瓶无标准色标的，扣5分 气瓶间距小于5m、距明火小于10m又无隔离措施的，各扣5分 乙炔瓶使用或存放时平放的，扣5分 气瓶存放不符合要求的，扣5分 气瓶无防震圈和防护帽的，每一个扣2分	10		
8	翻斗车	翻斗车未取得准用证的，扣5分 翻斗车制动装置不灵敏的，扣5分 无证司机驾车的，扣5分 行车载人或违章行车，每发现一次扣5分	10		
9	潜水泵	未做保护接零、无漏电保护器的，各扣5分 保护装置不灵敏、使用不合理的，扣5分	10		
10	打桩机械	打桩机未取得准用证和安装后无验收合格手续的，扣5分 打桩机无超高限位装置的，扣5分 打桩机行走路线地耐力不符合说明书要求的，扣5分 打桩作业无方案的，扣5分 打桩操作违反操作规程的，扣5分	10		
检查项目合计			100		

注：1. 每项最多扣减分数不大于该项应得分数；

2. 该表换算到表3.0.1后得分 $=\frac{5\times\text{该表检查项目实得分数合计}}{100}$。

(四)

建设工程报监理审批用表

<table>
<tr><td colspan="3">工程技术文件报审表</td><td>编　号</td><td colspan="2"></td></tr>
<tr><td>工程名称</td><td colspan="2"></td><td>日　期</td><td colspan="2"></td></tr>
<tr><td colspan="6">现报上关于 ____________________ 工程技术文件，请予以审定。</td></tr>
<tr><td>序号</td><td>类别</td><td>编制人</td><td colspan="2">册数</td><td>页数</td></tr>
<tr><td></td><td></td><td></td><td colspan="2"></td><td></td></tr>
<tr><td></td><td></td><td></td><td colspan="2"></td><td></td></tr>
<tr><td></td><td></td><td></td><td colspan="2"></td><td></td></tr>
<tr><td></td><td></td><td></td><td colspan="2"></td><td></td></tr>
<tr><td colspan="6">编制单位名称：
技术负责人（签字）：　　　　　　　　申报人（签字）：</td></tr>
<tr><td colspan="6">施工单位审核意见：

□有/　□无　　附页
施工单位名称：　　　　　　审核人（签字）：　　　　　审核日期：</td></tr>
<tr><td colspan="6">监理单位审核意见：

审定结论：　　□同意　□修改后再报　□重新编制
监理单位名称：　　　　　　监理工程师（签字）：　　　　　日期：</td></tr>
</table>

注：本表由施工单位填报，建设单位、监理单位、施工单位各存一份。

<table>
<tr><td colspan="2">施工测量放线报验表</td><td>编　号</td><td></td></tr>
<tr><td>工程名称</td><td></td><td>日　期</td><td></td></tr>
<tr><td colspan="4">致________________（监理单位）：
我方已完成（部位）________________
（内容）________________
的测量放线，经自检合格，请予查验。
附件：　1. □放线的依据材料______页
2. □放　线　成　果　表______页

测量员（签字）：　　岗位证书号：
查验人（签字）：　　岗位证书号：

施工单位名称：　　技术负责人（签字）：</td></tr>
<tr><td colspan="4">查验结果：

查验结论：　　□合格　□纠错后重报
监理单位名称：　　监理工程师（签字）：　　日期：</td></tr>
</table>

注：本表由施工单位填报，建设单位、监理单位、施工单位各存一份。

<table>
<tr><td colspan="2">施工进度计划报审表</td><td>编　号</td><td></td></tr>
<tr><td>工程名称</td><td></td><td>日　期</td><td></td></tr>
<tr><td colspan="4">致＿＿＿＿＿＿＿＿＿＿＿＿＿＿（监理单位）：

现报上＿＿年＿＿季＿＿月工程施工进度计划，请予以审查和批准。
附件：1. □　施工进度计划（说明、图表、工程量、工作量、资源配备）

＿＿＿＿＿＿份

2. □

施工单位名称：　　　　　　　　　　　　　项目经理（签字）：</td></tr>
<tr><td colspan="4">审查意见：

　　　　　　　　　　监理工程师（签字）：　　　　日期：</td></tr>
<tr><td colspan="4">审查结论：　　　□同意　　□修改后报　□重新编制

监理单位名称：　　　　　总监理工程师（签字）：　　　　日期：</td></tr>
</table>

注：本表由施工单位填报，建设单位、监理单位、施工单位各存一份。

工程物资进场报验表					编 号	
工程名称					日 期	

现报上关于＿＿＿＿＿＿＿＿＿＿＿＿＿＿工程的物资进场检验记录，该批物资经我方检验符合设计，规范及合约要求，请予以批准使用。

物资名称	主要规格	单位	数量	选样报审表编号	使用部位

附件：名 称 页 数 编号

1. □ 出厂合格证 ＿＿＿＿ 页
2. □ 厂家质量检验报告 ＿＿＿＿ 页
3. □ 厂家质量保证书 ＿＿＿＿ 页
4. □ 商检证 ＿＿＿＿ 页
5. □ 进场检验记录 ＿＿＿＿ 页
6. □ 进场复试报告 ＿＿＿＿ 页
7. □ 备案情况 ＿＿＿＿ 页
8. □ ＿＿＿＿ 页

申报单位名称： 申报人（签字）：

施工单位检验意见：

□有/ □无 附页

施工单位名称： 技术负责人（签字）： 审核日期：

验收意见：

审定结论：□同意 □补报资料 □重新检验 □退场

监理单位名称： 监理工程师（签字）： 验收日期：

注：本表由施工单位填报，建设单位、监理单位、施工单位各存一份。

4005

<table>
<tr><td colspan="2">工程动工报审表</td><td>编　号</td><td></td></tr>
<tr><td>工程名称</td><td></td><td>日　期</td><td></td></tr>
<tr><td colspan="4">致________________________（监理单位）：
根据合同约定，建设单位已取得主管单位审批的施工许可证，我方也完成了开工前的各项准备工作，计划于____年____月____日开工，请审批。
已完成报审的条件有：
1. □　市建设工程施工许可证（复印件）
2. □施工组织设计（含主要管理人员和特殊工种资格证明）
3. □施工测量放线
4. □主要人员、材料、设备进场
5. □施工现场道路、水、电、通讯等已达到开工条件
6. □

施工单位名称：　　　　　　　　　　　　　　　　项目经理（签字）：</td></tr>
<tr><td colspan="4">审查意见：

监理工程师（签字）：　　　　　　　日期：</td></tr>
<tr><td colspan="4">审批结论：
□同意　　　□不同意

监理单位名称：　　　　　　总监理工程师（签字）：　　　　　　日期：</td></tr>
</table>

<table>
<tr><td colspan="3">分包单位资质报审表</td><td>编　号</td><td></td></tr>
<tr><td>工程名称</td><td colspan="2"></td><td>日　期</td><td></td></tr>
<tr><td colspan="5">致＿＿＿＿＿＿＿＿＿＿＿＿＿＿（监理单位）：
经考察，我方认为拟选择的＿＿＿＿＿＿＿＿＿（分包单位）具有承担下列工程的施工资质和施工能力，可以保证本工程项目按合同的约定进行施工。分包后，我方仍然承担总承包单位的责任。请予以审查和批准。
附：
□1. 分包单位资质材料
□2. 分包单位业绩材料
□3. 中标通知书</td></tr>
<tr><td>分包工程名称（部位）</td><td>单　位</td><td colspan="2">工程数量</td><td>其他说明</td></tr>
<tr><td></td><td></td><td colspan="2"></td><td></td></tr>
<tr><td></td><td></td><td colspan="2"></td><td></td></tr>
<tr><td></td><td></td><td colspan="2"></td><td></td></tr>
<tr><td colspan="5">施工单位名称：　　　　　　　　项目经理（签字）：</td></tr>
<tr><td colspan="5">监理工程师审查意见：

监理工程师（签字）：　　　　　　日期：</td></tr>
<tr><td colspan="5">总监理工程师审查意见：

监理单位名称：　　　　　　总监理工程师（签字）：　　　　　　日期：</td></tr>
</table>

注：本表由承包单位填报，建设单位、监理单位、承包单位各存一份。

4007

<table>
<tr><td colspan="2">分项/分部工程施工报验表</td><td>编 号</td><td></td></tr>
<tr><td>工程名称</td><td></td><td>日 期</td><td></td></tr>
<tr><td colspan="4">现我方已完成______（层）______（轴线或房间）______（高程）______（部分）的______工程，经我方检验符合设计、规范要求，请予以验收。
附件：　名　称　　页　数　　编　号
1. □质量控制资料汇总表　______页
2. □隐蔽工程检查记录　______页
3. □预检记录　______页
4. □施工记录　______页
5. □施工试验记录　______页
6. □分部工程质量检验评定记录　______页
7. □分项工程质量检验评定记录　______页
8. □______　______页
9. □______　______页
10. □______　______页
质量检查员（签字）：
施工单位名称：　技术负责人（签字）：</td></tr>
<tr><td colspan="4">审查意见：

审查结论：　□合格　□不合格
监理单位名称：　（总）监理工程师（签字）：　审查日期：</td></tr>
</table>

注：本表由承包单位填报，监理单位、承包单位各存一份。分项、分部工程不合格，应填写《不合格项处置记录》，分部工程应由总监理工程师签字。

（　）月工、料、机动态表		编　号	
工程名称		日　期	

	工　种							其他	合计
人工	人　数								
	持证人数								

	名　称	单位	上月库存量	本月进场量	本月消耗量	本月库存量
主要材料						

	名　称	生产厂家	规格型号	数　量
主要机械				

附件：

施工单位名称：　　　　　　　　项目经理（签字）：

注：本表由承包单位于每月　日填报，监理单位、承包单位各存一份。工、料机情况应按不同施工阶段填报主要项目。

<table>
<tr><td colspan="2">工程复工报审表</td><td>编　号</td><td></td></tr>
<tr><td>工程名称</td><td></td><td>日　期</td><td></td></tr>
<tr><td colspan="4">致＿＿＿＿＿＿＿＿＿＿＿＿＿＿（监理单位）：
＿＿＿＿＿＿＿＿＿＿＿＿＿＿工程，由总监理工程师签发的第（　）号工程暂停令指出的原因已消除，经检查已具备了复工条件，请予审核并批准复工。
附件：具备复工条件的详细说明

施工单位名称：　　　　　　　　　　项目经理（签字）：</td></tr>
<tr><td colspan="4">审批意见：

审批结论：　　□具备复工条件，同意复工。
　　　　　　　□不具备复工条件，暂不同意复工。

监理单位名称：　　　　　　总监理工程师（签字）：　　　　日期：</td></tr>
</table>

注：本表由施工单位填报，建设单位、监理单位、施工单位各存一份。

（　）月工程进度款报审表		编　号	
工程名称		日　期	

致＿＿＿＿＿＿＿＿＿＿＿＿＿＿＿＿＿（监理单位）：

兹申报＿＿＿＿年＿＿＿＿月份完成的工作量＿＿＿＿＿＿＿，请予以核定。

附件：月完成工作量统计报表。

施工单位名称：　　　　　　　　　　　　项目经理（签字）：

经审核以下项目工作量有差异，应以核定工作量为准。本月度认定工程进度款为：

施工单位申报数（　　）+监理单位核定差别数（　　　　）

=本月工程进度款数（　　　　　）。

统计表序号	项　目名　称	单位	申　报　表			核　定　数		
			数量	单价（元）	合计（元）	数量	单价（元）	合计（元）
合　计								

监理工程师（签字）：　　　　　　日期：

监理单位名称：　　　　总监理工程师（签字）：　　　　日期：

注：本表由施工单位填报，由监理单位签认，建设单位、监理单位、施工单位各存一份。

工程变更费用报审表				编 号			
工程名称				日 期			

致＿＿＿＿＿＿＿＿＿＿＿＿＿＿＿＿＿＿＿＿（监理单位）：

根据第（ ）号工程变更单，申请费用如下表，请审核。

项目名称	变更前			变更后			工程款
	工程量	单价	合价	工程量	单价	合价	增（+）减（-）

施工单位名称： 项目经理（签字）：

监理工程师审核意见：

监理工程师（签字）： 日期：

监理单位名称： 总监理工程师（签字）： 日期：

注：本表由施工单位填报，建设单位、监理单位、施工单位各存一份。

<table>
<tr><td colspan="2">费用索赔申请表</td><td>编　号</td><td></td></tr>
<tr><td>工程名称</td><td></td><td>日　期</td><td></td></tr>
<tr><td colspan="4">致________________________________（监理单位）：
根据施工合同第__________条款的规定，由于____的原因，我方要求索赔金额共计人民币（大写）______________________元，请批准。
索赔的详细理由及经过：

索赔金额的计算：

附件：证明材料

施工单位名称：　　　　　　　　　　　　项目经理（签字）：</td></tr>
</table>

注：本表由施工单位填报，建设单位、监理单位、施工单位各存一份。

<table>
<tr><td colspan="2">工程款支付申请表</td><td>编 号</td><td></td></tr>
<tr><td>工程名称</td><td></td><td>日 期</td><td></td></tr>
<tr><td colspan="4">致________________（监理单位）：
我方已完成了________________工作，按施工合同的规定，建设单位应在____年____月____日前支付该项工程款共计（大写）________________，（小写）________，现报上________工程付款申请表，请予以审查并开具工程款支付证书。

附件：
1. 工程量清单；
2. 计算方法。

施工单位名称： 项目经理（签字）：</td></tr>
</table>

注：本表由施工单位填报，监理单位、施工单位各存一份。

<table>
<tr><td colspan="2">工程延期申请表</td><td>编　号</td><td></td></tr>
<tr><td>工程名称</td><td></td><td>日　期</td><td></td></tr>
<tr><td colspan="4">致＿＿＿＿＿＿＿＿＿＿＿＿＿＿＿＿（监理单位）：
根据合同条款＿＿＿＿条的规定，由于＿＿＿＿＿＿＿＿＿＿＿＿＿＿＿＿＿＿＿＿
＿＿＿＿＿＿＿＿＿＿＿＿＿＿＿＿＿＿＿＿＿＿＿＿＿＿＿＿＿＿＿＿＿＿＿＿
的原因，申请工程延期，请批准。
工程延期的依据及工期计算：

合同竣工日期：
申请延长竣工日期：
附：证明材料

施工单位名称：　　　　　　　　　　　　　　　　项目经理（签字）：</td></tr>
</table>

注：本表由施工单位填报，建设单位、监理单位、施工单位各存一份。

<table>
<tr><td colspan="2">监理通知回复单</td><td>编　号</td><td></td></tr>
<tr><td>工程名称</td><td></td><td>日　期</td><td></td></tr>
<tr><td colspan="4">致＿＿＿＿＿＿＿＿＿＿＿＿＿＿＿＿（监理单位）：
我方接到第（　　）号监理通知后，已按要求完成了＿＿＿＿＿＿＿＿＿＿＿＿
＿＿＿＿＿＿＿＿＿＿＿＿＿＿＿＿＿＿＿＿＿＿＿＿＿＿＿＿＿＿＿＿
＿＿＿＿＿＿＿工作，特此回复，请予以复查。
详细内容：

施工单位名称：　　　　　　　　　　　　　　　　项目经理（签字）：</td></tr>
<tr><td colspan="4">复查意见：

监理工程师（签字）：　　　　　　日期：
监理单位名称：　　　　总监理工程师（签字）：　　　　　　日期：</td></tr>
</table>

注：本表由施工单位填报，监理单位、施工单位各存一份。

<table>
<tr><td colspan="2">监理通知</td><td>编　号</td><td></td></tr>
<tr><td>工程名称</td><td></td><td>日　期</td><td></td></tr>
<tr><td colspan="4">致＿＿＿＿＿＿＿＿＿＿＿＿＿＿＿＿＿（施工单位）：

事由：

内容：

监 理 工 程 师（签字）：
监理单位名称：　　　　　　　　总监理工程师（签字）：</td></tr>
</table>

注：重要监理通知应由总监理工程师签署，监理单位、有关单位各存一份。

<table>
<tr><td colspan="2">监理抽检记录</td><td>编　号</td><td></td></tr>
<tr><td>工程名称</td><td></td><td>抽检日期</td><td></td></tr>
<tr><td colspan="4">检查项目：</td></tr>
<tr><td colspan="4">检查部位：</td></tr>
<tr><td colspan="4">检查数量：</td></tr>
<tr><td colspan="4">被委托单位：</td></tr>
<tr><td colspan="4">检查结果：　　□合格　　□不合格</td></tr>
<tr><td colspan="4">处置意见：

监理工程师（签字）：　　日期：
监理单位名称：　　总监理工程师（签字）：　　日期：</td></tr>
</table>

注：本表由监理单位填写，建设单位、监理单位、施工单位各存一份。如不合格应填写《不合格项处置记录》。

不合格项处置记录		编 号	
工程名称		发生/发现日期	

不合格项发生部位与原因：

致________________________________（单位）：

由于以下情况的发生，使你单位在__________________________________发生

严重□／一般□　不合格项，请及时采取措施予以整改。

具体情况：

□自行整改

□整改后报我方验收

签发单位名称：　　　　　　　签发人（签字）：　　　　　　　日期：

不合格项改正措施：

整改限期：

整改责任人（签字）：

单位负责人（签字）：

不合格项整改结果：

致：________________________________（签发单位）：

根据你方指示，我方已完成整改，请予以验收。

单位负责人（签字）：　　　　　　　日期：

整改结论：　　　□同意验收　　　□______________

□继续整改　　　□______________

验收单位名称：　　　　　　　验收人（签字）：　　　　　　　日期：

工程暂停令		编　号	
工程名称		日　期	

致＿＿＿＿＿＿＿＿＿＿＿＿＿＿＿＿＿＿＿＿（施工单位）：

由于＿＿原因，现通知你方必须于＿＿＿年＿＿＿月＿＿＿日＿＿＿时起，对本工程的＿＿＿＿＿＿＿＿＿＿＿＿＿＿＿＿＿＿＿＿＿＿＿＿＿部位（工序）实施暂停施工，并按下述要求做好各项工作：

监理单位名称：　　　　　　　　　　　总监理工程师（签字）：

注：本表由监理单位签发，建设单位、监理单位、施工单位各存一份。

工程延期审批表		编　号	
工程名称		日　期	

致________________________________（施工单位）：

根据施工合同条款__________条的规定，我方对你方提出的第（　　　　　　　）号关于______________________________工程延期申请，要求延长工期__________________日历天，经过我方审核评估：

□ 同意工期延长_____________日历天。竣工日期（包括已指令延长的工期）从原来的_____年_____月_____日延长到_____年_____月_____日。请你方执行。

□ 不同意延长工期，请按约定竣工日期组织施工。

说明：

监理单位名称：　　　　　　　　　　　　　　　　总监理工程师（签字）：

注：本表由监理单位签发，建设单位、监理单位、施工单位各存一份。

4021

费用索赔审批表		编　号	
工程名称		日　期	

致______________________________（施工单位）：

根据施工合同第________条款的规定，你方提出的第（　　　　）号关于______________________________________费用索赔申请，索赔金额共计人民币（大写）________________________________，（小写）____________________，

经我方审核评估：

□不同意此项索赔。

□同意此项索赔，金额为（大写）__________________________。

理由：

索赔金额的计算：

监理工程师（签字）：

监理单位名称：　　　　总监理工程师（签字）：

注：本表由监理单位签发，建设单位、监理单位、施工单位各存一份。

<table>
<tr><td colspan="2">工程款支付证书</td><td>编　号</td><td></td></tr>
<tr><td>工程名称</td><td></td><td>日　期</td><td></td></tr>
<tr><td colspan="4">致＿＿＿＿＿＿＿＿＿＿（建设单位）：
根据施工合同规定，经审核施工单位的付款申请和报表，并扣除有关款项，同意本期支付工程款共计（大写）＿＿＿＿＿＿＿＿＿＿，（小写）＿＿＿＿＿＿，请按合同规定及时付款。
其中：
1. 施工单位申报款为：＿＿＿＿＿＿＿＿
2. 经审核施工单位应得款为：＿＿＿＿＿＿＿＿
3. 本期应扣款为：＿＿＿＿＿＿＿＿
4. 本期应付款为：＿＿＿＿＿＿＿＿
附件：
1. 施工单位的工程付款申请表及附件。
2. 项目监理部审查记录。

监理单位名称：　　　　　　　　总监理工程师（签字）：</td></tr>
</table>

注：本表由监理单位签发，建设单位、监理单位、施工单位各存一份。

<table>
<tr><td colspan="2">单位工程竣工预验收报验表</td><td>编　号</td><td></td></tr>
<tr><td>工程名称</td><td></td><td>日　期</td><td></td></tr>
<tr><td colspan="4">致＿＿＿＿＿＿＿＿＿＿＿＿（监理单位）：
我方已按合同要求完成了＿＿＿＿＿＿＿＿＿＿＿＿＿＿＿＿工程，经自检合格，请予以检查和验收。
附件：

施工单位名称：　　　　　　　　　　项目经理（签字）：</td></tr>
<tr><td colspan="4">审查意见：
经预验收，该工程：
1. □符合　　□不符合　　我国现行法律、法规要求；
2. □符合　　□不符合　　我国现行工程建设标准；
3. □符合　　□不符合　　设计文件要求；
4. □符合　　□不符合　　施工合同要求。
综上所述，该工程预验收结论：　□合格　　□不合格；
可否组织正式验收：　　□可　　□否。

监理单位名称：　　　　总监理工程师（签字）：　　　日期：</td></tr>
</table>

注：本表由施工单位填报，建设单位、监理单位、施工单位各存一份。

<table>
<tr><td colspan="2">竣工移交证书</td><td>编 号</td><td></td></tr>
<tr><td>工程名称</td><td colspan="3"></td></tr>
<tr><td colspan="4">致＿＿＿＿＿＿＿＿＿＿（建设单位）：
兹证明施工单位＿＿＿＿＿＿＿＿＿＿＿＿＿＿＿＿
＿＿＿＿＿＿＿＿＿＿施工的＿＿＿＿＿＿＿＿＿＿
＿＿＿＿＿＿＿工程，已按合同的要求完成，并验收合格，即日起该工程移交建设单位管理，并进入保修期。

附件：单位工程验收记录</td></tr>
<tr><td colspan="2">总监理工程师（签字）</td><td colspan="2">监理单位（章）</td></tr>
<tr><td colspan="2">日期：　　年　月　日</td><td colspan="2">日期：　　年　月　日</td></tr>
<tr><td colspan="2">建设单位代表（签字）</td><td colspan="2">建设单位（章）</td></tr>
<tr><td colspan="2">日期：　　年　月　日</td><td colspan="2">日期：　　年　月　日</td></tr>
</table>

注：本表由监理单位填写，建设单位、监理单位、施工单位各存一份。

<table>
<tr><td colspan="2">工作联系单</td><td>编　号</td><td></td></tr>
<tr><td>工程名称</td><td></td><td>日　期</td><td></td></tr>
<tr><td colspan="4">致__________________（单位）：

事由：

内容：

发出单位名称：　　　　　　单位负责人（签字）：</td></tr>
</table>

注：重要工作联系单应加盖单位公章，相关单位各存一份。

<table>
<tr><td colspan="2">工程变更单</td><td>编　号</td><td></td></tr>
<tr><td>工程名称</td><td></td><td>日　期</td><td></td></tr>
<tr><td colspan="4">致________________（监理单位）：
由于____________________________________
________________________的原因，兹提出工程变更（内容详见附件），请予以审批。
附件：

提出单位名称：　　　　提出单位负责人（签字）：</td></tr>
<tr><td colspan="4">一致意见：</td></tr>
</table>

建设单位代表 （签　字）： 日期：	设计单位代表 （签　字）： 日期：	监理单位代表 （签　字）： 日期：	施工单位代表 （签　字）： 日期：

注：本表由提出单位填报，有关单位会签，并各存一份。

施工组织设计（方案）报审表

4027

工程名称：　　　　　　　　　　　　　　　　　　　　　　　　编号：

<table>
<tr><td>致＿＿＿＿＿＿＿＿＿＿＿＿＿＿＿＿（监理单位）：
　　我方已根据施工合同的有关规定完成了＿＿＿＿＿＿＿＿＿＿工程施工组织设计（方案）的编制，并经我单位上级技术负责人审查批准，请予以审查。
　　附：施工组织设计（方案）

承包单位（章）＿＿＿＿＿＿
项目经理＿＿＿＿＿＿
日　　期＿＿＿＿＿＿</td></tr>
<tr><td>专业监理工程师审查意见：

专业监理工程师＿＿＿＿＿＿
日　　期＿＿＿＿＿＿</td></tr>
<tr><td>总监理工程师审核意见：

项日监理机构＿＿＿＿＿＿
总监理工程师＿＿＿＿＿＿
日　　期＿＿＿＿＿＿</td></tr>
</table>

监理规划审批表

4028

工程名称：
编制：
审批：
审批意见：   单位盖章：　　　　　　　　　　　　　　　　　　　年　　月　　日

监理实施细则审批表

4029

工程名称：
编制：
审批：
审批意见： 单位盖章：　　　　　　　　　　　　　　　　　　年　　月　　日

监理工作总结审批表

4030

<table>
<tr><td>工程名称</td><td></td></tr>
<tr><td>监理阶段</td><td></td></tr>
<tr><td>编制人</td><td></td></tr>
<tr><td>公司工
程部审
查意见</td><td></td></tr>
<tr><td>公司总
工办审
批意见</td><td>技术负责人　　　　（公章）
年　　月　　日</td></tr>
<tr><td>备　注</td><td></td></tr>
</table>

<table>
<tr><td colspan="2">旁站监理记录</td><td>编　号</td><td></td></tr>
<tr><td>工程名称</td><td></td><td>日期及气候</td><td></td></tr>
<tr><td colspan="4">旁站监理的部位或工序：</td></tr>
<tr><td colspan="2">旁站监理开始时间：</td><td colspan="2">旁站监理结束时间：</td></tr>
<tr><td colspan="4">施工情况：</td></tr>
<tr><td colspan="4">监理情况：</td></tr>
<tr><td colspan="4">发现问题：</td></tr>
<tr><td colspan="4">处理意见：</td></tr>
<tr><td colspan="4">备　　注：</td></tr>
<tr><td colspan="2">承包单位名称：
质检员（签字）：
年　　月　　日</td><td colspan="2">监理单位名称：
旁站监理人员（签字）：
年　　月　　日</td></tr>
</table>

有见证取样和送检见证人备案书　　4032

________________________质量监督站：

________________________试　验　室：

我单位决定，由______________同志担任________________

工程有见证取样和送检见证人。有关的印章和签字如下，请查收备案。

有见证取样和送件印章	见证人签字

建设单位名称（盖章）：　　年　　月　　日

监理单位名称（盖章）：　　年　　月　　日

施工项目负责人签字：　　年　　月　　日

见 证 记 录

4033

编　号：____________

工程名称：________________________________

取样部位：________________________________

样品名称：________________　取样数量：____________

取样地点：________________　取样日期：____________

见证记录：

有见证取样和送检印章：____________________

取 样 人 签 字：____________________

见 证 人 签 字：____________________

施工放样报验单

4034

公路工程项目名称：________________

承包单位：________________　　合同号：________________

监理单位：________________　　编　号：________________

致（驻地监理组）：

根据合同要求，业已完成____

____

____

________________________________放工样工作清单如下，请予检查。

承包人签名：　　　　日期：

桩号或位置	工程或部位名称	放样内容	备注

附件：测量及放样资料

现场监理意见：

现场监理：　　　　日期：　　　　专业监理工程师：　　　　日期：

监理工程师结论：

高级驻地监理工程师：　　　　日期：

合同段月（季）工程进度报表

4035

工程名称：　　　　　　　　　　　　　　　　　　年　月　日

序号	项目名称	单位	数量		单价	金额(元)		监理审核		业主审核		备注
			本月	累计		本月	累计	完成（%）	金额（元）	完成（%）	金额（元）	
	合计											

业主(盖章)	监理(盖章)	承包商(盖章)
年　月　日	年　月　日	年　月　日

合同段第__期支付审核表

4036

截止：　　　年　月　日　　　　　　　　　　　　　　　　单位：元

合同总价		计量支付	
原合同价		到上期实际末支付	
工程变更金额		本期实际支付	
变更后合同总价		到本期末累计实际支付	

驻地监理组审核意见：

高级驻地监理工程师：　　　　　　　　　　　　驻地计量工程师：

业主工程部意见：

负责人：

业主代表：

（五）

建 设 工 程
施工现场资料用表

一、工程管理与验收资料

5001

<table>
<tr><td colspan="3">工程概况表</td><td>编号</td><td></td></tr>
<tr><td rowspan="9">一般情况</td><td>工程名称</td><td></td><td>建设单位</td><td></td></tr>
<tr><td>建设用途</td><td></td><td>设计单位</td><td></td></tr>
<tr><td>建设地点</td><td></td><td>监理单位</td><td></td></tr>
<tr><td>总建筑面积</td><td></td><td>施工单位</td><td></td></tr>
<tr><td>开工日期</td><td></td><td>竣工日期</td><td></td></tr>
<tr><td>结构类型</td><td></td><td>基础类型</td><td></td></tr>
<tr><td>层　数</td><td></td><td>建筑檐高</td><td></td></tr>
<tr><td>地上面积</td><td></td><td>地下室面积</td><td></td></tr>
<tr><td>人防等级</td><td></td><td>抗震等级</td><td></td></tr>
<tr><td rowspan="8">构造特征</td><td>地基与基础</td><td colspan="3"></td></tr>
<tr><td>柱、内外墙</td><td colspan="3"></td></tr>
<tr><td>梁、板、楼盖</td><td colspan="3"></td></tr>
<tr><td>外墙装饰</td><td colspan="3"></td></tr>
<tr><td>内墙装饰</td><td colspan="3"></td></tr>
<tr><td>楼地面装饰</td><td colspan="3"></td></tr>
<tr><td>屋面构造</td><td colspan="3"></td></tr>
<tr><td>防火设备</td><td colspan="3"></td></tr>
<tr><td colspan="2">机电系统名称</td><td colspan="3"></td></tr>
<tr><td>其他</td><td colspan="4"></td></tr>
</table>

本表由施工单位填写，施工单位和城建档案馆各保存一份。

5002

<table>
<tr><td colspan="2">建设工程质量事故调（勘）查记录</td><td>编　号</td><td colspan="3"></td></tr>
<tr><td>工程名称</td><td></td><td>日　期</td><td colspan="3"></td></tr>
<tr><td>调(勘)查时间</td><td colspan="5">年　　月　　日　　时　　分至　　时　　分</td></tr>
<tr><td>调(勘)查地点</td><td colspan="5"></td></tr>
<tr><td>参加人员</td><td>单　位</td><td>姓　名</td><td colspan="2">职　务</td><td>电　话</td></tr>
<tr><td>被调查人</td><td></td><td></td><td colspan="2"></td><td></td></tr>
<tr><td rowspan="2">陪同调(勘)查人员</td><td></td><td></td><td colspan="2"></td><td></td></tr>
<tr><td></td><td></td><td colspan="2"></td><td></td></tr>
<tr><td>调(勘)查笔录</td><td colspan="5"></td></tr>
<tr><td>现场证物照片</td><td colspan="5">□有　　□无　　共　　张　　共　　页</td></tr>
<tr><td>事故证据资料</td><td colspan="5">□有　　□无　　共　　条　　共　　页</td></tr>
<tr><td>被调查人签字</td><td colspan="2"></td><td colspan="2">调(勘)查人</td><td></td></tr>
</table>

本表由调查人填写，各有关单位均保存一份。

<table>
<tr><td colspan="2">建设工程质量事故报告书</td><td>编　号</td><td></td></tr>
<tr><td>工程名称</td><td></td><td>建设地点</td><td></td></tr>
<tr><td>建设单位</td><td></td><td>设计单位</td><td></td></tr>
<tr><td>施工单位</td><td></td><td>建筑面积（m^2）
工作量（元）</td><td></td></tr>
<tr><td>结构类型</td><td></td><td>事故发生时间</td><td></td></tr>
<tr><td>上报时间</td><td></td><td>经济损失（元）</td><td></td></tr>
<tr><td colspan="4">事故经过、后果与原因分析：</td></tr>
<tr><td colspan="4">事故发生后采取的措施：</td></tr>
<tr><td colspan="4">事故责任单位、责任人及处理意见：</td></tr>
</table>

负责人		报告人		日期	

本表由报告人填写，各有关单位均保存一份。

工程质量事故调查处理结果

5004

<table>
<tr><td>工程名称</td><td></td><td>事故名称</td><td></td></tr>
<tr><td>事故部位</td><td></td><td>发生日期</td><td></td></tr>
<tr><td>施工单位</td><td></td><td>监理单位</td><td></td></tr>
<tr><td>建设单位</td><td></td><td>设计单位</td><td></td></tr>
<tr><td>勘察单位</td><td></td><td>鉴定单位</td><td></td></tr>
<tr><td colspan="4">事故发生（事故经过、后果与原因分析）：</td></tr>
<tr><td colspan="4">处理情况：</td></tr>
</table>

建设单位 项目专业负责人： 年 月 日	设计单位 项目专业负责人： 年 月 日	勘察单位 项目专业负责人： 年 月 日	施工单位 项目专业负责人： 年 月 日	监理单位 监理工程师： 年 月 日

单位（子单位）工程质量竣工验收记录 5005

<table>
<tr><td>工程名称</td><td></td><td>结构类型</td><td></td><td>层数/建筑面积</td><td></td></tr>
<tr><td>施工单位</td><td></td><td>技术负责人</td><td></td><td>开工日期</td><td></td></tr>
<tr><td>项目经理</td><td></td><td>项目技术负责人</td><td></td><td>竣工日期</td><td></td></tr>
<tr><td>序号</td><td>项　目</td><td colspan="2">验　收　记　录</td><td colspan="2">验　收　结　论</td></tr>
<tr><td>1</td><td>分部工程</td><td colspan="2">共　　　分部，经查　　　分部
符合标准及设计要求　　　分部</td><td colspan="2"></td></tr>
<tr><td>2</td><td>质量控制资料核查</td><td colspan="2">共　　　项，经审查符合要求　　　项，
经核定符合规范要求　　　项</td><td colspan="2"></td></tr>
<tr><td>3</td><td>安全和主要使用功能核查及抽查结果</td><td colspan="2">共核查　　　项，符合要求　　　项，
共核查　　　项，符合要求　　　项，
经返工处理符合要求　　　项</td><td colspan="2"></td></tr>
<tr><td>4</td><td>观感质量验收</td><td colspan="2">共抽查　　　项，符合要求　　　项，
不符合要求　　　项</td><td colspan="2"></td></tr>
<tr><td>5</td><td>综合验收结论</td><td colspan="4"></td></tr>
<tr><td rowspan="2">参加验收单位</td><td>建设单位（公章）</td><td>监理单位（公章）</td><td>施工单位（公章）</td><td colspan="2">设计单位（公章）</td></tr>
<tr><td>单位（项目）负责人：

年　月　日</td><td>总监理工程师：

年　月　日</td><td>单位负责人：

年　月　日</td><td colspan="2">单位（项目）负责人：

年　月　日</td></tr>
</table>

单位（子单位）工程质量控制资料核查记录 5006

工程名称			施工单位		
序号	项目	资 料 名 称	份数	核查意见	核查人
1	建筑与结构	图纸会审、设计变更、洽商记录			
2		工程定位测量、放线记录			
3		原材料出厂合格证书及进场检（试）验报告			
4		施工试验报告及见证检测报告			
5		隐蔽工程验收记录			
6		施工记录			
7		预制构件、预拌混凝土合格证			
8		地基、基础、主体结构检验及抽样检测资料			
9		分项、分部工程质量验收记录			
10		工程质量事故及事故调查处理资料			
11		新材料、新工艺施工记录			
12					
1	给排水与采暖	图纸会审、设计变更、洽商记录			
2		材料、配件出厂合格证书及进场检（试）验报告			
3		管道、设备强度试验、严密性试验记录			
4		隐蔽工程验收记录			
5		系统清洗、灌水、通水、通球试验记录			
6		施工记录			
7		分项、分部工程质量验收记录			
8					
1	建筑电气	图纸会审、设计变更、洽商记录			
2		材料、设备出厂合格证书及进场检（试）验报告			
3		设备调试记录			
4		接地、绝缘电阻测试记录			
5		隐蔽工程验收记录			
6		施工记录			
7		分项、分部工程质量验收记录			
8					

工程名称			施工单位		
序号	项目	资 料 名 称	份数	核查意见	核查人
1	通风与空调	图纸会审、设计变更、洽商记录			
2		材料、设备出厂合格证书及进场检(试)验报告			
3		制冷、空调、水管道强度试验、严密性试验记录			
4		隐蔽工程验收记录			
5		制冷设备运行调试记录			
6		通风、空调系统调试记录			
7		施工记录			
8		分项、分部工程质量验收记录			
9					
1	电梯	图纸会审、设计变更、洽商记录			
2		设备出厂合格证书及开箱检验记录			
3		隐蔽工程验收记录			
4		施工记录			
5		接地、绝缘电阻测试记录			
6		负荷试验、安全装置检查记录			
7		分项、分部工程质量验收记录			
8					
1	建筑智能化	图纸会审、设计变更、洽商记录、竣工图及设计说明			
2		材料、设备出厂合格证书技术文件、进场检(试)验报告			
3		隐蔽工程验收记录			
4		系统功能测定及设备调试记录			
5		系统技术、操作和维护手册			
6		系统管理、操作人员培训记录			
7		系统检测报告			
8		分项、分部工程质量验收记录			

结论：

总监理工程师：

施工单位项目经理： （建设单位项目负责人）

年 月 日 年 月 日

单位（子单位）工程安全和功能检验资料核查及主要功能抽查记录

5008

工程名称			施工单位			
序号	项目	安全和功能检查项目	份数	核查意见	抽查结果	核查(抽查)人
1	建筑与结构	屋面淋水试验记录				
2		地下室防水效果检查记录				
3		有防水要求的地面蓄水试验记录				
4		建筑物垂直度、标高、全高测量记录				
5		抽气（风）道检查记录				
6		幕墙及外窗气密性、水密性、耐风压检测报告				
7		建筑物沉降观测测量记录				
8		节能、保温测试记录				
9		室内环境检测报告				
10						
1	给排水与采暖	给水管道通水试验记录				
2		暖气管道、散热器压力试验记录				
3		卫生器具满水试验记录				
4		消防管道、燃气管道压力试验记录				
5		排水主立管及水平干管通球试验记录				
6						
1	电气	照明全负荷试验记录				
2		大型灯具牢固性试验记录				
3		避雷接地电阻测试记录				
4		线路、插座、开关接地检验记录				
5						
1	通风与空调	通风、空调系统试运行记录				
2		风量、温度测试记录				
3		洁净室洁净度测试记录				
4		制冷机组试运行调试记录				
5						
1	电梯	电梯运行记录				
2		电梯安全装置检测报告				
1	智能建筑	系统试运行记录				
2		系统电源及接地检测报告				
3						

结论：

总监理工程师：

施工单位项目经理：　　　　　　　　（建设单位项目负责人）

年　月　日　　　　　　　　　　　　年　月　日

注：抽查项目由验收组协商确定。

单位（子单位）工程观感质量检查记录

5009

工程名称				施工单位		
序号		项　目	抽查质量状况	质量评价		
				好	一般	差
1	建筑与结构	室外墙面				
2		变形缝				
3		水落管，屋面				
4		室内墙面				
5		室内顶棚				
6		室内地面				
7		楼梯、踏步、护栏				
8		门窗				
1	给排水与采暖	管道接口、坡度、支架				
2		卫生器具、支架、阀门				
3		检查口、扫除口、地漏				
4		散热器、支架				
1	建筑电气	配电箱、盘、板、接线盒				
2		设备器具、开关、插座				
3		防雷、接地				
1	通风与空调	风管、支架				
2		风口、风阀				
3		风机、空调设备				
4		阀门、支架				
5		水泵、冷却塔				
6		绝热				
1	电梯	运行、平层、开关门				
2		层门、信号系统				
3		机房				
1	智能建筑	机房设备安装及布局				
2		现场设备安装				
3						
观感质量综合评价						
检查结论	施工单位项目经理： 年　月　日			总监理工程师： （建设单位项目负责人） 年　月　日		

注：质量评价为差的项目，应进行返修。

室内环境检测报告

5010

检验编号：

工程名称				建筑类别	
委托单位				检测日期	
检测依据				报告日期	

检测方案						
检测项目		氡（Bq/m³）	游离甲醛（mg/m³）	苯（mg/m³）	氨（mg/m³）	TVOC（mg/m³）
标准限量	Ⅰ类	≤200	≤0.08	≤0.09	≤0.2	≤0.5
	Ⅱ类	≤400	≤0.12	≤0.09	≤0.5	≤0.6
房间编号及测定值	1					
	2					
	3					
	4					
	5					
	6					
	7					
	8					
	9					
结论						

检测单位：　　负责人：　　审核人：　　检测人：

工程竣工报告

5011

<table>
<tr><td>工程名称</td><td></td><td>工程地点</td><td colspan="3"></td></tr>
<tr><td>建筑面积</td><td></td><td>结构类型</td><td></td><td>层数</td><td></td></tr>
<tr><td>建设单位</td><td></td><td>批准开工日期</td><td colspan="3"></td></tr>
<tr><td>施工单位</td><td></td><td>实际开工日期</td><td colspan="3"></td></tr>
<tr><td>工程量及工程简要内容</td><td colspan="5"></td></tr>
<tr><td colspan="3">本工程已于　　　　年　　　月　　　日竣工。工程质量符合国家验收标准，工程技术档案已整理完备，特此报告。

质量检查员：　　　　　工程负责人：

年　　月　　日</td><td colspan="3">主管部门意见：

签章　　　年　　月　　日</td></tr>
</table>

单位工程竣工验收证明

5012

编号：

<table>
<tr><td>单位工程
名　　称</td><td></td><td>工程地点</td><td></td><td>结构类型</td><td></td></tr>
<tr><td>建筑面积</td><td>m^2</td><td>层　数</td><td></td><td>建筑造价</td><td>万元</td></tr>
<tr><td>建设单位</td><td></td><td>设计单位</td><td></td><td>施工单位</td><td></td></tr>
<tr><td rowspan="3">工程简要内容</td><td colspan="3" rowspan="3"></td><td>开工日期</td><td></td></tr>
<tr><td>竣工日期</td><td></td></tr>
<tr><td>验收日期</td><td></td></tr>
<tr><td>验收结论</td><td colspan="5"></td></tr>
</table>

<table>
<tr><td rowspan="2">有关单位
盖　　章</td><td>建设单位</td><td>施工单位</td><td>设计单位</td><td>监理单位</td><td>质量监督站</td></tr>
<tr><td></td><td></td><td></td><td></td><td></td></tr>
<tr><td>代表签字</td><td></td><td></td><td></td><td></td><td></td></tr>
</table>

总包会议纪要

5013

工程名称：　　　　　　　　　　　　　　　　　　　　　　编号：

会议地点		会议日期	
参加会议单位、名称： 建设单位： 监理公司： 总包单位： 咨询单位： 甲方分包单位：			
会议主要内容： 签发人：　　签发日期：			
建设单位：		接收人：	接收日期：
监理单位：		接收人：	接收日期：
咨询公司：		接收人：	接收日期：
甲方分包单位：		接收人：	接收日期：

单位工程开工报告

5014

<table>
<tr><td>工程名称</td><td></td><td>工程地点</td><td colspan="3"></td></tr>
<tr><td>建设面积</td><td></td><td>结构类型</td><td></td><td>层次</td><td></td></tr>
<tr><td>建设单位</td><td></td><td>工程造价</td><td></td><td>承包方式</td><td></td></tr>
<tr><td>施工单位</td><td></td><td>计划进场人数</td><td></td><td>实际进场人数</td><td></td></tr>
<tr><td>预定开工日期</td><td>年　月　日</td><td>计划竣工日期</td><td colspan="3">年　月　日</td></tr>
<tr><td>国家定额工期</td><td></td><td>合同协议竣工日期</td><td>年　月　日</td><td colspan="2">主管部门审查</td></tr>
<tr><td rowspan="11">单位工程开工的基本条件</td><td colspan="3">设计经过审查、图纸已会审</td><td colspan="2"></td></tr>
<tr><td colspan="3">道路基本畅通</td><td colspan="2"></td></tr>
<tr><td colspan="3">场地平整基本就绪</td><td colspan="2"></td></tr>
<tr><td colspan="3">现场供水供电已通</td><td colspan="2"></td></tr>
<tr><td colspan="3">施工组织设计（施工方案）经过审批</td><td colspan="2"></td></tr>
<tr><td colspan="3">（1）施工技术措施已确定</td><td colspan="2"></td></tr>
<tr><td colspan="3">（2）施工图纸预算和施工预算已编制完毕</td><td colspan="2"></td></tr>
<tr><td colspan="3">（3）主要材料已进场，并能保证供应</td><td colspan="2"></td></tr>
<tr><td colspan="3">（4）成品、半成品加工构能件保证供应</td><td colspan="2"></td></tr>
<tr><td colspan="3">（5）主要施工机具设备已进场</td><td colspan="2"></td></tr>
<tr><td colspan="3">（6）劳动力已落实，进度计划已编制</td><td colspan="2"></td></tr>
<tr><td colspan="2">施工单位：

（签章）　年　月　日</td><td>建设单位：

（签章）　年　月　日</td><td>监理单位：

（签章）　年　月　日</td><td colspan="2">主管部门：

（签章）　年　月　日</td></tr>
</table>

竣 工 验 收 证 书

5015

工程名称		开工日期	年 月 日
施工单位		竣工日期	年 月 日
合同造价（万元）		施工决算（万元）	

验收范围及数量：

存在问题及处理意见：

对工程的质量评价

竣工验收日期	年 月 日

参加竣工验收单位意见

单位	意见	单位	意见
建设单位	签名： （盖章）	设计单位	签名： （盖章）
监理单位	签名： （盖章）	施工单位	签名： （盖章）
勘察单位	签名： （盖章）	邀请单位	签名： （盖章）

二、施工管理资料

5016

<table>
<tr><td colspan="4">施工现场质量管理检查记录</td><td>编　号</td><td colspan="2"></td></tr>
<tr><td colspan="2">工程名称</td><td colspan="5"></td></tr>
<tr><td colspan="2">开工日期</td><td colspan="2"></td><td>施工许可证
（开工证）</td><td colspan="2"></td></tr>
<tr><td colspan="2">建设单位</td><td colspan="2"></td><td>项目负责人</td><td colspan="2"></td></tr>
<tr><td colspan="2">设计单位</td><td colspan="2"></td><td>项目负责人</td><td colspan="2"></td></tr>
<tr><td colspan="2">监理单位</td><td colspan="2"></td><td>总监理工程师</td><td colspan="2"></td></tr>
<tr><td colspan="2">施工单位</td><td></td><td>项目经理</td><td></td><td>项目技术
负责人</td><td></td></tr>
<tr><td>序号</td><td colspan="3">项　　目</td><td colspan="3">内　　容</td></tr>
<tr><td>1</td><td colspan="3">现场质量管理制度</td><td colspan="3"></td></tr>
<tr><td>2</td><td colspan="3">质量责任制</td><td colspan="3"></td></tr>
<tr><td>3</td><td colspan="3">主要专业工种操作上岗证书</td><td colspan="3"></td></tr>
<tr><td>4</td><td colspan="3">分包方资质与分包单位的管理制度</td><td colspan="3"></td></tr>
<tr><td>5</td><td colspan="3">施工图审查情况</td><td colspan="3"></td></tr>
<tr><td>6</td><td colspan="3">地质勘察资料</td><td colspan="3"></td></tr>
<tr><td>7</td><td colspan="3">施工组织设计、施工方案及审批</td><td colspan="3"></td></tr>
<tr><td>8</td><td colspan="3">施工技术标准</td><td colspan="3"></td></tr>
<tr><td>9</td><td colspan="3">工程质量检验制度</td><td colspan="3"></td></tr>
<tr><td>10</td><td colspan="3">搅拌站及计量设置</td><td colspan="3"></td></tr>
<tr><td>11</td><td colspan="3">现场材料、设备存放与管理</td><td colspan="3"></td></tr>
<tr><td>12</td><td colspan="3"></td><td colspan="3"></td></tr>
<tr><td colspan="7">检查结论：

总监理工程师
（建设单位项目负责人）　　　　年　　月　　日</td></tr>
</table>

本表由施工单位填写，施工单位和监理单位各保存一份。

见证记录

5017

编　号：________________

工程名称：________________________________

取样部位：________________________________

样品名称：________________　　取样数量：________________

取样地点：________________　　取样日期：________________

见证记录：

有见证取样和送检印章：________________

取　样　人　签　字：________________

见　证　人　签　字：________________

填制日期：

施工日志（一）

5018

编号：

<table>
<tr><td>日　期</td><td colspan="2">二〇　　年　　月　　日</td><td colspan="2">星　　期</td><td rowspan="2">温度
℃</td><td colspan="2">气　候</td></tr>
<tr><td rowspan="2">施工部位</td><td rowspan="2"></td><td rowspan="2"></td><td rowspan="2">出勤人数</td><td rowspan="2"></td><td>上午</td><td>上午</td></tr>
<tr><td></td><td></td><td></td></tr>
<tr><td colspan="5">当　日　施　工　内　容</td><td colspan="3">操作负责人</td></tr>
<tr><td colspan="5"></td><td colspan="3"></td></tr>
<tr><td colspan="2">设计变更或技术核定</td><td colspan="6"></td></tr>
<tr><td colspan="2">技　术　交　底</td><td colspan="6"></td></tr>
<tr><td colspan="2">隐蔽工程验收</td><td colspan="6"></td></tr>
<tr><td colspan="2">混凝土
砂　浆　试块制作</td><td colspan="6"></td></tr>
<tr><td colspan="2">材料进场、送检情况</td><td colspan="6"></td></tr>
<tr><td colspan="2">质　量　情　况</td><td colspan="6"></td></tr>
<tr><td colspan="2">安　全　情　况</td><td colspan="6"></td></tr>
<tr><td colspan="2">其　　他</td><td colspan="6"></td></tr>
</table>

注：本日记由现场施工员逐日填写，每日一页，施工期间，不能缺填、漏记，记后切勿涂改。

施工员：

施 工 日 志（二）

5019

年　月　日　　　　　　　　　　　　　　　　星期

<table>
<tr><td>天气</td><td></td><td>气温</td><td></td></tr>
<tr><td colspan="4">一、安全施工情况（安全部）：</td></tr>
<tr><td colspan="4">二、质量情况（质检部）：钢筋网片网眼尺寸、保护层厚度符合要求。</td></tr>
<tr><td rowspan="3">三、工程施工情况（工程部）</td><td colspan="3">Ⅰ施工段：</td></tr>
<tr><td colspan="3">Ⅱ施工段：</td></tr>
<tr><td colspan="3">Ⅲ施工段：</td></tr>
<tr><td colspan="4">四、测量、试验情况（测量部）：</td></tr>
<tr><td colspan="4">五、消防、保卫、文明施工（安全部）：</td></tr>
<tr><td colspan="4">六、工料进场情况（物资部）：</td></tr>
<tr><td colspan="4">七、机械使用情况（工程部门）：</td></tr>
</table>

<table>
<tr><td colspan="3">施 工 日 志（三）</td><td>编　号</td><td></td></tr>
<tr><td></td><td>天气状况</td><td>风　力</td><td>最高/最低温度</td><td>备　注</td></tr>
<tr><td>白　天</td><td></td><td></td><td></td><td></td></tr>
<tr><td>夜　间</td><td></td><td></td><td></td><td></td></tr>
<tr><td colspan="5">生产情况记录：（施工部位、施工内容、机械作业、班组工作、生产存在问题等）</td></tr>
<tr><td colspan="5">技术质量安全工作记录：（技术质量安全活动、检查评定验收、技术质量安全问题等）</td></tr>
<tr><td>记录人</td><td></td><td>日　期</td><td colspan="2">年　月　日　星期</td></tr>
</table>

______工程周报 第 周 5021

<table>
<tr><td colspan="2">施工单位：</td></tr>
<tr><td rowspan="2">本周情况</td><td></td></tr>
<tr><td></td></tr>
<tr><td>下周计划</td><td></td></tr>
<tr><td>需甲方监理解决问题</td><td></td></tr>
<tr><td>备注</td><td></td></tr>
</table>

编制时间：

有见证试验汇总表

5022

工程名称：

施工单位：

建设单位：

监理单位：

见 证 人：

试验室名称：

试验项目	应送试总次数	有见证试验次数	不合格次数	备 注

施工单位：　　　　制 表 人：

填表日期：

注：此表由施工单位汇总填写。

施工总体计划横道图

5023

年度																		
月份 主要工程项目																		
1. 施工准备																		
2. 路基处理																		
3. 路基填筑																		
4. 涵洞																		
5. 防护及排水																		
6. 桥梁工程																		
（1）基础工程																		
（2）墩台工程																		
（3）梁体工程																		
（4）梁体安装																		
（5）桥面铺装及人行道																		
8. 其他																		

工程管理曲线

5024

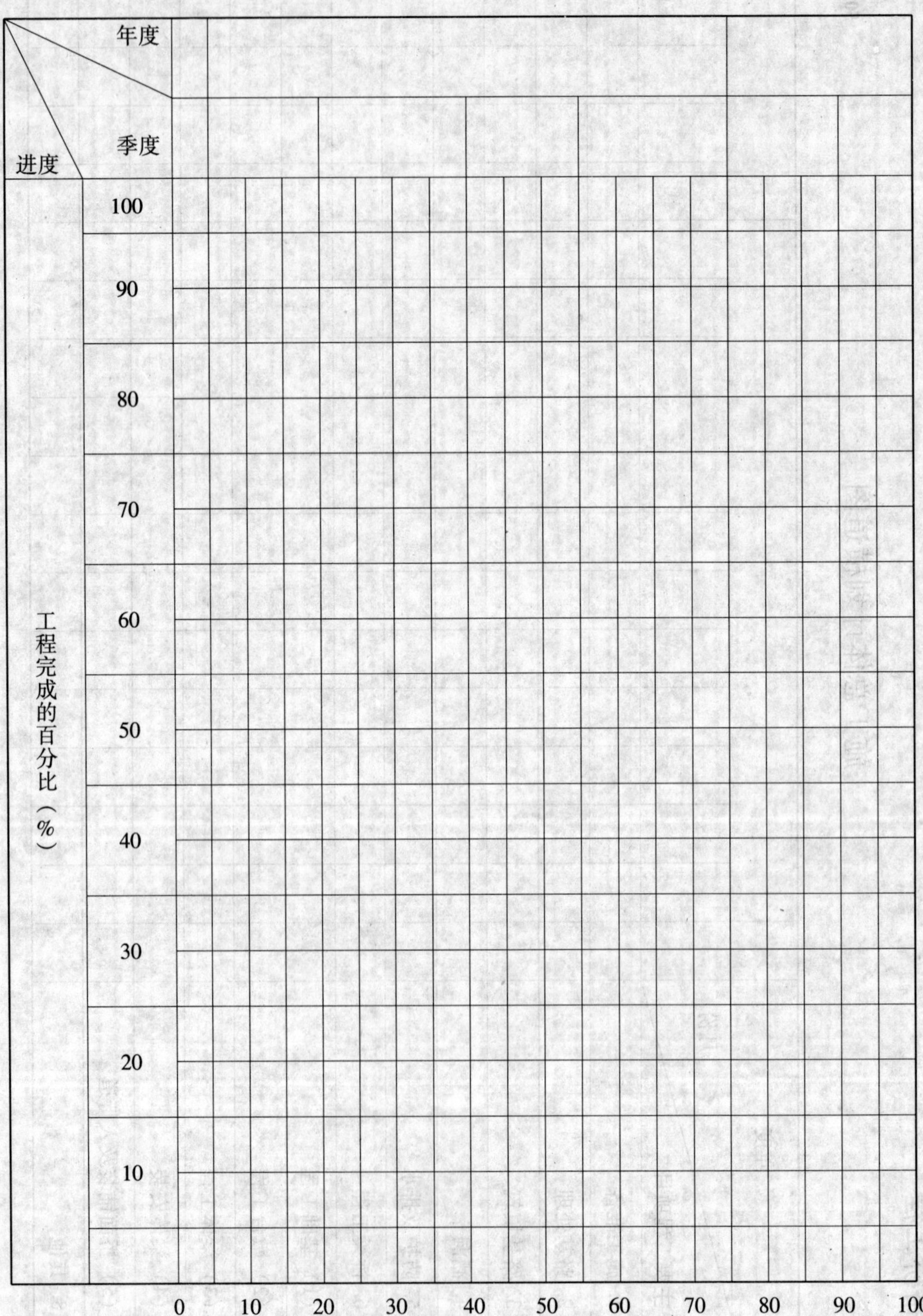

年度
季度
进度
工程完成的百分比（%）
100
90
80
70
60
50
40
30
20
10
0
10
20
30
40
50
60
70
80
90
100

分项工程斜率图

5025

年　度																		
季　度																		
月　份																		
图例：　100（%）																		
施工准备　90																		
路基填筑　80																		
防护及排水　70																		
涵洞及通道　60																		
桥梁下构　50																		
桥梁上构　40																		
其他　30																		
20																		
10																		

分项工程生产率和施工周期表

5026

序号	工程项目	单位	数量	平均每生产单位规模（__人，各种机械__台）	平均每生产单位生产率（数量/每周）	每生产单位平均施工时间（周）	生产单位总数（个）
1	特殊路基处理	km					
2	路基填筑	万 m^3					
3	路基防护及排水	km					
4	涵洞	道					
5	桥梁基桩	根					
6	桥梁墩台	座					
7	梁体预制安装	片					

工程支付月报表

合同编号：　　　　　　　　　　　　　　　月报编号：

合同工程项目名称：

业主单位：

监理单位：

承包商：　　　　　　　　　　　　　　　　高级驻地监理工程师：

支付截止时间：　　　　　年　　　　　月　　　　　日

编 制 时 间：　　　　　年　　　　　月　　　　　日

中间计量支付汇总表

5028

承包单位：　　　　　　　　　　合同编号：

监理单位：　　　　　　　　　　支付月报期号：　　　　　　　　第　页，共　页

清单编号	项目名称	中间计量编号	单位	工程量	单价	金额	备注

承包人：　　　　　　　　高级驻地监理：　　　　　　　　监理组计量工程师：

业主工程部负责人：　　　　　　　　业主代表：

______公路__合同段工程支付月报（期号：　　　　）

5029

截止　　年　　月　　日　　　　　　金额单位：元

桩号：　　至		全长　　km			监理单位：		承包单位：			
清单编号	项目内容	合同价及变更金额			到本期末完成		到上本期末完成		本期完成	说明
		原合同总金额	工程变更总金额	变更后合同总金额	金额	占 C 项的%	金额	占 C 项的%	金额	
		A	B	C = A + B	D = F + H	E = D/C	F	G = F/C	H	
100										
200										
300										
400										
500										
600										
700										
800										
900										
1000										
小计										
应急费										
合计										
价格调整										
总计										
动员预付款										
回扣动员预付款										
材料垫付款										
回扣材料垫付款										
保留金										
返还保留金										
违约罚金										
利息										
支付										
业主代扣税金										
实际支付										

承包商制表人：　　　　承包商负责人：　　　　高级驻地监理工程师：　　　　驻地计量工程师：

业主工程处负责人：　　　　业主代表：

____公路工程项目中间计量表

5030

工程合同段编号：　　工程量单位：　　支付月报期号：　　中间计量表期号：

<table>
<tr><td>清单编号</td><td></td><td>项目名称</td><td></td><td>工程部位</td><td></td><td>自检步率（次）</td><td></td></tr>
<tr><td>起止点桩号</td><td colspan="2"></td><td>工程内容</td><td rowspan="5"></td><td rowspan="5"></td><td>自检质检单编号</td><td></td></tr>
<tr><td>原合同工程量</td><td colspan="2"></td><td>上期末计量工程量</td><td>抽检频率（次）</td><td></td></tr>
<tr><td>变更工程量</td><td colspan="2"></td><td>本期计量工程量</td><td>抽检质检单编号</td><td></td></tr>
<tr><td>变更后工程量</td><td colspan="2"></td><td>本期末累计计量工程量</td><td colspan="2">检验频率合计（次）</td></tr>
<tr><td colspan="3" rowspan="6"></td><td>承包单位填写</td><td>填表人签名及日期</td><td colspan="3"></td></tr>
<tr><td></td><td>校核人签名及日期</td><td colspan="3"></td></tr>
<tr><td></td><td>承包商签名及日期</td><td colspan="3"></td></tr>
<tr><td></td><td colspan="4">现场监理评语：
签名及日期：　　甲：
乙：</td></tr>
<tr><td></td><td colspan="4">计量工程师评语：
签名及日期：</td></tr>
<tr><td></td><td colspan="4">高级驻地监理工程师评语
签名及日期：</td></tr>
<tr><td>本期计量数量</td><td></td><td colspan="6"></td></tr>
</table>

承包单位：　　业主工程处负责人：　　业主代表：

______________公路建设项目

工程分项开工申请批复单

5031

承包单位：　　　　　　　　　　　　　合同号：

临理单位：　　　　　　　　　　　　　编　号：

开工项目：
桩号：
建议开工日期：
计划完工日期：
此项工程负责人：
附件：
监理员意见：
监理工程师结论： 监理工程师：　　　　　　　　日期： 高级驻地：　　　　　　　　日期：

质量检查整改通知单及整改落实

5032

工程名称__________ 合同号__________ 施工单位__________

致：
质检员： 日期：
施工员： 日期：

三、施工技术资料

施工组织设计（方案）审批记录

5033

<table>
<tr><td>工程名称：</td><td>结构类型：</td></tr>
<tr><td>结构层次：</td><td>建筑面积：</td></tr>
<tr><td colspan="2">我项目部根据施工合同和施工图设计的要求已完成了＿＿＿＿＿＿工程施工组织设计（方案）的编制，并经公司技术部门组织审查批准，请予审查。
附：施工组织设计（方案）。

项目经理：
项目部（章）：
年　月　日</td></tr>
<tr><td colspan="2">专业监理工程师审查意见：

专业监理工程师：
年　月　日</td></tr>
<tr><td colspan="2">监理（建设）单位审核意见：

监理单位项目总监理工程师　　　　监理（建设）项目部（章）
（建设单位项目技术负责人）：　　　　年　月　日</td></tr>
</table>

<table>
<tr><td colspan="2">技 术 交 底 记 录</td><td>编　号</td><td colspan="3"></td></tr>
<tr><td>工程名称</td><td></td><td>交底日期</td><td colspan="3"></td></tr>
<tr><td>施工单位</td><td></td><td>分项工程名称</td><td colspan="3"></td></tr>
<tr><td>交底提要</td><td colspan="5"></td></tr>
<tr><td colspan="6">交底内容：</td></tr>
<tr><td>审核人</td><td></td><td>交底人</td><td></td><td>接受交底人</td><td></td></tr>
</table>

注：1. 本表由施工单位填写，交底单位与接受交底单位各存一份。

2. 当做分项工程施工技术交底时，应填写“分项工程名称”栏，其他技术交底可不填写。

5035

<table>
<tr><td colspan="3">图纸会审记录</td><td>编　号</td><td></td></tr>
<tr><td>工程名称</td><td colspan="2"></td><td>日　　期</td><td></td></tr>
<tr><td>地　　点</td><td colspan="2"></td><td>专业名称</td><td></td></tr>
<tr><td>序号</td><td>图　号</td><td>图纸问题</td><td colspan="2">图纸问题交底</td></tr>
<tr><td></td><td></td><td></td><td colspan="2"></td></tr>
</table>

<table>
<tr><td rowspan="2">签字栏</td><td>建设单位</td><td>监理单位</td><td>设计单位</td><td>施工单位</td></tr>
<tr><td></td><td></td><td></td><td></td></tr>
</table>

注：1. 由施工单位整理、汇总，建设单位、监理单位、施工单位、城建档案馆各保存一份。

2. 图纸会审记录应根据专业（建筑、结构、给排水及采暖、电气、通风空调、智能系统等）汇总、整理。

3. 设计单位应由专业设计负责人签字，其他相关单位应由项目技术负责人或相关专业负责人签认。

<table>
<tr><td colspan="3">设计变更通知单</td><td>编　号</td><td colspan="2"></td></tr>
<tr><td colspan="2">工程名称</td><td></td><td>专业名称</td><td colspan="2"></td></tr>
<tr><td colspan="2">设计单位名称</td><td></td><td>日　期</td><td colspan="2"></td></tr>
<tr><td>序号</td><td>图　号</td><td colspan="4">变　更　内　容</td></tr>
<tr><td></td><td></td><td colspan="4"></td></tr>
<tr><td rowspan="2">签字栏</td><td colspan="2">建设（监理）单位</td><td colspan="2">设计单位</td><td>施工单位</td></tr>
<tr><td colspan="2"></td><td colspan="2"></td><td></td></tr>
</table>

注：1. 本表由建设单位、监理单位、施工单位、城建档案馆各保存一份。

2. 涉及图纸修改的，必须注明应修改图纸的图号。

3. 不可将不同专业的设计变更办理在同一份变更上。

4. “专业名称”栏应按专业填写，如建筑、结构、给排水、电气、通风空调等。

工程洽商记录			编　号	
工程名称			专业名称	
提出单位名称			日　期	
内容摘要				
序号	图　号	洽　商　内　容		

签字栏	建设单位	监理单位	设计单位	施工单位

注：1. 本表由建设单位、监理单位、施工单位及城建档案馆各保存一份。
2. 涉及图纸修改的必须注明应修改图纸的图号。
3. 不允许将不同专业的工程洽商办理在同一份上。
4. "专业名称"栏应按专业填写，如建筑、结构、给排水、电气、通风空调等。

工程技术经济签证单

5038

工 程 名 称		年　　月　　日
签证内容：		
监理单位：		
建设单位签章：		
设计单位签章：		
施工单位签章：		

钢筋配料表

5039

本页小计

规格						
累计重量						

工程名称：______________

建设单位：______________　　　　施工单位：

编号	构件名称	直径		外形尺寸及简图	下料尺寸（mm）	一个构件（根数）	构件数量	合计			备注
		设计	代用					总根数	总长度（m）	重量（kg）	

配料人：　　　　　　　　　　　　200　年　月　日

______________工程项目经理部

技 术 交 底

5040

交底内容		交底时间	
交底具体内容			
交 底 人			
接受交底人			

工程变更设计请示单

5041

承包单位：　　　　　　　　　　　　　　合同号：

监理单位：　　　　　　　　　　　　　　编　号：

<table>
<tr><td colspan="3">变更工程名称</td><td colspan="2"></td><td colspan="2">报告时间</td><td></td></tr>
<tr><td colspan="3">变更工程地点</td><td colspan="5"></td></tr>
<tr><td colspan="3">原设计图名</td><td colspan="2"></td><td colspan="2">原设计图号</td><td></td></tr>
<tr><td colspan="8">变更设计原因：</td></tr>
<tr><td rowspan="8">变更设计内容</td><td>编号</td><td>工程项目</td><td>单位</td><td>原设计</td><td>变更设计</td><td>单价</td><td>金额（元）</td></tr>
<tr><td></td><td></td><td></td><td></td><td></td><td></td><td></td></tr>
<tr><td></td><td></td><td></td><td></td><td></td><td></td><td></td></tr>
<tr><td></td><td></td><td></td><td></td><td></td><td></td><td></td></tr>
<tr><td></td><td></td><td></td><td></td><td></td><td></td><td></td></tr>
<tr><td></td><td></td><td></td><td></td><td></td><td></td><td></td></tr>
<tr><td></td><td></td><td></td><td></td><td></td><td></td><td></td></tr>
<tr><td colspan="7">增加工程量 =</td></tr>
<tr><td colspan="8">工作量增减</td></tr>
<tr><td colspan="4">现场监理意见：</td><td colspan="4">监理办意见：</td></tr>
<tr><td colspan="8">业主工程师意见：</td></tr>
<tr><td colspan="8">业主主管领导意见：</td></tr>
<tr><td colspan="8">附近件：</td></tr>
</table>

制表：　　　　　　　　　　　　　　承包人：

现 场 签 证 单

5042

承包单位：　　　　　　　　　　　　合同号：

监理单位：　　　　　　　　　　　　编　号：

<table>
<tr><td>工程名称</td><td colspan="2"></td><td>桩号</td><td></td></tr>
<tr><td>分部分项</td><td colspan="4"></td></tr>
<tr><td>施工日期</td><td colspan="4">年　　月　　日</td></tr>
<tr><td>检验日期</td><td colspan="4">年　　月　　日</td></tr>
<tr><td>清单编号</td><td>项目名称</td><td>单价</td><td>数量</td><td>金额</td></tr>
<tr><td></td><td></td><td></td><td></td><td></td></tr>
<tr><td></td><td></td><td></td><td></td><td></td></tr>
<tr><td></td><td></td><td></td><td></td><td></td></tr>
<tr><td></td><td></td><td></td><td></td><td></td></tr>
<tr><td></td><td></td><td></td><td></td><td></td></tr>
<tr><td></td><td></td><td></td><td></td><td></td></tr>
<tr><td></td><td></td><td></td><td></td><td></td></tr>
<tr><td colspan="5">有关计算式及说明：</td></tr>
<tr><td colspan="5">现场监理：　　　　日期：　　　　承包商：　　　　日期：</td></tr>
</table>

四、施工测量资料

通用表格

5043

<table>
<tr><td colspan="2">工程定位测量记录</td><td>编　号</td><td colspan="3"></td></tr>
<tr><td>工程名称</td><td></td><td>委托单位</td><td colspan="3"></td></tr>
<tr><td>图纸编号</td><td></td><td>施测日期</td><td colspan="3"></td></tr>
<tr><td>平面坐标依据</td><td></td><td>复测日期</td><td colspan="3"></td></tr>
<tr><td>高程依据</td><td></td><td>使用仪器</td><td colspan="3"></td></tr>
<tr><td>允许误差</td><td></td><td>仪器校验日期</td><td colspan="3"></td></tr>
<tr><td colspan="6">定位抄测示意图：</td></tr>
<tr><td colspan="6">复测结果：</td></tr>
<tr><td rowspan="3">签字栏</td><td rowspan="2">建设(监理)单位</td><td>施工(测量)单位</td><td colspan="2"></td><td>测量人员岗位证书号</td></tr>
<tr><td>专业技术负责人</td><td>测量负责人</td><td>复测人</td><td>施测人</td></tr>
<tr><td></td><td></td><td></td><td></td><td></td></tr>
</table>

注：本表由建设单位、监理单位、施工单位及城建档案馆各保存一份。

<table>
<tr><td colspan="3">基槽验线记录</td><td>编　号</td><td colspan="2"></td></tr>
<tr><td>工程名称</td><td colspan="2"></td><td>日　期</td><td colspan="2"></td></tr>
<tr><td colspan="6">验线依据及内容：</td></tr>
<tr><td colspan="6">基槽平面、剖面简图：</td></tr>
<tr><td colspan="6">检查意见：</td></tr>
<tr><td rowspan="3">签字栏</td><td rowspan="2">建设（监理）单位</td><td>施工测量单位</td><td colspan="3"></td></tr>
<tr><td>专业技术负责人</td><td>专业质检员</td><td colspan="2">施测人</td></tr>
<tr><td></td><td></td><td></td><td colspan="2"></td></tr>
</table>

注：本表由建设单位、施工单位、城建档案馆各保存一份。

<table>
<tr><td colspan="2">楼层平面放线记录</td><td>编　号</td><td colspan="2"></td></tr>
<tr><td>工程名称</td><td></td><td>日　期</td><td colspan="2"></td></tr>
<tr><td>放线部位</td><td></td><td>放线内容</td><td colspan="2"></td></tr>
<tr><td colspan="5">放线依据：</td></tr>
<tr><td colspan="5">放线简图：</td></tr>
<tr><td colspan="5">检查意见：</td></tr>
<tr><td rowspan="3">签字栏</td><td rowspan="2">建设（监理）单位</td><td>施工单位</td><td colspan="2"></td></tr>
<tr><td>专业技术负责人</td><td>专业质检员</td><td>施测人</td></tr>
<tr><td></td><td></td><td></td><td></td></tr>
</table>

注：本表由施工单位保存。

<table>
<tr><td colspan="2">楼层标高抄测记录</td><td>编　号</td><td colspan="2"></td></tr>
<tr><td>工程名称</td><td></td><td>日　期</td><td colspan="2"></td></tr>
<tr><td>抄测部位</td><td></td><td>抄测内容</td><td colspan="2"></td></tr>
<tr><td colspan="5">抄测依据：</td></tr>
<tr><td colspan="5">抄测说明：</td></tr>
<tr><td colspan="5">检查意见：</td></tr>
</table>

<table>
<tr><td rowspan="3">签字栏</td><td rowspan="2">建设（监理）单位</td><td colspan="3">施工单位</td></tr>
<tr><td>专业技术负责人</td><td>专业质检员</td><td>施测人</td></tr>
<tr><td></td><td></td><td></td><td></td></tr>
</table>

注：本表由施工单位保存。

5047

建筑物垂直度、标高观测记录		编　号	
工程名称			
施工阶段		观测日期	
观测说明（附观测示意图）：			

垂直度测量（全高）		标高测量（全高）	
观测部位	实侧偏差（mm）	观测部位	实侧偏差（mm）

结论：

签字栏	建设（监理）单位	施工单位		
		专业技术负责人	专业质检员	施测人

注：本表由建设单位、施工单位各保存一份。

建筑物垂直度、标高观测测量记录

5048

<table>
<tr><td colspan="4">工程名称</td><td colspan="4"></td><td colspan="2">观测日期</td><td>年　月　日</td></tr>
<tr><td colspan="6">观测时施工形象进度：</td><td colspan="5">施工单位专职测量员、记录员：
监理（建设）单位旁站监督人：</td></tr>
<tr><td rowspan="2">观测点
编号</td><td rowspan="2">观测部位
（柱、墙轴线等）</td><td colspan="2">结构层或全高
顶面标高（m）</td><td colspan="2">实测高度
（m）</td><td colspan="2">最大垂直偏差
（mm）</td><td colspan="2">最大垂直度
（%）</td><td rowspan="2">倾斜方向</td></tr>
<tr><td>设计</td><td>实测</td><td>层高</td><td>总高</td><td>层高</td><td>总高</td><td>层高</td><td>总高</td></tr>
<tr><td></td><td></td><td></td><td></td><td></td><td></td><td></td><td></td><td></td><td></td><td></td></tr>
<tr><td></td><td></td><td></td><td></td><td></td><td></td><td></td><td></td><td></td><td></td><td></td></tr>
<tr><td></td><td></td><td></td><td></td><td></td><td></td><td></td><td></td><td></td><td></td><td></td></tr>
<tr><td></td><td></td><td></td><td></td><td></td><td></td><td></td><td></td><td></td><td></td><td></td></tr>
<tr><td></td><td></td><td></td><td></td><td></td><td></td><td></td><td></td><td></td><td></td><td></td></tr>
<tr><td></td><td></td><td></td><td></td><td></td><td></td><td></td><td></td><td></td><td></td><td></td></tr>
<tr><td></td><td></td><td></td><td></td><td></td><td></td><td></td><td></td><td></td><td></td><td></td></tr>
<tr><td></td><td></td><td></td><td></td><td></td><td></td><td></td><td></td><td></td><td></td><td></td></tr>
<tr><td></td><td></td><td></td><td></td><td></td><td></td><td></td><td></td><td></td><td></td><td></td></tr>
<tr><td></td><td></td><td></td><td></td><td></td><td></td><td></td><td></td><td></td><td></td><td></td></tr>
<tr><td></td><td></td><td></td><td></td><td></td><td></td><td></td><td></td><td></td><td></td><td></td></tr>
<tr><td></td><td></td><td></td><td></td><td></td><td></td><td></td><td></td><td></td><td></td><td></td></tr>
<tr><td></td><td></td><td></td><td></td><td></td><td></td><td></td><td></td><td></td><td></td><td></td></tr>
<tr><td></td><td></td><td></td><td></td><td></td><td></td><td></td><td></td><td></td><td></td><td></td></tr>
<tr><td></td><td></td><td></td><td></td><td></td><td></td><td></td><td></td><td></td><td></td><td></td></tr>
<tr><td colspan="11">观测点平面布置简图及说明：</td></tr>
<tr><td colspan="5">施工单位观测结果：

施工单位项目
专业技术负责人：　　　　年　月　日</td><td colspan="6">监理（建设）单位核查结论：

项目专业监理工程师　监理（建设）项目部（章）
（建设单位项目技术负责人）：　　　年　月　日</td></tr>
</table>

注：1. 房屋结构层及全高顶面标高，指室外地坪面到每层结构层的楼板板顶和到主要屋面板板顶的标高（不考虑局部突出屋顶部分）。2. 层高指结构层上下楼板的板顶至板底的距离，总高指室外地坪面至结构施工层楼板板顶的高度。3. 层高、总高的高度及最大垂直偏差、垂直度等观测测量，应及时在每层结构层完工时进行；全高顶面标高、垂直度观测测量，应及时在主体完工时进行。4. 施工单位应根据建筑测量定位放线的规定要求另附详细平面布置图及其观测测量手簿。

沉 降 观 测 记 录

5049

工程名称							施工单位					
观察点编号	第 次			第 次			第 次			第 次		
	年 月 日			年 月 日			年 月 日			年 月 日		
	标高（m）	沉降量（mm）		标高（m）	沉降量（mm）		标高（mm）	沉降量（mm）		标高（m）	沉降量（mm）	
		本次	累计		本次	累计		本次	累计		本次	累计
工程部位												
观测人员												
监测人员												
施工单位 项目负责人												
监理工程师												

建筑测量定位记录平面图

5050

工程名称：　　　　　　　　　　气候：　　　　　　　施测日期：　　　　　　年　月　日

施工单位		方法与步骤	图　　示
施测单位			
依据图纸			
定位依据			
施测人员	（签字）		
参加人员	（签字）		
技术负责	（签字）		
复检人	（签字）		
建设单位	（签章）		
备　　注			

水准测量手簿

5051

第　　次观测

工程名称				施工阶段		
日　期				气　候		
观测点编　号	后视读数	前视读数	高程差		高　程	备　注
			正	负		

观测：　　　　　　　　　　记录：

工程定位测量、放线、水准点引测记录　5052

<table>
<tr><td>工程名称</td><td colspan="2"></td><td>施工单位</td><td colspan="2"></td></tr>
<tr><td>依　　据</td><td colspan="2"></td><td>仪器型号</td><td colspan="2"></td></tr>
<tr><td>设计标高</td><td colspan="2"></td><td>水准点位置</td><td colspan="2"></td></tr>
<tr><td colspan="6">定位测量示意图：</td></tr>
<tr><td colspan="6">结论：</td></tr>
<tr><td colspan="6">水准点引测示意图：</td></tr>
<tr><td colspan="6">结论：</td></tr>
<tr><td>建设单位

项目专业负责人：
年　月　日</td><td colspan="2">施工单位

项目专业负责人：
年　月　日</td><td colspan="2">监理单位

总监理工程师：
年　月　日</td><td>测量人：

复测人：
年　月　日</td></tr>
</table>

工程定位测量、放线、水准点引测经过记录 5053

工程名称		施工单位	
工程地点			
记录内容：			

施工单位： 项目负责人： 年　月　日	记录人： 年　月　日

建筑物沉降、变形观测测量记录

5054

<table>
<tr><td>工程名称</td><td></td><td>观测日期</td><td>自　　　　　　年　　月　　日
至　　　　　　年　　月　　日</td></tr>
<tr><td colspan="4">观测点平面布置图及说明：</td></tr>
<tr><td colspan="2">施工单位观测结果：

施工单位项目专
业技术负责人：　　年　月　日</td><td colspan="2">监理（建设）单位核查结论：

项目专业监理工程师（建
设单位项目技术负责人）：
监理（建设）项目部（章）　年　月　日</td></tr>
</table>

注：如果竣工验收时观测点的沉降、变形尚未稳定，应交待清楚有关继续观测直至稳定为止的事项。固定水准点应按规定设置、保护好；建筑物上的观测点应布置合理，水平间距符合规定要求，并在平面图上标注其尺寸。

5055

第　　次观测：

工程名称			观测日期	年　月　日		
观测时施工形象进度：						
观测点编　号	观测部位	前次观测高程（m）	本次观测高程（m）	本次沉降数（观测高差）（mm）	累计沉降数（mm）	备　注
专职测量员： 观测记录员： 年　月　日			监理（建设）单位旁站监督人： 年　月　日			

沉降量汇总表

5056

工程名称		设计允许 沉降量	mm
观测点编号	总沉降量（mm）	备　　注	

沉降观测点布置示意图：

建筑物垂直度、全高测量记录 5057

工程名称			施工单位		
观测部位	测量日期	轴线编号：	轴线编号：	轴线编号：	轴线编号：
		实测偏差（mm）	实测偏差（mm）	实测偏差（mm）	实测偏差（mm）

全高测量记录（m）			日期：	
设计要求全高：	轴线编号：	轴线编号：	轴线编号：	轴线编号：
全高测量值				
结论				
测量轴线平面简图				

施工单位项目专业负责人		测量人	
专业监理工程师		复测人	

水准点复测记录

5058

工程名称：　　　　施工单位：　　　　复测部位：　　　　日期：

测点	后视（m）（1）	前视（m）（2）	高差（m）		高程（m）（4）	备注
			+ （3）=（1）－（2）	－ （3）=（1）－（2）		

计算：

实测闭合差＝　　　　　　　　容许闭合差＝

结论：

观测：　　　　复测：　　　　计算：　　　　施工项目技术负责人：

测量复核记录

5059

<table>
<tr><td>工程名称</td><td></td><td>施工单位</td><td></td></tr>
<tr><td>复核部位</td><td></td><td>日　期</td><td></td></tr>
<tr><td>原施测人</td><td></td><td>测量复核人</td><td></td></tr>
<tr><td>测量复核情况（示意图）</td><td colspan="3"></td></tr>
<tr><td>复核结论</td><td colspan="3"></td></tr>
</table>

设备基础复测记录

5060

<table>
<tr><td>建设单位</td><td colspan="2"></td><td>施工单位</td><td colspan="2"></td><td>图号</td><td></td></tr>
<tr><td>工程名称</td><td colspan="2"></td><td>设备名称</td><td colspan="2"></td><td>设备编号</td><td></td></tr>
<tr><td>基础设计尺寸</td><td>纵向</td><td colspan="2"></td><td>横向</td><td></td><td>标高</td><td></td></tr>
<tr><td>序号</td><td>复测项目</td><td colspan="2">允许偏差值
（mm）</td><td colspan="2">实测值
（mm）</td><td colspan="2">备　注</td></tr>
<tr><td></td><td></td><td colspan="2"></td><td colspan="2"></td><td colspan="2"></td></tr>
<tr><td></td><td></td><td colspan="2"></td><td colspan="2"></td><td colspan="2"></td></tr>
<tr><td></td><td></td><td colspan="2"></td><td colspan="2"></td><td colspan="2"></td></tr>
<tr><td></td><td></td><td colspan="2"></td><td colspan="2"></td><td colspan="2"></td></tr>
<tr><td></td><td></td><td colspan="2"></td><td colspan="2"></td><td colspan="2"></td></tr>
<tr><td></td><td></td><td colspan="2"></td><td colspan="2"></td><td colspan="2"></td></tr>
<tr><td></td><td></td><td colspan="2"></td><td colspan="2"></td><td colspan="2"></td></tr>
<tr><td></td><td></td><td colspan="2"></td><td colspan="2"></td><td colspan="2"></td></tr>
<tr><td>简图及说明</td><td colspan="7"></td></tr>
<tr><td>业　主
（含监理）</td><td colspan="2">代表：
其他：</td><td>土　建
施　工</td><td colspan="2">技术：
质检：</td><td>安　装
施　工</td><td>技术：
质检：</td></tr>
</table>

记录：　　　　　　　　　　　　　　　　　　　　　年　　月　　日

轴线标高抄测记录

5061

工　程　名　称					施工单位	
楼层或分项名称	测点编号	设计标高	实测	误差	抄测依据	
					使用仪器	
					附单线示意图	
结论						
施工技术负责人： 年　月　日			抄测人： 年　月　日			

水准测量记录

5062

监理单位：

施工单位：　　　　　　　　　　　　　　　　测量日期：　　年　　月　　日

测点位置	后　视	视线高	前　视		实测高程	设计高程	高　差	备　注
			转　点	中间点				

测量：　　　　　记录：　　　　　　　　甲方代表：　　　　　监理：

＿＿＿＿＿路基高程检测记录表

5063

里程桩号	点位	后视	视线高	前视		高程		相差	控制点		备注
				转点	中点	设计	实测		名称	高程	
	左										
	中										
	右										
	左										
	中										
	右										
	左										
	中										
	右										
	左										
	中										
	右										
	左										
	中										
	右										
	左										
	中										
	右										
	左										
	中										
	右										

测量：　　记录：　　计算：　　复核：　　监理：　　第　页共　页

弯沉测定记录表（前进卸荷法）

5064

路线名称：　　测定时间：　　年　月　日　　天气：　　气候　　度　　路表温度：

试验车型号：　　后轴重：　　吨　　后胎内胎压：　　（mm）　　弯沉仪杠杆比：

左侧					测点桩号	右侧				
百分表初读数 L_0（0.01mm）	百分表读数 L_1（0.01mm）	回填弯沉值 L_0 回 =2（L_0-L_1）	测点路况描述	地带类型		百分表初读数 L_0（0.01mm）	百分表读数 L_1（0.01mm）	回填弯沉值 L_0 回 =2（L_0-L_1）	测点路况描述	地带类型

记录：　　计算：　　复核：

路面面层挂线高度表

5065

项目名称：

施工单位										日期			
桩号	1.5m	9.75m	13.25m	中桩			10.95m			13.25m			备注
	差值	差值	差值	原挂线高	调整值	调整后挂线高	原挂线高	调整值	调整后挂线高	原挂线高	调整值	调整后挂线高	

测量：　　　　审核：　　　　监理：

施工平面测量记录表

5066

承包单位：　　　　　　　　　　　　　　合同号：

监理单位：　　　　　　　　　　　　　　编　号：

<table>
<tr><td colspan="3">工程名称</td><td colspan="4"></td><td colspan="3">公路等级</td><td colspan="3"></td></tr>
<tr><td colspan="3">桩号及部位</td><td colspan="4"></td><td colspan="3">测量时间</td><td colspan="3"></td></tr>
<tr><td rowspan="3">测点桩号及距中桩距离</td><td colspan="4">实测值</td><td colspan="4">设计值</td><td colspan="4">偏差值</td></tr>
<tr><td>方位角</td><td>水平距离</td><td colspan="2">坐　标</td><td>方位角</td><td>水平距离</td><td colspan="2">坐　标</td><td>方位角</td><td>水平距离</td><td colspan="2">坐　标</td></tr>
<tr><td>(°′″)</td><td>(m)</td><td>X</td><td>Y</td><td>(°′″)</td><td>(m)</td><td>X</td><td>Y</td><td>(°′″)</td><td>(m)</td><td>X</td><td>Y</td></tr>
<tr><td></td><td></td><td></td><td></td><td></td><td></td><td></td><td></td><td></td><td></td><td></td><td></td><td></td></tr>
<tr><td></td><td></td><td></td><td></td><td></td><td></td><td></td><td></td><td></td><td></td><td></td><td></td><td></td></tr>
<tr><td></td><td></td><td></td><td></td><td></td><td></td><td></td><td></td><td></td><td></td><td></td><td></td><td></td></tr>
<tr><td></td><td></td><td></td><td></td><td></td><td></td><td></td><td></td><td></td><td></td><td></td><td></td><td></td></tr>
<tr><td colspan="13">测站名：　　　测站坐标：　　　X =　　　Y =　　　实测距离：　　　设计距离：
后视点名：　　后视点坐标：　　X =　　　Y =　　　实测方位角：　　设计方位角：</td></tr>
</table>

记录员：　　　　　　　　测量：　　　　　　　　现场监理：

施工放线成果表

5067

施工桩位							施工日期		
桩号	方位角 °′″	距离 (m)	设计坐标（m）		实测坐标（m）		差值（mm）		备注
			X	Y	X	Y	ΔX	ΔY	

测站点				测站点至后视点	距离		示意图	
	编号							
	坐标	X			方位角			
		Y		后视点	编号			

标导线成果检测表

5068

编号	点号	观测角 °′″	方位角 °′″	距离 (m)	坐标增量		设计坐标		实测坐标		坐标差值		备注
					ΔX	ΔY	X	Y	X	Y	X	Y	
1													
2													
3													
4													
5													
6													
7													
8													
9													
10													
11													
12													
13													
14													
$f_\beta =$			$f_x =$			$f_y =$		$M=\sqrt{f_x^2+f_y^2}=$			$f=M/\sum D=$		

测量：　　　　记录：　　　　监理工程师：　　　　日期：

导线复测成果表

5069

测点号	测点坐标		方位角	平距	备注
	X	Y			

承包人测量工程师签字：　　　　　　　　　　　　　　　日期：

五、施工物资资料

通用表格

5070

<table>
<tr><td colspan="6">材料、构配件进场检验记录</td><td>编　号</td><td colspan="2"></td></tr>
<tr><td>工程名称</td><td colspan="5"></td><td>检验日期</td><td colspan="2"></td></tr>
<tr><td rowspan="2">序号</td><td rowspan="2">名　称</td><td rowspan="2">规格型号</td><td rowspan="2">进场数量</td><td>生产厂家</td><td rowspan="2">检验项目</td><td rowspan="2">检验结果</td><td rowspan="2" colspan="2">备　注</td></tr>
<tr><td>合格证号</td></tr>
<tr><td></td><td></td><td></td><td></td><td></td><td></td><td></td><td colspan="2"></td></tr>
<tr><td></td><td></td><td></td><td></td><td></td><td></td><td></td><td colspan="2"></td></tr>
<tr><td></td><td></td><td></td><td></td><td></td><td></td><td></td><td colspan="2"></td></tr>
<tr><td></td><td></td><td></td><td></td><td></td><td></td><td></td><td colspan="2"></td></tr>
<tr><td></td><td></td><td></td><td></td><td></td><td></td><td></td><td colspan="2"></td></tr>
<tr><td></td><td></td><td></td><td></td><td></td><td></td><td></td><td colspan="2"></td></tr>
<tr><td></td><td></td><td></td><td></td><td></td><td></td><td></td><td colspan="2"></td></tr>
<tr><td></td><td></td><td></td><td></td><td></td><td></td><td></td><td colspan="2"></td></tr>
<tr><td></td><td></td><td></td><td></td><td></td><td></td><td></td><td colspan="2"></td></tr>
<tr><td></td><td></td><td></td><td></td><td></td><td></td><td></td><td colspan="2"></td></tr>
<tr><td colspan="9">检验结论：</td></tr>
<tr><td rowspan="3">签字栏</td><td colspan="3" rowspan="2">建设（监理）单位</td><td colspan="2">施工单位</td><td colspan="3"></td></tr>
<tr><td colspan="2">专业质检员</td><td colspan="2">专业工长</td><td>检测员</td></tr>
<tr><td colspan="3"></td><td colspan="2"></td><td colspan="2"></td><td></td></tr>
</table>

注：本表由施工单位填写并保存。

<table>
<tr><td colspan="4" rowspan="3">材料试验报告（通用）</td><td>编号</td><td></td></tr>
<tr><td>试验编号</td><td></td></tr>
<tr><td>委托编号</td><td></td></tr>
<tr><td>工程名称及部位</td><td colspan="3"></td><td>试样编号</td><td></td></tr>
<tr><td>委托单位</td><td colspan="3"></td><td>试验委托人</td><td></td></tr>
<tr><td>材料名称及规格</td><td colspan="3"></td><td>产地、厂别</td><td></td></tr>
<tr><td>代表数量</td><td></td><td>来样日期</td><td>年 月 日</td><td>试验日期</td><td>年 月 日</td></tr>
<tr><td colspan="6">要求试验项目及说明：</td></tr>
<tr><td colspan="6">试验结果：</td></tr>
<tr><td colspan="6">结论：</td></tr>
<tr><td>批 准</td><td></td><td>审核</td><td></td><td>试验</td><td></td></tr>
<tr><td>试验单位</td><td colspan="5"></td></tr>
<tr><td>报告日期</td><td colspan="5"></td></tr>
</table>

注：本表由试验单位提供，建设单位、施工单位各保存一份。

<table>
<tr><td colspan="4">设备开箱检验记录</td><td colspan="2">编　号</td><td colspan="2"></td></tr>
<tr><td colspan="2">设备名称</td><td colspan="2"></td><td colspan="2">检查日期</td><td colspan="2"></td></tr>
<tr><td colspan="2">规格型号</td><td colspan="2"></td><td colspan="2">总数量</td><td colspan="2"></td></tr>
<tr><td colspan="2">装箱单号</td><td colspan="2"></td><td colspan="2">检验数量</td><td colspan="2"></td></tr>
<tr><td rowspan="5">检验记录</td><td>包装情况</td><td colspan="6"></td></tr>
<tr><td>随机文件</td><td colspan="6"></td></tr>
<tr><td>备件与附件</td><td colspan="6"></td></tr>
<tr><td>外观情况</td><td colspan="6"></td></tr>
<tr><td>测试情况</td><td colspan="6"></td></tr>
<tr><td rowspan="9">检验结果</td><td colspan="7">缺、损附备件明细表</td></tr>
<tr><td>序号</td><td>名　　称</td><td>规　　格</td><td>单位</td><td>数量</td><td colspan="2">备　　注</td></tr>
<tr><td></td><td></td><td></td><td></td><td></td><td colspan="2"></td></tr>
<tr><td></td><td></td><td></td><td></td><td></td><td colspan="2"></td></tr>
<tr><td></td><td></td><td></td><td></td><td></td><td colspan="2"></td></tr>
<tr><td></td><td></td><td></td><td></td><td></td><td colspan="2"></td></tr>
<tr><td></td><td></td><td></td><td></td><td></td><td colspan="2"></td></tr>
<tr><td></td><td></td><td></td><td></td><td></td><td colspan="2"></td></tr>
<tr><td></td><td></td><td></td><td></td><td></td><td colspan="2"></td></tr>
<tr><td colspan="8">结论：</td></tr>
<tr><td rowspan="2">签字栏</td><td colspan="2">建设（监理）单位</td><td colspan="3">施工单位</td><td colspan="2">供应单位</td></tr>
<tr><td colspan="2"></td><td colspan="3"></td><td colspan="2"></td></tr>
</table>

注：本表由施工单位填写并保存。

5073

设备及管道附件试验记录

设备及管道附件试验记录					编　号			
工程名称					使用部位			
设备/管道附件名称	型号	规格	编号	介质	强度试验		严密性试验（MPa）	试验结果
					压力（MPa）	停压时间		
试验单位			试　　验				试验日期	

注：本表由施工单位填写，建设单位、施工单位各保存一份。

______________材料汇总表 5074

工程名称：　　　　　　　　　　　　　　　　施工单位：

序号	类别名称 （品种、规格、型号、等级）	进场批量	出厂合格证、 质量证明文件编号	抽样、复验 报告编号	备注

5075

<table>
<tr><td colspan="4">电梯设备开箱检验记录</td><td>编　号</td><td></td></tr>
<tr><td>工程名称</td><td colspan="3"></td><td>产品合同号</td><td></td></tr>
<tr><td>设备名称
及规格型号</td><td colspan="3"></td><td>出厂日期</td><td></td></tr>
<tr><td>装箱单号</td><td></td><td>检验数量</td><td></td><td>开箱日期</td><td></td></tr>
<tr><td colspan="5">检查内容及规范标准要求</td><td>检查结果</td></tr>
<tr><td>包装情况</td><td colspan="4">零部件应按类别及装箱单完好地装入箱内，并应垫平、卡紧、固定，精密加工、表面装饰的部件应防止相对移动。驱动主体应整体包装。包装及密封应完好，规格应符合设计要求，附件、备件齐全，外观应完好。设备、材料、零部件无损伤、锈蚀及其他异常情况</td><td></td></tr>
<tr><td>随机文件</td><td colspan="4">1. 文件目录；2. 装箱清单；3. 产品合格证；4. 机房、井道布置图；5. 使用维护说明书（含润滑汇总表及电梯功能表）；6. 电气原理图、接线图及其符号说明；7. 主要部件安装图；8. 安装（调试）说明书；9. 安全部件型式试验报告结论副本；10. 易损件目录</td><td></td></tr>
<tr><td>机械部件</td><td colspan="4">曳引机标牌应注明：1. 产品名称、型号；2. 额定速度；3. 额定载重量；4. 减速比；5. 出厂编号；6. 标准编号；7. 质量等级标志；8. 厂名、商标；9. 出厂日期。
限速器、缓冲器、安全钳装置、门锁等安全部件的标牌应标明：1. 名称、型号及主要性能、参数；2. 厂名；3. 型式试验标志及试验单位</td><td></td></tr>
<tr><td>电气部件</td><td colspan="4">电动机、控制柜等各种电气部件应装入防潮箱内，并应作防震处理，必须存放室内。控制柜标牌应标明：型号、规格、制造厂名称及其识别标志或商标</td><td></td></tr>
<tr><td>进口设备</td><td colspan="4">还应有进口货物报关单、商检合格证书以及国际标准化组织认证的产品证书、产品检验标准和有关资料。产品各部件的标志、标识、须知、说明等，均应清晰、易懂、耐用，并优先使用中文汉字</td><td></td></tr>
<tr><td>处理意见</td><td colspan="5"></td></tr>
<tr><td rowspan="2">签字栏</td><td colspan="2">建设（监理）单位</td><td colspan="2">供应单位</td><td>安装单位</td></tr>
<tr><td colspan="2"></td><td colspan="2"></td><td></td></tr>
</table>

注：本表由施工单位填写，建设单位、施工单位各保存一份。

半成品钢筋出厂合格证					编　号		
工程名称					合格证编号		
委托单位					钢筋种类		
供应总量（kg）				加工日期		供货日期	
序号	级别规格	供应数量（kg）	进货日期	生产厂家	原材报告编号	复试报告编号	使用部位
备注：							
供应单位技术负责人			填表人			供应单位（盖章）	
填表日期：							

注：本表由半成品钢筋供应单位提供，建设单位、施工单位各保存一份。

<table>
<tr><td colspan="3">预制混凝土构件出厂合格证</td><td>编　号</td><td colspan="2"></td></tr>
<tr><td>工程名称及
使用部位</td><td colspan="2"></td><td>合格证编号</td><td colspan="2"></td></tr>
<tr><td>构件名称</td><td></td><td>型号规格</td><td></td><td>供应数量</td><td></td></tr>
<tr><td>制造厂家</td><td colspan="2"></td><td>企业等级证</td><td colspan="2"></td></tr>
<tr><td>标准图号或
设计图纸号</td><td colspan="2"></td><td>混凝土设计
强度等级</td><td colspan="2"></td></tr>
<tr><td>混凝土浇筑
日期</td><td colspan="2">至</td><td>构件出厂
日期</td><td colspan="2"></td></tr>
<tr><td rowspan="9">性能
检验
评定
结果</td><td colspan="2">混凝土抗压强度</td><td colspan="3">主　筋</td></tr>
<tr><td>达到设计强度（%）</td><td>试验编号</td><td>力学性能</td><td colspan="2">工艺性能</td></tr>
<tr><td></td><td></td><td></td><td colspan="2"></td></tr>
<tr><td colspan="5">外　观</td></tr>
<tr><td colspan="2">质量状况</td><td colspan="3">规格尺寸</td></tr>
<tr><td colspan="2"></td><td colspan="3"></td></tr>
<tr><td colspan="5">结构性能</td></tr>
<tr><td>承载力</td><td>挠　度</td><td>抗裂检验</td><td colspan="2">裂缝宽度</td></tr>
<tr><td></td><td></td><td></td><td colspan="2"></td></tr>
<tr><td colspan="4">备注：</td><td colspan="2">结论：</td></tr>
<tr><td colspan="2">供应单位技术负责人</td><td colspan="2">填表人</td><td colspan="2" rowspan="3">供应单位

（盖章）</td></tr>
<tr><td colspan="2"></td><td colspan="2"></td></tr>
<tr><td colspan="4">填表日期：</td></tr>
</table>

注：由预制混凝土构件供应单位提供，建设单位、施工单位各保存一份。

<table>
<tr><td colspan="4">钢构件出厂合格证</td><td>编　号</td><td colspan="2"></td></tr>
<tr><td colspan="2">工程名称</td><td colspan="2"></td><td>合格证编号</td><td colspan="2"></td></tr>
<tr><td colspan="2">委托单位</td><td colspan="2"></td><td>焊药型号</td><td colspan="2"></td></tr>
<tr><td colspan="2">钢材材质</td><td></td><td>防腐状况</td><td></td><td>焊条或焊丝型号</td><td></td></tr>
<tr><td colspan="2">供应总量（t）</td><td></td><td>加工日期</td><td></td><td>出厂日期</td><td></td></tr>
<tr><td>序号</td><td>构件名称及编号</td><td>构件数量</td><td>构件单量（kg）</td><td>原材报告编号</td><td>复试报告编号</td><td>使用部位</td></tr>
<tr><td></td><td></td><td></td><td></td><td></td><td></td><td></td></tr>
<tr><td></td><td></td><td></td><td></td><td></td><td></td><td></td></tr>
<tr><td></td><td></td><td></td><td></td><td></td><td></td><td></td></tr>
<tr><td></td><td></td><td></td><td></td><td></td><td></td><td></td></tr>
<tr><td></td><td></td><td></td><td></td><td></td><td></td><td></td></tr>
<tr><td></td><td></td><td></td><td></td><td></td><td></td><td></td></tr>
<tr><td></td><td></td><td></td><td></td><td></td><td></td><td></td></tr>
<tr><td></td><td></td><td></td><td></td><td></td><td></td><td></td></tr>
<tr><td></td><td></td><td></td><td></td><td></td><td></td><td></td></tr>
<tr><td colspan="7">备注：</td></tr>
<tr><td colspan="3">供应单位技术负责人</td><td colspan="2">填表人</td><td colspan="2" rowspan="3">供应单位
（盖章）</td></tr>
<tr><td colspan="3"></td><td colspan="2"></td></tr>
<tr><td colspan="5">填表日期：</td></tr>
</table>

注：本表由钢构件供应单位提供，建设单位、施工单位各保存一份。

预拌混凝土出厂合格证					编　号		
使用单位					合格证编号		
工程名称与浇筑部位							
强度等级		抗渗等级				供应数量(m^3)	
供应日期			至				
配合比编号							
原材料名称	水泥	砂	石	掺合料		外加剂	
品种及规格							
试验编号							

每组抗压强度值(MPa)	试验编号	强度值	试验编号	强度值	备注：
抗渗试验	试验编号	指标	试验编号	指标	

抗压强度统计结果			结论：
组数 n	平均数	最小值	
技术负责人	填表人		供应单位 (盖章)
填表日期：			

注：本表由预拌混凝土供应单位提供，建设单位、施工单位、城建档案馆各保存一份。

六、施 工 记 录

通用表格

5080

<table>
<tr><td colspan="3">隐蔽工程检查记录</td><td>编号</td><td colspan="2"></td></tr>
<tr><td>工程名称</td><td colspan="5"></td></tr>
<tr><td>隐检项目</td><td colspan="2"></td><td>隐检日期</td><td colspan="2"></td></tr>
<tr><td>隐检部位</td><td colspan="2">层</td><td>轴线</td><td colspan="2">标高</td></tr>
<tr><td colspan="6">隐检依据：施工图图号________________________________，
设计变更/洽商（编号________________________）及有关国家现行标准等。

主要材料名称及规格/型号：________________________________
____</td></tr>
<tr><td colspan="6">隐检内容：

申报人：</td></tr>
<tr><td colspan="6">检查意见：

检查结论：□同意隐蔽　　　□不同意，修改后进行复查</td></tr>
<tr><td colspan="6">复查结论：

复查人：　　　　　　　　　　　　　　复查日期：</td></tr>
<tr><td rowspan="3">签字栏</td><td rowspan="2">建设（监理）单位</td><td>施工单位</td><td colspan="3"></td></tr>
<tr><td>专业技术负责人</td><td>专业质检员</td><td colspan="2">专业工长</td></tr>
<tr><td></td><td></td><td></td><td colspan="2"></td></tr>
</table>

注：本表由施工单位填写，建设单位、施工单位、城建档案馆各保存一份。

<table>
<tr><td colspan="2">预检记录</td><td>编号</td><td></td></tr>
<tr><td>工程名称</td><td></td><td>预检项目</td><td></td></tr>
<tr><td>预检部位</td><td></td><td>检查日期</td><td></td></tr>
<tr><td colspan="4">依据：施工图纸（施工图纸号＿＿＿＿＿＿＿＿）、
设计变更、洽商（编号＿＿＿＿＿＿＿＿）和有关规范、规程。

主要材料或设备：＿＿＿＿＿＿＿＿
规格/型号：＿＿＿＿＿＿＿＿</td></tr>
<tr><td colspan="4">预检内容：</td></tr>
<tr><td colspan="4">检查意见：</td></tr>
<tr><td colspan="4">复查结论：

复查人：　　　　　　　　　　复查日期：</td></tr>
</table>

施工单位		
专业技术负责人	专业质检员	专业工长

注：本表由施工单位填写并保存。

<table>
<tr><td colspan="2">施工检查记录（通用）</td><td>编号</td><td></td></tr>
<tr><td>工程名称</td><td></td><td>检查项目</td><td></td></tr>
<tr><td>检查部位</td><td></td><td>检查日期</td><td></td></tr>
<tr><td colspan="4">检查依据：</td></tr>
<tr><td colspan="4">检查内容：</td></tr>
<tr><td colspan="4">检查结论：</td></tr>
<tr><td colspan="4">复查意见：

复查人：　　　　　　　　　　　　　　　　复查日期：</td></tr>
</table>

施工单位		
专业技术负责人	专业质检员	专业工长

注：本表由施工单位填写并保存。

<table>
<tr><td colspan="2">交接检查记录</td><td>编号</td><td colspan="2"></td></tr>
<tr><td>工程名称</td><td colspan="4"></td></tr>
<tr><td>移交单位名称</td><td></td><td>接收单位名称</td><td colspan="2"></td></tr>
<tr><td>交接部位</td><td></td><td>检查日期</td><td colspan="2"></td></tr>
<tr><td colspan="5">交接内容：</td></tr>
<tr><td colspan="5">检查结果：</td></tr>
<tr><td colspan="5">复查意见：

复查人：　　　　　　　　复查日期：</td></tr>
<tr><td colspan="5">见证单位意见：

见证单位名称：</td></tr>
<tr><td rowspan="2">签字栏</td><td>移交单位</td><td>接收单位</td><td colspan="2">见证单位</td></tr>
<tr><td></td><td></td><td colspan="2"></td></tr>
</table>

注：1. 本表由移交、接收和见证单位各保存一份。

2. 见证单位应根据实际检查情况，并汇总移交和接收单位意见形成见证单位意见。

施 工 记 录

5084

工程名称		分项工程名称	
施工内容：			
施工单位项目负责人： 年 月 日		记录人： 年 月 日	

新材料、新工艺施工记录

5085

<table>
<tr><td>工程名称</td><td></td><td>施工单位</td><td colspan="2"></td></tr>
<tr><td>材料名称</td><td></td><td>分包单位</td><td colspan="2"></td></tr>
<tr><td>工艺标准</td><td></td><td>质量要求</td><td colspan="2"></td></tr>
<tr><td>审批部门</td><td></td><td>施工日期</td><td colspan="2"></td></tr>
<tr><td>适用范围</td><td colspan="4"></td></tr>
<tr><td colspan="5">新材料内容：</td></tr>
<tr><td colspan="5">工艺过程：</td></tr>
<tr><td colspan="5">质量情况：</td></tr>
</table>

建设单位验收结论	施工单位检查结果	分包单位检查结果	监理单位验收结论
项目技术负责人：	项目技术负责人：	项目技术负责人：	监理工程师：
年　月　日	年　月　日	年　月　日	年　月　日

冬、夏期施工记录

5086

单位工程名称			建设单位				
工程地址			施工单位				
时　间 月　日	测温点 位　置	天气情况 （晴、雨、风向等）	气　温（℃）				措施
			最高	最低	平均	（日）最大温差	

施工技术负责人：　　　　　　　　　　记录人：　　　　　　　　年　　月　　日

建筑设备安装工程隐蔽验收记录 **5087**

工程名称：　　　　　　　　　　　　　验收日期：　　　年　　月　　日

<table>
<tr><td colspan="3">分项工程名称：</td><td colspan="2">子分部工程名称：</td><td>隐蔽部位：</td></tr>
<tr><td colspan="3">项目经理：</td><td colspan="2">施工技术负责人：</td><td>施工图号：</td></tr>
<tr><td colspan="7">施工执行标准名称及编号：</td></tr>
<tr><td rowspan="9">隐蔽工程内容</td><td>序号</td><td>工程分项隐蔽验收批部位</td><td>单位</td><td>数量</td><td>施工单位全数检查情况及说明</td><td>监理(建设)单位验收记录</td></tr>
<tr><td>1</td><td></td><td></td><td></td><td></td><td></td></tr>
<tr><td>2</td><td></td><td></td><td></td><td></td><td></td></tr>
<tr><td>3</td><td></td><td></td><td></td><td></td><td></td></tr>
<tr><td>4</td><td></td><td></td><td></td><td></td><td></td></tr>
<tr><td>5</td><td></td><td></td><td></td><td></td><td></td></tr>
<tr><td>6</td><td></td><td></td><td></td><td></td><td></td></tr>
<tr><td>7</td><td></td><td></td><td></td><td></td><td></td></tr>
<tr><td>8</td><td></td><td></td><td></td><td></td><td></td></tr>
<tr><td colspan="7">施工单位全数检查评定结果：

项目专业质量检查员：　　　　　　项目专业技术负责人：　　　年　月　日</td></tr>
<tr><td colspan="7">监理（建设）单位验收结论：

专业监理工程师（建设单位项目技术负责人）：　监理（建设）项目部（章）　年　月　日</td></tr>
<tr><td colspan="7">设计技术交底会议等列入须经设计人员参与隐蔽验收的部位签证</td></tr>
<tr><td colspan="7">设计单位参加验收人意见：

验收人签名：　　　　　年　月　日</td></tr>
</table>

注：该记录由施工项目专业质量检查员填写，监理工程师（建设单位项目技术负责人）组织项目专业技术负责人等进行验收。记录时应首先说明是否按设计图号施工，如有设计变更应立即在备用竣工图纸上用红色文字注明变更情况或绘制变更补充图；凡有、无设计变更，监理（建设）单位的旁站监督人均应在备用竣工图号上签字认可后，才能办理该部位隐蔽验收手续。隐蔽验收时，必须严格按国家施工质量验收规范的主控项目，一般项目的内容要求全数检查，凡有不合格处必须当即整改达到合格后才能办理隐蔽验收手续。检查评定结论必须语言规范，并针对主控项目、一般项目的内容要求，填写真实可靠的结果或结论。

室内给排水、采暖、通风、空调工程隐蔽验收记录 5088

工程名称		分部工程		子分部工程	
施工单位		分包单位		检查日期	

隐蔽检查内容

序号	检查部位	管道材质	规格（mm）	外观	基座支架	高度坐标	坡度方向	预留基础下沉量	防腐保温	试验结果	检查结果

施工单位检查结果	分包单位检查结果	监理（建设）单位验收结论
项目专业负责人： 年 月 日	项目专业负责人： 年 月 日	监理工程师： （建设单位项目专业负责人）： 年 月 日

低温地板辐射采暖隐蔽工程验收记录

5089

工程名称		检查日期	
施工单位		分包单位	
盘管材质		盘管管径（mm）	

序号	检查部位	盘管间距（mm）	弯曲半径（mm）	外观	盘管卡具	防潮层防水层隔热层	试验结果	结论

施工单位检查结果	分包单位检查结果	监理（建设）单位验收结论
项目专业负责人：	项目专业负责人：	监理工程师： （建设单位项目 专业负责人）：
年　月　日	年　月　日	年　月　日

滑动轴承装配记录

5090

______工程　　　　　　　　　　　　　　年　　月　　日

设备名称										
型号规格										
装配依据										
轴承编号			1	2	3	4	5	6	7	8
结构形式										
轴瓦	材料	瓦片								
		内衬								
	尺寸（mm）	内径								
		长度								
	油沟（mm）	宽度								
		深度								
轴瓦装配	与座接触									
	瓦口垫片	材料								
		厚度（mm）								
		层数								
轴瓦轴劲配合	顶间隙（mm）	要求								
		实测								
	侧间隙（mm）	要求								
		实测								
	接触弧面（度）	要求								
		实测								
	接触点数（点/cm^2）	要求								
		实测								
布置简图（注编号）										

业主代表：　　　　　　质检员：　　　　　　施工员：　　　　　　班组长：

设备安装记录

5091

年　　月　　日

工程编号		工程名称	
设备位号		设备名称	
设备规格及性能			

项　　目	技术要求	实际误差	备　　注
标　　高			
中 心 线			
垂 直 度			
纵向水平			
横向水平			
垫　　铁			

地脚螺栓（规格、数量）
二次灌浆
底部防腐
附　　图

本设备根据＿＿＿＿＿＿＿＿技术标准规定，安装合格已进行清理封闭。

制表人＿＿＿＿＿＿＿＿

施工单位代表	建设单位代表
1. 施工技术员＿＿＿＿ 2. 质　检　员＿＿＿＿ 3. 班（组）＿＿＿＿	1. ＿＿＿＿＿＿ 2. ＿＿＿＿＿＿

沉井工程下沉记录

5092

工程名称										
施工单位										
沉井尺寸（cm）						预制日期				
下沉前混凝土强度（MPa）						设计刃脚标高（m）				
日期	测点编号	测点标高（m）	推算刃脚标高（m）	高差		位移		地质情况	水位标高（m）	停歇原因及时间
				横向（mm）	纵向（mm）	横向（mm）	纵向（mm）			

施工员（工长）：　　　　　　　　　　填表：

打 桩 记 录

5093

工程名称：　　　　　桩机型号：　　　　　桩锤质量（kg）：

施工单位：　　　　　设计桩尖标高（m）：　　　　　设计最后 50cm 平均贯入度（cm/次）：

接桩型式：　　　　　停打桩尖标高（m）：　　　　　桩断面尺寸及长度（cm）：

桩号	桩位号	每阵锤击次数	每阵打入深度（cm）	每阵平均贯入度（cm/次）	累计贯入度（cm）	累计次数	最后 50cm 锤击次数	最后 50cm 平均贯入度（cm/次）	每根桩打桩时间（min）

施工项目技术负责人：　　　　　　　　　　　　　　记录：

钻孔桩钻进记录（冲击钻）

工程名称：　　　　　　　　　　　　　　施工单位：

<table>
<tr><td>墩（台）号</td><td></td><td>桩位编号</td><td></td><td>桩　径（m）</td><td></td><td>地面标高（m）</td><td></td><td>设计桩尖标高（m）</td><td></td></tr>
<tr><td>护筒长度（m）</td><td></td><td>护筒顶标高（m）</td><td></td><td>护筒埋置深度（m）</td><td></td><td>钻头型式直径（mm）</td><td></td><td>钻头质量（kg）</td><td></td></tr>
</table>

<table>
<tr><td colspan="5">时　间</td><td rowspan="3">共计（h）</td><td rowspan="3">工作内容</td><td rowspan="3">冲程（m）</td><td rowspan="3">冲击次数（次/分）</td><td colspan="2">钻进深度（m）</td><td colspan="4">孔位偏差（mm）</td><td rowspan="3">孔底标高（m）</td><td rowspan="3">孔内水位（m）</td><td rowspan="3">备注</td></tr>
<tr><td rowspan="2">年月日</td><td colspan="2">起</td><td colspan="2">止</td><td rowspan="2">本次</td><td rowspan="2">累计</td><td rowspan="2">前</td><td rowspan="2">后</td><td rowspan="2">左</td><td rowspan="2">右</td></tr>
<tr><td>时</td><td>分</td><td>时</td><td>分</td></tr>
<tr><td></td><td></td><td></td><td></td><td></td><td></td><td></td><td></td><td></td><td></td><td></td><td></td><td></td><td></td><td></td><td></td><td></td><td></td></tr>
<tr><td></td><td></td><td></td><td></td><td></td><td></td><td></td><td></td><td></td><td></td><td></td><td></td><td></td><td></td><td></td><td></td><td></td><td></td></tr>
<tr><td></td><td></td><td></td><td></td><td></td><td></td><td></td><td></td><td></td><td></td><td></td><td></td><td></td><td></td><td></td><td></td><td></td><td></td></tr>
<tr><td></td><td></td><td></td><td></td><td></td><td></td><td></td><td></td><td></td><td></td><td></td><td></td><td></td><td></td><td></td><td></td><td></td><td></td></tr>
<tr><td></td><td></td><td></td><td></td><td></td><td></td><td></td><td></td><td></td><td></td><td></td><td></td><td></td><td></td><td></td><td></td><td></td><td></td></tr>
<tr><td></td><td></td><td></td><td></td><td></td><td></td><td></td><td></td><td></td><td></td><td></td><td></td><td></td><td></td><td></td><td></td><td></td><td></td></tr>
<tr><td></td><td></td><td></td><td></td><td></td><td></td><td></td><td></td><td></td><td></td><td></td><td></td><td></td><td></td><td></td><td></td><td></td><td></td></tr>
<tr><td>钻孔中出现的问题及处理方法</td><td colspan="17"></td></tr>
</table>

施工项目技术负责人：　　　　　　工序负责人：　　　　　　记录人：　　　　　　年　　月　　日

钻孔桩钻进记录（旋转钻）

5095

施工单位：

工程名称		墩（台）号		桩位编号	
地面标高（m）		孔外水位标高（m）		护筒顶标高（m）	
护筒底标高（m）		护筒埋深（m）			
钻机类型及编号		钻头类型及编号		桩径（m）	
桩尖设计标高（m）					

时间						工作内容	钻进深度（m）					孔底标高（m）	孔斜度	孔位偏差（mm）				地质情况	泥浆				其他
年 月 日	起		止		共计（h）		钻杆长度	起钻读数	停钻读数	本次进尺	累讲进尺			前	后	左	右		密度		粘度		
	时	分	时	分															进	出	进	出	

钻孔中出现的问题及处理方法	

施工项目技术负责人：　　　　工序负责人：　　　　记录人：　　　　年　　月　　日

钻孔桩记录汇总表

5096

工程名称：

序号	墩（台）号	桩号	设计直径（m）	终孔直径（m）	设计孔底标高（m）	终孔孔底标高（m）	灌注前孔底标高（m）	备　注（有变更的要注明）

附图：桩平面位置偏差图示　　参照设计图纸编号：(　　　)

施工项目技术负责人：　　　　填表：　　　　施工员：　　　　年　　月　　日

钻孔桩成孔质量检查记录

5097

年　月　日

<table>
<tr><td>工程名称</td><td colspan="4"></td><td colspan="2">施工单位</td><td colspan="5"></td></tr>
<tr><td>墩（台）号</td><td colspan="2"></td><td>桩编号</td><td colspan="3"></td><td colspan="2">孔垂直度</td><td colspan="3"></td></tr>
<tr><td>护筒顶标高（m）</td><td></td><td colspan="3">设计孔底标高（m）</td><td colspan="2"></td><td colspan="5">孔位偏差（mm）</td></tr>
<tr><td>设计直径（m）</td><td></td><td colspan="3">成孔孔底标高（m）</td><td colspan="2"></td><td colspan="2">前</td><td>后</td><td>左</td><td>右</td></tr>
<tr><td>成孔直径（m）</td><td></td><td colspan="3">灌注前孔底标高（m）</td><td colspan="2"></td><td colspan="2"></td><td></td><td></td><td></td></tr>
<tr><td>钻孔中出现的问题及处理方法</td><td colspan="11"></td></tr>
<tr><td rowspan="2">钢筋骨架</td><td colspan="2">骨架总长（m）</td><td colspan="3"></td><td colspan="2">骨架底面标高(m)</td><td colspan="4"></td></tr>
<tr><td colspan="2">骨架每节长（m）</td><td colspan="3"></td><td colspan="2">连接方法</td><td colspan="4"></td></tr>
<tr><td>检查意见</td><td colspan="11"></td></tr>
</table>

施工项目技术负责人：　　　　质检员：　　　　监理：

钻孔桩水下混凝土灌注记录

5098

日期：

工程名称				施工单位			
墩台编号		桩编号		桩设计直径（m）		设计桩底标高（m）	
灌注前孔底标高（m）		护筒顶标高（m）		钢筋骨架底标高（m）			
计算混凝土方量（m^3）		混凝土强度等级（MPa）		水泥品种等级		坍落度（cm）	

时间	护筒顶至混凝土面深度（m）	护筒顶至导管下口深度（m）	导管拆除数量		实灌混凝土数量		钢筋位置情况、孔内情况、停灌原因、停灌时间、事故原因和处理情况等重要记事
			节数	长度（m）	本次数量（m^3）	累计数量（m^3）	

施工项目技术负责人：　　　　施工员：　　　　记录：　　　　监理：

箱涵顶（推）进记录

5099

工程名称		箱涵断面	m× m
箱体质量（kg）		顶（推）进方式	
设计最大顶(推)力(kN)		最大顶力（kN）	

日期（班次）		进尺（cm）	高程（m）						中线		顶（推）力（kN）	土质情况	备注
			前		中		后						
			设计	实际	设计	实际	设计	实际	左	右			
日	早												
	午												
	晚												
日	早												
	午												
	晚												
日	早												
	午												
	晚												
日	早												
	午												
	晚												
日	早												
	午												
	晚												
日	早												
	午												
	晚												

施工项目技术负责人：　　施工员：　　质检员　　记录：

锤击沉管夯扩灌注桩施工记录

5100

工程名称：　　施工单位：　　桩机规格型号：　　桩锤重：　t　落锤高度：　m　外管外径：　mm

外管内径 d_0：　mm　主筋直径及根数：　箍筋直径及间距：　混凝土设计强度：　MPa　地面标高：　m　桩顶标高：　m

序号	施工日期	桩位编号	实测孔径(mm)	实测孔长(m)	桩尖入持力层深度(m)		桩尖标高(m)		最后1m锤击数(击)	最后三阵每阵上击贯入度(cm)			第一次夯扩				第二次夯扩				钢筋笼长度(m)		箍筋加密长度(m)		实测桩孔体积(m^3)	实际浇筑混凝土量(m^3)	充盈系数(K)	留置试块桩号	验收记录
					设计	实际	设计	实际		首阵	中阵	末阵	H_1(m)	h_1(m)	C_1(m)	D_1(m)	H_2(m)	h_2(m)	C_2(m)	D_2(m)	设计	实际	设计	实际					
1																													
2																													
3																													
4																													
5																													
6																													
7																													
8																													
9																													
10																													

施工单位检查评定结果：	监理（建设）单位验收结论：
项目专业技术负责人：　　年　月　日	项目专业监理工程师（建设单位项目技术负责人）：　　监理（建设）项目部（章）　年　月　日

注：表内的 H_1、H_2 为第一次、二次夯扩工序中外管中灌注混凝土高度（从桩底起算）；h_1、h_2 为第一次、二次夯扩工序中外管上拨高度（从桩底起算），可取 $H_1/2$、$H_2/2$；C_1、C_2 为第一次、二次夯扩工序中内外管同步下沉至离桩底的距离，可取 C_1、C_2 值为 0.2m；D_1、D_2 为第一次、二次夯扩扩大头直径，按以下公式计算：$D_1 = d_0[(H_1 + h_1 - C_1)/h_1]^{1/2}$，$D_2 = d_0[(H_1 + H_2 + h_2 - C_1 - C_2)/h_2]^{1/2}$。

施工单位检查记录人：

监理（建设）单位旁站监督人：

人工挖孔灌注桩单桩施工记录

5101

工程名称： 施工单位： 混凝土设计强度等级：

施工序号：	桩位编号：	施工日期：自　年　月　日至　月　日

桩身几何尺寸（m）				扩大头几何尺寸（m）						标高（m）					
桩径		桩长		直径		高度（h）		高度（h_1）		桩顶		持力层项		桩底	
设计	实测	设计	实测	设计	实测	设计	实测	设计	实测	设计	实测	设计	实测	设计	实测

钢筋笼长度（m）	主筋直径及根数	箍筋直径及间距	箍筋加密长度（m）	钢筋连接方法及外观质量情况	实测桩孔体积（m^3）	实际浇筑混凝土量（m^3）	留置混凝土试块（组）	试块试压强度（MPa）

桩孔地质结构柱状图：	钢筋隐蔽验收图：
施工单位检查记录人：	监理（建设）单位旁站监督人：

该桩持力层土质名称及承载力标准值（MPa）为：

该桩桩底进入持力层深度：　　m　　勘察单位勘查人：

施工单位检查评定结果： 项目专业技术负责人： 项目专业质量检查员：　　年　月　日	监理（建设）单位验收结论： 项目专业监理工程师（建设单位项目技术负责人）：　　监理（建设）项目部（章） 年　月　日

注：桩孔结构柱状图应按比例绘制成孔形状，其左侧标注成孔实测几何尺寸及桩顶（即承台底）、桩底和持力层顶面标高，右侧自上而下标注地质剖面各土层名称、厚度等。h 指扩大头总高度，h_1 指弧形部分高度。

振动沉管灌注桩施工记录

5102

工程名称：　　施工单位：　　桩机规格型号：　　桩管外径：　　cm

主筋直径及根数：　　箍筋直径及间距：　　地面标高：　　桩顶标高：　　m　　混凝土设计强度等级：

序号	施工日期	桩位编号	实测孔径（cm）	实测桩长（m）	桩尖入持力层深度（m）		桩尖标高（m）		最后两个2min贯入度（cm）				最后30s电流、电压值（A、V）				钢筋笼长度（m）		箍筋加密长度（m）		实测桩孔体积（m^3）	实际浇筑混凝土量（m^3）	充盈系数（*K*）	留量试块桩号	验收记录
									第一个		第二个		设计值		实测值										
					设计	实际	设计	实际	设计	实际	设计	实际	A	V	A	V	设计	实际	设计	实际					
1																									
2																									
3																									
4																									
5																									
6																									
7																									
8																									
9																									
10																									
11																									
12																									

施工单位检查评定结果： 项目专业技术负责人：　　年　月　日	监理（建设）单位验收结论： 项目专业监理工程师　　监理（建设）项目部（章） （建设单位项目技术负责人）：　　年　月　日

施工单位检查记录人：　　监理（建设）单位旁站监督人：

钻孔（含洛阳铲）取土混凝土灌注桩施工记录

5103

工 程 名 称：　　施 工 单 位：　　钻机规格、型号：　　混凝土设计强度等级：　　MPa

主筋直径及根数：　　箍筋直径及间距：　　地 面 标 高：　　m　　桩 顶 标 高：　　m

序号	施工日期	桩位编号	桩孔径（cm）		桩孔长度（m）		桩底持力层		桩底沉碴处理情况	钢筋笼长度（m）		箍筋加密长度（m）		实测桩孔体积（m^3）	实际浇筑混凝土量（m^3）	充盈系数（K）	留置试块桩号	验收记录
			设计	实测	设计	实测	土质名称	进入深度（m）		设计	实际	设计	实际					
1																		
2																		
3																		
4																		
5																		
6																		
7																		
8																		
9																		
10																		

施工单位检查评定结果：

项目专业技术负责人：　　年　月　日

监理（建设）单位验收结论：

项目专业监理工程师　　监理（建设）项目部（章）

（建设单位项目技术负责人）：　　年　月　日

施工单位检查记录人：　　监理（建设）单位旁站监督人：

挖孔桩检查记录

5104

<table>
<tr><td colspan="2">单位工程名称</td><td></td><td rowspan="6">平剖面示意图</td><td rowspan="6"></td></tr>
<tr><td colspan="2">分部分项
工程名称</td><td></td></tr>
<tr><td colspan="2">设计桩号</td><td></td></tr>
<tr><td colspan="2">设计内径</td><td></td></tr>
<tr><td colspan="2">设计护壁厚度</td><td></td></tr>
<tr><td colspan="2">设计地基允许承载力（MPa）</td><td></td></tr>
<tr><td colspan="5">检查内容</td></tr>
<tr><td rowspan="2">1</td><td colspan="4">地基的地质情况：岩石类别　　风化程度</td></tr>
<tr><td colspan="4">实际嵌岩深度　　实际承载力（MPa）　　试验单编号：</td></tr>
<tr><td>2</td><td colspan="4">轴线偏移：</td></tr>
<tr><td>3</td><td colspan="4">桩底内径：</td></tr>
<tr><td>4</td><td colspan="4">护壁的实际厚度：</td></tr>
<tr><td>5</td><td colspan="4">基底标高：</td></tr>
<tr><td>6</td><td colspan="4">护壁材质情况：</td></tr>
<tr><td>7</td><td colspan="4">地下水位情况：</td></tr>
<tr><td colspan="5">监理检查结论：</td></tr>
</table>

施工单位技术负责人： 记录人： 年　月　日	勘察单位代表： 年　月　日	设计单位代表： 年　月　日	监理工程师： 年　月　日	建设单位代表： 年　月　日

年　月　日

挖孔桩施工记录

5105

工程名称									施工单位								
序号	桩位编号	自然地面标高（m）	桩顶标高（m）		桩孔径（m）		桩长度（m）		孔底水深（m）	进入持人层深度（m）	孔侧土质分布情况	护壁材料		混凝土灌注量（m^3）		钢筋笼长度（m）	备注
			设计	实测	设计	实测	设计	实测				名称	强度（MPa）	计算	实际		

业主（含监理）代表：　　　　施工技术负责人：　　　　记录人：

回填土夯实检查记录

5106

工程名称：　　　　　　　　　　　　　　　　　　　　　　　　　　年　月　日

序号	项　目		检查记录情况及分层标高					
			－m	－m	－m	－m	－m	－m
1	施工地段及面积							
2	基底土质							
3	夯实机具类型							
4	回填土施工情况							
5	预夯时土的厚度							
6	含水率（%）	天然						
		最佳						
7	实际加水量（L/m^3）							
8	夯击遍数	规定						
		实际						
	最后下沉量（cm）							
	总下沉量（cm）							
说明								

业主（含监理）	代表： 其他： 年　月　日	施工单位	施工技术负责人： 其他： 年　月　日

附：最佳含水率测定试验报告。

<table>
<tr><td colspan="2">地基验槽检查记录</td><td>编　号</td><td colspan="3"></td></tr>
<tr><td>工程名称</td><td></td><td>验槽日期</td><td colspan="3"></td></tr>
<tr><td>验槽部位</td><td colspan="5"></td></tr>
<tr><td colspan="6">依据：施工图纸（施工图纸号＿＿＿＿＿＿＿＿＿＿＿＿＿＿）、
设计变更/洽商（编号＿＿＿＿＿＿＿＿＿＿＿）及有关规范、规程。</td></tr>
<tr><td colspan="6">验槽内容：
1. 基槽开挖至勘探报告第＿＿＿＿层，持力层为＿＿＿＿层。
2. 基底绝对高程和相对标高＿＿＿＿＿＿＿＿＿＿＿＿。
3. 土质情况＿＿＿＿＿＿＿＿＿＿＿＿。
（附：□钎探记录及钎探点平面布置图）
4. 桩位置＿＿＿＿、桩类型＿＿＿＿、数量＿＿＿＿，承载力满足设计要求。
（附：□施工记录、　　□桩检测记录）

注：若建筑工程无桩基或人工支护，则相应在第4条填写处划“/”。　申报人：</td></tr>
<tr><td colspan="6">检查意见：

检查结论：□无异常，可进行下道工序　　□需要地基处理</td></tr>
<tr><td rowspan="2">签字公章栏</td><td>建设单位</td><td>监理单位</td><td>设计单位</td><td>勘察单位</td><td>施工单位</td></tr>
<tr><td></td><td></td><td></td><td></td><td></td></tr>
</table>

注：本表由施工单位填写，建设单位、施工单位、城建档案馆各保存一份。

<table>
<tr><td colspan="2">地基处理记录</td><td>编　号</td><td colspan="4"></td></tr>
<tr><td>工程名称</td><td></td><td>日　期</td><td colspan="4"></td></tr>
<tr><td colspan="7">处理依据及方式：</td></tr>
<tr><td colspan="7">处理部件及深度（或用简图表示）

□有/　□无　附页（图）</td></tr>
<tr><td colspan="7">处理结果：</td></tr>
<tr><td colspan="7">检查意见：

检查日期：</td></tr>
<tr><td rowspan="3">签字栏</td><td rowspan="2">监理单位</td><td rowspan="2">设计单位</td><td rowspan="2">勘察单位</td><td colspan="3">施工单位</td></tr>
<tr><td>专业技术负责人</td><td>专业质检员</td><td>专业工长</td></tr>
<tr><td></td><td></td><td></td><td></td><td></td><td></td></tr>
</table>

注：本表由施工单位填写，建设单位、施工单位、城建档案馆各保存一份。

地基钎探记录				编　号			
工程名称				钎探日期			
套锤重		自由落距			钎径		
顺序号	各　步　锤　击　数						
	0～30cm	30～60cm	60～90cm	90～120cm	120～150cm	150～180cm	180～210cm	备注
施工单位								
专业技术负责人		专业工长			记录人			

附：钎探点布置图

注：本表由施工单位填写，建设单位、施工单位和城建档案馆各保存一份。

<table>
<tr><td colspan="2">混凝土浇灌申请书</td><td>编　号</td><td></td></tr>
<tr><td>工程名称</td><td></td><td>申请浇灌日期</td><td>年　月　日　时</td></tr>
<tr><td>申请浇灌部位</td><td></td><td>申请方量（m³）</td><td></td></tr>
<tr><td>技术要求</td><td></td><td>强度等级</td><td></td></tr>
<tr><td>搅拌方式
（搅拌站名称）</td><td></td><td>申请人</td><td></td></tr>
<tr><td colspan="4">依据：施工图纸（施工图纸号________________________）、
设计变更/洽商（编号________________）和有关规范、规程。</td></tr>
</table>

施 工 准 备 检 查	专业工长（质量员）签字	备 注
1. 隐检情况：□已　□未　完成隐验		
2. 预检情况：□已　□未　完成预检		
3. 水电预埋情况：□已　□未　完成并未经检查		
4. 施工组织情况：□已　□未　完备		
5. 机械设备准备情况：□已　□未　准备		
6. 保温及有关准备：□已　□未　准备		

审批意见：

审批结论：　□同意浇筑　□整改后自行浇筑　□不同意，整改后重新申请

审批人：　审批日期：

施工单位名称：

注：1. 本表由施工单位填写并保存，并交给监理一份备案。

2. “技术要求”栏应依据混凝土合同的具体要求填写。

混凝土浇灌许可证

5111

年　　月　　日

<table>
<tr><td>工程名称</td><td colspan="2"></td><td colspan="2">浇灌部位</td><td></td><td>天　气</td><td></td><td>温度</td><td></td></tr>
<tr><td>混凝土数量</td><td colspan="2"></td><td colspan="2">混凝土设计强度等级</td><td></td><td>混凝土施工强度等级</td><td></td><td>混凝土配合比单编号</td><td></td></tr>
<tr><td>水泥生产厂家</td><td colspan="2"></td><td colspan="2">水泥出厂日期</td><td></td><td>抽样试验结果</td><td></td><td>填报日期</td><td></td></tr>
<tr><td colspan="5">混凝土配合比</td><td>施工要求</td><td colspan="4">前工序质量情况</td></tr>
<tr><td colspan="2">材料名称</td><td>品种规格</td><td>单位</td><td>配合比</td><td>每 m³ 用量</td><td rowspan="2">岩土
坑槽</td><td>积水杂物情况</td><td colspan="2"></td></tr>
<tr><td colspan="2">水泥</td><td></td><td>kg</td><td></td><td></td><td>隐蔽检查结果</td><td colspan="2"></td></tr>
<tr><td colspan="2">砂</td><td></td><td>kg</td><td></td><td></td><td rowspan="2">模板
安装</td><td>模板及支撑情况</td><td colspan="2"></td></tr>
<tr><td colspan="2">石子</td><td></td><td>kg</td><td></td><td></td><td>检验评定结果</td><td colspan="2"></td></tr>
<tr><td colspan="2">水</td><td></td><td>kg</td><td></td><td></td><td rowspan="3">钢筋
绑扎
安装</td><td>钢筋生产厂家</td><td colspan="2"></td></tr>
<tr><td rowspan="3">外
加
剂</td><td></td><td></td><td></td><td></td><td></td><td>抽样试验结果</td><td colspan="2"></td></tr>
<tr><td></td><td></td><td></td><td></td><td></td><td>隐蔽检查结果</td><td colspan="2"></td></tr>
<tr><td></td><td></td><td></td><td></td><td></td><td rowspan="2">孔洞及
预埋件</td><td>准确牢固情况</td><td colspan="2"></td></tr>
<tr><td rowspan="3">外
掺
料</td><td></td><td></td><td></td><td></td><td></td><td>隐蔽检查结果</td><td colspan="2"></td></tr>
<tr><td></td><td></td><td></td><td></td><td></td><td rowspan="2">水电
安装</td><td>准确牢固情况</td><td colspan="2"></td></tr>
<tr><td></td><td></td><td></td><td></td><td></td><td>隐蔽检查结果</td><td colspan="2"></td></tr>
<tr><td colspan="3">建设（或监理）单位意见</td><td colspan="3"></td><td colspan="2">施工机具运行情况</td><td colspan="2"></td></tr>
</table>

项目经理（总负责人）：　　项目技术负责人：　　质检员：　　填表人：

混凝土搅拌浇灌记录

5112

<table>
<tr><td>工程名称</td><td colspan="2"></td><td colspan="2">开始时间</td><td></td></tr>
<tr><td>浇灌部位</td><td colspan="2"></td><td colspan="2">终止时间</td><td rowspan="2"></td></tr>
<tr><td>混凝土强度等级</td><td colspan="2"></td><td colspan="2">混凝土坍落度</td></tr>
<tr><td rowspan="2">混凝土设计配合比</td><td>水　泥</td><td>河　砂</td><td>石　子</td><td>水</td><td>外加剂</td></tr>
<tr><td></td><td></td><td></td><td></td><td></td></tr>
<tr><td rowspan="2">原材料情况</td><td>水　泥</td><td>河　砂</td><td>石　子</td><td>水</td><td>外加剂</td></tr>
<tr><td></td><td></td><td></td><td></td><td></td></tr>
<tr><td>河砂、石子含水率</td><td>河　砂</td><td>%</td><td>石　子</td><td colspan="2"></td></tr>
<tr><td rowspan="2">每次搅拌用料（kg）</td><td>水　泥</td><td>河　砂</td><td>石　子</td><td>水</td><td>外加剂</td></tr>
<tr><td></td><td></td><td></td><td></td><td></td></tr>
<tr><td>捣实方法</td><td colspan="5"></td></tr>
<tr><td>搅拌过程记录（每盘划“－”以“正”字划）</td><td colspan="5"></td></tr>
<tr><td rowspan="2">本班浇灌实际用料</td><td>水　泥</td><td>河　砂</td><td>石　子</td><td>外加剂</td><td></td></tr>
<tr><td></td><td></td><td></td><td></td><td></td></tr>
<tr><td>混凝土数量(m^3)</td><td>设　计</td><td></td><td>实　际</td><td colspan="2"></td></tr>
<tr><td>留试块数量、编号</td><td colspan="5"></td></tr>
<tr><td>试块试验结果</td><td colspan="5"></td></tr>
<tr><td>养护情况</td><td colspan="5"></td></tr>
<tr><td rowspan="2">天气情况</td><td>天气</td><td></td><td rowspan="2">备注</td><td rowspan="2" colspan="2"></td></tr>
<tr><td>温度</td><td></td></tr>
</table>

施工技术负责人：　　　　　　　　过秤记录人：　　　　　　年　　月　　日

预拌混凝土运输单（正本）				编　号			
合同编号				任务单号			
供应单位				生产日期			
工程名称及施工部位							
委托单位		混凝土强度等级			抗渗等级		
混凝土输送方式		其他技术要求					
本车供应方量（m^3）		要求坍落度（mm）			实测坍落度（mm）		
配合比编号		配合比比例	C: W: S: G =				
运距（km）		车号		车次		司机	
出站时间		到场时间			现场出罐温度（℃）		
开始浇筑时间		完成浇筑时间			现场坍落度（mm）		
签字栏	现场验收人		混凝土供应单位质量员		混凝土供应单位签发人		

预拌混凝土运输单（副本）				编　号			
合同编号				任务单号			
供应单位				生产日期			
工程名称及施工部位							
委托单位		混凝土强度等级			抗渗等级		
混凝土输送方式		其他技术要求					
本车供应方量（m^3）		要求坍落度（mm）			实测坍落度（mm）		
配合比编号		配合比比例	C: W: S: G =				
运距（km）		车号		车次		司机	
出站时间		到场时间			现场出罐温度(℃)		
开始浇筑时间		完成浇筑时间			现场坍落度(mm)		
签字栏	现场验收人		混凝土供应单位质量员		混凝土供应单位签发人		

注：本表的正本由供应单位保存，副本由施工单位保存。

混凝土开盘鉴定				编　号				
工程名称及部位				鉴定编号				
施工单位				搅拌方式				
强度等级				要求坍落度				
配合比编号				试配单位				
水灰比				砂率（%）				
材料名称	水泥	砂	石	水	外加剂		掺合料	
每 m^3 用料（kg）								
调整后每盘用料（kg）	砂含水率：　%				石含水率　%			

鉴定结果	鉴定项目	混凝土拌合物			混凝土试块抗压强度（MPa）	原材料与申请单是否相符
		坍落度	保水性	黏聚性		
	设计					
	实测					

鉴定结论：

建设（监理）单位	混凝土试配单位负责人	施工单位技术负责人	搅拌机组负责人
鉴定日期			

注：采用现场搅拌混凝土的工程，本表由施工单位填写并保存。

5115

混凝土拆模申请单			编　号		
工程名称					
申　请 拆模部位					
混凝土 强度等级		混凝土浇筑 完成时间		申　请 拆模日期	
构件类型 （注：在所选择构件类型的□内划“√”）					
□墙	□柱	板： □跨度≤2m □2m＜跨度≤8m □跨度＞8m	梁： □跨度≤8m □跨度＞8m	□悬臂构件	
拆模时混凝土强度要求		龄期（d）	同条件混凝土 抗压强度 （MPa）	达到设计 强度等级 （%）	强度报告 编　号
应达到设计强度的　　　% （或＿＿＿＿MPa）					
审批意见： 批准拆模日期：					
施工单位					
专业技术负责人		专业质检员		申请人	

注：1. 本表由施工单位填报并保存。

2. 拆模时混凝土强度规定：当设计有要求时，应按设计要求；设计无要求时，应按现行规范要求。

3. 如结构型式复杂（结构跨度变化较大）或平面不规则，应附拆模平面示意图。

混凝土搅拌测温记录		编　号	
工程名称			
混凝土强度等级		坍落度	
水泥品种及强度等级		搅拌方式	

测温时间				大气温度（℃）	原材料温度（℃）				出罐温度（℃）	入模温度（℃）	备注
年	月	日	时		水泥	砂	石	水			

施工单位		
专业技术负责人	专业质检员	记录人

注：本表由施工单位填写并保存。

混凝土养护测温记录表										编　号									
工程名称																			
部　位				养护方法												测温方式			
测温时间			大气温度（℃）	各测孔温度（℃）												平均温度（℃）	间隔时间（h）	成熟度	
月	日	时																本次	累计

施工单位		
专业技术负责人	专业工长	测温员

注：本表由施工单位填写并保存。

现场混凝土施工、养护检查记录

5118

<table>
<tr><td>工程名称</td><td colspan="2"></td><td>施工单位</td><td colspan="3"></td></tr>
<tr><td>设计混凝土
等　　级</td><td colspan="2"></td><td>施工混凝土
等　　级</td><td colspan="3"></td></tr>
<tr><td>浇筑部位</td><td colspan="2"></td><td>浇筑日期</td><td colspan="3"></td></tr>
<tr><td>平均气温</td><td colspan="2"></td><td>养护方法</td><td colspan="3"></td></tr>
<tr><td>浇筑工程量</td><td colspan="2">(m^3)</td><td>要求坍落度</td><td colspan="3"></td></tr>
<tr><td>商品混凝土
供应单位</td><td colspan="2"></td><td>商品混凝土
质量证书编号</td><td colspan="3"></td></tr>
<tr><td>配合比</td><td>水泥
(kg)</td><td>细骨料
(kg)</td><td>粗骨料
(kg)</td><td>掺合料
(kg)</td><td>外加剂
(kg)</td><td>水
(kg)</td></tr>
<tr><td>每 m^3 用量</td><td></td><td></td><td></td><td></td><td></td><td></td></tr>
<tr><td>每盘用量</td><td></td><td></td><td></td><td></td><td></td><td></td></tr>
<tr><td>混凝土试块
留置组数</td><td colspan="2"></td><td>取样人</td><td></td><td>见证人</td><td></td></tr>
<tr><td>坍落度抽查
情况</td><td colspan="6"></td></tr>
<tr><td>混凝土
施工情况</td><td colspan="6"></td></tr>
<tr><td>楼板厚度
控制方法</td><td colspan="6"></td></tr>
</table>

养护日期	检查情况	养护日期	检查情况

施工工长		备　注	

混凝土实体检测天气温度累计记录　　5119

工程名称				施工单位			
施工部位				混凝土 试块留置组数			
日期	平均温度	累计温度	龄期	日期	平均温度	累计温度	龄期

项目负责人：　　　　　　　　测温人：

大体积混凝土测温记录表		编　号	
工程名称		施工单位	
养护方法	测温方式	测温部位	

测温时间			大气温度（℃）	入模温度（℃）	孔号	各测温孔温度（℃）		$t_{中}-t_{上}$（℃）	$t_{中}-t_{下}$（℃）	$t_{气}-t_{上}$（℃）	内外最大温差记录（℃）	裂缝宽度（mm）
月	日	时										
						上						
						中						
						下						
						上						
						中						
						下						
						上						
						中						
						下						
						上						
						中						
						下						
						上						
						中						
						下						
						上						
						中						
						下						
						上						
						中						
						下						
						上						
						中						
						下						
						上						
						中						
						下						
						上						
						中						
						下						

审核意见：		
施工单位		
专业技术负责人	专业工长	测温员

注：1. 附测温点布置图，本表由施工单位填写并保存。

2. $t_{气}$ 表示大气温度。

沥青混合料到场及摊铺测温记录

5121

工程名称：　　　　　　　　部位：　　　　　　施工单位：

到场日期	到场时间（时分）	沥青混合料生产厂家	运料车号	混合料规格	到场温度（℃）	摊铺温度（℃）	备注

施工员：　　　　　　　　　　　　测温人：

沥青混合料碾压温度检测记录

5122

工程名称：　　　　　　　　　部位：　　　　　　施工单位：

碾压 日期	沥青混合料 生产厂家	碾压段落	初压（℃）	复压（℃）	终压（℃）	备注

施工员：　　　　　　　　　　　　　　测温人：

防水胶结材料热作温度记录

5123

单位工程名称		分部分项名称	
使用部位		加热方式	

材料名称	配制成分	加热温度（℃）	使用温度（℃）	说　明

施工单位		施工技术负责人		记录人	

年　　月　　日

5124

构件吊装记录			编　号				
工程名称							
使用部位			吊装日期				
序号	构件名称及编号	安装位置	安装检查				备　注
			搁置与搭接尺寸	接头（点）处理	固定方法	标高检查	
结论：							
施工单位							
专业技术负责人			专业质检员		记录人		

注：本表由施工单位填写并保存。

顶管工程顶进记录

工程名称：__________ 顶管工作坑位置：__________井

顶进方向：自______井至______井 管径：______ 管材种类：______ 接口形式：______

年 月 日	班次 时间	土质情况	顶进长度(m)		测量记录					高程偏差		中心偏差		管前掏土长度(cm)	表压(MPa)	最大施工顶力(kN)	备注
			本次	累计	坡度	坡度增减(±)	后视读数	前视应读数	前视管端实读数	高(+)	低(−)	左	右				
1	2	3	4	5	6	7	8	9=7+8	10	11	12	13	14	15	16	17	18

注：1. 表中7~14栏单位为毫米（mm）。2. 表中5×6=7向下游坡度记（+），向上游坡度记（−）。在工作坑内要有一个固定坡度起点。3. 后视坑内水准点的高程一般应为坡度起点的管内底设计标高。4. 9−10若得正值记入11，9−10若得负值记入12。5. 每测一次记录一行，各栏均需认真填写。6. 备注栏内可填写纠偏情况。

施工项目技术负责人：　　施工员：　　质检员：　　接班：　　交班：

预制安装水池壁板缠绕钢丝应力测定记录 5126

工程名称		施工单位	
构筑物名称		构筑物外径（m）	
锚固肋数		钢筋环数	
钢筋直径（mm）		每段钢筋长度（m）	

日期 年　月　日	环　号	肋　号	平均应力 （MPa）	应力损失 （MPa）	应力损失率 （%）	备　注

施工项目技术负责人：　　　　　　　　记录：

施工现场预制构件验收记录

5127

验收日期：　　　　年　　月　　日

监理（建设）单位		工程名称	
施工单位		构件名称	
构件生产单位		构件标准图号	
构件规格型号		构件安装部位	
构件生产日期		出厂合格证编号	
构件进场日期		构件混凝土试块试验报告	
构件静载试验报告		构件钢筋试验报告	
构件钢筋规格		应力测定记录编号	
构件钢筋根数		构件放张记录编号	
构件外观质量		构件进场数量	
施工单位检查人		监理（建设）单位旁站监督人	
施工单位验收结果： 施工单位项目 专业技术负责人：　　　年　　月　　日		监理（建设）单位核查结论： 项目专业监理工程师 （建设单位项目技术负责人）： 监理（建设）项目部（章）： 年　　月　　日	

注：1. 外观质量检查包括：预应力空心板是否标注构件生产单位、生立日期、构件代号及混凝土外观几何尺寸、裂缝、板端堵头等。

2. 每进场一批空心板必须有一份记录，每层不少于一次记录。进场预应力空心板应全数检查。

3. 施工单位认真填写本记录，向监理（建设）单位申报验收，如果检查结果不符合标准要求，应注明处理情况。

焊接材料烘焙记录		编　号			
工程名称					
焊材牌号		规格（mm）		焊材厂家	
钢材材质		烘焙方法		烘焙日期	

序号	施焊部位	烘焙数量（kg）	烘焙要求					保温要求		备　注
			烘干温度（℃）	烘干时间（h）	实际烘焙			降至恒温（℃）	保温时间（h）	
					烘焙日期	从时分	至时分			

说明：

1. 焊条、焊剂等在使用前，应按产品说明书及有关工艺文件规定的技术要求进行烘干。
2. 焊接材料烘干后必须存放在保温箱内，随用随取，焊条由保温箱（筒）取出到施焊的时间不得超过2h，酸性焊条不宜超过4h。烘干温度250～300℃。

施工单位		
专业技术负责人	专业质检员	记录人

注：本表由施工单位填写并保存。

焊接接头检查记录

5129

<table>
<tr><td>工程名称</td><td colspan="2"></td><td>日期</td><td></td></tr>
<tr><td>工程部位
及结构名称</td><td colspan="4"></td></tr>
<tr><td colspan="5">检查验收内容：
1．接头的种类、形式：</td></tr>
<tr><td colspan="5">2．接头预埋件的数量和位置：</td></tr>
<tr><td colspan="5">3．采用钢筋、型钢及预埋件焊接的接头：</td></tr>
<tr><td colspan="5">接头钢材的种类、级别及规格：</td></tr>
<tr><td colspan="5">焊接部分伸出混凝土面最小长度：</td></tr>
<tr><td colspan="5">焊接部分搭接方式、长度：</td></tr>
<tr><td colspan="5"></td></tr>
<tr><td colspan="5">焊接钢材矫正方法：</td></tr>
<tr><td colspan="5">接头施焊的焊工技术等级、有无合格证件：</td></tr>
<tr><td colspan="5">接头焊缝外观检查，焊缝长：　　mm；宽：　　mm；高：　　mm</td></tr>
<tr><td colspan="5">外观缺陷：</td></tr>
<tr><td colspan="5">焊条牌号：</td></tr>
<tr><td>焊接接头试件强度试验结果：</td><td></td><td>试验报告单编号：</td><td colspan="2"></td></tr>
<tr><td colspan="5">检查意见及验收结论：</td></tr>
<tr><td>建设单位：
（含监理）
代表：
（签字）</td><td>施工单位：
施工技术负责人：
质监员：
记　录：</td><td></td><td colspan="2">代表：
（签字）</td></tr>
</table>

注：焊缝外观缺陷指气孔、夹渣、烧透、焊瘤、咬边、弧坑、裂纹等情况，如存在，如实记录。

<table>
<tr><td colspan="3">地下工程防水效果检查记录</td><td>编　号</td><td colspan="2"></td></tr>
<tr><td>工程名称</td><td colspan="5"></td></tr>
<tr><td>检查部位</td><td colspan="2"></td><td>检查日期</td><td colspan="2"></td></tr>
<tr><td colspan="6">检查方法及内容：</td></tr>
<tr><td colspan="6">检查结果：</td></tr>
<tr><td colspan="6">复查意见：

复查人：　　　　　　　　复查日期：</td></tr>
<tr><td rowspan="3">签字栏</td><td rowspan="2">建设（监理）单位</td><td>施工单位</td><td colspan="3"></td></tr>
<tr><td>专业技术负责人</td><td>专业质检员</td><td colspan="2">专业工长</td></tr>
<tr><td></td><td></td><td></td><td colspan="2"></td></tr>
</table>

注：本表由施工单位填写，建设单位、施工单位各保存一份。

<table>
<tr><td colspan="3">防水工程试水检查记录</td><td>编　号</td><td colspan="2"></td></tr>
<tr><td>工程名称</td><td colspan="5"></td></tr>
<tr><td>检查部位</td><td colspan="2"></td><td>检查日期</td><td colspan="2"></td></tr>
<tr><td rowspan="2">检查方式</td><td colspan="2">□第一次蓄水　□第二次蓄水</td><td>蓄水时间</td><td colspan="2">从　　年　月　日　时
至　　年　月　日　时</td></tr>
<tr><td colspan="5">□淋水　　□雨期观察</td></tr>
<tr><td colspan="6">检查方法及内容：</td></tr>
<tr><td colspan="6">检查结果：</td></tr>
<tr><td colspan="6">复查意见：

复查人：　　　　复查日期：</td></tr>
<tr><td rowspan="3">签字栏</td><td rowspan="2">建设（监理）单位</td><td>施工单位</td><td colspan="3"></td></tr>
<tr><td>专业技术负责人</td><td>专业质检员</td><td colspan="2">专业工长</td></tr>
<tr><td></td><td></td><td></td><td colspan="2"></td></tr>
</table>

注：本表由施工单位填写，建设单位、施工单位各保存一份。

地漏安装、卫生间、阳台、厨房地面泼水检查记录

5132

工程名称：　　　　层数：　　　　户数：

单元层次		检（复）查数量	质量情况（间）		检查日期		检（复）查数量	质量情况（间）		检查日期		检（复）查数量	质量情况（间）		检查日期
			合格	不合格				合格	不合格				合格	不合格	
	地漏芯安装检查					浴间、厨房、卫生间坡向检查					敞开阳台地面坡向检查				

检查存在主要问题：

返修情况：

施工单位检查人：

监理（建设）单位旁站监督人：

施工单位复查意见：

施工单位项目专业技术负责人：　　　　年　月　日

监理（建设）单位核查意见：

项目专业监理工程师
（建设单位项目技术负责人）：　　　　监理（建设）项目部（章）
年　月　日

注：按单元、层逐户检查填写。

屋面蓄水（淋水）试验及地下室防水效果检查记录

5133

工程名称：

<table>
<tr><td colspan="2">层面防水工程施工单位：

地下室防水工程施工单位：</td></tr>
<tr><td>试验内容</td><td>屋面蓄水最大深度　mm，最小深度　mm，蓄水时间自　月　日　时至　月　日　时。
屋面雨水或淋水时间自　月　日　时至　月　日　时。
室外地下水位最高时间自　年　月　日　时至　年　月　日　时。</td></tr>
<tr><td>检查情况</td><td>第一次观察检查屋面时间自　月　日　时至　月　日　时，检查结果（有无渗漏、积水等情况）：

第二次观察检查屋面时间自　月　日　时至　月　日　时，检查结果（有无渗漏、积水等情况）：

观察检查地下室防水效果时间自　年　月　日至　年　月　日，检查结果（有无渗漏，积水等情况）：

施工单位　　　　　　监理（建设）单位
检查人：　　　　　　旁站监督人：　　　　　　年　月　日</td></tr>
</table>

<table>
<tr><td>施工单位复查意见：

施工单位项目
专业技术负责人：　　　　年　月　日</td><td>监理（建设）单位核查意见：

项目专业监理工程师
（建设单位项目技术负责人）：
监理（建设）项目部（章）：　　　年　月　日</td></tr>
</table>

注：该记录系根据《屋面工程质量验收规范》GB 50207—2002及《地下防水工程质量验收规范》GB 50208—2002的有关规定制定。屋面工程验收应有雨后或持续淋水或蓄水检验记录，屋面蓄水时间不应小于24h，雨水或持续淋水不应小于2h，然后每隔3h检查一次是否有渗漏和积水等情况。地下室的变形缝、施工缝、后浇带、穿墙管道、埋设件等设置构造严禁渗漏。

浴间、卫生间、厨房等有防水要求的地面蓄水试验记录

5134

工程名称：　　　　　　　　　层数：　　　　　　　　　户数：

单元层次	蓄水时间（>24h）	最小蓄水高度（mm）	最大蓄水高度（mm）	检（复）查数量（间）	渗漏情况（间）		施工单位检查人	旁站监督人	检查日期
					无渗漏	有渗漏			

检查存在主要问题：	返修情况：
施工单位复查意见： 施工单位项目 专业技术负责人：　　年　月　日	监理（建设）单位核查意见： 项目专业监理　　　　监理（建设） 工程师（建设单　　　项目部（章） 位项目技术负责人）：　　年　月　日

注：应在防水层完成后至交工前，按单元、层逐户检查填写。

5135

通风（烟）道、垃圾道检查记录					编　号		
工程名称					检查日期		
检查部位和检查结果						检查人	复检人
检查部位	主烟（风）道		副烟（风）道		垃圾道		
	烟道	风道	烟道	风道			

施工单位		
专业技术负责人	专业质检员	专业工长

注：1. 主烟（风）道可先检查，检查部位按轴线记录；副烟（风）道可按户门编号记录。
2. 检查合格记（√），不合格记（×）。
3. 第一次检查不合格记录（×），复查合格后在（×）后面记录（√）。

注：本表由施工单位填写并保存。

预应力张拉数据表

5136

工程名称：　　　　　　　　　　施工单位：

部位	预应力钢筋编号	预应力钢筋种类	规格			张拉方式	抗拉标准强度（MPa）	张拉控制应力（MPa）	超张控制应力（MPa）	张拉初始应力（MPa）	控制张拉力（kN）	超张张拉力（kN）	张拉初始力（kN）	孔道累计转角 θ（rad）	孔道长度 X（m）	钢材弹性模量 E	孔道摩擦系数 μ	孔道偏差系数 K	计算伸长值 ΔL（cm）
			直径（mm）	根数	截面积（mm^2）														

施工项目技术负责人：　　　　　　　　填表人：　　　　　　　　制表日期：　　年　　月　　日

<table>
<tr><td colspan="2">预应力筋张拉记录（一）</td><td>编　号</td><td></td></tr>
<tr><td>工程名称</td><td></td><td>张拉日期</td><td></td></tr>
<tr><td>施工部位</td><td></td><td>预应力筋规格
及抗拉强度</td><td></td></tr>
<tr><td colspan="4">预应力张拉程序及平面示意图：

□有附页　□无附页</td></tr>
</table>

<table>
<tr><td>张拉端锚具类型</td><td></td><td>固定端锚具类型</td><td></td></tr>
<tr><td>设计控制应力</td><td></td><td>实际张拉力</td><td></td></tr>
<tr><td rowspan="2">千斤顶编号</td><td></td><td rowspan="2">压力表编号</td><td></td></tr>
<tr><td></td><td></td></tr>
<tr><td>混凝土设计强度</td><td></td><td>张拉时混凝土
实际强度</td><td></td></tr>
<tr><td colspan="4">预应力筋计算伸长值：</td></tr>
<tr><td colspan="4">预应力筋伸长值范围：</td></tr>
</table>

<table>
<tr><td>施工单位</td><td colspan="2"></td></tr>
<tr><td>专业技术负责人</td><td>专业质检员</td><td>记录人</td></tr>
<tr><td></td><td></td><td></td></tr>
</table>

注：本表由施工单位填写，建设单位、施工单位和城建档案馆各保存一份。

5138

预应力筋张拉记录（二）						编号			
工程名称						张拉日期			
施工部位									
张拉顺序编号	计算值	预应力筋张拉伸长实测值（cm）							备注
		一端张拉			另一端张拉			总伸长	
		原长 L_1	实长 L_2	伸长 ΔL	原长 L'_1	实长 L'_2	伸长 $\Delta L'$		
□有□无见证	见证单位						见证人		
施工单位									
专业技术负责人			专业质检员				记录人		

注：本表由施工单位填写，建设单位、施工单位和城建档案馆各保存一份。

预应力张拉记录

5139

（后张法一端张拉）

构件名称：　　　　　　　　施工单位：　　　　　　　　张拉日期：　　年　　月　　日

张拉端断面号：	张拉端锚固型式：	拉伸机编号：	标定日期：
锚固端断面号：	锚固端锚固型式：	油压表编号：	标定资料编号：
钢丝（束）强度：	超张拉百分率（%）	实际伸长值（mm）：	超张拉油压表读数：
钢丝束规格：	设计控制应力（MPa）：	计算伸长值（mm）：	安装时油表读数：
限位块凹槽深（mm）：	张拉时混凝土强度（MPa）：	理论伸长值（mm）：	

钢丝束编号	初读数	二倍初读数	超张拉读数		安装读数		断丝滑丝情况	墩头检查情况	备注
	MPa / mm	MPa / mm	MPa / mm	持续时间（min）	MPa / mm	回缩量（mm）			

编号示意图：

监理工程师：　　　　　　施工项目技术负责人：　　　　　复核：　　　　记录：

预应力张拉记录

5140

（后张法两端张拉）

工程名称：　　　　　　　　　　　　施工单位：

构件名称			张拉混凝土强度		（MPa）	张拉日期		年　月　日
千斤顶编号	标定日期	标定资料编号	油压表编号	初应力读数（MPa）	超张拉油表读数（MPa）	安装时油表读数（MPa）	顶塞油表读数（MPa）	计算伸长值（mm）

钢束编号	张拉断面编号	千斤顶编号	记录项目	张拉							总延伸长度（mm）	滑、断丝情况	处理情况
				初读数（MPa）	二倍初应力时读数	第一行程	第二行程	超张拉（%）	回油时回缩量（mm）	安装应力（MPa）			
			油表读数（MPa）										
			尺读数（mm）										
			油表读数（MPa）										
			尺读数（mm）										
			油表读数（MPa）										
			尺读数（mm）										
			油表读数（MPa）										
			尺读数（mm）										
			油表读数（MPa）										
			尺读数（mm）										
			油表读数（MPa）										
			尺读数（mm）										
			油表读数（MPa）										
			尺读数（mm）										
			油表读数（MPa）										
			尺读数（mm）										
张拉部位及直弯束示意图：													

监理工程师：　　　　　　施工项目技术负责人：　　　　　　复核：　　　　　记录：

预应力张拉孔道压浆记录

5141

工程名称					施工单位		
部位（构件）编号							
孔道编号	起止时间	压强（MPa）	水泥品种及等级	水灰比	冒浆情况	水泥浆用量（kg）	气温(℃)／净浆温度(℃)	28d压浆强度（MPa）
示意图								

记录：　　　　　　　　审核：

<table>
<tr><td colspan="3">有粘结预应力结构灌浆记录</td><td>编　号</td><td colspan="2"></td></tr>
<tr><td>工程名称</td><td colspan="2"></td><td>灌浆日期</td><td colspan="2"></td></tr>
<tr><td>施工部位</td><td colspan="5"></td></tr>
<tr><td>灌浆配合比</td><td colspan="2"></td><td>灌浆要求
压力值</td><td colspan="2"></td></tr>
<tr><td>水泥强度等级</td><td></td><td>进厂日期</td><td></td><td>复试报告编号</td><td></td></tr>
<tr><td colspan="6">灌浆点简图与编号：</td></tr>
<tr><td>灌浆点编号</td><td>灌浆压力值
（MPa）</td><td>灌浆量
（L）</td><td>灌浆点编号</td><td>灌浆压力值
（MPa）</td><td>灌浆量
（L）</td></tr>
<tr><td></td><td></td><td></td><td></td><td></td><td></td></tr>
<tr><td></td><td></td><td></td><td></td><td></td><td></td></tr>
<tr><td></td><td></td><td></td><td></td><td></td><td></td></tr>
<tr><td></td><td></td><td></td><td></td><td></td><td></td></tr>
<tr><td></td><td></td><td></td><td></td><td></td><td></td></tr>
<tr><td></td><td></td><td></td><td></td><td></td><td></td></tr>
<tr><td></td><td></td><td></td><td></td><td></td><td></td></tr>
<tr><td colspan="6">备注：</td></tr>
<tr><td>施工单位</td><td colspan="5"></td></tr>
<tr><td>专业技术负责人</td><td colspan="2">专业质检员</td><td colspan="3">记录人</td></tr>
<tr><td></td><td colspan="2"></td><td colspan="3"></td></tr>
</table>

注：本表由施工单位填写，建设单位、施工单位和城建档案馆各保存一份。

主体结构分部工程
施工执行强制性标准与质量检查情况记录 5143

<table>
<tr><th rowspan="2">序号</th><th rowspan="2">项目名称</th><th rowspan="2">执行技术标准、规范、技术文件</th><th colspan="2">施工质量情况</th><th rowspan="2">备注</th></tr>
<tr><th>符合要求</th><th>不符合要求</th></tr>
<tr><td>一</td><td colspan="5">混凝土结构工程</td></tr>
<tr><td>1</td><td>模板</td><td></td><td></td><td></td><td></td></tr>
<tr><td>(1)</td><td>各部分形状尺寸</td><td></td><td></td><td></td><td></td></tr>
<tr><td>(2)</td><td>模板及其支架可靠性措施</td><td></td><td></td><td></td><td></td></tr>
<tr><td>(3)</td><td>拆模时间控制</td><td></td><td></td><td></td><td></td></tr>
<tr><td>2</td><td>钢筋</td><td></td><td></td><td></td><td></td></tr>
<tr><td>(1)</td><td>钢筋加工形状尺寸</td><td></td><td></td><td></td><td></td></tr>
<tr><td>(2)</td><td>主要受力钢筋级别、种类、根数和间距</td><td></td><td></td><td></td><td></td></tr>
<tr><td rowspan="4">(3)</td><td>钢筋连接锚固、接头位置及数量</td><td></td><td></td><td></td><td></td></tr>
<tr><td>柱</td><td></td><td></td><td></td><td></td></tr>
<tr><td>梁</td><td></td><td></td><td></td><td></td></tr>
<tr><td>板</td><td></td><td></td><td></td><td></td></tr>
<tr><td rowspan="2">(4)</td><td>受力钢筋的位置</td><td></td><td></td><td></td><td></td></tr>
<tr><td>固定和保护层厚度</td><td></td><td></td><td></td><td></td></tr>
<tr><td>3</td><td>混凝土</td><td></td><td></td><td></td><td></td></tr>
<tr><td>(1)</td><td>混凝土配合比所用水泥品种、强度等级、粗(细)骨料级配、外掺剂</td><td></td><td></td><td></td><td></td></tr>
<tr><td>(2)</td><td>原材料计量</td><td></td><td></td><td></td><td></td></tr>
<tr><td>(3)</td><td>拌制工艺及坍落度</td><td></td><td></td><td></td><td></td></tr>
<tr><td>(4)</td><td>混凝土运输、浇筑</td><td></td><td></td><td></td><td></td></tr>
<tr><td>(5)</td><td>振捣分层厚度</td><td></td><td></td><td></td><td></td></tr>
<tr><td>(6)</td><td>施工缝留置</td><td></td><td></td><td></td><td></td></tr>
<tr><td>(7)</td><td>施工缝的处理</td><td></td><td></td><td></td><td></td></tr>
<tr><td>(8)</td><td>混凝土试块留置</td><td></td><td></td><td></td><td></td></tr>
<tr><td>(9)</td><td>混凝土的养护</td><td></td><td></td><td></td><td></td></tr>
<tr><td>(10)</td><td>混凝土试块养护</td><td></td><td></td><td></td><td></td></tr>
<tr><td>(11)</td><td>主体最后混凝土结构浇灌混凝土试块 5 ~7d 强度推测报告</td><td></td><td></td><td></td><td></td></tr>
<tr><td>(12)</td><td>混凝土外观质量</td><td></td><td></td><td></td><td></td></tr>
<tr><td>(13)</td><td>混凝土外观非破损检测</td><td></td><td></td><td></td><td></td></tr>
<tr><td>二</td><td colspan="5">砌体结构工程</td></tr>
<tr><td>1</td><td>砌筑施工质量控制等级</td><td></td><td></td><td></td><td></td></tr>
<tr><td>2</td><td>砌体砂浆配合比所用水泥品种、强度等级、粗（细）骨料级配、外掺剂</td><td></td><td></td><td></td><td></td></tr>
<tr><td>3</td><td>砂浆计量、拌制、使用</td><td></td><td></td><td></td><td></td></tr>
<tr><td>4</td><td>砂浆试块数量、养护</td><td></td><td></td><td></td><td></td></tr>
<tr><td>5</td><td>红砖含水率</td><td></td><td></td><td></td><td></td></tr>
<tr><td>6</td><td>皮数杆设置及标注</td><td></td><td></td><td></td><td></td></tr>
<tr><td>7</td><td>组砌方法、形式</td><td></td><td></td><td></td><td></td></tr>
<tr><td>8</td><td>纵横墙交接及直角处留槎形式</td><td></td><td></td><td></td><td></td></tr>
</table>

钢筋混凝土预制桩施工记录

5144

工程名称：　　　　　年　月　日　　　　气候：　　　　　编号：

建设单位			图　号				
施工单位			施工班组				
桩锤类型及冲击部分重量（kg）					桩帽重量（kg）		
自然地坪标高	m		桩顶设计标高		m	桩规格及长度	
设计桩号	打桩日期	桩入每米锤击次数	倾斜度（‰）	落距（cm）	桩顶高出或低于设计标高（m）	最后贯入度（cm/10击）	备　注
桩位平面图及说明							

施工技术负责人：　　　　专职质量检查员：　　　　施工班（组）长：　　　　记录：

混凝土预制构件吊装检查记录

5145

建设单位：　　　　　　　　　　　　　　　　　　　　　　　　　　　　年　　月　　日

<table>
<tr><td colspan="2">工程名称</td><td colspan="2"></td><td>分部分项
工程名称</td><td></td><td>图　号</td><td></td></tr>
<tr><td colspan="3">构　　件</td><td rowspan="2">构件吊装位置
（按轴线位置标明）</td><td rowspan="2">安装焊接
质量鉴定</td><td colspan="2">安装偏差（mm）</td></tr>
<tr><td>名　　称</td><td colspan="2">设计编号</td><td>允许偏差</td><td>实测偏差</td></tr>
<tr><td></td><td colspan="2"></td><td></td><td></td><td></td><td></td></tr>
<tr><td></td><td colspan="2"></td><td></td><td></td><td></td><td></td></tr>
<tr><td></td><td colspan="2"></td><td></td><td></td><td></td><td></td></tr>
<tr><td></td><td colspan="2"></td><td></td><td></td><td></td><td></td></tr>
<tr><td></td><td colspan="2"></td><td></td><td></td><td></td><td></td></tr>
<tr><td></td><td colspan="2"></td><td></td><td></td><td></td><td></td></tr>
<tr><td></td><td colspan="2"></td><td></td><td></td><td></td><td></td></tr>
<tr><td></td><td colspan="2"></td><td></td><td></td><td></td><td></td></tr>
<tr><td></td><td colspan="2"></td><td></td><td></td><td></td><td></td></tr>
<tr><td></td><td colspan="2"></td><td></td><td></td><td></td><td></td></tr>
<tr><td></td><td colspan="2"></td><td></td><td></td><td></td><td></td></tr>
<tr><td></td><td colspan="2"></td><td></td><td></td><td></td><td></td></tr>
<tr><td></td><td colspan="2"></td><td></td><td></td><td></td><td></td></tr>
<tr><td></td><td colspan="2"></td><td></td><td></td><td></td><td></td></tr>
<tr><td></td><td colspan="2"></td><td></td><td></td><td></td><td></td></tr>
<tr><td></td><td colspan="2"></td><td></td><td></td><td></td><td></td></tr>
<tr><td></td><td colspan="2"></td><td></td><td></td><td></td><td></td></tr>
<tr><td></td><td colspan="2"></td><td></td><td></td><td></td><td></td></tr>
<tr><td colspan="8">质量评定：</td></tr>
</table>

技术负责人：　　　　　　　　专职质量检查员：　　　　　　　　施工班（组）长：

建筑结构隐蔽工程验收记录

5146

工程名称： 验收日期：

<table>
<tr><td colspan="2">分项工程名称：</td><td>子分部工程名称：</td><td>隐蔽部位：</td></tr>
<tr><td colspan="2">项目经理：</td><td>施工技术负责人：</td><td>施工图号：</td></tr>
<tr><td colspan="4">施工执行标准名称及编号：</td></tr>
<tr><td>隐蔽工程部位
（轴线、标高）</td><td>数量</td><td>施工单位全数
检查情况及说明</td><td>监理（建设）单位验收记录</td></tr>
<tr><td></td><td></td><td></td><td></td></tr>
<tr><td colspan="4">施工单位全数检查评定结果：

项目专业质量检查员： 项目专业技术负责人： 年 月 日</td></tr>
<tr><td colspan="4">监理（建设）单位验收结论：

监理（建设）项目部（章）
专业监理工程师（建设单位项目技术负责人）： 年 月 日</td></tr>
<tr><td colspan="4">勘察设计技术交底会议等列入须经设计人员参与隐蔽验收的部位签证</td></tr>
<tr><td colspan="4">勘察设计单位参加验收人意见：

验收人签名： 年 月 日</td></tr>
</table>

注：1. 该记录由施工项目专业质量检查员填写，监理工程师（建设单位项目技术负责人）组织项目专业技术负责人等进行验收。2. 记录时应首先说明是否按设计图号施工，如有设计变更应立即在备用竣工图纸上用红色文字注明变更情况或绘制变更补充图；凡有、无设计变更，监理（建设）单位的旁站监督人均应在备用竣工图号上签字认可后，才能办理该部位隐蔽验收手续。3. 隐蔽验收时，必须严格按国家施工质量验收规范的主控项目，一般项目的内容要求全数检查，凡有不合格处必须当即整改达到合格后才能办理隐蔽验收手续。4. 检查评定结论必须语言规范，并针对主控项目、一般项目，特别是结构构造措施的内容要求，填写真实可靠的结果或结论。

钢筋隐蔽工程检查验收记录　5147

<table>
<tr><td colspan="2">工程名称</td><td colspan="3"></td><td>施工单位</td><td colspan="4"></td></tr>
<tr><td colspan="2">隐蔽部位</td><td colspan="2"></td><td>图号</td><td></td><td colspan="2">检查日期</td><td colspan="2"></td></tr>
<tr><td rowspan="5">隐检内容</td><td colspan="2">受力钢筋品种、规格、数量、位置等</td><td colspan="7"></td></tr>
<tr><td colspan="2">箍筋、构造钢筋品种、规格、数量、间距等</td><td colspan="7"></td></tr>
<tr><td colspan="2">钢筋连接方式、接头位置数量、接头面积百分率</td><td colspan="7"></td></tr>
<tr><td colspan="2">预埋件规格、数量、位置</td><td colspan="7"></td></tr>
<tr><td colspan="2">除锈和油污钢筋代用、其他</td><td colspan="7"></td></tr>
<tr><td colspan="10">钢材试验、连接试验报告编号</td></tr>
<tr><td colspan="2">名　称</td><td></td><td></td><td></td><td></td><td></td><td></td><td></td><td></td></tr>
<tr><td colspan="2">生产厂家</td><td></td><td></td><td></td><td></td><td></td><td></td><td></td><td></td></tr>
<tr><td colspan="2">复试编号</td><td></td><td></td><td></td><td></td><td></td><td></td><td></td><td></td></tr>
<tr><td colspan="2">连接试验编号</td><td></td><td></td><td></td><td></td><td></td><td></td><td></td><td></td></tr>
<tr><td colspan="5">施工单位检查结果

项目专业负责人：　　　　年　月　日</td><td colspan="5">监理（建设）单位验收结论

监理工程师：
（建设单位项目专业负责人）　年　月　日</td></tr>
</table>

防腐层质量检查记录

5148

工程名称：

施工单位：　　　　　　　　　　　　　　　　　　　　　　　　检查日期：　　年　　月　　日

<table>
<tr><td>起止桩号
设备名称</td><td></td><td>防腐面积（m^2）</td><td colspan="3"></td></tr>
<tr><td>防腐材料</td><td></td><td>防腐等级</td><td colspan="3"></td></tr>
<tr><td>执行标准</td><td></td><td>管道（设备）
规格（mm）</td><td colspan="3"></td></tr>
<tr><td>设计最小厚度</td><td>mm</td><td>设计绝缘电压</td><td colspan="3">kV</td></tr>
<tr><td rowspan="5">检查情况</td><td colspan="3">厚度检查（最小值）：</td><td colspan="2">检查人：</td></tr>
<tr><td colspan="3">电绝缘性检查：</td><td colspan="2">检查人：</td></tr>
<tr><td colspan="3">外观检查：</td><td colspan="2">检查人：</td></tr>
<tr><td colspan="3">粘结力检查：</td><td colspan="2">检查人：</td></tr>
<tr><td colspan="3"></td><td colspan="2"></td></tr>
<tr><td colspan="6">综合结论（建设或监理）：</td></tr>
</table>

建设单位	监理单位	设计单位	施工单位	施工项目 技术负责人	

室内净高、室内与阳台、走廊、卫生间、厨房地面高差检查记录

5149

工程名称：　　　　　　　　　　　　　　　　　　　　检查日期：　　年　　月　　日

检查单元	楼层	住户编号	检查间数	房间净高检查(m)		楼梯间净高检查(m)		室内与相邻房间地面高差检查（m）								检查情况	
								走廊		阳台		卫生间		厨房			
				设计净高	实际净高	过道净高	楼段净高	设计高差	实际高差	设计高差	实际高差	设计高差	实际高差	设计高差	实际高差	合格处（间）	不合格处（间）

检查存在主要问题：

施工单位检查人：　　　监理（建设）单位旁站监督人：

返修后检查情况：

施工单位复查人：　　　监理（建设）单位旁站监督人：

施工单位复查意见：

施工单位项目专业技术负责人：　　　年　月　日

监理（建设）单位核查意见：

项目专业监理工程师　　　　　　　　　监理（建设）项目部（章）

（建设单位项目技术负责人）：　　　年　月　日

注：该记录应按单元、层逐户检查填写；“过道净高”指楼梯平台上部及下部过道处的净高不应小于2m，楼段净高不应小于2.2m。

结构混凝土施工记录

5150

工程名称：

<table>
<tr><td colspan="3">混凝土浇捣部位（轴线、标高及构件名称）：</td><td>混凝土设计强度：　MPa</td></tr>
<tr><td colspan="2">同时启用搅拌机台数：　台</td><td>搅拌机规格型号：</td><td>每台班混凝土生产量：　m^3</td></tr>
<tr><td colspan="4">浇捣时间：自　年　月　日　时　分开始，至　月　日　时　分终止，连续浇捣混凝土量：m^3</td></tr>
<tr><td colspan="3">试验室设计配合比：水泥∶水∶砂∶石＝</td><td>配合比试块推算强度：　MPa</td></tr>
<tr><td>材料名称</td><td>品种规格</td><td>按每包水及重量换算施工用料重量（kg）</td><td>按每盘混凝土重量换算施工用料重量（kg）</td></tr>
<tr><td>水　泥</td><td></td><td></td><td></td></tr>
<tr><td>水</td><td></td><td></td><td></td></tr>
<tr><td>细骨料</td><td></td><td></td><td></td></tr>
<tr><td>粗骨料</td><td></td><td></td><td></td></tr>
<tr><td>外加料</td><td></td><td></td><td></td></tr>
<tr><td>外加剂</td><td></td><td></td><td></td></tr>
<tr><td>外加剂</td><td></td><td></td><td></td></tr>
<tr><td colspan="4">施工事项检查落实情况</td></tr>
<tr><td>1</td><td colspan="3">搅拌机机手姓名：</td></tr>
<tr><td>2</td><td colspan="3">粗、细骨料等材料堆放是否符合规定要求：</td></tr>
<tr><td>3</td><td colspan="3">计量工具、计量手段、监控措施是否符合规定要求：
每盘混凝土是否按重量比做到盘盘称量：</td></tr>
<tr><td>4</td><td colspan="3">浇水养护时间、覆盖方式等情况交待检查：</td></tr>
<tr><td>5</td><td colspan="3">坍落度共检查：　次，其检查值（cm）分别为：　；砂、石含水率分别为　%、　%。</td></tr>
<tr><td>6</td><td colspan="3">留置混凝土试块共：　组。其中标准强度试验：　组，抗渗试验：　组，同条件养护试验：　组。</td></tr>
<tr><td colspan="2">检查落实情况说明：

施工单位项目
专业技术负责人：　　年　月　日</td><td colspan="2">记录是否真实可靠：

监理（建设）单　　监理（建设）项目部（章）
位旁站监督人：　　年　月　日</td></tr>
</table>

注：该记录由施工单位填写；对现浇钢筋混凝土构件应有专人跟踪调正钢筋偏位。

砌体砂浆试块强度评定验收记录

5151

工程名称：　　　　　　　　　　　　结构部位：

砂浆品种：　　　　　　　　　　　　砂浆设计强度 $f_{m,k}$ =

同一验收批砂浆试块的抗压强度值（MPa）

合计以上试块组数 n =　　　，其中最小值 $f_{m,min}$ =　　　，平均值 m_{fcu} =

同批砂浆强度评定：

一、同品种、同等级砂浆各组试块的平均强度 m_{fcu} =　　　MPa

不小于设计强度 $f_{m,k}$ =　　　MPa

二、同一验收批试块的最小值 $f_{m,min}$ =　　　MPa

不小于 0.75$f_{m,k}$ =　　　MPa

验收评定结论：

施工单位计算人：

施工单位复核人：

项目总监理工程师

（建设单位项目专业技术负责人）：

监理（建设）项目部（章）

年　月　日

注：砂浆强度按单位工程内同品种、同等级砂浆为同一验收批；当单位工程中同品种、同等级砂浆按取样规定，仅有一组试块时，其强度不应低于 $f_{m,k}$。

结构用混凝土试块强度评定验收记录

5152

工程名称： 结构部位： 混凝土强度标准值$f_{cu,k}$ = MPa

<table>
<tr><td colspan="15">同一验收批混凝土试块的抗压强度值（MPa）</td></tr>
<tr><td></td><td></td><td></td><td></td><td></td><td></td><td></td><td></td><td></td><td></td><td></td><td></td><td></td><td></td><td></td></tr>
<tr><td></td><td></td><td></td><td></td><td></td><td></td><td></td><td></td><td></td><td></td><td></td><td></td><td></td><td></td><td></td></tr>
<tr><td></td><td></td><td></td><td></td><td></td><td></td><td></td><td></td><td></td><td></td><td></td><td></td><td></td><td></td><td></td></tr>
<tr><td></td><td></td><td></td><td></td><td></td><td></td><td></td><td></td><td></td><td></td><td></td><td></td><td></td><td></td><td></td></tr>
<tr><td></td><td></td><td></td><td></td><td></td><td></td><td></td><td></td><td></td><td></td><td></td><td></td><td></td><td></td><td></td></tr>
<tr><td colspan="15">合计以上试块组数 n = ，其中最小值$f_{cu,min}$ = ，平均值 m_{fcu} =</td></tr>
<tr><td colspan="15">一、采用统计法（一）评定混凝土强度必须符合下列两式规定：
$M_{fcu}-\lambda_1 S_{fcu}\geqslant 0.9f_{cu,k}$……① $f_{cu,min}\geqslant\lambda_2 f_{cu,k}$……②
其中：λ_1 = ，λ_2 = ，$S_{fcu}=\{1/(n-1)\ (\sum_{i=1}^{n}f_{cu,i}^2-nm^2f_{cu})\}^{1/2}$ =
代入①、②式计算：</td></tr>
<tr><td colspan="15">二、采用非统计法评定混凝土强度必须符合下列两式规定：
$m_{fcu}\geqslant 1.15f_{cu,k}$……① $f_{cu,min}\geqslant 0.95f_{cu,k}$……②
代入①、②式计算：</td></tr>
<tr><td colspan="15">验收评定结论：</td></tr>
<tr><td colspan="7">施工单位计算人：
施工单位复核人：</td><td colspan="8">项目总监理工程师
（建设单位项目专业技术负责人）：
监理（建设）项目部（章）
年 月 日</td></tr>
</table>

注：1. 准标差 S_{fcu} 的计算值小于 $0.06f_{cu,k}$ 时，取 $S_{fcu}=0.06f_{cu,k}$；2. 合格判定系数 λ_1、λ_2 按 GBJ 107—87 表 4.1.3 取值；3. 单位工程中仅有一组试块时，其强度不应低于 $1.15f_{cu,k}$；4. 有可靠标准差参数、且连续生产的混凝土可采用统计方法（二）评定。

钢筋及预埋铁件隐蔽检查记录

5153

<table>
<tr><td>单位工程名称</td><td></td><td>施工单位</td><td></td></tr>
<tr><td>分部分项工程名称</td><td></td><td>检查部位及图号</td><td></td></tr>
<tr><td>检查项目</td><td>设　　计</td><td colspan="2">实　　际</td></tr>
<tr><td>钢筋品种及规格</td><td></td><td colspan="2"></td></tr>
<tr><td>钢筋的数量</td><td></td><td colspan="2"></td></tr>
<tr><td>钢筋的接头类型</td><td></td><td colspan="2"></td></tr>
<tr><td>钢筋的搭接尺寸</td><td></td><td colspan="2"></td></tr>
<tr><td>钢筋的接头位置</td><td></td><td colspan="2"></td></tr>
<tr><td>钢筋的形状、位置、间距</td><td></td><td colspan="2"></td></tr>
<tr><td>保护层厚度</td><td></td><td colspan="2"></td></tr>
<tr><td>预埋件数量及位置</td><td></td><td colspan="2"></td></tr>
<tr><td>材料代用情况</td><td colspan="3"></td></tr>
<tr><td>钢筋有无锈蚀</td><td colspan="3"></td></tr>
<tr><td>其　　他</td><td colspan="3"></td></tr>
<tr><td>检　查　结　论</td><td colspan="3"></td></tr>
</table>

<table>
<tr><td>业主
（含监理）</td><td>代表：
其他：
年　月　日</td><td>施工
企业</td><td>施工技术负责人：
其他：
年　月　日</td><td>质量
监督</td><td>代表：
其他：
年　月　日</td></tr>
</table>

砌体配筋隐蔽检查记录

5154

<table>
<tr><td colspan="2">施工名称</td><td colspan="2"></td><td>施工单位</td><td colspan="2"></td></tr>
<tr><td colspan="2">检查部位</td><td></td><td colspan="2">设　计</td><td colspan="2">实　际</td></tr>
<tr><td rowspan="8">组合配筋砌体</td><td rowspan="5">主筋</td><td>直　径</td><td colspan="2"></td><td colspan="2"></td></tr>
<tr><td>根　数</td><td colspan="2"></td><td colspan="2"></td></tr>
<tr><td>钢筋间距</td><td colspan="2"></td><td colspan="2"></td></tr>
<tr><td>锚固长度</td><td colspan="2"></td><td colspan="2"></td></tr>
<tr><td>搭接长度</td><td colspan="2"></td><td colspan="2"></td></tr>
<tr><td rowspan="3">箍筋</td><td>直　径</td><td colspan="2"></td><td colspan="2"></td></tr>
<tr><td>间　距</td><td colspan="2"></td><td colspan="2"></td></tr>
<tr><td>压在灰缝中
保护层厚度</td><td colspan="2"></td><td colspan="2"></td></tr>
<tr><td rowspan="4">网状配筋砌体</td><td colspan="2">网片钢筋直径</td><td colspan="2"></td><td colspan="2"></td></tr>
<tr><td colspan="2">网片钢筋间距</td><td colspan="2"></td><td colspan="2"></td></tr>
<tr><td colspan="2">网片间间
距放置方向</td><td colspan="2"></td><td colspan="2"></td></tr>
<tr><td colspan="2">压在灰缝中
保护层厚度</td><td colspan="2"></td><td colspan="2"></td></tr>
<tr><td>业主
（含监理）</td><td colspan="2">代表：
其他：
年　月　日</td><td>施工
单位</td><td>技术：
质检：
记录：
年　月　日</td><td>质
检</td><td>代表：
其他：
年　月　日</td></tr>
</table>

砌体裂缝检查验收记录

5155

<table>
<tr><td colspan="2">工程名称</td><td colspan="2"></td><td>施工单位</td><td colspan="3"></td></tr>
<tr><td colspan="2">结构类型</td><td colspan="2"></td><td>面积</td><td></td><td>层数</td><td></td></tr>
<tr><td>砌体裂缝部位</td><td colspan="7">文字或图示</td></tr>
<tr><td>砌体裂缝处理意见</td><td colspan="7"></td></tr>
<tr><td colspan="2">建设单位验收结论：
项目专业负责人：
年　月　日</td><td colspan="2">设计单位验收结论：
项目专业负责人：
年　月　日</td><td colspan="2">施工单位检查结果：
项目专业负责人：
年　月　日</td><td colspan="2">监理单位验收结论：
监理工程师：
年　月　日</td></tr>
</table>

建（构）筑物沉降缝、伸缩缝、防震缝隐蔽检查记录

5156

<table>
<tr><td>单位工程名称</td><td colspan="3"></td><td colspan="2">施工单位</td><td colspan="3"></td></tr>
<tr><td>检查部位</td><td colspan="3"></td><td colspan="2"></td><td colspan="3"></td></tr>
<tr><td colspan="9">检 查 内 容</td></tr>
<tr><td colspan="3">设置位置及间距</td><td colspan="6"></td></tr>
<tr><td colspan="3">缝隙宽度</td><td colspan="6"></td></tr>
<tr><td colspan="3">缝隙内砂浆、碎石、碎砖、杂物等是否清除</td><td colspan="6"></td></tr>
<tr><td colspan="3">沉降缝、伸缩缝、防震缝中填充材料及填塞的施工情况</td><td colspan="6"></td></tr>
<tr><td>检查意见及检查结论</td><td colspan="8"></td></tr>
<tr><td>业主
（含监理）</td><td colspan="2">代表：
其他：
年　月　日</td><td>施工
单位</td><td colspan="2">技术：
质检：
记录：
年　月　日</td><td></td><td colspan="2">代表：
其他：
年　月　日</td></tr>
</table>

预应力隐蔽工程检查验收记录

5157

工程名称			施工单位						
隐蔽项目部位			分包单位						
图　号			检查日期						
隐检内容	预应力钢筋品种、规格、数量、位置等								
	预应力钢筋锚具、连接器、品种、规格、数量								
	预留孔道规格、数量、位置、形状等								
	锚固区局部加强构造等								
预应力筋试验、锚具连接器试验报告编号									
名　称									
生产厂家									
出厂合格证编　号									
复试编号									
施工单位检查结果： 项目专业负责人： 年　月　日			分包单位检查结果： 项目专业负责人： 年　月　日			监理(建设)单位验收结论： 监理工程师： (建设单位项目专业负责人) 年　月　日			

焊缝质量综合评价汇总表

5158

施工单位								
工程名称								
工程部位（桩号）					要求焊缝等级			
序号	焊缝编号	焊工代号	焊接日期	外观质量	内部质量等级		焊缝质量综合评价	备注
					射线	超声		

施工项目技术负责人		填表人		填表日期	年 月 日

混凝土测温施工记录

5159

工程名称					施工单位					
施工部位			气温（℃）					养护方法		
测温时间 实测温度（℃）								测试人		
混凝土出罐温度										
混凝土入模温度										
测温点 时间	混凝土实测点温度（℃）								环境温度（℃）	测试人
	1	2	3	4	5	6	7	8		
施工工长										

结构吊装验收记录

5160

<table>
<tr><td>工程名称</td><td colspan="2"></td><td>建设单位</td><td colspan="3"></td></tr>
<tr><td>吊装部位</td><td colspan="2"></td><td>施工单位</td><td colspan="3"></td></tr>
<tr><td>内容及附图</td><td colspan="6"></td></tr>
<tr><td rowspan="6">吊装构件</td><td>构件名称、型号</td><td>质量情况</td><td>数量（件）</td><td>构件名称、型号</td><td>质量情况</td><td>数量（件）</td></tr>
<tr><td></td><td></td><td></td><td></td><td></td><td></td></tr>
<tr><td></td><td></td><td></td><td></td><td></td><td></td></tr>
<tr><td></td><td></td><td></td><td></td><td></td><td></td></tr>
<tr><td></td><td></td><td></td><td></td><td></td><td></td></tr>
<tr><td></td><td></td><td></td><td></td><td></td><td></td></tr>
</table>

<table>
<tr><td>业主
（含监理）</td><td>代表：
其他：

年　月　日</td><td>施工
单位</td><td>技术：
质检：
记录：
年　月　日</td><td>质监</td><td>代表：
其他：

年　月　日</td></tr>
</table>

注：构件质量情况有现场结构抽检的，附抽检报告。

焊接表面质量检查记录表

5161

<table>
<tr><td colspan="2">单位工程名称</td><td colspan="4"></td><td colspan="3">母材材质及规格（型号）</td><td colspan="2"></td></tr>
<tr><td colspan="2">焊条牌号及规格</td><td colspan="3"></td><td>焊接位置</td><td></td><td colspan="2">焊接方法</td><td colspan="2"></td></tr>
<tr><td rowspan="4">检验</td><td rowspan="2">外部检验
（外形尺寸）</td><td>焊缝余高</td><td>余高差</td><td>焊缝宽度</td><td>宽度差</td><td>焊脚高度</td><td colspan="2">咬边长度</td><td rowspan="4" colspan="2">说　明</td></tr>
<tr><td></td><td></td><td></td><td></td><td></td><td colspan="2"></td></tr>
<tr><td rowspan="2">内部检验
（无损检测）</td><td rowspan="2">检验方法</td><td rowspan="2" colspan="2"></td><td rowspan="2">焊缝
等级</td><td rowspan="2"></td><td rowspan="2">检验
结果</td><td rowspan="2"></td></tr>
<tr></tr>
<tr><td>验收</td><td colspan="10">根据＿＿＿＿＿＿＿＿焊缝质量合格，予以接受
签　字　施工员＿＿＿＿＿＿　焊　工＿＿＿＿＿＿
质检员＿＿＿＿＿＿　钢　印＿＿＿＿＿＿　年　月　日</td></tr>
<tr><td rowspan="3">返修</td><td>返修原因</td><td colspan="7"></td><td rowspan="3" colspan="2">说　明</td></tr>
<tr><td>返修范围及长度</td><td colspan="7"></td></tr>
<tr><td>返修
检验结果</td><td colspan="2"></td><td colspan="5">焊　工＿＿＿＿质检员＿＿＿＿
钢　印＿＿＿＿　年　月　日</td></tr>
<tr><td>备注</td><td colspan="10"></td></tr>
</table>

记录人：　　年　　月　　日

焊接工作记录表

5162

单位工程名称					焊件名称		母材材质及规格		
序号	焊工姓名	钢印	焊接方法	焊条（丝）牌号及规格	烘干温度及时间	焊接前后采取措施	焊接部位	焊接位置	焊接日期
1									
2									
3									
4									
5									
6									
7									
8									
9									
10									
11									

施工员： 质检员： 施工班长：

幕墙金属框架防雷连接隐蔽验收记录 5163

<table>
<tr><td colspan="2">工程名称</td><td colspan="2"></td><td>施工单位</td><td colspan="3"></td></tr>
<tr><td colspan="2">幕墙种类</td><td colspan="2"></td><td>分包单位</td><td colspan="3"></td></tr>
<tr><td colspan="2">施工图编号</td><td></td><td>幕墙高度</td><td>m</td><td>幕墙面积</td><td colspan="2">m²</td></tr>
<tr><td colspan="2">施工项目
检验内容</td><td colspan="3">框架防雷跨接连接</td><td colspan="3">框架与接地干线连接</td></tr>
<tr><td colspan="2">跨接连接点数量</td><td colspan="3"></td><td colspan="3"></td></tr>
<tr><td rowspan="3">跨 接
连接线</td><td>品种</td><td colspan="3"></td><td colspan="3"></td></tr>
<tr><td>规格</td><td colspan="3"></td><td colspan="3"></td></tr>
<tr><td>连接
方法</td><td colspan="3"></td><td colspan="3"></td></tr>
<tr><td colspan="2">接点防电化
腐蚀措施</td><td colspan="3"></td><td colspan="3"></td></tr>
<tr><td colspan="2">连接情况</td><td colspan="3"></td><td colspan="3"></td></tr>
<tr><td colspan="2">建设单位验收结论：

项目专业负责人：

年　月　日</td><td colspan="2">施工单位检查结果：

项目专业负责人：

年　月　日</td><td colspan="2">分包单位检查结果：

项目专业负责人：

年　月　日</td><td colspan="2">监理单位验收结论：

监理工程师：

年　月　日</td></tr>
</table>

幕墙工程结构胶、养护环境的温度、湿度记录 5164

工程名称		施工单位	
幕墙形式		分包单位	
相容性试验报告编号		生产单位	
商检局报告		粘结剥离性试验编号	
品种规格		生产日期	
室内温度（℃）		保质期	
记录时间		室内湿度（%）	
检验依据		记录时间	
记录情况：			
施工单位检查结果： 项目专业负责人： 年 月 日		分包单位检查结果： 项目专业负责人： 年 月 日	

建筑物临空处防护栏杆（板）及踏步功能检查记录

5165

工程名称：

检查部位	栏杆（板）高度、垂直杆净距（m）						栏杆离地0.1m内是否有留空	栏杆是否牢固不易攀登	备 注
	规定高度	实测高度	不合格处数	规定净距	实测净距	不合格处数			
上人屋面									
室外楼梯									
外廊阳台									
室内楼梯									
回廊天井									
检查日期： 年 月 日									

检查单元楼层	外墙窗台高度（mm）			台阶、楼梯踏步宽度及高度相邻两步之差(mm)				备 注
	规定高度	实测高度	不合格处数	实测宽度	实测高度	实测高差	不合格处数	

施工单位检查人：	监理（建设）单位旁站监督人：
施工单位复查结果： 施工单位项目 专业技术负责人： 年 月 日	监理（建设）单位核查结论： 项目专业监理工程师（建设单位项目技术负责人）： 监理（建设）项目部（章） 年 月 日

注：1. 该记录应在全数检查的基础上填写其实测的最大、最小值；

2. 栏杆离地是指离地面或屋面0.1m高度内不得留空，楼梯水平段栏杆长度大于0.5m时，其高度应按回廊、天井栏杆规定高度检查；

3. 按强制性条文规定踏步宽度不应小于0.26m，高度不应大于0.15～0.175m，相邻两步高差不大于15mm；

4. 每个梯段的踏步一般不应超过18级，亦不应小于3级，如违反此情况应写人核查意见要求处理好。

抹灰工程施工记录

5166

气候：　　　　　　　　温度（℃）：

工程名称		分部分项名称	
部位：			
1. 基底材质情况：			
2. 基底清理，润湿情况：			
3. 底糙灰用料及配合比：			
4. 底糙灰施工情况：			
5. 打把、冲筋情况：			
6. 找平抹灰用料、配合比及施工情况：			
施工技术负责人： 年　月　日		记录人： 年　月　日	

饰面工程施工记录

5167

气候：　　　　　　　　　　　　温度（℃）：

工程名称		分部分项名称	
部位：			
1. 基底材质及处理措施：			
2. 用料品种、规格及检查验收情况：			
3. 排版分线和饰花图案安排情况：			
4. 粘结料及配合比：			
5. 粘（镶）贴方法：			
6. 质量自查情况：			
施工技术负责人： 年　月　日		记录人： 年　月　日	

油漆及刷（喷）浆工程施工记录

5168

气候：　　　　　　　　　　温度（℃）：

单位工程名称		分部分项名称	
部位：			
1. 样板（或样板间）试做及检验情况：			
2. 用料（含腻子）：			
3. 基底面封闭及处理情况：			
4. 刮腻子及打磨遍数：			
5. 基漆刷（喷）遍数：			
6. 罩面情况：			
施工技术负责人： 年　月　日		记录人： 年　月　日	

箱、槽制作检查记录表

5169

建设单位________________

单位工程			箱槽名称规格			施工图号	
序号	检查项目		允差值（mm）	实测值（mm）			附图及说明
1	外形	长度、宽度、高度					
		最大对角线之差					
		表面局部凹凸度					
2	焊缝	高　　度					
		宽　　度					
		咬肉 深度					
		咬肉 连续长度					
3	接管	位置偏移					
		伸出长度					
4	法兰盘	平整度					
		组装垂直度					
5	油　　漆						

建设单位代表(签字)： 年　月　日	质检员（签字）： 年　月　日	施工员（签字）： 年　月　日	施工班（组）（签字）： 年　月　日

钢结构主体与围护系统安装检验记录表 5170

<table>
<tr><td colspan="9">工程项目</td></tr>
<tr><td colspan="4">检验部位</td><td colspan="5">检验日期</td></tr>
<tr><td>项次</td><td colspan="3">项　　　　目</td><td>允许偏差（mm）</td><td>图纸尺寸（mm）</td><td>实际测量尺寸（mm）</td><td>实际偏差值（mm）</td><td></td></tr>
<tr><td>1</td><td rowspan="8">柱</td><td colspan="2">柱中心线与定位轴线偏移</td><td>5</td><td></td><td></td><td></td><td></td></tr>
<tr><td rowspan="2">2</td><td rowspan="2">柱基准点标高</td><td>有吊车梁</td><td>+3
−5</td><td></td><td></td><td></td><td></td></tr>
<tr><td>无吊车梁</td><td>+5
−8</td><td></td><td></td><td></td><td></td></tr>
<tr><td rowspan="2">3</td><td rowspan="2">单层柱垂直度</td><td>$H\leqslant 10$m</td><td>10</td><td></td><td></td><td></td><td></td></tr>
<tr><td>$H>10$m</td><td>$H/1000$
且不大于25</td><td></td><td></td><td></td><td></td></tr>
<tr><td rowspan="2">4</td><td rowspan="2">多节柱垂直度</td><td>底层柱</td><td>10</td><td></td><td></td><td></td><td></td></tr>
<tr><td>顶层柱</td><td>35</td><td></td><td></td><td></td><td></td></tr>
<tr><td>5</td><td colspan="2">柱的侧向弯曲</td><td>$H/1000$
且不大于15</td><td></td><td></td><td></td><td></td></tr>
<tr><td>6</td><td rowspan="4">屋架、纵、横梁</td><td colspan="2">桁架弦杆在相邻节点间平直度</td><td>$i/1000$
且不大于5</td><td></td><td></td><td></td><td></td></tr>
<tr><td>7</td><td colspan="2">檩条间距及误差</td><td>±5</td><td></td><td></td><td></td><td></td></tr>
<tr><td>8</td><td colspan="2">水平度</td><td>$i/250$
且不大于15</td><td></td><td></td><td></td><td></td></tr>
<tr><td>9</td><td colspan="2">侧向弯曲</td><td>$L/1000$
且不大于10</td><td></td><td></td><td></td><td></td></tr>
<tr><td colspan="4">施工班组：</td><td colspan="5">施工员：</td></tr>
<tr><td colspan="9">质检员：</td></tr>
</table>

注：H为柱高度；h为屋架、纵、横梁高度；L为屋架、纵、横梁长度；i为弦杆在相邻节点间距离。

固定式钢直梯、斜梯、防护栏杆及平台制作检验记录表

5171

<table>
<tr><td colspan="7">工程项目</td></tr>
<tr><td colspan="3">检验部位</td><td colspan="4">检验日期</td></tr>
<tr><td>项次</td><td colspan="2">项　　目</td><td>允许偏差（mm）</td><td>图纸尺寸（mm）</td><td>实际测量尺寸（mm）</td><td>实际偏差值（mm）</td></tr>
<tr><td>1</td><td colspan="2">平台长度、宽度及误差</td><td>±4</td><td></td><td></td><td></td></tr>
<tr><td>2</td><td colspan="2">平台两对角线误差</td><td>6</td><td></td><td></td><td></td></tr>
<tr><td>3</td><td colspan="2">平台支柱高度及误差</td><td>±5</td><td></td><td></td><td></td></tr>
<tr><td>4</td><td colspan="2">平台支柱平直度</td><td>H/1000</td><td></td><td></td><td></td></tr>
<tr><td>5</td><td colspan="2">平台表面平直度：1m 范围内</td><td>3</td><td></td><td></td><td></td></tr>
<tr><td>6</td><td colspan="2">梯梁长度及误差</td><td>±5</td><td></td><td></td><td></td></tr>
<tr><td>7</td><td colspan="2">梯宽度及误差</td><td>±3</td><td></td><td></td><td></td></tr>
<tr><td>8</td><td colspan="2">梯安装孔距及误差</td><td>±3</td><td></td><td></td><td></td></tr>
<tr><td>9</td><td colspan="2">梯梁纵向挠曲矢高</td><td>L/1000</td><td></td><td></td><td></td></tr>
<tr><td>10</td><td colspan="2">踏步棍间距及误差</td><td>±5</td><td></td><td></td><td></td></tr>
<tr><td rowspan="2">11</td><td rowspan="2">踏板踏棍平直度</td><td>梯宽度</td><td>B/1000
且不大于 5</td><td></td><td></td><td></td></tr>
<tr><td>踏板宽度</td><td>b/1000</td><td></td><td></td><td></td></tr>
<tr><td>12</td><td colspan="2">栏杆高度及误差</td><td>±5</td><td></td><td></td><td></td></tr>
<tr><td>13</td><td colspan="2">栏杆立柱间距及误差</td><td>±10</td><td></td><td></td><td></td></tr>
<tr><td colspan="4">施工班组：</td><td colspan="3">施工员：</td></tr>
<tr><td colspan="7">质检员：</td></tr>
</table>

注：*H* 为柱高度；*L* 为梯梁长度；*B* 为梯宽度；*b* 为踏板宽度。

单层钢柱制作检验记录表

5172

工程项目						
检验部位		检验日期				
项次	项目		允许偏差（mm）	图纸尺寸（mm）	实际测量尺寸（mm）	实际偏差值（mm）
1	柱底面到柱端与桁架连接的最上一个安装孔的距离	$L \leq 15m$	±10			
		$L > 15m$	±15			
2	柱底面到牛腿支承面距离	$L_1 \leq 10m$	±5			
		$L_1 > 10m$	±8			
3	连接同一构件的任意两组安装孔距离		±2			
4	受力支托板表面到第一个安装孔距离		±1			
5	牛腿平面翘曲		2			
6	柱身挠曲矢高		$L/1000$ 且不大于12			
7	柱身扭曲	牛腿处	3			
		其他处	8			
8	柱截面几何尺寸	接合处	±3			
		其他处	±5			
9	翼缘板倾斜度	$b \leq 400mm$	$b/100$			
		$b > 400mm$	5			
		接合处	1.5			
10	柱脚底板翘曲		3			
11	柱脚螺栓孔中心线的偏移		±1.5			

施工班组：　　　　施工员：　　　　质检员：

贮罐罐体组装检查记录表

5173

建设单位______________

单位工程				贮罐名称规格			贮罐图号					
序号	圈板编号 / 测点编号 / 检查项目											
罐壁	焊缝对口错边量	允差值（mm）										
		实测值（mm）										
	水平半径	允差值（mm）										
		实测值（mm）										
	周　长	允差值（mm）										
		实测值（mm）										
	壁　板上口水平	允差值（mm）										
		实测值（mm）										
	垂直度	允差值（mm）										
		实测值（mm）										
	圆弧度	允差值（mm）										
		实测值（mm）										

	质检员（签字）：	施工员（签字）：	施工班（组）（签字）：
年　月　日	年　月　日	年　月　日	年　月　日

贮罐几何尺寸检查记录表

5174

建设单位________________

单位工程		贮罐名称规格		贮罐图号	

序号	检查项目	允差值（mm）	实测值（mm）							
1	罐体高度									
2	罐底底圈水平半径									
3	罐底局部凹凸度									
4	罐壁垂直度									
5	罐壁内表面局部凹凸度									
6	浮顶单盘板局部凹凸度									
7	内浮顶内浮盘板局部凹凸度									
8	拱顶局部凹凸度									
附图及说明										

	质检员（签字）：	施工员（签字）：	施工班（组）（签字）：
年　月　日	年　月　日	年　月　日	年　月　日

贮罐总体试验检查记录表

5175

建设单位________________

<table>
<tr><td colspan="2">单位工程</td><td></td><td>贮罐名称规格</td><td></td><td>贮罐图号</td><td></td></tr>
<tr><td>序号</td><td colspan="2">试验项目</td><td colspan="2">试验方法</td><td colspan="2">试验结果</td></tr>
<tr><td>1</td><td>罐底</td><td>严密性试验</td><td colspan="2"></td><td colspan="2"></td></tr>
<tr><td>2</td><td>罐壁</td><td>严密性试验和强度试验</td><td colspan="2"></td><td colspan="2"></td></tr>
<tr><td>3</td><td rowspan="2">固定顶</td><td>严密性试验和强度试验</td><td colspan="2"></td><td colspan="2"></td></tr>
<tr><td>4</td><td>稳定性试验</td><td colspan="2"></td><td colspan="2"></td></tr>
<tr><td>5</td><td rowspan="4">浮顶
或
内浮顶</td><td>单盘板内浮盘板严密性试验</td><td colspan="2"></td><td colspan="2"></td></tr>
<tr><td>6</td><td>焊缝试漏抽查</td><td colspan="2"></td><td colspan="2"></td></tr>
<tr><td>7</td><td>船舱严密性试验</td><td colspan="2"></td><td colspan="2"></td></tr>
<tr><td>8</td><td>升降试验</td><td colspan="2"></td><td colspan="2"></td></tr>
<tr><td>附图及说明</td><td colspan="6"></td></tr>
</table>

建设单位代表(签字)：	质检员（签字）：	施工员（签字）：	施工班（组）（签字）：
年 月 日	年 月 日	年 月 日	年 月 日

注：试验方法包括罐内充水、放水、真空法、氨气渗漏法、煤油渗透法等。

地脚螺栓、垫铁放置及灌浆记录

5176

建设单位____________

工程名称：		设备名称：
设备位号：		规格型号：
项　　目	技术要求	实测数据
地脚螺栓规格		
地脚螺栓数量		
地脚螺栓脱脂		
地脚螺栓与底座底面不垂度		
地脚螺栓距孔壁		
地脚螺栓距孔底		
地脚螺栓露出丝牙		
平垫铁规格		
斜垫铁规格		
垫铁放置组数		
垫铁放置每组块数		
垫铁放置每组间距		
垫铁放置伸出设备底座长度		
垫铁放置伸入设备底座长度		
地脚螺栓灌浆强度等级		
重要设备混凝土强度试验		
设备底座与基础间灌浆		
垫铁放置图：		
建设单位： （章） 工地代表： 日　期：	施工单位： 班　组：　（章） 质检员： 施工员：　日　期：	

混凝土面板打磨工程量记录表

5177

桩号位置	打磨面积	备　注

施工员：　　　　复核人：

基层横向裂缝修复数量表 5178

日 期	桩 号	长 度 (m)	日 期	桩 号	长 度 (m)

主管领导： 审核： 经办：

基层顶胀修复数量表

5179

日　期	桩　　号	长度（m）×宽度（m）	备　　注

主管领导：　　　　　　　　　　审核：　　　　　　　　　　经办：

计日工明细表

5180

日期	工作内容与人数	工作时间	计日工数量
合　　计			

主管领导：　　　　　　　　　　审核：　　　　　　　　　　经办：

计日工派工单

5181

日期：____________

<table>
<tr><td>队名</td><td></td><td>人数</td><td></td><td>工作时间</td><td colspan="2"></td></tr>
<tr><td rowspan="2">派工用途及工程量情况</td><td colspan="4" rowspan="2"></td><td>用工人</td><td></td></tr>
<tr><td>派工人</td><td></td></tr>
<tr><td>备注</td><td colspan="6"></td></tr>
</table>

混凝土面板盖麻袋和薄膜施工记录 5182

日　期	桩　号	面积（m^2）	备　注
小　计			

主管领导：　　　　审核人：　　　　施工员：

混凝土面板切缝施工记录

5183

日　期	桩　号	切　缝			备　注
		纵缝（m）	横缝（m）	接头（条）	
小　　计					

主管领导：　　　　审核：　　　　经办：　　　　日期：

罚 款 通 知 单

5184

年 月 日

罚款原因	
被罚人姓名	
罚款金额	
罚款日期	
备 注	

第一联：存 根

审批： 技术部：

罚 款 通 知 单

年 月 日

罚款原因	
被罚人姓名	
罚款金额	
罚款日期	
备 注	

第二联：被处罚人

机械台班（人工工日）单

5185

桩　号	
施工项目	
用机（人）时间	
机械（人工）	
施工负责人签名	
备注：	

项目经理部

机械台班（人工工日）单

桩　号	
施工项目	
用机（人）时间	
机械（人工）	
施工负责人签名	
备注：	

项目经理部

工 程 决 算 单

（混凝土面板）

5186

工程项目：　　　　甲　方：

合同号：　　　　乙　方：　　　　日期：

序号	计量单编号	分项工程名称	单位	工程数量	合同单价（元）	金额（元）	小计（元）	合计（元）
1								
2								
3								
4								
5								
6								
7								
8	合计（人民币大写）：							
9								
10								
11								
12								
13								
14								
15								
16								
17								
18								
19								

编制：　　　　审核：　　　　主管领导：　　　　项目经理：　　　　乙方：

运输车辆数、施工区段、平均运距、运量统计表 5187

序号	日期	车数	施工区段桩号	平均运距（km）	运量（t·km）	备注
1						
2						
3						
4						
5						
6						
7						
8						
9						
10						
11						
12						
13						
14						
15						
16						
17						
18						
19						
20						
21						
22						
23						
24						
25						
26						
27						
28						
29						
30						
31						
32						
33						
34						
35						
36						
37						
38						工程部签字
39						
40						
合计						

计日工计量、支付单

5188

<table>
<tr><td>工程名称</td><td></td><td>桩　号</td><td></td></tr>
<tr><td>甲　方</td><td></td><td>乙　方</td><td></td></tr>
<tr><td colspan="4">计量内容：</td></tr>
<tr><td colspan="4">计量单价：</td></tr>
<tr><td colspan="4">计量工程量：</td></tr>
<tr><td colspan="4">计量单位：</td></tr>
<tr><td colspan="4">支付金额（人民币元）：
人民币大写：

经办人：　　　　　　日期：</td></tr>
<tr><td colspan="2">甲方领导签字：

日期：　　年　　月　　日</td><td colspan="2">乙方领导签字：

日期：　　年　　月　　日</td></tr>
</table>

粗集料含泥量、泥块含量记录

5189

施工单位：　　　　　　　　　　试表：

监理单位：　　　　　　　　　　编号：

样品名称		样品来源	
试验人		试验日期	

含泥量记录

编　号	水先前烘干质量 m_1（g）	水先前烘干质量 m_2（g）	含泥量（%）$(m_1-m_2)/m_1$	平均值（%）

泥块含量记录

编　号	试验前试样质量 m_1（g）	5mm 筛筛余质量 m_2（g）	水洗后烘干质量 m_3（g）	含泥量（%）$(m_2-m_3)/m_2$	平均值（%）

结论：

监理工程师：　　　　　　　　　　日期：

审核：　　　　　　　　　　日期：

集料压碎值记录

5190

施工单位：　　　　　　　　　　　　试表：

监理单位：　　　　　　　　　　　　编号：

样品名称		样品来源			
试验人		试验日期			
编　号	取样部位	试验前风干试样质量（g）	试验后通过3mm筛孔细料质量(g)	压碎值（%）	平均值（%）

结论：

监理工程师：　　　　　　　　日期：

审核：　　　　　　　　　　　　日期：

护坡、护面墙检验表

5191

承包单位：　　　　　　　　　　　　合同号：

监理单位：　　　　　　　　　　　　编　号：

工程名称		施工时间	
桩号及部位		检验时间	

项次	检验项目	规定值允许偏差	检验结果	检验频率和方法
1	砂浆强度（MPa）	在合格标准内		按《公路工程质量检验评定标准》（JTJ 071—98）附录D检查
2	顶面高程（mm）	±30		每20m检查3处
3	表面平整度	4或0.3%边坡		用直尺，长、宽各贴近量一次，每批检查10%
4	坡度	+0，－0.5%		每20m吊垂线量3点
5	厚度	+5，－3		量两处，每批抽查10%
6	底面高程	±50		每20m用水平仪测3点
评定：				

承包人：　　　　　　　　　　　　日期：

盖板涵检验记录表

承包单位：　　　　　　　　　　　　合同号：

监理单位：　　　　　　　　　　　　编　号：

<table>
<tr><td colspan="3">工程名称</td><td colspan="3"></td><td>桩号及部位</td><td colspan="2"></td></tr>
<tr><td>序号</td><td colspan="2">检查项目</td><td colspan="6">检查数据</td></tr>
<tr><td rowspan="2">1</td><td colspan="2">混凝土强度（MPa）</td><td colspan="6"></td></tr>
<tr><td colspan="2">砂浆强度（MPa）</td><td colspan="6"></td></tr>
<tr><td rowspan="6">2</td><td rowspan="6">中线偏位</td><td rowspan="2"></td><td colspan="3">纵断坐标</td><td colspan="3">横断坐标</td></tr>
<tr><td>设计值</td><td>实测值</td><td>偏差（mm）</td><td>设计值（m）</td><td>实测值（m）</td><td>偏差（mm）</td></tr>
<tr><td>X</td><td></td><td></td><td></td><td></td><td></td><td></td></tr>
<tr><td>Y</td><td></td><td></td><td></td><td></td><td></td><td></td></tr>
<tr><td>X</td><td></td><td></td><td></td><td></td><td></td><td></td></tr>
<tr><td>Y</td><td></td><td></td><td></td><td></td><td></td><td></td></tr>
<tr><td rowspan="3">3</td><td rowspan="3">结构尺寸（mm）</td><td>设计值</td><td colspan="6"></td></tr>
<tr><td>实测值</td><td></td><td></td><td></td><td></td><td></td><td></td></tr>
<tr><td>偏差</td><td></td><td></td><td></td><td></td><td></td><td></td></tr>
<tr><td rowspan="3">4</td><td rowspan="3">涵底流水高程</td><td>设计值（m）</td><td></td><td></td><td></td><td></td><td></td><td></td></tr>
<tr><td>实测值（m）</td><td></td><td></td><td></td><td></td><td></td><td></td></tr>
<tr><td>偏差（mm）</td><td></td><td></td><td></td><td></td><td></td><td></td></tr>
<tr><td>5</td><td>长度</td><td>设计值（m）</td><td></td><td colspan="2">实测值（m）</td><td></td><td>偏差（mm）</td><td></td></tr>
<tr><td rowspan="3">6</td><td rowspan="3">孔径</td><td>设计值（m）</td><td></td><td></td><td></td><td></td><td></td><td></td></tr>
<tr><td>实测值（m）</td><td></td><td></td><td></td><td></td><td></td><td></td></tr>
<tr><td>偏差（mm）</td><td></td><td></td><td></td><td></td><td></td><td></td></tr>
<tr><td rowspan="3">7</td><td rowspan="3">顶面高程</td><td>设计值（m）</td><td></td><td></td><td></td><td></td><td></td><td></td></tr>
<tr><td>实测值（m）</td><td></td><td></td><td></td><td></td><td></td><td></td></tr>
<tr><td>偏差（mm）</td><td></td><td></td><td></td><td></td><td></td><td></td></tr>
</table>

石方涵顶回填实测项目检查表

5193

承包单位：　　　　　　　　　　合同号：

监理单位：　　　　　　　　　　编　号：

项次	检查项目		规定值或允许偏差	检验结果	检验频率和方法
1	压实度		层厚和碾压遍数符合要求		监理工程师旁站
2	纵断高程（mm）		+10，－20		水准仪：每200m测4断面
3	中线偏位（mm）		50		经纬仪：每200m测4点
4	宽度（mm）		不小于设计值		米尺：每200m测4处
5	平整度（mm）		20		3m直尺：每200m测4处
6	横坡（%）		0.5		水准仪：每200m测4断面
7	边坡	坡度	不陡于设计值		每200m测4处
		平顺度	符合设计		

检查意见：

现场监理工程师：　　　　　　　　日期：

承包人：　　　　　　　　　　　日期：

隧道喷射混凝土厚度检验记录表

5194

承包单位：　　　　　　　　　　合同号：

监理单位：　　　　　　　　　　编　号：

<table>
<tr><td colspan="2">工程名称</td><td></td><td>工程部位</td><td></td><td>施工日期</td><td></td></tr>
<tr><td colspan="2">里程桩号</td><td></td><td>喷射混凝土强度等级</td><td></td><td>检验日期</td><td></td></tr>
<tr><td>项次</td><td>检验项目</td><td>规定值或允许偏差</td><td colspan="2">检查方法和频率</td><td>设计值</td><td>检验结果</td></tr>
<tr><td>1</td><td>喷射厚度</td><td>检查点的60%设计厚，其余计厚平均厚度不小于设计厚</td><td colspan="2">每10m检查一个断面，每断面从拱顶中线起每2m检查1个点，用凿孔法检测厚度</td><td></td><td></td></tr>
<tr><td>2</td><td>对受喷面的</td><td colspan="5">岩面无松动岩石粉尘，受喷面湿润</td></tr>
<tr><td>3</td><td>喷层表面</td><td colspan="4">无钢筋、锚杆外露，无开裂脱落，无渗漏水，应密贴，光滑整齐，不得有突变</td><td></td></tr>
<tr><td>4</td><td>喷层与围岩检验情况</td><td colspan="4">应密贴，锤敲击，无空响，必要时作粘结力试验</td><td></td></tr>
<tr><td colspan="7">质量评定：

现场监理：　　　　　　　　日期：</td></tr>
<tr><td>结论</td><td colspan="6">合格：　　　　　　　　　　不合格：

监理工程师：　　　　　　　　日期：</td></tr>
</table>

承包人：　　　　　　　　　　　　日期

底基层施工记录表（水泥混凝土）

5195

承包单位：

监理单位：　　　　　　　　　　　　编　号：

<table>
<tr><td colspan="3">工程名称</td><td></td><td>施工时间</td><td></td></tr>
<tr><td colspan="3">桩号及部位</td><td></td><td>检验时间</td><td></td></tr>
<tr><td>项次</td><td colspan="2">检验项目</td><td>规定值或允许值</td><td>检验结果</td><td>检验频率和方法</td></tr>
<tr><td rowspan="2">1</td><td rowspan="2">强度（MPa）</td><td>代表值</td><td></td><td></td><td rowspan="2"></td></tr>
<tr><td>极值</td><td></td><td></td></tr>
<tr><td>2</td><td colspan="2">平整度（mm）</td><td></td><td></td><td></td></tr>
<tr><td>3</td><td colspan="2">纵断高程（m）</td><td></td><td></td><td></td></tr>
<tr><td>4</td><td colspan="2">宽度（mm）</td><td></td><td></td><td></td></tr>
<tr><td rowspan="2">5</td><td rowspan="2">厚度（mm）</td><td>代表值</td><td></td><td></td><td rowspan="2"></td></tr>
<tr><td>极值</td><td></td><td></td></tr>
<tr><td>6</td><td colspan="2">横坡（%）</td><td></td><td></td><td></td></tr>
<tr><td colspan="6">意见：</td></tr>
</table>

记录员：　　　　　　　　　　　　复核：　　　　　　　　　　日期：

注浆现场施工记录单

5196

承包单位：　　　　　　　　　　　　合同号：

监理单位：　　　　　　　　　　　　编　号：

工程名称		桩　号	
分部分项			
注浆部位			
施工日期			
检验日期			
注浆压力值（MPa）			
注浆水灰比			

说明：

现场监理工程师： 日期：	承包商现场负责人： 日期：

隧道开挖地质监测记录表

承包单位：　　　　　　　　　　　　合同号：

监理单位：　　　　　　　　　　　　编　号：

工程名称			桩号及部位			施工时间			检验时间		
断面尺寸（m）	宽：	高：	拱顶标高（m）		埋深				中线方向		
地层岩石		围岩类别	设计		饱和极限抗压强度	极硬岩 Rb≥60MPa	硬质岩 Rb = 30～60MPa	极质岩 Rb = 30～60MPa	极软层 Rb = 30～60MPa	取样编号	试验编号
			施工采用								
围岩岩体结构特征	层理产状		单层厚度（m）		层面特征						
	节理 组次	产状	间距（m）	长度（m）	缝宽（cm）	填充物	性质				
	1										
	2										
	3										
	4										
	断层		破碎带宽度（m）			破碎带特征					
	纵波速度（m/s）		松弛带厚宽（m）			岩体结构类型					
地下水漏水情况	漏水位置		漏水量（L/m）	无水	滴＜0.04	线4－0.21	股状≥0.22	含泥沙情况	侵蚀性类型	取水样编号	
侧壁素描图				掌子面素描图					工程措施及有关参数		
左侧壁		右侧壁									

承包单位负责人：　　　　　　　　地质工程师：　　　　　　　　日期：　　年　　月　　日

隧道现场监控量测

5198

单位：mm

序号	桩号	项目名称	方法	量测间隔时间（d）																											
				1	2	3	4	5	6	7	8	9	10	11	12	13	14	15	16	17	18	19	20	21	22	23	24	25	26	27	28

单位：　　　　　　　　　　　　　　　　　　检测人：

______公路工程建设项目

隧道开挖断面检查记录表

5199

承包单位： 合同号：

监理单位： 编 号：

<table>
<tr><td>工程名称</td><td></td><td>工程部位</td><td></td><td>施工日期</td><td></td></tr>
<tr><td>里程桩号</td><td></td><td>图纸号</td><td></td><td>检验日期</td><td></td></tr>
<tr><td>岩面检查</td><td colspan="3"></td><td>围岩类别</td><td></td></tr>
<tr><td>检查部位</td><td rowspan="2">允许值或规定值</td><td rowspan="2">检验方法和频率</td><td colspan="2">超(+)欠(-)挖值(cm)</td><td rowspan="2">备 注</td></tr>
<tr><td>1点</td><td>线左</td><td>线右</td></tr>
<tr><td>2点</td><td rowspan="12">局部岩石突出：每平方米不大于 0.1m² 突入断面，突入不大于 3cm，拱、墙脚 1m 范围内严禁欠挖</td><td rowspan="12">尺量断面超欠挖：水准仪测高程</td><td></td><td></td><td></td></tr>
<tr><td>3点</td><td></td><td></td><td></td></tr>
<tr><td>4点</td><td></td><td></td><td></td></tr>
<tr><td>5点</td><td></td><td></td><td></td></tr>
<tr><td>6点</td><td></td><td></td><td></td></tr>
<tr><td>7点</td><td></td><td></td><td></td></tr>
<tr><td>8点</td><td></td><td></td><td></td></tr>
<tr><td>9点</td><td></td><td></td><td></td></tr>
<tr><td>10点</td><td></td><td></td><td></td></tr>
<tr><td>11点</td><td></td><td></td><td></td></tr>
<tr><td>12点</td><td></td><td></td><td></td></tr>
<tr><td>13点</td><td></td><td></td><td></td></tr>
<tr><td colspan="3" rowspan="2">附草图（或照片）</td><td colspan="3">检查意见：</td></tr>
<tr><td colspan="3">监理批示：</td></tr>
</table>

承包人： 技术主管： 质检： 监理： 日期：

________公路工程建设项目

隧道喷射混凝土钢筋网检查表

5200

承包单位：　　　　　　　　　　　　合同号：

监理单位：　　　　　　　　　　　　编　号：

工程名称		工程部位		施工日期	
里程桩号		图纸号		检验日期	

检查项目	规定值或允许偏差	检查结果	检查方法和频率	备　注
钢筋直径（mm）	不小于6.5		每循环尺量3根	
网格尺寸（mm）	±10		每循环尺量3处	
两层钢筋网之间间距（mm）	±10		每循环尺量5处	
钢筋保护层厚（mm）	不小于2cm		每循环尺量5处	
绑扎搭接长度（mm）	不小于3cm		每循环尺量5处	

质量评定：

现场监理：　　　　　　　　日期：

结论

合格：　　　　　　不合格：

监理工程师：　　　　　　日期：

承包人：　　　　　　　　　　日期：

格栅钢架施工记录

5201

工程名称：　　　　　　　　　　　　　　围岩类型：

施工里程、部位：　　　　　　　　　　　记 录 者：

监　　理：　　　　　　　　　　　　　　现场负责人：

1. 原材料

材料名称	型号、产地（厂家）	试验报告编号、品质
ϕ22 钢筋		
ϕ10 钢筋		
电焊条		
网垫板		

2. 施工时间

架设格栅钢架部位开挖（放炮）时间________年________月________日________时

铺设钢筋网时间______年______月______日______时至______年______月______日______时

铺设格栅钢筋时间______年______月______日______时至______年______月______日______时

3. 格栅钢架布置图（剖面、展视）

金属结构制作安装记录

5202

建设单位：　　　　　　　　年　　月　　日

工程编号			工程名称		
施工图号			构件名称		数量
主要材料	名　称				
	规　格				
	牌　号				
序号	检查项目	检查结果	序号	检查项目	检查结果

固接方法：

制作安装示意图（注明主要尺寸）

施工单位：　　　　　施工员：　　　　　班（组）长：　　　　　质检员：

挖基坑槽检查记录

5203

承包单位：　　　　　　　　　　合同号：

监理单位：　　　　　　　　　　编　号：

<table>
<tr><td colspan="2">工程项目</td><td colspan="2"></td><td>中心桩号及部位：</td></tr>
<tr><td colspan="2" rowspan="2">施工日期</td><td colspan="2">开　始</td><td>年　月　日</td></tr>
<tr><td colspan="2">结　束</td><td>年　月　日</td></tr>
<tr><td colspan="2">开挖方式</td><td colspan="2"></td><td>基坑槽示意图（cm）</td></tr>
<tr><td colspan="2">排水设施</td><td colspan="2"></td><td rowspan="12">平面

立面</td></tr>
<tr><td colspan="2">防水设施</td><td colspan="2"></td></tr>
<tr><td colspan="2">地下水位</td><td colspan="2"></td></tr>
<tr><td rowspan="2">土质情况</td><td>设计</td><td colspan="2"></td></tr>
<tr><td>实际</td><td colspan="2"></td></tr>
<tr><td rowspan="2">基坑底面尺寸（cm）</td><td>长度</td><td colspan="2"></td></tr>
<tr><td>宽度</td><td colspan="2"></td></tr>
<tr><td rowspan="2">基底标高（m）</td><td>设计</td><td colspan="2"></td></tr>
<tr><td>实际</td><td colspan="2"></td></tr>
<tr><td rowspan="2">基底承载力（MPa）</td><td>设计</td><td colspan="2"></td></tr>
<tr><td>容许</td><td colspan="2"></td></tr>
<tr><td colspan="2">基坑平面位置偏差说明</td><td colspan="2"></td></tr>
<tr><td colspan="2">基槽底土基加固处理</td><td colspan="2"></td><td></td></tr>
<tr><td>自检意见</td><td colspan="2">

签名：　　　　年　月　日</td><td>监理工程师评语</td><td>

签名：　　　　年　月　日</td></tr>
</table>

工地负责人：　　　　　　　　　　　　　　检查人：

______公路工程建设项目

径向锚杆检验记录表

5204

承包单位：　　　　　　　　　　　　　　合同号：

监理单位：　　　　　　　　　　　　　　编　号：

工程名称		工程部位		施工日期	
里程桩号		图纸号		检验日期	

项次	检查项目		规定值或允许偏差	检验结果	检查方法和频率
1	锚杆长度（m）		不小于设计尺寸		尺量，每循环6根
2	钻孔	孔深（mm）	±50		尺量，每循环6根
		孔位偏差（mm）	±150		尺量，每循环6根
		孔径（mm）	大于杆体直径15mm（杆径25mm）		尺量，每循环6根
3	锚杆插入孔内长度(mm)		不短于设计长度的95%		尺量，每循环6根
4	锚杆拨力		平均值不小于设计最小值不小于设计（50kN）		尺量，每循环6根

质量评定：

结果

合格：　　　　　　　　不合格：

监理工程师：　　　　　　日期：

承包人：　　　　　　日期：

供水、供热管网清洗记录

5205

施工单位：

工程名称		日　期		
范围（桩号）				
长度				
介质				
方法				
情况及结果				
备　注				
参加单位及人员	建设单位	监理单位	设计单位	施工单位

管道、设备焊接检查记录

5206

<table>
<tr><td colspan="2">建设单位</td><td colspan="6"></td><td colspan="2">施工单位</td><td colspan="6"></td></tr>
<tr><td colspan="2">单位工程</td><td colspan="4"></td><td colspan="2">分部分项</td><td colspan="5"></td><td colspan="2">施工图号</td><td></td></tr>
<tr><td rowspan="3">设备代号或管线编号</td><td rowspan="3">焊口或焊缝编号</td><td rowspan="3">焊工证号</td><td rowspan="3">焊件厚度（mm）</td><td rowspan="3">焊件材质</td><td rowspan="3">焊缝等级</td><td colspan="2" rowspan="2">焊接材料</td><td rowspan="3">预热温度（℃）</td><td colspan="3">热处理</td><td colspan="3">焊后检查</td><td rowspan="3">焊缝最终评定</td></tr>
<tr><td rowspan="2">方法</td><td rowspan="2">记录号</td><td rowspan="2">硬度值（HB）</td><td rowspan="2">外观等级</td><td colspan="2">无损检验</td></tr>
<tr><td>初层</td><td>填充层</td><td>方法</td><td>报告号</td></tr>
<tr><td></td><td></td><td></td><td></td><td></td><td></td><td></td><td></td><td></td><td></td><td></td><td></td><td></td><td></td><td></td><td></td></tr>
<tr><td></td><td></td><td></td><td></td><td></td><td></td><td></td><td></td><td></td><td></td><td></td><td></td><td></td><td></td><td></td><td></td></tr>
<tr><td></td><td></td><td></td><td></td><td></td><td></td><td></td><td></td><td></td><td></td><td></td><td></td><td></td><td></td><td></td><td></td></tr>
<tr><td></td><td></td><td></td><td></td><td></td><td></td><td></td><td></td><td></td><td></td><td></td><td></td><td></td><td></td><td></td><td></td></tr>
<tr><td></td><td></td><td></td><td></td><td></td><td></td><td></td><td></td><td></td><td></td><td></td><td></td><td></td><td></td><td></td><td></td></tr>
<tr><td></td><td></td><td></td><td></td><td></td><td></td><td></td><td></td><td></td><td></td><td></td><td></td><td></td><td></td><td></td><td></td></tr>
<tr><td></td><td></td><td></td><td></td><td></td><td></td><td></td><td></td><td></td><td></td><td></td><td></td><td></td><td></td><td></td><td></td></tr>
<tr><td>备注</td><td colspan="15">RT—射线探伤 VT—超声波探伤 MT—磁粉探伤 B—火焰加热 E—电加热 TP—普色探伤
以上代号按实填入“热处理”和“无损检验”的“方法”栏内。</td></tr>
<tr><td>业主（含监理）</td><td colspan="3">代表：
其他：

年　月　日</td><td>施　工</td><td colspan="4">技术：
质检：
记录：

年　月　日</td><td>检　验</td><td colspan="3">代表：
其他：

年　月　日</td><td colspan="3">代表：
其他：

年　月　日</td></tr>
</table>

室内给（冷热）、排水管道安装及附件检查记录

工程名称：　　　　　　检查日期：　　　年　月　日

检查单元	层数	户数	道管安装坡度、接口、支架、管件、阀门、龙头、水表、检查口、扫除口检查情况									检查人	旁站监督人
			管道坡度不符合规定处数	丝接不符合规定处数	法兰连接不符合规定处数	焊接连接不符合规定处数	承插、套箍不符合规定处数	支架制作固定不符合规定处数	阀门龙头不符合规定处数	检查口、扫除口不符合规定处数	水表不符合规定处数		

检查存在主要问题：	检查日期：	返修情况：	复查日期：
施工单位复查结果：		监理（建设）单位核查结论：	
施工单位项目专业技术负责人：　　年　月　日		项目专业监理工程师 （建设单位项目技术负责人）：	监理（建设）项目部（章） 年　月　日

注：该记录应按单元、层逐户全数检查填写其不符合规定的处数，并令其返修后复查；质量检查标准按设计要求及《建筑给水排水及采暖工程施工质量验收规范》GB 50242—2002的有关规定实行；镀锌钢管严禁焊接。

管道补偿器安装检查记录表

5208

建设单位________

单位工程		分部分项		施工图号	
管线号		管道材质	管内介质		工作温度(℃)

编　号	型　式	规　格	材质	设计固定支架间距（m）	设计压力（MPa）	安装时环境温度（℃）	安装预拉/压量（mm）	
							设计值	实测值

附图及说明	一、波形	二、套管形	三、M形	四、球形

	质量员（签字）：	施工员（签字）：	施工班（组）（签字）：
年　月　日	年　月　日	年　月　日	年　月　日

注：$1kgf/cm^2 = 0.0981MPa$

水泵安装记录

5209

工程名称：　　　　　　　　　　　　　　　　　　　　　　　　　　年　月　日

水泵名称					
水泵	水泵型号				
	流量（t/h）				
	扬程（mH_2O）				
	转速（r/min）				
	制造厂名				
	出厂编号				
电机	电动机型号				
	功率（kW）				
	制造厂名				
	出厂编号				
安装基准线	与设计平面位置偏差				
	与设计标高偏差				
泵体水平度偏差					
泵体铅垂度偏差					
轴承间隙	泵侧				
	对轮侧				
联轴器连接误差	A_1	B_1			
	A_2	B_2			
	A_3	B_3			
	A_4	B_4			
备注					

施工员：　　　　　　　　　　　　质检员：　　　　　　　　　　　　班组长：

水泵试运转记录

5210

工程名称：　　　　　　　　　　　　　　　　　　年　　月　　日

水泵名称													
运行记录	水　　泵				电　动　机							出口压力（MPa）	记录人
项目	推力端		膨胀端		轴伸端		非轴伸端		电流（A）				
时间	温度（℃）	振动	温度（℃）	振动	温度（℃）	振动	温度（℃）	振动	A	B	C		
备注													

施工员：　　　　　　　质检员：　　　　　　　班组长：

封闭、插接母线隐蔽工程验收记录

5211

工程名称				分部（子分部）工程		
施工单位				分包单位		
名称型号规格						
安装部位						
线路编号						
长度（m）	全长	最大直线长度		全长	最大直线长度	
固定安装方式	方式	型号、规格	固定方式	方式	型号、规格	固定方法
固定间距(m)	直线	转角	端头	直线	转角	端头
母线连接：接触面						
母线连接：方法						
母线连接：螺栓力矩值						
伸缩缝间隙、作法及数量						
跨接地连接情况						
主接地部位及作法						

施工单位检查结果：	分包单位检查结果：	监理（建设）单位验收结论：
项目专业负责人：	项目专业负责人：	监理工程师： （建设单位项目专业负责人）：
年 月 日	年 月 日	年 月 日

桥架、线槽隐蔽工程验收记录

5212

<table>
<tr><td>工程名称</td><td colspan="3"></td><td>分部（子分部）工程</td><td colspan="2"></td></tr>
<tr><td>施工单位</td><td colspan="3"></td><td>图号</td><td colspan="2"></td></tr>
<tr><td>名称型号规格</td><td colspan="3"></td><td colspan="3"></td></tr>
<tr><td>安装部位</td><td colspan="3"></td><td colspan="3"></td></tr>
<tr><td>线路编号</td><td colspan="3"></td><td colspan="3"></td></tr>
<tr><td>长度（m）</td><td>全长</td><td colspan="2">最大直线长度</td><td>全长</td><td colspan="2">最大直线长度</td></tr>
<tr><td rowspan="4">固定安装方式</td><td>方式</td><td>型号、规格</td><td>固定方式</td><td>方式</td><td>型号、规格</td><td>固定方法</td></tr>
<tr><td></td><td></td><td></td><td></td><td></td><td></td></tr>
<tr><td></td><td></td><td></td><td></td><td></td><td></td></tr>
<tr><td></td><td></td><td></td><td></td><td></td><td></td></tr>
<tr><td>固定间距（m）</td><td>直线</td><td>转角</td><td>端头</td><td>直线</td><td>转角</td><td>端头</td></tr>
<tr><td>伸缩缝间隙、作法及数量</td><td colspan="3"></td><td colspan="3"></td></tr>
<tr><td>连接作法</td><td colspan="3"></td><td colspan="3"></td></tr>
<tr><td>跨接地作法</td><td colspan="3"></td><td colspan="3"></td></tr>
<tr><td>主接地部位及作法</td><td colspan="3"></td><td colspan="3"></td></tr>
<tr><td colspan="3">施工单位检查结果：

项目专业负责人：

年　月　日</td><td colspan="4">监理（建设）单位验收结论：

监理工程师：
（建设单位项目
专业负责人）：

年　月　日</td></tr>
</table>

直埋、缆沟电缆隐蔽工程验收记录　　5213

<table>
<tr><td colspan="2">工程名称</td><td colspan="3"></td><td>分部（子分部）工程</td><td colspan="3"></td></tr>
<tr><td colspan="2">施工单位</td><td colspan="3"></td><td>图　号</td><td></td><td>埋（沟）深（m）</td><td></td></tr>
<tr><td rowspan="7">隐检内容</td><td>线路编号</td><td></td><td></td><td></td><td></td><td></td><td></td><td></td></tr>
<tr><td>电缆型号种类</td><td></td><td></td><td></td><td></td><td></td><td></td><td></td></tr>
<tr><td>电缆敷设检查</td><td></td><td></td><td></td><td></td><td></td><td></td><td></td></tr>
<tr><td>弯曲半径（D）</td><td></td><td></td><td></td><td></td><td></td><td></td><td></td></tr>
<tr><td>保护套管种类规格</td><td></td><td></td><td></td><td></td><td></td><td></td><td></td></tr>
<tr><td>过种套管种类规格</td><td></td><td></td><td></td><td></td><td></td><td></td><td></td></tr>
<tr><td>敷设截面图</td><td colspan="7"></td></tr>
<tr><td colspan="5">施工单位检查结果：

项目专业负责人：

年　月　日</td><td colspan="4">监理（建设）单位验收结论：

监理工程师：
（建设单位项目
专业负责人）：

年　月　日</td></tr>
</table>

注：*D* 为电缆外径。

电线、电缆导管隐蔽工程验收记录 5214

<table>
<tr><td>工程名称</td><td colspan="2"></td><td>分部（子分部）工程</td><td colspan="5"></td></tr>
<tr><td>施工单位</td><td colspan="2"></td><td>验收部位</td><td colspan="2"></td><td colspan="2">图　号</td><td></td></tr>
<tr><td rowspan="10">隐
检
内
容</td><td>管种类（穿电缆种类）</td><td></td><td></td><td></td><td></td><td></td><td></td><td></td></tr>
<tr><td>导管厚度分类</td><td></td><td></td><td></td><td></td><td></td><td></td><td></td></tr>
<tr><td>埋设处结构类型</td><td></td><td></td><td></td><td></td><td></td><td></td><td></td></tr>
<tr><td>电缆导管弯曲半径（D）</td><td></td><td></td><td></td><td></td><td></td><td></td><td></td></tr>
<tr><td>管连接方法</td><td></td><td></td><td></td><td></td><td></td><td></td><td></td></tr>
<tr><td>管外保护层厚度（mm）</td><td></td><td></td><td></td><td></td><td></td><td></td><td></td></tr>
<tr><td>钢管防腐作法</td><td></td><td></td><td></td><td></td><td></td><td></td><td></td></tr>
<tr><td>管路去向核实结果</td><td colspan="7"></td></tr>
<tr><td>穿越变形缝、施工方法图示或说明</td><td colspan="7"></td></tr>
<tr><td>钢管在丝接、箱盒处连接及跨接（标注跨接线规格）图示</td><td colspan="2"></td><td>钢管主接地点位置作法</td><td colspan="4"></td></tr>
<tr><td colspan="4">施工单位检查结果：

项目专业负责人：

年　月　日</td><td colspan="5">监理（建设）单位验收结论：

监理工程师：
（建设单位项目专业负责人）：

年　月　日</td></tr>
</table>

注：1. 弯曲半径填写敷管外径的倍数，D 为管外径。

2. 厚度分类：钢管为＞或≤2mm；塑料管为轻、中、重三类。

大、重型灯具固定、悬吊装置隐蔽验收记录 5215

工程名称			分部（子分部）工程	
施工单位			图　号	
灯具名称				
灯具型号				
灯具重量				
安装部位				
结构类型				
安装方式				
安装数量				
固定、悬吊装置制作安装简图				
施工单位检查结果： 项目专业负责人： 年　月　日		监理（建设）单位验收结论： 监理工程师： （建设单位项目专业负责人）： 年　月　日		

人工接地体隐蔽工程验收记录　　5216

<table>
<tr><td colspan="3">工程名称</td><td colspan="2"></td><td colspan="2">分部（子分部）工程</td><td colspan="2"></td></tr>
<tr><td colspan="3">施工单位</td><td colspan="2"></td><td colspan="2">图　号</td><td colspan="2"></td></tr>
<tr><td colspan="3">接地名称</td><td colspan="6"></td></tr>
<tr><td colspan="3">安装位置</td><td></td><td></td><td></td><td></td><td></td><td></td></tr>
<tr><td rowspan="15">隐检内容</td><td colspan="2">接地体数量（根）</td><td></td><td></td><td></td><td></td><td></td><td></td></tr>
<tr><td rowspan="2">垂直接地体</td><td>品种</td><td></td><td></td><td></td><td></td><td></td><td></td></tr>
<tr><td>规格</td><td></td><td></td><td></td><td></td><td></td><td></td></tr>
<tr><td rowspan="2">水平接地（连接）体</td><td>品种</td><td></td><td></td><td></td><td></td><td></td><td></td></tr>
<tr><td>规格</td><td></td><td></td><td></td><td></td><td></td><td></td></tr>
<tr><td colspan="2">埋深（m）</td><td></td><td></td><td></td><td></td><td></td><td></td></tr>
<tr><td colspan="2">距墙（m）</td><td></td><td></td><td></td><td></td><td></td><td></td></tr>
<tr><td colspan="2">接地体间距（m）</td><td></td><td></td><td></td><td></td><td></td><td></td></tr>
<tr><td rowspan="2">连接</td><td>方法</td><td></td><td></td><td></td><td></td><td></td><td></td></tr>
<tr><td>长度（mm）</td><td></td><td></td><td></td><td></td><td></td><td></td></tr>
<tr><td rowspan="2">焊接</td><td>面数</td><td></td><td></td><td></td><td></td><td></td><td></td></tr>
<tr><td>质量</td><td></td><td></td><td></td><td></td><td></td><td></td></tr>
<tr><td colspan="2">防腐部位及作法</td><td></td><td></td><td></td><td></td><td></td><td></td></tr>
<tr><td colspan="2">人行通道处理作法</td><td></td><td></td><td></td><td></td><td></td><td></td></tr>
<tr><td>水平与垂直接地体连接图示</td><td colspan="3"></td><td>接地体形状位置平面图</td><td colspan="3"></td></tr>
<tr><td colspan="5">施工单位检查结果：

项目专业负责人：

年　月　日</td><td colspan="4">监理（建设）单位验收结论：

监理工程师：
（建设单位项目
专业负责人）：

年　月　日</td></tr>
</table>

接地装置、防雷、等电位隐蔽工程验收记录　5217

<table>
<tr><td colspan="3">工程名称</td><td colspan="2"></td><td>分部（子分部）工程</td><td colspan="2"></td></tr>
<tr><td colspan="3">施工单位</td><td colspan="2"></td><td>图号</td><td>验收部位</td><td></td></tr>
<tr><td colspan="3">隐蔽项目</td><td>基础接地体</td><td>防雷引下线</td><td>均压带</td><td>接地干线</td><td>等电位干线</td></tr>
<tr><td colspan="3">验收日期</td><td></td><td></td><td></td><td></td><td></td></tr>
<tr><td colspan="3">隐蔽项目所在部位</td><td></td><td></td><td></td><td></td><td></td></tr>
<tr><td rowspan="7">隐检内容</td><td rowspan="2">主材</td><td>品种</td><td></td><td></td><td></td><td></td><td></td></tr>
<tr><td>规格</td><td></td><td></td><td></td><td></td><td></td></tr>
<tr><td rowspan="3">连接</td><td>方法</td><td></td><td></td><td></td><td></td><td></td></tr>
<tr><td>长度范围（mm）</td><td></td><td></td><td></td><td></td><td></td></tr>
<tr><td>情况</td><td></td><td></td><td></td><td></td><td></td></tr>
<tr><td colspan="2">与其他设施连接、基础接地体连接图示</td><td colspan="5"></td></tr>
<tr><td colspan="2">平面及混凝土截面接地钢筋位置图示</td><td colspan="5"></td></tr>
<tr><td colspan="5">施工单位检查结果：

项目专业负责人：

年　月　日</td><td colspan="3">监理（建设）单位验收结论：

监理工程师：
(建设单位项目
专业负责人)：

年　月　日</td></tr>
</table>

电气安装工程分项自检、互检记录

5218

工程名称		施工单位			
检查部位		安装班组			
序号	具体项目及标准要求	自检	互检	质检	评定
综合结论					

参加人员	质检员	施工员	班组长	互检人	自检人
签字					
检查日期					

注：检查时自、互、质检栏填写实测数据，序号填写时应与“项目及标准要求”栏的第一行字相对应。

风管及配件制作质量记录表

5219

建设单位：

<table>
<tr><td colspan="2">单位工程</td><td></td><td>分项工程</td><td colspan="2"></td><td>系统名称</td><td colspan="2"></td><td>施工图号</td><td colspan="2"></td></tr>
<tr><td colspan="2">材　质</td><td></td><td>厚　度</td><td colspan="2"></td><td>规　格</td><td colspan="5"></td></tr>
<tr><td rowspan="2">序号</td><td colspan="2" rowspan="2">检查项目</td><td rowspan="2">允差值（mm）</td><td colspan="8">实测值（mm）</td></tr>
<tr><td>1</td><td>2</td><td>3</td><td>4</td><td>5</td><td>6</td><td>7</td><td>8</td></tr>
<tr><td rowspan="2">1</td><td colspan="2" rowspan="2">风管直管（或边长）</td><td></td><td></td><td></td><td></td><td></td><td></td><td></td><td></td><td></td></tr>
<tr><td></td><td></td><td></td><td></td><td></td><td></td><td></td><td></td><td></td></tr>
<tr><td>2</td><td colspan="2">制作平整度或椭圆度</td><td></td><td></td><td></td><td></td><td></td><td></td><td></td><td></td><td></td></tr>
<tr><td>3</td><td colspan="2">板边宽度</td><td></td><td></td><td></td><td></td><td></td><td></td><td></td><td></td><td></td></tr>
<tr><td>4</td><td colspan="2">板边平整度</td><td></td><td></td><td></td><td></td><td></td><td></td><td></td><td></td><td></td></tr>
<tr><td>5</td><td rowspan="3">法兰盘</td><td>直径或边长</td><td></td><td></td><td></td><td></td><td></td><td></td><td></td><td></td><td></td></tr>
<tr><td>6</td><td>制作平整度</td><td></td><td></td><td></td><td></td><td></td><td></td><td></td><td></td><td></td></tr>
<tr><td>7</td><td>管端法兰平行度</td><td></td><td></td><td></td><td></td><td></td><td></td><td></td><td></td><td></td></tr>
<tr><td>8</td><td rowspan="3">配件</td><td></td><td></td><td></td><td></td><td></td><td></td><td></td><td></td><td></td><td></td></tr>
<tr><td>9</td><td></td><td></td><td></td><td></td><td></td><td></td><td></td><td></td><td></td><td></td></tr>
<tr><td>10</td><td></td><td></td><td></td><td></td><td></td><td></td><td></td><td></td><td></td><td></td></tr>
<tr><td colspan="3">项目主任工程师（签字）：

年　月　日</td><td colspan="3">质检员（签字）：

年　月　日</td><td colspan="3">施工员（签字）：

年　月　日</td><td colspan="3">施工班（组）（签字）：

年　月　日</td></tr>
</table>

记录人：

风管安装质量记录表

5220

建设单位：

单位工程		分项工程		系　统		施工图号	
材　质		厚　度		规　格			

序号	检查项目			
1	风管	横管不水平度		
2		立管不垂直度		
3		标高	起点	
4			端点	
5	支架	间　距		
6		水平度		
7		牢固（目测）		
8	风管距墙最小距离			
9	法兰垫料名称			
10	柔性短管（目测）			
11				

项目主任工程师（签字）： 年　月　日	质检员（签字）： 年　月　日	施工员（签字）： 年　月　日	施工班（组）（签字）： 年　月　日

记录人：

通风机安装质量记录表

建设单位：

单位工程				分项工程					系统名称						
型号				台数					施工图号						
序号	风机编号	转速（转/分）		风量（m^3/h）		风压（Pa）		功率（kW）	实测值（mm）						
									中心位置	标高	水平度	皮带轮位移	同轴度		碰壳与否
		设计	实测	设计	实测	设计	实测						径向	轴向	

项目主任工程师（签字）： 年　月　日	质检员（签字）： 年　月　日	施工员（签字）： 年　月　日	施工班（组）（签字）： 年　月　日

记录人：

风机盘管及窗式空调器安装检查记录表

5222

建设单位：

单位工程		分项工程			系统名称			施工图号		
序号	安装地点	设备名称	型号规格	数值	安装质量情况					
					中心位置	标高	坡向	上下水接口	接口保温	表面

项目主任工程师（签字）：	质检员（签字）：	施工员（签字）：	施工班（组）（签字）：
年 月 日	年 月 日	年 月 日	年 月 日

记录人：

风管部件制作检查记录表

5223

建设单位：

单位工程			分项工程		系统名称		施工图号		
材　　质			类　　别						
序号	检查项目		允差值（mm）	部件名称及实测值（mm）					
	外观各部尺寸								

	质量员（签字）：	施工员（签字）：	施工班（组）（签字）：
年　月　日	年　月　日	年　月　日	年　月　日

空气处理设备安装检查记录表

5224

建设单位：

单位工程		分项工程		系　　统		施工图号	
型　　号		规　　格					
序号	检　查　项　目	允差值（mm）	设备名称及实测值（mm）				
			空调器	消声器	过滤器	除尘器	

	质量员（签字）：	施工员（签字）：	施工班（组）（签字）：
年　月　日	年　月　日	年　月　日	年　月　日

5225

<table>
<tr><td colspan="4">电梯承重梁、起重吊环埋设隐蔽工程检查记录</td><td>编　号</td><td colspan="2"></td></tr>
<tr><td>工程名称</td><td colspan="3"></td><td>隐检项目</td><td colspan="2">承重梁、起重吊环埋设</td></tr>
<tr><td>检查部位</td><td colspan="3"></td><td>填写日期</td><td colspan="2"></td></tr>
<tr><td>施工日期</td><td colspan="3"></td><td>天气情况</td><td>气温（℃）</td><td></td></tr>
<tr><td colspan="7">隐检内容及示意图
≥20
1- 砖墙
2- 承重梁
3- 钢筋混凝土梁
4- 墙中心线
≥75
墙中心线
曳引机承重钢梁
δ >16 钢板</td></tr>
<tr><td>承重梁规格</td><td></td><td>数　量</td><td></td><td>承重墙类型</td><td>厚　度</td><td></td></tr>
<tr><td>埋设长度</td><td></td><td>过墙中心</td><td></td><td>梁垫规格</td><td colspan="2"></td></tr>
<tr><td>焊接情况</td><td></td><td>防腐措施</td><td></td><td>梁端封固</td><td colspan="2">型钢焊接、混凝土灌注</td></tr>
<tr><td colspan="2">起重吊环设计荷载（kg）</td><td colspan="2"></td><td>起重吊环材料规格</td><td colspan="2">Q235，ϕ</td></tr>
<tr><td colspan="2">混凝土承重梁位置规格</td><td colspan="2"></td><td>吊环与钢筋锚固尺寸</td><td colspan="2"></td></tr>
<tr><td colspan="2">Q235 圆钢吊环荷载</td><td>ϕ16，1.5t</td><td>ϕ20，2.1t</td><td>ϕ22，2.7t</td><td>ϕ24，3.3t</td><td>ϕ27，4.1t</td></tr>
<tr><td>检查意见</td><td colspan="3">
年　月　日</td><td>复查意见</td><td colspan="2">
年　月　日</td></tr>
<tr><td rowspan="3">签字栏</td><td rowspan="2">建设（监理）单位</td><td colspan="5">安装单位</td></tr>
<tr><td colspan="2">专业技术负责人</td><td>专业质检员</td><td colspan="2">专业工长</td></tr>
<tr><td></td><td colspan="2"></td><td></td><td colspan="2"></td></tr>
</table>

注：本表由施工单位填写，城建档案馆、建设单位、施工单位各保存一份。

<table>
<tr><td colspan="4">电梯钢丝绳头灌注隐蔽
工程检查记录</td><td>编　号</td><td colspan="2"></td></tr>
<tr><td>工程名称</td><td colspan="3"></td><td>隐检项目</td><td colspan="2">钢丝绳头灌注</td></tr>
<tr><td>操作场地</td><td colspan="3"></td><td>填写日期</td><td colspan="2"></td></tr>
<tr><td>操作日期</td><td colspan="3"></td><td>天气情况</td><td>气温（℃）</td><td></td></tr>
<tr><td>用火手续</td><td></td><td>看火人</td><td></td><td>操作人</td><td colspan="2"></td></tr>
<tr><td>钢绳用途</td><td>曳引、限速、补偿</td><td>钢绳规格</td><td>φ　mm</td><td>锥套数</td><td colspan="2">共　个</td></tr>
<tr><td>隐检内容</td><td colspan="6">单位：mm

尖端绑扎点
R5–7
45
60
浇灌合金口
周围用布缠裹
防止合金漏出
80
20
10

将钢绳清洗干净，绳头分股后，每股端部绑扎防止散丝；去掉麻芯，各绳股向中心弯曲后，按入锥套内；将锥套加热 40～50℃，熔化合金温度 270～400℃；必须一次与锥套浇平，严禁一个锥套二次浇灌。</td></tr>
<tr><td>检查意见</td><td colspan="2">

年　月　日</td><td>复查意见</td><td colspan="3">

年　月　日</td></tr>
<tr><td rowspan="3">签字栏</td><td rowspan="2">建设（监理）单位</td><td colspan="5">安装单位</td></tr>
<tr><td colspan="2">专业技术负责人</td><td>专业质检员</td><td colspan="2">专业工长</td></tr>
<tr><td></td><td colspan="2"></td><td></td><td colspan="2"></td></tr>
</table>

注：本表由施工单位填写，城建档案馆、建设单位、施工单位各保存一份。

电梯导轨、层门的支架、螺栓埋设隐蔽工程检查记录			编　号	
工程名称		隐检项目	导轨、层门的支架、螺栓埋设	
检查部位	电梯井道内	填写日期		
施工日期		天气情况		气温（℃）

30°~50°
30°~50°
50mm
240
200
150
240
200
(a) (b) (c) (d) (e) (f)

井壁结构		适用工艺		适应图号	a. b. c. d. e. f
埋铁厚度	δ≥16	螺栓规格	M	型钢规格	
燕尾夹角	≥60	埋设深度	≥120	墙洞尺寸	
清渣冲水		混凝土配合比（水泥：砂：细石）		养护（d）	

检查意见	年　月　日	复查意见	年　月　日

签字栏	建设（监理）单位	安装单位		
		专业技术负责人	专业质检员	专业工长

注：本表由施工单位填写，城建档案馆、建设单位、施工单位各保存一份。

电梯电气装置安装检查记录（一）			编　号	
工程名称			日　期	
序号	检验项目	检验内容及其规范标准要求		检查结果
1	主电源开关	位置在机房入口，各台易识别，容量适当，距地面1.3~1.5m		
		不应切断与电梯有关的照明、通风、插座及报警电路		
2	机房照明	与电梯电源分开，在机房入口处设开关，地面照度≥200lx		
3	轿厢照明和通风电路	电源可由相应的主开关进线侧获得		
		在相应主开关近旁设置电源开关进行控制		
4	轿顶照明及插座	应装设照明装置，或设置安全电压的电源插座		
		轿顶检修220V电源插座（2P+PE型）应设明显标志		
5	井道照明	电源宜由机房照明回路获得，在机房和坑底设置控制开关		
		在井道最高和最低处0.5m内各设一灯，并设中间灯，照度≥5lx		
6	接地保护	所有电气设备的外露可导电部分均应可靠接地或接零		
		保护线和工作零线始终分开，保护线采用黄绿双色绝缘导线		
		保护干线截面积不得小于电源相线，支线应符合相关标准要求		
		各接地保护端应易识别，不得串联接地。接地电阻值≤4Ω		
		电梯轿厢可利用随行电缆的钢芯或不少于2根芯线接地		
7	控制屏柜	布局合格，固定可靠，基础高出地面50~100mm		
		垂直度偏差≤1.5/1000		
		正面距门窗、维修侧距墙≥600mm，距机械设备≥500mm		
8	防护罩壳	在机房内必须防止直接触电。所有外壳防护等级最低为IP2X		
9	线路敷设	各台电梯的供电电源应单独敷设或采取隔离措施		
		机房、井道内应使用金属电线管槽，严禁使用可燃性的管槽		

签字栏	建设（监理）单位	安装单位		
		专业技术负责人	专业质检员	专业工长

注：本表由施工单位填写，建设单位、施工单位各保存一份。

5229

电梯电气装置安装检查记录（二）	编　号		
工程名称		日　期	

序号	检验项目	检验内容及其规范标准要求		检查结果
10	电线管槽	距轿厢、钢绳	机房内≥50mm，井道内≥20mm	
		水平和垂直偏差	机房内≤2/1000	
			井道内≤5/1000，全长≤50mm	
		均应可靠接地或接零，但线槽、软管不得作保护线使用		
		轿厢顶部电缆应敷设在被固定的金属电线管、槽内		
11	电线槽	在机房地面敷设时，其壁厚≥1.5mm		
		位置正确，安装牢固，每根线槽不应少于2点固定		
		接口严密，出线口无毛刺，槽盖齐全平整，便于开启		
12	电线管	应用管卡子固定，间距均匀（符合电气安装标准）		
		与线槽、箱、盒连接处应用锁母锁紧，管口装设护口		
		暗敷设时，保护层厚度≥15mm		
13	金属软管	用于不易受机械损伤的分支线路，长度≤2m		
		不得损伤和松散，与箱、盒、设备连接处应使用专用接头		
		应安装平直牢固，固定点间距均匀且应≤1m		
		端头及拐弯处固定距离应≤0.3m，弯曲半径应≥其外径的4倍		
		与管、箱、盒应采用专用接地夹连接，保护线应采用≥$4mm^2$多股铜线		
14	轿厢操作盘及显示面板	应与轿壁贴实，洁净无划伤		
		按钮触动应灵活无卡阻，信号应清晰正确，无串光现象		
15	防腐	附属构架、电线槽、电线管等均应涂防锈漆或镀锌，无遗漏		

签字栏	建设（监理）单位	安装单位		
		专业技术负责人	专业质检员	专业工长

注：本表由施工单位填写，建设单位、施工单位各保存一份。

<table>
<tr><td colspan="3">电梯电气装置安装检查记录（三）</td><td>编 号</td><td></td></tr>
<tr><td colspan="2">工程名称</td><td></td><td>日 期</td><td></td></tr>
<tr><td>序号</td><td>检验项目</td><td colspan="2">检验内容及其规范标准要求</td><td>检查结果</td></tr>
<tr><td rowspan="15">16</td><td rowspan="15">导线敷设</td><td colspan="2">应使用额定电压不低于500V的铜芯绝缘导线</td><td></td></tr>
<tr><td colspan="2">电缆的绝缘或护套表面应有制造厂名、型号和电压的连续标志，标志应字迹清楚，容易辨认且耐擦</td><td></td></tr>
<tr><td colspan="2">动力线路与控制线路应隔离敷设，抗干扰线路按产品要求</td><td></td></tr>
<tr><td colspan="2">电缆管、槽内无积水、污垢</td><td></td></tr>
<tr><td colspan="2">接线编号齐全清晰。保护线端子、电压220V以上的端子和主电源断开后仍带电超过50V的端子应有明显标记</td><td></td></tr>
<tr><td colspan="2">出入电线管、槽的电线应有护口或其他保护措施</td><td></td></tr>
<tr><td colspan="2">电缆槽拐弯、导线受力处应加绝缘衬垫，垂直部分应可靠固定</td><td></td></tr>
<tr><td colspan="2">电线管内导线总截面积≤管内净截面积的40%</td><td></td></tr>
<tr><td colspan="2">电线槽内导线总截面积≤槽内净截面积的60%</td><td></td></tr>
<tr><td colspan="2">配线应绑扎整齐，留备用线，其长度与箱、盒内最长的导线相同</td><td></td></tr>
<tr><td colspan="2">线槽内应减少接头，接头冷压端子压接可靠，绝缘良好</td><td></td></tr>
<tr><td colspan="2">全部电线接头、连接端子及连接器应设置于柜、盒内或为此目的而设置的屏上</td><td></td></tr>
<tr><td colspan="2">导线和电缆的保护外皮应完全进入开关和设备的壳体或应进入一个合适的封闭装置中</td><td></td></tr>
<tr><td colspan="2">如果不需使用工具就能将连接件或插接式装置拔出时，则应保证重新插入时，绝不会插错</td><td></td></tr>
<tr><td colspan="2"></td><td></td></tr>
<tr><td>17</td><td>绝缘电阻</td><td colspan="2">导体之间、导体对地之间应＞1000Ω/V。动力电路和电器安全装置电路应≥0.5MΩ；控制回路和照明回路应≥0.25MΩ</td><td></td></tr>
<tr><td rowspan="3">签字栏</td><td rowspan="2">建设（监理）单位</td><td colspan="3">安装单位</td></tr>
<tr><td>专业技术负责人</td><td>专业质检员</td><td>专业工长</td></tr>
<tr><td></td><td></td><td></td><td></td></tr>
</table>

注：本表由施工单位填写，建设单位、施工单位各保存一份。

<table>
<tr><td colspan="4">电梯机房、井道预检记录</td><td>编　号</td><td colspan="2"></td></tr>
<tr><td colspan="2">工程名称</td><td colspan="2"></td><td>检查日期</td><td colspan="2"></td></tr>
<tr><td colspan="2">土建设计图号</td><td colspan="2"></td><td>电梯厂设计图号</td><td colspan="2"></td></tr>
<tr><td colspan="2">同机房电梯数</td><td></td><td>同井道电梯数</td><td></td><td>楼层数</td><td></td></tr>
<tr><td colspan="2">检测内容</td><td>设计要求</td><td>检测数据</td><td>偏差数值</td><td colspan="2">具体部位</td></tr>
<tr><td colspan="2">机房高度</td><td></td><td></td><td></td><td colspan="2"></td></tr>
<tr><td colspan="2">机房宽度</td><td></td><td></td><td></td><td colspan="2"></td></tr>
<tr><td colspan="2">机房深度</td><td></td><td></td><td></td><td colspan="2"></td></tr>
<tr><td colspan="2">地板承重</td><td></td><td></td><td></td><td colspan="2"></td></tr>
<tr><td colspan="2">预留孔洞</td><td></td><td></td><td></td><td colspan="2"></td></tr>
<tr><td colspan="2">吊钩埋设</td><td></td><td></td><td></td><td colspan="2"></td></tr>
<tr><td colspan="2">井道宽度</td><td></td><td></td><td></td><td colspan="2"></td></tr>
<tr><td colspan="2">井道深度</td><td></td><td></td><td></td><td colspan="2"></td></tr>
<tr><td colspan="2">顶层高度</td><td></td><td></td><td></td><td colspan="2"></td></tr>
<tr><td colspan="2">标准层高</td><td></td><td></td><td></td><td colspan="2"></td></tr>
<tr><td colspan="2">底坑深度</td><td></td><td></td><td></td><td colspan="2"></td></tr>
<tr><td colspan="2">井道偏斜</td><td></td><td></td><td></td><td colspan="2"></td></tr>
<tr><td colspan="2">混凝土梁间距</td><td></td><td></td><td></td><td colspan="2"></td></tr>
<tr><td colspan="2">埋件位置</td><td></td><td></td><td></td><td colspan="2"></td></tr>
<tr><td colspan="2">层门尺寸</td><td></td><td></td><td></td><td colspan="2"></td></tr>
<tr><td rowspan="2">盒洞</td><td>召唤开关</td><td></td><td></td><td></td><td colspan="2"></td></tr>
<tr><td>楼层指示</td><td></td><td></td><td></td><td colspan="2"></td></tr>
<tr><td colspan="7">检查意见：</td></tr>
<tr><td colspan="2">土建单位</td><td colspan="2"></td><td>安装单位</td><td colspan="2"></td></tr>
<tr><td rowspan="2">签字栏</td><td colspan="2">土建技术负责人</td><td colspan="2">专业技术负责人</td><td>专业质检员</td><td>专业工长</td></tr>
<tr><td colspan="2"></td><td colspan="2"></td><td></td><td></td></tr>
</table>

注：本表由施工单位填写并保存。

自动扶梯、自动人行道安装与土建交接预检记录		编　号	
工程名称		日　期	

土建布置图（可复印粘贴）　　单位：mm

检测项目	设计要求	检测数据	允许偏差（mm）
水平基准线标识			
机房宽度			
机房深度			
支承宽度			
支承长度			
中间支承强度			
支承水平间距			0 ~ 15
扶梯提升高度			－15 ~ ＋15
支承预埋件尺寸			
提升设备预留措施			

检查意见：

土建单位		安装单位		
签字栏	土建技术负责人	专业技术负责人	专业质检员	专业工长

注：本表由施工单位填写并保存。

<table>
<tr><td colspan="3">自动扶梯、自动人行道的
相邻区域检查记录</td><td>编　号</td><td></td></tr>
<tr><td>工程名称</td><td colspan="2"></td><td>日　期</td><td></td></tr>
<tr><td>序号</td><td>检验项目</td><td colspan="2">检验内容及其规范标准要求</td><td>检查结果</td></tr>
<tr><td>1</td><td>出入口
畅通区</td><td colspan="2">其宽度不应小于扶手带中心线之间的距离，纵深尺寸从扶手带转向端起应不小于2.5mm；如该区宽度大于扶手带中心间距两倍时，其纵深尺寸可减至2m</td><td></td></tr>
<tr><td>2</td><td>照明</td><td colspan="2">地面处的光照度：室内应不小于50lx，室外应不小于15lx</td><td></td></tr>
<tr><td>3</td><td>防碰挡板</td><td colspan="2">当扶手带中心线与障碍物或自动扶梯、自动人行道的交叉间距小于0.5m时，应在外盖板上方设置无锐利边缘的垂直防碰挡板，其高度应不小于0.3m，软连接的链绳自由长度应不小于75mm</td><td></td></tr>
<tr><td>4</td><td>净空高度</td><td colspan="2">梯级、踏板或胶带上空垂直净高度严禁小于2.3m</td><td></td></tr>
<tr><td>5</td><td>防护栏</td><td colspan="2">自动扶梯与楼层地面开口部之间应设置保证安全的栏杆或屏障，其高度严禁小于1.2m</td><td></td></tr>
<tr><td>6</td><td>防护网</td><td colspan="2">当开口与扶梯间距大于200mm时，应设防止物品下落的防护网，网孔密度不能让直径大于ϕ50mm的球落下，骨架应用钢材制作</td><td></td></tr>
<tr><td>7</td><td>护板</td><td colspan="2">出入口应设置防儿童钻爬的护板，其高度应不小于1.1m，与扶手装置及其他设施的间隙应不大于100mm</td><td></td></tr>
<tr><td rowspan="2">8</td><td rowspan="2">扶手带外缘</td><td colspan="2">与墙壁或障碍物的水平距离不应小于80mm，该距离应保持至梯级、踏板或胶带上方不小于2.1m的高度</td><td></td></tr>
<tr><td colspan="2">相邻平行或交叉设置的自动扶梯，其扶手带外缘间距不应小于120mm</td><td></td></tr>
<tr><td>9</td><td>标志须知</td><td colspan="2">应采用汉字，位置明显，材料经久耐用。内容应符合GB 16899《自动扶梯和自动人行道的制造与安装安全规范》的规定</td><td></td></tr>
</table>

<table>
<tr><td rowspan="3">签字栏</td><td rowspan="2">建设（监理）单位</td><td>安装单位</td><td colspan="2"></td></tr>
<tr><td>专业技术负责人</td><td>专业质检员</td><td>专业工长</td></tr>
<tr><td></td><td></td><td></td><td></td></tr>
</table>

注：本表由施工单位填写，建设单位、施工单位各保存一份。

<table>
<tr><td colspan="3">自动扶梯、自动人行道电气
装置检查记录（一）</td><td>编　号</td><td></td></tr>
<tr><td>工程名称</td><td colspan="2"></td><td>日　期</td><td></td></tr>
<tr><td>序号</td><td>检验项目</td><td colspan="2">检验内容及其规范标准要求</td><td>检查结果</td></tr>
<tr><td rowspan="2">1</td><td rowspan="2">主开关</td><td colspan="2">每台个，装设在驱动主机或控制装置附近，能迅速而容易的操纵，具有稳定的断开和闭合位置，并能保持在断开的位置</td><td></td></tr>
<tr><td colspan="2">不应切断电源插座或检修照明电路的电源</td><td></td></tr>
<tr><td rowspan="4">2</td><td rowspan="4">照明电路、开关、插座</td><td colspan="2">各分离机房、驱动和转向站内应设固定的照明和插座</td><td></td></tr>
<tr><td colspan="2">在金属结构内应正常备手提行灯，并配备足够的电源插座</td><td></td></tr>
<tr><td colspan="2">插座应是2P + PE 型（2级 + 保护线）250V或安全电压型式</td><td></td></tr>
<tr><td colspan="2">电源应和主机电源分开，或由主开关之前的分支电缆供电。各回路的保护开关应位于主开关近旁，并应有明显的标志</td><td></td></tr>
<tr><td>3</td><td>防护罩壳</td><td colspan="2">在各分离机房、驱动和转向站内应采用防护等级至少为1P2X的防护罩以防止直接触电</td><td></td></tr>
<tr><td rowspan="4">4</td><td rowspan="4">接地保护</td><td colspan="2">电气设备金属罩壳均应有易识别的接地端。接地线应分别直接可靠的接至接地端上，不得互相串接后接地。接地电阻值应≤4Ω</td><td></td></tr>
<tr><td colspan="2">接地保护线应采用黄绿双色绝缘铜芯导线，并应与零线始终分开</td><td></td></tr>
<tr><td colspan="2">接地干线的截面积不得小于相线；支路采用裸铜线时应≥4mm²，采用绝缘铜芯导线时应≥1.5mm²</td><td></td></tr>
<tr><td colspan="2">金属软管和线槽均应可靠接地或接零，但不得作为保护线使用</td><td></td></tr>
<tr><td rowspan="3">签字栏</td><td rowspan="2">建设（监理）单位</td><td colspan="3">安装单位</td></tr>
<tr><td>专业技术负责人</td><td>专业质检员</td><td>专业工长</td></tr>
<tr><td></td><td></td><td></td><td></td></tr>
</table>

注：本表由施工单位填写，建设单位、施工单位各保存一份。

<table>
<tr><td colspan="3">自动扶梯、自动人行道电气
装置检查记录（二）</td><td>编　号</td><td></td></tr>
<tr><td>工程名称</td><td colspan="2"></td><td>日　期</td><td></td></tr>
<tr><td>序号</td><td>检验项目</td><td colspan="2">检验内容及其规范标准要求</td><td>检查结果</td></tr>
<tr><td rowspan="5">5</td><td rowspan="5">线路敷设</td><td colspan="2">各台自动扶梯、自动人行道的电源线路应单独敷设或采取隔离措施</td><td></td></tr>
<tr><td colspan="2">所有管线应采用不延燃型材料，并应有防止机械损伤的措施</td><td></td></tr>
<tr><td colspan="2">导线敷设总截面积（包括外护层）不得超过线槽截面积的60%；不得超过线管净截面积的40%</td><td></td></tr>
<tr><td colspan="2">动力线路与控制线路应隔离敷设，抗干扰线路按产品要求</td><td></td></tr>
<tr><td colspan="2">配线应绑扎整齐，接线编号应齐全清晰</td><td></td></tr>
<tr><td rowspan="3">6</td><td rowspan="3">金属软管</td><td colspan="2">不得损伤和松散，与箱、盒、设备连接处应使用专用接头</td><td></td></tr>
<tr><td colspan="2">应安装平直牢固，固定点间距均匀且应≤1m，端头及拐弯处固定距离应≤0.3m，弯曲半径应≥其外径的4倍</td><td></td></tr>
<tr><td colspan="2">与管、箱、盒应采用专用接地夹连接，保护线应采用≥4mm²多股铜线</td><td></td></tr>
<tr><td rowspan="3">7</td><td rowspan="3">导线连接</td><td colspan="2">电缆的绝缘或护套表面应有制造厂名、型号和电压的连续标志，标志应字迹清楚，容易辨认且耐擦</td><td></td></tr>
<tr><td colspan="2">保护线端子、电压220V以上的端子和主电源断开后仍带电超过50V的端子应有明显标记</td><td></td></tr>
<tr><td colspan="2">全部导线接头、连接端子及其连接器应设置于柜、箱、盒内；导线和电缆的保护外皮应完全进入开关和设备的壳体内</td><td></td></tr>
<tr><td>8</td><td>绝缘电阻</td><td colspan="2">导体之间、导体对地之间应＞1000Ω/V。动力电路和电气安全装置电路应≥0.5MΩ；其他回路（控制、照明等）应≥0.25MΩ</td><td></td></tr>
<tr><td rowspan="3">签字栏</td><td rowspan="2">建设（监理）单位</td><td colspan="3">安装单位</td></tr>
<tr><td>专业技术负责人</td><td>专业质检员</td><td>专业工长</td></tr>
<tr><td></td><td></td><td></td><td></td></tr>
</table>

注：本表由施工单位填写，建设单位保存一份。

自动扶梯、自动人行道整机安装质量检查记录		编　号	
工程名称		日　期	

序号	检验项目	检验内容及其规范标准要求	检查结果
1	一般要求	所有外露部件如装饰板、围裙板、扶手支架、扶手导轨、内外盖板、护壁板等应表面完整光滑，其接缝处的凸台不应大于0.5mm	
2	装饰板（围板）	应有足够的机械强度和钢度，除梯级、踏板或胶带以及扶手带等以外的运动部分均应完全封闭在无孔的围板内（可设通风孔）	
3	护壁板（护栏板）	应有足够的强度和钢度，其边缘应呈圆角或倒角状，对接处间隙不应大于4mm（玻璃护壁板之间应有间隙）	
4	围裙板梯级踏板	应设防夹装置或在梯级踏面两端提供黄色标记	
		与梯级或踏板任一侧的水平间隙应≤4mm，两侧间隙总和应≤7mm	
		与自动人行道踏板或胶带的间隙应≤4mm，围裙板垂直投影不允许与踏板或胶带产生水平间隙	
5	扶手带	截面形状与导向件组合后，不应挤夹手指，开口处与导向件的距离在任何情况均不得超过8mm	
		导向和张紧应能在正常工作时不会脱离扶手导轨	
6	桁架（机架）	应能承受扶梯满载重量，其最大挠度应符合GB 16899中5.3的要求（可核查有关证明文件）	
		支承固定可靠，当提升高度大于5m时，应设中间支承或采取其他增强措施。金属结构表面应有防锈措施（可核查隐检记录）	
7	驱动装置	驱动主机运转时不得有杂声、冲击和异常的振动	
		减速器箱体分割面、视孔、端盖处及油管接头均不应有渗漏油现象。驱动链、扶手驱动链、梯级链应保持良好润滑	
		制动器与制动轮工作表面应保持清洁，动作应灵活可靠	
		飞轮上应有与自动扶梯、自动人行道运行方向相对应的标志。手轮、制动盘等光滑圆形部件，至少应部分漆成黄色	
8	盘车装置	应操作方便、安全、可靠，不允许采用曲柄或多孔手轮	
		手动盘车装置附近应备有使用说明	
9	应设置有效防护装置的部件	轴上的键和螺栓，电动机主轴伸出部分	
		传动齿轮、链轮、传动皮带、链条、外露的限速器	
		须在驱动或转向站内维修的梯级和踏板转向部分	

签字栏	建设（监理）单位	安装单位		
		专业技术负责人	专业质检员	专业工长

注：本表由施工单位填写，建设单位、施工单位各保存一份。

七、施工试验记录

通用表格

5237

施工试验记录（通用）		编　　号	
		试验编号	
		委托编号	
工程名称及施工部位			
试验日期		规格、材质	
试验项目：			
试验内容：			
结论：			

批　　准		审　　核		试　　验	
试验单位					
报告日期					

注：本表由建设单位、施工单位各保存一份。

<table>
<tr><td colspan="3">设备单机试运转记录</td><td>编　号</td><td colspan="2"></td></tr>
<tr><td>工程名称</td><td colspan="2"></td><td>试运转时间</td><td colspan="2"></td></tr>
<tr><td>设备部位图号</td><td></td><td>设备名称</td><td></td><td>规格型号</td><td></td></tr>
<tr><td>试验单位</td><td></td><td>设备所在系统</td><td></td><td>额定数据</td><td></td></tr>
</table>

序号	试验项目	试验记录	试验结论
1			
2			
3			
4			
5			
6			
7			
8			
9			
10			
11			
12			
13			
14			

试运转结论：

<table>
<tr><td rowspan="3">签字栏</td><td rowspan="2">建设（监理）单位</td><td colspan="3">施工单位</td></tr>
<tr><td>专业技术负责人</td><td>专业质检员</td><td>专业工长</td></tr>
<tr><td></td><td></td><td></td><td></td></tr>
</table>

注：本表由施工单位填写，建设单位、施工单位、城建档案馆各保存一份。

<table>
<tr><td colspan="2">系统试运转调试记录</td><td>编　号</td><td></td></tr>
<tr><td>工程名称</td><td></td><td>试运转调试时间</td><td></td></tr>
<tr><td>试运转调试项目</td><td></td><td>试运转调试部位</td><td></td></tr>
<tr><td colspan="4">试运转、调试内容：</td></tr>
<tr><td colspan="4">试运转、调试结论：</td></tr>
</table>

建设单位	监理单位	施工单位

附：必要的试运转调试测试表

注：本表由施工单位填写，建设单位、施工单位、城建档案馆各保存一份。

有见证试验汇总表

5240

工 程 名 称：________________

施 工 单 位：________________

建 设 单 位：________________

监 理 单 位：________________

见 证 人：________________

试验室名称：________________

试验项目	应送试件总组数	有见证试验组数		监督抽样组数		备 注
		合格	不合格	合格	不合格	

注：此表由施工单位汇总填写。　　制表人：　　年　月　日

<table>
<tr><td colspan="2" rowspan="3">土工击实试验报告</td><td>编　号</td><td></td></tr>
<tr><td>试验编号</td><td></td></tr>
<tr><td>委托编号</td><td></td></tr>
<tr><td>工程名称部位</td><td></td><td>试样编号</td><td></td></tr>
<tr><td>委托单位</td><td></td><td>试验委托人</td><td></td></tr>
<tr><td>结构类型</td><td></td><td>填土部位</td><td></td></tr>
<tr><td>要求压实系数（λ_c）</td><td></td><td>土样种类</td><td></td></tr>
<tr><td>来样日期</td><td></td><td>试验日期</td><td></td></tr>
<tr><td rowspan="3">试验结果</td><td colspan="3">最优含水量（W_{op}）＝　　　　　　　　%</td></tr>
<tr><td colspan="3">最大干密度（ρ_{dmax}）＝　　　　　　　　g/cm^3</td></tr>
<tr><td colspan="3">控制指标（控制干密度）
最大干密度×要求压实系数＝　　　　　　　　g/cm^3</td></tr>
<tr><td colspan="4">结论：</td></tr>
</table>

批　准		审　核		试　验	
试验单位					
报告日期					

注：本表由建设单位、施工单位、城建档案馆各保存一份。

回填土试验报告		编号	
		试验编号	
		委托编号	
工程名称部位			
委托单位		试验委托人	
要求压实系数（λ_c）		回填土种类	
控制干密度（ρ_d）	g/cm³	试验日期	

点号 / 项目 / 步数										
	实测干密度（g/cm³） 实测压实系数									

取样位置简图：（附）

结论：

批准		审核		试验	
试验单位					
报告日期					

注：本表由建设单位、施工单位、城建档案馆各保存一份。

钢筋连接试验报告		编　　号			
		试验编号			
		委托编号			
工程名称及部位		试件编号			
委托单位		试验委托人			
接头类型		检验形式			
设计要求 接头性能等级		代表数量			
连接钢筋种类 及牌号		公称直径 （mm）		原材试验编号	
操作人		来样日期		试验日期	

接头试件			母材试件		弯曲试件			备　注
公称 面积 （mm^2）	抗拉 强度 （MPa）	断裂特征 及位置	实测 面积 （mm^2）	抗拉 强度 （MPa）	弯心 直径	角度	结果	

结论：

批　　准		审　　核		试　　验	
试验单位					
报告日期					

注：本表由建设单位、施工单位、城建档案馆各保存一份。

钢材原材料试验报告

5244

试验编号：＿＿＿＿＿＿

委托单位：＿＿＿＿＿＿＿＿＿＿＿＿＿＿＿＿试验委托人：＿＿＿＿＿＿

工程名称：＿＿＿＿＿＿＿＿＿＿＿＿＿＿＿＿＿＿＿＿＿＿＿＿

钢材种类：＿＿＿＿级别规格：＿＿＿＿牌号：＿＿＿＿厂别：＿＿＿＿

试件代表数量：＿＿＿＿t 来样日期：＿＿＿＿＿试验日期：＿＿＿＿＿

一、力学试验结果：

试件编号	规格	截面积（mm^2）	屈服点（MPa）	极限强度（MPa）	伸长率（%）	冷弯试验		
						弯心直径(mm)	角度	评定

二、化学分析结果：

试件编号	分析编号	化学成分分析				
		C（%）	S（%）	P（%）	Mn（%）	Si（%）

注：用于结构时，根据规范及设计要求计算 σ_b/σ_s 和 $\sigma_s/\sigma_{s标}$。

结论：＿＿＿＿＿＿＿＿＿＿＿＿＿＿＿＿＿＿＿＿＿＿＿＿＿＿

＿＿＿＿＿＿＿＿＿＿＿＿＿＿＿＿＿＿＿＿＿＿＿＿＿＿＿＿＿

负责人：＿＿＿＿＿审核：＿＿＿＿＿计算：＿＿＿＿＿试验：＿＿＿＿＿

报告日期：　　年　　月　　日

钢筋机械接头试验报告

5245

试验编号：________

委托单位：________试验委托人：________来样日期：________

工程名称：________部位：________

钢筋种类：________级别及规格：________牌号：________

厂别：________接头形式：________接头等级：________

试件代表数量：________t 检验类别：________

操作人：________试验日期：________

试件编号	钢筋公称直径 D（mm）	实测钢筋横截面积 A_s^o（mm^2）	钢筋母材屈服强度标准值 f_{yk}（MPa）	钢筋母材抗拉强度实测值 f_{tk}（MPa）	钢筋母材抗拉强度实测值 f_{st}^o（MPa）	接头试件抗拉强度实测值 $f_{mst}^o=P/A_s^o$（MPa）	接头破坏形态
备　注	1. A级接头：$f_{mst}^o \geqslant f_{tk}$（工艺检验时，A级接头还应满足 $f_{mst}^o \geqslant 0.9f_{st}^o$） B级接头：$f_{mst}^o \geqslant 1.35f_{yk}$ 2. 实测钢筋横截面面积 A_s^o 用称重法确定						

结论：________

负责人：________审核：________计算：________试验：____

报告日期：　　年　　月　　日

钢筋焊接接头试验报告

5246

试验编号：

委托单位：　　试验委托人：　　来样日期：

工程名称：　　部位：

钢筋种类：　　级别及规格：　　牌号：

厂别：　　焊接类型：

试件代表数量：　　原材试验编号：

焊条型号：　　操作人：　　试验日期：

试件编号	直径（mm）	横截面积（mm^2）	极限强度（MPa）	断裂位置及特征（mm）	冷弯			备注
					弯心直径（mm）	角度	评定	

结论：

负责人：　　审核：　　计算：　　试验：

报告日期：　　年　　月　　日

混凝土配合比申请单			编　　号	
			委托编号	
工程名称及部位				
委托单位			试验委托人	
设计强度等级			要求坍落度或扩展度	
其他技术要求				
搅拌方法		浇捣方法		养护方法	
水泥品种及强度等级		厂别牌号		试验编号	
砂产地及种类				试验编号	
石产地及种类		最大粒径（mm）		试验编号	
外加剂名称				试验编号	
掺合料名称				试验编号	
申请日期		使用日期		联系电话	

混凝土配合比通知单					配合比编号		
					试配编号		
强度等级		水胶比		水灰比		砂率	
材料名称／项目	水泥	水	砂	石	外加剂	掺合料	
每 m^3 用量（kg/m^3）							
每盘用量（kg）							
混凝土碱含量（kg/m^3）	注：此栏只有遇Ⅱ类工程（按京建科［1999］230号规定分类）时填写						
说明：本配合比所使用材料均为干材料，使用单位应根据材料含水情况随时调整。							
批　　准		审　　核		试　　验			
试验单位							
报告日期							

注：本表由施工单位保存。

混凝土抗折强度试验报告 5248

试验编号：＿＿＿＿

委托单位：＿＿＿＿ 试验委托人：＿＿＿＿

工程名称：＿＿＿＿ 部位：＿＿＿＿

设计强度等级：＿＿＿＿MPa 拟配强度等级：＿＿＿＿MPa 坍落度：＿＿＿＿cm

水泥品种及等级：＿＿＿＿ 厂别：＿＿＿＿ 出厂日期：＿＿＿＿ 试验编号：＿＿＿＿

砂产地及品种：＿＿＿＿ 细度模数：＿＿＿＿ 含泥量：＿＿% 试验编号：＿＿＿＿

卵（碎）石产地及品种：＿＿＿＿ 最大粒径：＿＿＿＿ 含泥量：＿＿% 试验编号：＿＿＿＿

掺合料名称：＿＿＿＿ 厂别：＿＿＿＿ 占水泥用量的：＿＿＿＿%

外加剂名称：＿＿＿＿ 厂别：＿＿＿＿ 占水泥用量的：＿＿＿＿%

其他材料：＿＿＿＿

施工配合比：＿＿＿＿ 水灰比：＿＿＿＿ 砂率：＿＿＿＿%

配合比编号	材料名称 用量	水泥	水	砂	卵（碎）石	掺合料	外加剂
	每立方米用量（kg）						

制模日期：＿＿＿＿ 要求龄期：＿＿＿＿ 要求试验日期：＿＿＿＿

试块收到日期：＿＿＿＿ 试块养护条件：＿＿＿＿ 试块制作人：＿＿＿＿

试块编号	试验日期	实际龄期（d）	试块尺寸（mm）			计算跨度（mm）	破坏荷重（kN）		平均极限抗折强度（MPa）	折合标准试件强度（MPa）	达到设计强度（%）
			长	宽	高		单块	平均			
结　论											

负责人：＿＿＿＿ 审核：＿＿＿＿ 计算：＿＿＿＿ 试验：＿＿＿＿

报告日期：　　年　　月　　日

5249

<table>
<tr><td colspan="2" rowspan="3">混凝土抗压强度试验报告</td><td>编　　号</td><td></td></tr>
<tr><td>试验编号</td><td></td></tr>
<tr><td>委托编号</td><td></td></tr>
<tr><td>工程名称及部位</td><td></td><td>试件编号</td><td></td></tr>
<tr><td>委托单位</td><td></td><td>试验委托人</td><td></td></tr>
<tr><td>设计强度等级</td><td></td><td>实测坍落度扩展度</td><td></td></tr>
<tr><td>水泥品种及强度等级</td><td></td><td>试验编号</td><td></td></tr>
<tr><td>砂种类</td><td></td><td>试验编号</td><td></td></tr>
<tr><td>石种类、公称直径</td><td></td><td>试验编号</td><td></td></tr>
<tr><td>外加剂名称</td><td></td><td>试验编号</td><td></td></tr>
<tr><td>掺合料名称</td><td></td><td>试验编号</td><td></td></tr>
<tr><td>配合比编号</td><td colspan="3"></td></tr>
</table>

<table>
<tr><td>成型日期</td><td></td><td>要求龄期(d)</td><td></td><td>要求试验日期</td><td></td></tr>
<tr><td>养护方法</td><td></td><td>收到日期</td><td></td><td>试块制作人</td><td></td></tr>
</table>

<table>
<tr><td rowspan="5">试验结果</td><td rowspan="2">试验日期</td><td rowspan="2">实际龄期(d)</td><td rowspan="2">试件边长(mm)</td><td rowspan="2">受压面积(mm^2)</td><td colspan="2">荷载（kN）</td><td rowspan="2">平均抗压强度(MPa)</td><td rowspan="2">折合150mm立方体抗压强度(MPa)</td><td rowspan="2">达到设计强度等级（%）</td></tr>
<tr><td>单块值</td><td>平均值</td></tr>
<tr><td rowspan="3"></td><td rowspan="3"></td><td rowspan="3"></td><td rowspan="3"></td><td></td><td rowspan="3"></td><td rowspan="3"></td><td rowspan="3"></td><td rowspan="3"></td></tr>
<tr><td></td></tr>
<tr><td></td></tr>
</table>

<table>
<tr><td colspan="6">备注：</td></tr>
<tr><td>批　　准</td><td></td><td>审　　核</td><td></td><td>试　　验</td><td></td></tr>
<tr><td>试验单位</td><td colspan="5"></td></tr>
<tr><td>报告日期</td><td colspan="5"></td></tr>
</table>

注：本表由建设单位、施工单位各保存一份。

混凝土抗渗性能试验报告

5250

试验委托人：__________试块编号：__________试验编号：__________

委托单位：__________工程名称：__________部位：__________

设计强度等级：____MPa 设计抗渗等级：____MPa 要求坍落度：____cm 实测坍落度：____cm

水泥品种及等级：__________厂别：__________出厂日期：__________试验编号：____

砂产地及品种：__________细度模数：__________含泥量：__________% 试验编号：____

卵（碎）石产地及品种：__________最大粒径：__________含泥量：__________% 试验编号：____

外加剂名称：__________厂别：__________占水泥用量的：__________%

掺合料名称：__________厂别：__________占水泥用量的：__________%

施工配合比：__________水灰比：__________砂率__________%

配合比编号	材料名称 用量	水泥	水	砂	卵（碎）石	外加剂	掺合料
	每立方米用量（kg）						

制模日期：__________要求龄期：__________要求试验日期：__________

试块收到日期：__________试块养护条件：__________试块制作人：__________

试块端面渗水部位：

1　2　3　4　5　6

试块解剖渗水高度（cm）：

1　2　3　4　5　6

结论：__________

负责人：__________审核：__________计算：__________试验：__________

报告日期：　　年　　月　　日

<table>
<tr><td colspan="4">混凝土试块强度统计、评定记录</td><td>编　　号</td><td colspan="2"></td></tr>
<tr><td>工程名称</td><td colspan="3"></td><td>强度等级</td><td colspan="2"></td></tr>
<tr><td>施工单位</td><td colspan="3"></td><td>养护方法</td><td colspan="2"></td></tr>
<tr><td>统计期</td><td colspan="3">年　月　日至　年　月　日</td><td>结构部位</td><td colspan="2"></td></tr>
<tr><td rowspan="2">试块组 n</td><td rowspan="2">强度标准值
$f_{cu,k}$
(MPa)</td><td rowspan="2">平均值
m_{fcu}
(MPa)</td><td rowspan="2">标准差
S_{fcu}
(MPa)</td><td rowspan="2">最小值
$f_{cu,min}$
(MPa)</td><td colspan="2">合格判定系数</td></tr>
<tr><td>λ_1</td><td>λ_2</td></tr>
<tr><td></td><td></td><td></td><td></td><td></td><td></td><td></td></tr>
</table>

<table>
<tr><td rowspan="6">每组强度值(MPa)</td><td></td><td></td><td></td><td></td><td></td><td></td><td></td><td></td><td></td><td></td></tr>
<tr><td></td><td></td><td></td><td></td><td></td><td></td><td></td><td></td><td></td><td></td></tr>
<tr><td></td><td></td><td></td><td></td><td></td><td></td><td></td><td></td><td></td><td></td></tr>
<tr><td></td><td></td><td></td><td></td><td></td><td></td><td></td><td></td><td></td><td></td></tr>
<tr><td></td><td></td><td></td><td></td><td></td><td></td><td></td><td></td><td></td><td></td></tr>
<tr><td></td><td></td><td></td><td></td><td></td><td></td><td></td><td></td><td></td><td></td></tr>
</table>

<table>
<tr><td rowspan="3">评定界限</td><td colspan="3">□统计方法（二）</td><td colspan="2">□非统计方法</td></tr>
<tr><td>$0.90f_{cu,k}$</td><td>$m_{fcu}-\lambda_1\times S_{fcu}$</td><td>$\lambda_2\times f_{cu,k}$</td><td>$1.15f_{cu,k}$</td><td>$0.95f_{cu,k}$</td></tr>
<tr><td></td><td></td><td></td><td></td><td></td></tr>
<tr><td>判定式</td><td>$m_{fcu}-\lambda_1\times S_{fcu}\geqslant 0.90f_{cu,k}$</td><td colspan="2">$f_{cu,min}\geqslant\lambda_2\times f_{cu,k}$</td><td>$m_{fcu}\geqslant 1.15f_{cu,k}$</td><td>$f_{cu,min}\geqslant 0.95f_{cu,k}$</td></tr>
<tr><td>结果</td><td></td><td colspan="2"></td><td></td><td></td></tr>
<tr><td colspan="6">结论：</td></tr>
</table>

<table>
<tr><td>批　　准</td><td>审　　核</td><td>统　　计</td></tr>
<tr><td></td><td></td><td></td></tr>
<tr><td>报告日期</td><td colspan="2"></td></tr>
</table>

注：本表由建设单位、施工单位、城建档案馆各保存一份。

混凝土试块强度统计、评定记录

5252

施工单位：　　　　　　　　　　　　　　　　　　　　　　　　　　　　年　　月　　日

工程名称				部位		强度等级（MPa）		养护方法	
试块组数	设计强度（MPa）	平均值（MPa）	标准差	合格判定系数	最小值（MPa）	评定数据（MPa）			
$n=$	$f_{cu,k}=$	$m_{fcu}=$	S_{fcu}	$\lambda_1=$ $\lambda_2=$	$f_{cu,min}=$	$0.9f_{cu,k}=$	$0.95f_{cu,k}=$	$1.15f_{cu,k}=$	$m_{fcu}-\lambda_1\cdot S_{fcu}=$ $\lambda_2\cdot f_{cu,k}=$

每组强度值：（MPa）

评定依据：《混凝土强度检验评定标准》GBJ107—87	结论	
1）统计组数 $n\geqslant10$ 组时：$m_{fcu}-\lambda_1\cdot S_{fcu}\geqslant0.9f_{cu,k}$；$f_{cu,min}\geqslant\lambda_2\cdot f_{cu,k}$ 2）非统计方法：$m_{fcu}\geqslant1.15f_{cu,k}$；$f_{cu,min}\geqslant0.95f_{cu,k}$		

施工项目技术负责人：＿＿＿＿＿＿制表：＿＿＿＿＿＿计算：＿＿＿＿＿＿制表日期：　　年　　月　　日

<table>
<tr><td colspan="3" rowspan="2">砂浆配合比申请单</td><td>编　号</td><td></td></tr>
<tr><td>委托编号</td><td></td></tr>
<tr><td>工程名称及部位</td><td colspan="4"></td></tr>
<tr><td>委托单位</td><td colspan="2"></td><td>试验委托人</td><td></td></tr>
<tr><td>砂浆种类</td><td colspan="2"></td><td>强度等级</td><td></td></tr>
<tr><td>水泥品种</td><td colspan="2"></td><td>厂　别</td><td></td></tr>
<tr><td>水泥进场日期</td><td colspan="2"></td><td>试验编号</td><td></td></tr>
<tr><td>砂产地</td><td>粗细级别</td><td></td><td>试验编号</td><td></td></tr>
<tr><td>掺合料种类</td><td colspan="2"></td><td>外加剂种类</td><td></td></tr>
<tr><td>申请日期</td><td colspan="2"></td><td>要求使用日期</td><td></td></tr>
</table>

<table>
<tr><td colspan="7" rowspan="2">砂浆配合比通知单</td><td colspan="2">配合比编号</td><td></td></tr>
<tr><td colspan="2">试配编号</td><td></td></tr>
<tr><td>强度等级</td><td colspan="6"></td><td colspan="2">试验日期</td><td></td></tr>
<tr><td colspan="10">配合比</td></tr>
<tr><td>材料名称</td><td>水泥</td><td>砂</td><td>白灰膏</td><td colspan="2">掺合料</td><td colspan="4">外加剂</td></tr>
<tr><td>每立方米用量（kg/m³）</td><td></td><td></td><td></td><td></td><td></td><td colspan="2"></td><td colspan="2"></td></tr>
<tr><td>比例</td><td></td><td></td><td></td><td></td><td></td><td colspan="2"></td><td colspan="2"></td></tr>
<tr><td colspan="10">注：砂浆稠度为 70～100mm，白灰膏稠度为 120±5mm。</td></tr>
<tr><td>批　准</td><td></td><td>审　核</td><td></td><td>试　验</td><td colspan="5"></td></tr>
<tr><td>试验单位</td><td colspan="9"></td></tr>
<tr><td>报告日期</td><td colspan="9"></td></tr>
</table>

注：本表由施工单位保存。

5254

砂浆抗压强度试验报告				编号	
				试验编号	
				委托编号	
工程名称及部位				试件编号	
委托单位				试验委托人	
砂浆种类		强度等级		稠度	
水泥品种及强度等级				试验编号	
砂产地及种类				试验编号	
掺合料种类				外加剂种类	
配合比编号					
试件成型日期		要求龄期（d）		要求试验日期	
养护条件		试件收到日期		试件制作人	

试验结果	试压日期	实际龄期（d）	试件边长（mm）	受压面积（mm^2）	荷载（kN）		抗压强度（MPa）	达设计强度等级（%）
					单块	平均		

备注：					
批准		审核		试验	
试验单位					
报告日期					

注：本表由建设单位、施工单位各保存一份。

砌筑砂浆试块强度统计、评定记录							编　号			
工程名称							强度等级			
施工单位							养护方法			
统计期	年　月　日至　年　月　日						结构部位			
试块组数 n	强度标准值 f_2 (MPa)			平均值 $f_{2,m}$ (MPa)			最小值 $f_{2,min}$ (MPa)		$0.75f_2$	
每组强度值 (MPa)										
判定式	$f_{2,m} \geqslant f_2$					$f_{2,min} \geqslant 0.75f_2$				
结果										
结论：										
批　准			审　核				统　计			
报告日期										

注：本表由建设单位、施工单位、城建档案馆各保存一份。

砌筑砂浆强度评定表

5256

工程名称		施工单位		养护条件		
序号	设计强度 $f_{m\cdot k}$	$0.75f_{m\cdot k}$	层段部位	验收批各组试块强度（MPa）	平均值（MPa）	最小值（MPa）
结论			单位工程技术负责人： 复核人：　　评定人： 年　月　日			

石灰类无机混合料中石灰剂量检验报告

5257

工程名称									
施工单位									
检验部位					设计剂量				
日期	取样地点桩号	检验次数	瓶号	瓶质量（g）	瓶加试样质量（g）	石灰类试样质量（g）	滴定试样消耗EDTA（mL）	平均滴定试样消耗（mL）	石灰剂量（%）
		①							
		②							
		①							
		②							
		①							
		②							
		①							
		②							
		①							
		②							

备注：

负责人：________ 审核：________ 计算：________ 试验：________

报告日期：　　年　　月　　日

土壤最大干密度与最佳含水量试验报告

5258

工程名称：＿＿＿＿＿＿　　取样日期：＿＿＿＿＿＿

取土地点：＿＿＿＿＿＿　　试验日期：＿＿＿＿＿＿

土壤种类：＿＿＿＿＿＿　　施工单位：＿＿＿＿＿＿

	模筒体积（cm^3）												
	试验次数	1		2		3		4		5		6	
	模筒＋湿土质量（g）												
	模筒质量（g）												
	湿土质量（g）												
	土壤湿密度（g/cm^3）												
含水量测定	铝盒号码												
	盒＋湿土质量（g）												
	盒＋干土质量（g）												
	铝盒质量（g）												
	水分质量（g）												
	干土质量（g）												
	含水量（%）												
	平均含水量（%）												
	土壤干密度（g/cm^3）												

最大干密度＿＿＿＿＿＿g/cm^3　　最佳含水量＿＿＿＿＿＿%

土壤干密度（g/cm^3）

含水量（%）

审核＿＿＿＿＿＿　计算＿＿＿＿＿＿　试验＿＿＿＿＿＿

报告日期：＿＿＿年＿＿月＿＿日

水泥试验报告

5259

试验编号：__________

委托单位：__________工程名称：__________

水泥品种及强度等级：________厂别及牌号：________出厂日期：________取样日期：______

出厂编号：__________代表数量：__________ t 试验委托人：__________

（一）细度：0.08mm 筛筛余__________%（二）标准稠度：__________%

（三）凝结时间：初凝__________ h __________ min

终凝__________ h __________ min

（四）安定性：沸煮法（五）胶砂流动度：__________

（六）其他：

（七）强度

龄期 类别	3 天	28 天	快 测	备 注
抗折强度（MPa）				
抗压强度（MPa）				

结论：__________

____

负责人：__________审核：__________计算：__________试验：__________

试验日期：年 月 日

报告日期：年 月 日

砂试验报告

5260

试验编号：__________

委托单位：__________ 试验委托人：__________ 工程名称：__________

砂产地：__________ 收样日期：__________ 试验日期：__________

代表数量：__________t

一、筛分析 1. Mx __________	2. 颗料级配__________
二、表观密度__________g/cm^3	三、紧密堆积密度__________g/cm^3
四、松散堆积密度__________g/cm^3	五、含泥量__________%
六、泥块含量__________%	七、吸水率__________%
八、含水率__________%	九、轻物质含量__________%
十、坚固性（质量损失）__________%	十一、有机物含量__________%
十二、云母含量__________%	十三、碱活性检验__________%

结论	

负责人：__________ 审核：__________ 计算：__________ 试验：__________

报告日期： 年 月 日

卵（碎）石试验报告

5261

试验编号：__________

委托单位：__________试验委托人：________工程名称：__________

卵（碎）石产地：__________收样日期：__________试验日期：________

代表数量：________t

一、筛分析__________	二、表观密度________g/cm^3
三、松散堆积密度________g/cm^3	四、紧密堆积密度________g/cm^3
五、含泥量________%	六、泥块含量________%
七、有机物含量________%	八、针片状含量________%
九、压碎指标值________%	十、坚固性（质量损失）________%
十一、含水率________%	十二、吸水率________%
十三、碱活性检验________%	

结论	

负责人：________审核：________计算：________试验：________

报告日期：　　年　　月　　日

砖 试 验 报 告

5262

试验编号：________

委托单位：________________试验委托人：________

工程名称：________________部位：________

种类：________强度等级：________厂别：________

代表数量：________ t　来样日期：________试验日期：________

<table>
<tr><td rowspan="2">试件处理
日　期</td><td rowspan="2">试压日期</td><td colspan="6">抗压强度（MPa）</td></tr>
<tr><td colspan="4">单　块　值</td><td>平均值</td><td>标准值</td></tr>
<tr><td rowspan="5"></td><td rowspan="5"></td><td>1</td><td></td><td>6</td><td></td><td rowspan="5"></td><td rowspan="5"></td></tr>
<tr><td>2</td><td></td><td>7</td><td></td></tr>
<tr><td>3</td><td></td><td>8</td><td></td></tr>
<tr><td>4</td><td></td><td>9</td><td></td></tr>
<tr><td>5</td><td></td><td>10</td><td></td></tr>
</table>

其他试验：

____

结论：________________

____

____

____

负责人：________审核：________计算：________试验：________

报告日期：　　年　　月　　日

沥青试验报告

5263

试验编号：____________

委托单位：______________试验委托人：______________收样日期：________________

工程名称：________________________________部位：________________________

品种及标号：____________________________产地：________________________

代表数量：____________t　试样编号：____________试验日期：________________

1. 软化点℃（环球法）____

2. 延度（cm）15℃________________25℃________________________

3. 25℃针入度（1/10mm）____________________________________

4. 其他____

结论：____

____

____

____

负责人：____________审核：____________计算：____________试验：____________

报告日期：　　　年　　月　　日

沥青胶结材料试验报告

5264

试验编号：＿＿＿＿＿＿

委托单位：＿＿＿＿＿＿＿＿＿＿＿试验委托人：＿＿＿＿＿＿＿＿＿＿＿

工程名称：＿＿＿＿＿＿＿＿＿＿＿＿＿＿＿部位：＿＿＿＿＿＿＿

沥青品种：＿＿＿＿胶结材料标号：＿＿＿＿掺合料：＿＿＿＿＿＿

试样编号：＿＿＿＿＿＿＿＿＿＿＿取样日期：＿＿年＿＿月＿＿日＿＿时

胶结材料配合比通知单编号：＿＿＿＿＿＿＿＿＿＿试验日期：＿＿＿＿＿

施工配合比：

材料名称							
每次熬制用量（kg）							

试验项目：

粘结力（N·m）	柔韧性（N·m）	耐热度（℃）	备　　注

结论：

＿＿＿＿＿＿＿＿＿＿＿＿＿＿＿＿＿＿＿＿＿＿＿＿＿＿＿＿＿＿

＿＿＿＿＿＿＿＿＿＿＿＿＿＿＿＿＿＿＿＿＿＿＿＿＿＿＿＿＿＿

＿＿＿＿＿＿＿＿＿＿＿＿＿＿＿＿＿＿＿＿＿＿＿＿＿＿＿＿＿＿

负责人：＿＿＿＿＿审核：＿＿＿＿＿计算：＿＿＿＿＿试验：＿＿＿＿＿

报告日期：　　年　　月　　日

防水卷材试验报告

5265

试验编号：＿＿＿＿＿＿

委托单位：＿＿＿＿＿＿试验委托人：＿＿＿＿＿＿试样编号：＿＿＿＿＿＿

工程名称：＿＿＿＿＿＿＿＿＿＿＿＿部位：＿＿＿＿＿＿

种类、牌号、强度等级：＿＿＿＿＿＿＿＿＿＿生产厂：＿＿＿＿＿＿

代表数量：＿＿＿＿＿＿来样日期：＿＿＿＿＿＿试验日期：＿＿＿＿＿＿

一、拉伸 拉力＿＿＿＿＿＿N 拉伸强度＿＿＿＿＿＿MPa 二、断裂伸长率（延伸率）＿＿＿＿% 三、耐热度＿＿＿＿＿＿℃ 四、不透水性（抗渗透性）＿＿＿＿	五、柔韧性［低温柔性／低温弯折性］ 温度＿＿＿＿＿＿℃ ＿＿＿＿＿＿ ＿＿＿＿＿＿ 六、其他

结论：＿＿＿＿＿＿＿＿＿＿＿＿＿＿＿＿＿＿

＿＿＿＿＿＿＿＿＿＿＿＿＿＿＿＿＿＿＿＿＿

＿＿＿＿＿＿＿＿＿＿＿＿＿＿＿＿＿＿＿＿＿

＿＿＿＿＿＿＿＿＿＿＿＿＿＿＿＿＿＿＿＿＿

负责人：＿＿＿＿＿＿审核：＿＿＿＿＿＿计算：＿＿＿＿＿＿试验：＿＿＿＿＿＿

报告日期：　　年　　月　　日

防水涂料试验报告

5266

试验编号：__________

委托单位：__________试验委托人：__________试样编号：__________

工程名称：__________部位：__________

厂别、牌号：__________代表数量：__________

生产日期：__________到场日期：__________来样日期：__________

1. 延伸性__________mm； 2. 固体含量__________%； 3. 耐热度__________℃； 4. 柔韧性__________； 5. 不透水性__________；	6. 拉伸强度__________MPa； 7. 断裂延伸率__________%； 8. 抗冻性__________； 9. 其他__________ __________ __________。

结论：__________

负责人：__________审核：__________计算：__________试验：__________

报告日期：　　年　　月　　日

材料试验报告

5267

试验编号：＿＿＿＿＿＿

委托单位：＿＿＿＿＿＿＿＿＿＿＿＿＿＿＿＿试验委托人：＿＿＿＿＿＿＿＿＿＿＿＿

工程名称：＿＿＿＿＿＿＿＿＿＿＿＿＿＿＿＿＿＿＿＿＿部位：＿＿＿＿＿＿＿＿

样品名称：＿＿＿＿＿＿产地、厂别：＿＿＿＿＿＿来样日期：＿＿＿＿＿＿＿＿

要求试验项目：＿＿＿＿＿＿＿＿＿＿＿＿＿＿＿＿＿＿＿＿＿＿＿＿＿＿＿＿＿＿

试样编号：＿＿＿＿＿＿＿＿＿＿＿＿＿＿＿＿＿＿＿＿＿＿＿＿＿＿＿＿＿＿＿＿

试验项目：

结论：＿＿＿＿＿＿＿＿＿＿＿＿＿＿＿＿＿＿＿＿＿＿＿＿＿＿＿＿＿＿＿＿＿＿

负责人：＿＿＿＿＿＿审核：＿＿＿＿＿＿计算：＿＿＿＿＿＿试验：＿＿＿＿＿＿

报告日期：＿＿＿年＿＿月＿＿日

注：其他材料试验如无专用表时，可参用此表。

环氧煤沥青涂料性能试验记录 5268

工程名称：

工程部位：　　　　　　施工单位：　　　　　　年　月　日

涂料生产厂名				生产时间	
面漆与固化剂配比		表干时间（h）	实干时间（h）	固化时间（h）	天气情况
底漆与固化剂配比		表干时间（h）	实干时间（h）	固化时间（h）	天气情况
防腐层等级及结构			厚度（mm）	电绝缘性检查（kV）	粘结力检查
试验结论					
试验单位				试验人员	
审核人员					

双组分硅酮结构胶的混匀性试验记录及拉断试验记录

5269

<table>
<tr><td>工程名称</td><td></td><td>施工单位</td><td></td></tr>
<tr><td>幕墙形式</td><td></td><td>分包单位</td><td></td></tr>
<tr><td>品种规格</td><td></td><td>生产单位</td><td></td></tr>
<tr><td>检查依据</td><td></td><td>生产日期</td><td></td></tr>
<tr><td colspan="4">混匀性试验情况：</td></tr>
<tr><td colspan="4">拉断性试验情况：</td></tr>
<tr><td colspan="2">施工单位检查结果：

项目专业负责人：
年　月　日</td><td colspan="2">分包单位检查结果：

项目专业负责人：
年　月　日</td></tr>
</table>

超声波探伤报告		编　号	
		试验编号	
		委托编号	
工程名称及部位			
委托单位		试验委托人	
构件名称		检测部位	
材　质		板厚（mm）	
仪器型号		试　块	
耦合剂		表面补偿	
表面状况		执行处理	
探头型号		探伤日期	
探伤结果及说明：			

批　准		审　核		试　验	
试验单位					
报告日期					

注：本表由建设单位、施工单位、城建档案馆各保存一份。

5271

超声波探伤记录				编　号						
工程名称				报告编号						
施工单位				检测单位						
焊缝编号（两侧）	板厚（mm）	折射角（°）	回波高度	X（mm）	D（mm）	Z（mm）	L（mm）	级别	评定结果	备注

批　准	审　核	检　测	检测单位名称（公章）
报告日期			

注：本表由建设单位、施工单位、城建档案馆各保存一份。

<table>
<tr><td colspan="4" rowspan="3">钢构件射线探伤报告</td><td>编　　号</td><td colspan="2"></td></tr>
<tr><td>试验编号</td><td colspan="2"></td></tr>
<tr><td>委托编号</td><td colspan="2"></td></tr>
<tr><td>工程名称</td><td colspan="6"></td></tr>
<tr><td>委托单位</td><td colspan="3"></td><td>试验委托人</td><td colspan="2"></td></tr>
<tr><td>检测单位</td><td colspan="3"></td><td>检测部位</td><td colspan="2"></td></tr>
<tr><td>构件名称</td><td colspan="3"></td><td>构件编号</td><td colspan="2"></td></tr>
<tr><td>材　质</td><td></td><td>焊缝形式</td><td></td><td>板厚（mm）</td><td></td><td></td></tr>
<tr><td>仪器型号</td><td></td><td>增感方式</td><td></td><td>像质计型号</td><td></td><td></td></tr>
<tr><td>胶片型号</td><td></td><td>像质指数</td><td></td><td>黑　度</td><td></td><td></td></tr>
<tr><td>评定标准</td><td></td><td>焊缝全长</td><td></td><td>探伤比例
与长度</td><td></td><td></td></tr>
<tr><td colspan="7">探伤结果：</td></tr>
</table>

<table>
<tr><td>底片
编号</td><td>黑度</td><td>灵能度</td><td>主要缺陷</td><td>评级</td><td rowspan="11">示意图：

备注：</td></tr>
<tr><td></td><td></td><td></td><td></td><td></td></tr>
<tr><td></td><td></td><td></td><td></td><td></td></tr>
<tr><td></td><td></td><td></td><td></td><td></td></tr>
<tr><td></td><td></td><td></td><td></td><td></td></tr>
<tr><td></td><td></td><td></td><td></td><td></td></tr>
<tr><td></td><td></td><td></td><td></td><td></td></tr>
<tr><td></td><td></td><td></td><td></td><td></td></tr>
<tr><td></td><td></td><td></td><td></td><td></td></tr>
<tr><td></td><td></td><td></td><td></td><td></td></tr>
<tr><td></td><td></td><td></td><td></td><td></td></tr>
</table>

批　准		审　核		试　验	
试验单位					
报告日期					

注：本表由建设单位、施工单位、城建档案馆各保存一份。

磁粉探伤报告

5273

建设单位：　　　　　　　　　　　　　　　　　　　　　　　年　月　日

罐　号		材　质		厚　度	
检验阶段		受检表面状态		仪器型号	

磁化方法	探伤灵敏度	磁化电流	磁粉种类	磁粉施用方法
		A		

受检部位	探伤数量		检验率（%）	检　验　结　果			
	内　测	外　测		外　测		内　测	
纵焊缝及热影响区	m	m		发现表面缺陷	处	发现表面缺陷	处
				其中打磨消除	处	其中打磨消除	处
				打磨消除后补焊	处	打磨消除后补焊	处
环焊缝及热影响区	m	m		发现表面缺陷	处	发现表面缺陷	处
				其中打磨消除	处	其中打磨消除	处
				打磨消除后补焊	处	打磨消除后补焊	处
母材焊痕及热影响区	点	点		发现表面缺陷	处	发现表面缺陷	处
				其中打磨消除	处	其中打磨消除	处
				打磨消除后补焊	处	打磨消除后补焊	处

合计	探伤数量	检验率	表面缺陷	打磨消除	打磨消除后补焊
	m　　点	%	处	处	处

探伤结论	

检验标准	制　　表：
JB3965—85《钢制压力容器磁粉探伤》	审　　核： 责任工程师：

饰面砖粘结强度试验报告				编　　号	
				试验编号	
				委托编号	
工程名称				试件编号	
委托单位				试验委托人	
饰面砖品种及牌号				粘贴层数	
饰面砖生产厂及规格				粘贴面积（mm^2）	
基体材料		粘结材料		粘结剂	
抽样部位		龄期（d）		施工日期	
检验类型		环境温度（℃）		试验日期	
仪器及编号					

序号	试件尺寸（mm）		受力面积（mm^2）	拉力（kN）	粘结强度（MPa）	破坏状态	平均强度（MPa）
	长	宽					

结论：

批　　准		审　　核		试　　验	
试验单位					
报告日期					

注：本表由建设单位、施工单位各保存一份。

焊缝射线探伤报告

5275

委托单位：　　　　　　　　　　　　　　报告编号：

<table>
<tr><td>工程名称</td><td></td><td>工件编号</td><td></td><td colspan="2">合格级别</td></tr>
<tr><td>产品名称</td><td></td><td>仪器型号</td><td></td><td>纵　缝</td><td>环　缝</td></tr>
<tr><td>工件厚度</td><td>mm</td><td>执行标准</td><td></td><td></td><td></td></tr>
<tr><td>焊　缝
总　长</td><td colspan="5">环缝　　　　mm　　纵缝　　　　mm</td></tr>
<tr><td>实　际
探　伤
长　度</td><td colspan="5">环缝探伤长度　　　　mm　　占环缝总长　　　　%
纵缝探伤长度　　　　mm　　占纵缝总长　　　　%</td></tr>
<tr><td>返
修</td><td colspan="5">第一次返修长度　　　　mm　　复照片　　　　张
第二次返修长度　　　　mm　　复照片　　　　张
第三次返修长度　　　　mm　　复照片　　　　张</td></tr>
<tr><td>实
际
拍
片
数
量</td><td colspan="5">Ⅰ级焊缝　　张　　其中　纵缝　　张　　环缝　　张
Ⅱ级焊缝　　张　　其中　纵缝　　张　　环缝　　张
Ⅲ级焊缝　　张　　其中　纵缝　　张　　环缝　　张
Ⅳ级焊缝　　张　　其中　纵缝　　张　　环缝　　张</td></tr>
<tr><td>备　注</td><td colspan="5"></td></tr>
<tr><td>评片员</td><td></td><td>复查结论</td><td colspan="3"></td></tr>
<tr><td>评定结果</td><td></td><td>报告签发人</td><td colspan="3"></td></tr>
<tr><td>复查人员</td><td></td><td>签发日期</td><td colspan="3">年　月　日</td></tr>
<tr><td>传递程序</td><td colspan="5"></td></tr>
</table>

焊缝磁粉探伤报告

5276

工程名称		油（储）罐编号		报告日期	
工程编号		油（储）罐容积		材　料	
采用标准		激磁方式		板　厚	

仪　器　型　号		敏　度	
磁粉和磁悬液配制		充水试验	前　　　后

探伤长度：　　　　m；　　　　评定级别：

探伤部位：

审核：　　　　　　　　探伤：

焊缝渗透探伤报告

5277

工程名称		油（储）罐编号		报告日期	
工程编号		油（储）罐容积		材　　料	
采用标准		渗 透 剂		渗透时间	
显 像 剂		环境温度		充水试验	前　　后

探伤长度　　　　m;　　　　评定级别:

探伤部位:

审核:　　　　　　　　　　探伤:

________试验报告 5278

页数：　　　　　　　　　　　　　　页数编号：

被检产品名称	检测项目	检测结果	评　定
说明：			
结论：			

注：1. 本报告只对被检品、来样及同批量抽检产品负责。

2. 对检测结果有异议，请于两周内提出，逾期无效。

3. 详细记录，需要时，经批准方可借阅。

焊缝射线探伤检验记录 5279

________ X 光室　　　　　　　　　　　　检验日期：　　年　　月　　日

<table>
<tr><td rowspan="10">产品设备及检验要求</td><td>工程名称</td><td></td><td rowspan="10">曝光参数和暗室处理</td><td>胶片型号</td><td></td></tr>
<tr><td>产品名称</td><td></td><td>增感方式</td><td></td></tr>
<tr><td>工件编号</td><td></td><td>管 电 压</td><td>kV</td></tr>
<tr><td>工件规格</td><td>mm</td><td>管 电 流</td><td>mA</td></tr>
<tr><td>材　　质</td><td></td><td>焦　　距</td><td>mm</td></tr>
<tr><td>坡口型式</td><td></td><td>透照长度</td><td>mm</td></tr>
<tr><td>仪器型号</td><td></td><td>曝光时间</td><td>min</td></tr>
<tr><td>透照方法</td><td></td><td>显定影配方</td><td></td></tr>
<tr><td>探伤比例</td><td>%</td><td>显定影温度</td><td>℃</td></tr>
<tr><td>焊接方法</td><td></td><td>显定影时间</td><td>min</td></tr>
<tr><td colspan="6">探伤工作草图：</td></tr>
<tr><td colspan="2">操作人</td><td></td><td colspan="2">暗室处理</td><td></td></tr>
</table>

X光焊缝质量检验报告

5280

委托单位：________零件编号：________

材料规格：________零件名称：________检验目的：________ 报告日期：___年___月___日

编号	附图	序号	缺陷性质	缺陷尺寸长×宽×深	质量等级
	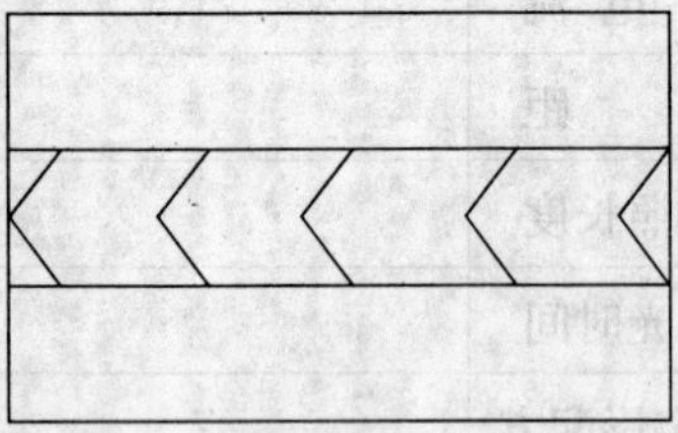				
	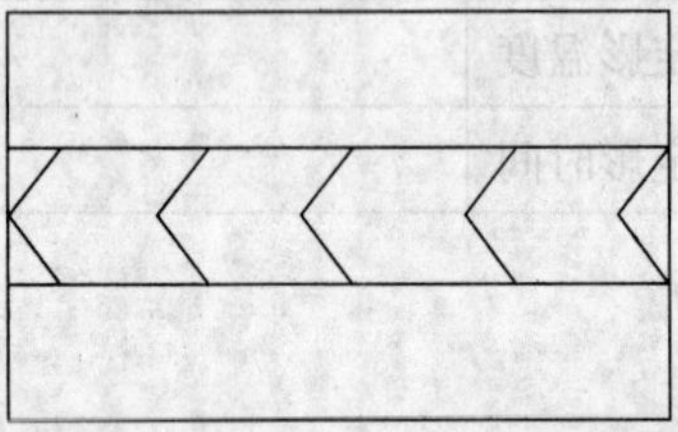				
	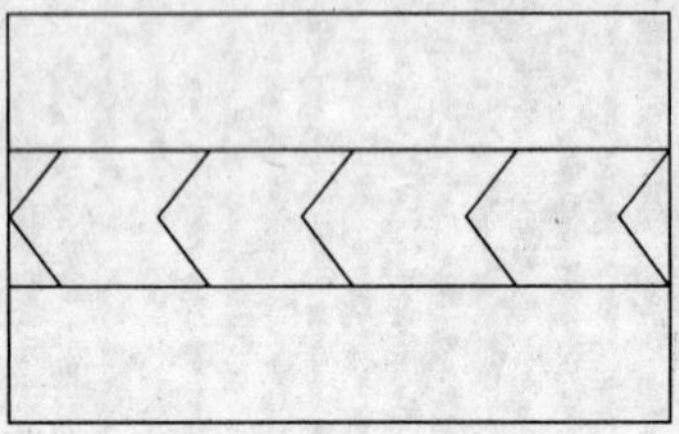				
	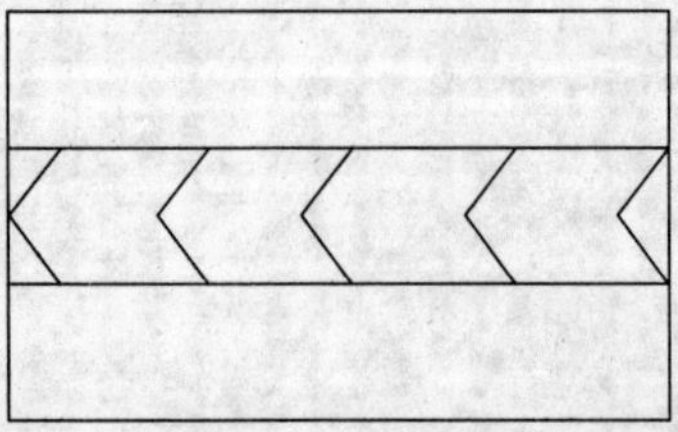				

仪器型号		透视条件	kV mA	附注：
焦距	mm	评定标准		
底片灵敏度		胶片型号		
底片黑度		增减方式		

审核人__________ 试验人__________

渗透检测报告

5281

工程名称：

检件名称		材　　质		规　　格	
检验阶段		表面状况		着色剂型号	
灵敏度试片		执行标准			

结论：
审核：　　　年　月　日　　　校对：　　　年　月　日　　　操作：　　　年　月　日

焊 接 记 录 卡

5282

产品名称：　　　　　　　　　　　　　　　　　　　　　　　年　　月　　日

管线号	焊口号	焊 接 记 录				焊 接 检 查 记 录					
		焊工钢印号	焊接方法	焊材牌号	焊工签字	焊缝高	焊缝宽	咬边		其他缺陷	检查员签字
								深度	长度		

焊缝超声波探伤报告

5283

工程名称：　　　　　　　　　　　　　　　　　　　　　　报告日期：　　年　　月　　日

<table>
<tr><td colspan="2">工件名称</td><td colspan="2"></td><td>检验规程</td><td colspan="2"></td></tr>
<tr><td colspan="2">工件编号</td><td colspan="2"></td><td>验收标准</td><td colspan="2"></td></tr>
<tr><td colspan="2">材　质</td><td colspan="2"></td><td>检验范围</td><td colspan="2"></td></tr>
<tr><td rowspan="8">探伤结果及返修情况</td><td>焊缝编号</td><td>检验长度</td><td colspan="2">显示情况
NI RI VI</td><td>一次返修
缺陷编号</td><td>二次返修
缺陷编号</td></tr>
<tr><td></td><td></td><td colspan="2"></td><td></td><td></td></tr>
<tr><td></td><td></td><td colspan="2"></td><td></td><td></td></tr>
<tr><td></td><td></td><td colspan="2"></td><td></td><td></td></tr>
<tr><td></td><td></td><td colspan="2"></td><td></td><td></td></tr>
<tr><td></td><td></td><td colspan="2"></td><td></td><td></td></tr>
<tr><td></td><td></td><td colspan="2"></td><td></td><td></td></tr>
<tr><td colspan="6">检验焊缝总长　　　　mm，一次返修总长　　　　mm。
二次返修总长　　　　mm，同一部位经　　　　次修合格。
附：检验及复验记录　　　　页。</td></tr>
<tr><td colspan="7">探伤部位示意图：　　　　　　　　探伤位置↓</td></tr>
<tr><td colspan="2">备　注</td><td colspan="5"></td></tr>
<tr><td colspan="2">结　论</td><td colspan="5"></td></tr>
<tr><td colspan="2">检　验</td><td>　　VT　　级</td><td colspan="2">审　核</td><td></td><td>VT　　级</td></tr>
</table>

焊缝超声波探伤记录

5284

工程名称：　　　　　　　　　　　　　　　　　　　　　　　　检验日期：　　年　　月　　日

工件名称		工件编号		工件厚度	
仪器型号		焊缝种类		耦　合　剂	
使用试块		焊接方式		检验次序	
扫描调节		探伤方式		探伤时机	

探　头				反　射　体			基准波高满幅（%）	反射体波幅（dB）	传输修正（dB）	探伤灵敏度（dB）	探深（mm）
序号	角度	频率	尺寸	形状	深度（mm）	试块					
1											
2											

焊缝编号	检验区段号	探头序号	缺陷编号	缺陷位置（mm）	深度（mm）	指示长度（mm）	波幅（dB）	评　定		检验人	审　核
								记录	返修		

焊缝射线探伤记录

5285

工程名称		油（储）罐编号		评片日期	
工程编号		油（储）罐容积		采用标准	

底片号	探伤部位	焊工号	底片		探伤结果	评定级别
			灵敏度	黑度		

审核： 评片： 探伤：

细集料筛分试验记录

5286

施工单位：　　　　　　　　　　　　　　　　　　　　　　　　试表：

监理单位：　　　　　　　　　　　　　　　　　　　　　　　　编号：

样品名称				样品来源		
试验人				试验日期		
试样质量	筛孔尺寸（mm）	分计筛余质量（g）			分计筛余百分率（%）	累计筛余百分率（%）	通过百分率（%）
		Ⅰ	Ⅱ	平均			
	10						
	5						
	2.5						
	1.25						
	0.63						
	0.315						
	0.16						
	筛底						
结论	监理工程师：　　　日期：						

审核：　　　　日期：

细度模数 M_x 计算：

$$M_x = \frac{(A2 + A3 + A4 + A5 + A6) - 5A1}{(100 - A1)}$$

通过百分率

%

累计筛余百分率

%

水泥混凝土抗压强度试验报告

5287

编号：

项目名称		合同段		施工单位		工程名称	
设计强度		外加剂名称用量		水灰比		坍落度		试验日期	
水泥强度等级		石子粒径及种类		养生情况		龄期		报告日期	
						送检单编号	

试件部位	试件编号	试件尺寸（mm）	受压面积（mm^2）	支座间距离（mm）	破坏荷载（kN）	破坏强度（MPa）	强度取值（MPa）	配合比

试验意见：	备注：

试验：　　　复核：　　　试验室主任：　　　单位（盖章）：

混凝土、砂浆检查试件抗压强度试验报告

5288

线　　别		送检单编号		报告编号	
工程名称		工程地点		收件日期	
送检单位				报告日期	
结构部位		制件时间		陷度（cm）	
设计等级		试件编号			
试件数量		制件时间		养护温度	
捣实方法		养护方法		工地拌合方法	
施工情况				工地捣实方法	
使用材料			施工配合比用料量（kg/m^2）		
水　泥					
细骨料					
粗骨料					
粉煤灰					
水					
外加剂					
配合比选定单编号		理论配合比		水灰比	
施工配料单编号		施工配合比		水灰比	
施工技术主管		工地试验			

试件编号	试件尺寸（mm）	试验日期	龄期（d）	极限荷载（kN）			抗压强度（MPa）			折算系数	强度代表值（MPa）
				1	2	3	1	2	3		

试验意见：

试验：　　　　复核：　　　　试验室主任：　　　　单位（盖章）：

土 工 试 验 报 告

5289

合同段		报告编号	
送样单位		试验编号	
工程名称		取样日期	
取土地点		试验日期	
试验项目	试验结果	试验项目	试验结果
天然含水量（%）		最大干密度（g/m^3）	
天然密度（g/m^3）		最佳含水量（%）	
比重 G_s		大于5mm颗粒含量（g）	
塑性 液限 W_L		土样最大颗粒粒径（mm）	
塑性 塑　限 W_p		超尺寸颗粒含量（%）	
塑性 塑性指数 L_p		校正后最大干密度（g/m^3）	
砂的最大干密度（g/m^3）		校正后最优含水量（%）	
砂的最小干密度（g/m^3）			
相对密实度 D_r			
不均匀系数 C_u/曲率系数 C_e			
填土类别			
填料等级			

土 粒 组 成

粒径（mm）	大于200	200/60	60/40	40/20	20/10	10/7	7/5	5/2	2/1	1/0.5	0.5/0.25	0.25/0.1	小于0.1
占总土质量百分率（%）													
大于某粒径质量占试样总质量百分率（%）													

试验意见：

试验：　　　复核：　　　试验室主任：　　　单位（盖章）：

土壤压实度（环刀法）试验记录

5290

工程名称：＿＿＿＿＿＿　施工单位：＿＿＿＿＿＿

代表部位：＿＿＿＿＿＿　击实种类：＿＿＿＿＿＿　试验日期：＿＿＿＿＿＿

	取样桩号						
	取样深度						
	取样位置						
	土样种类						
湿密度	环刀号						
	环刀＋土质量（g）						
	环刀质量　（g）						
	土质量　（g）						
	环刀容积　（cm^3）						
	湿密度　（g/cm^3）						
干密度	盒号						
	盒＋湿土质量　（g）						
	盒＋干土质量　（g）						
	水质量　（g）						
	盒质量　（g）						
	干土质量　（g）						
	含水量　（%）						
	平均含水量　（%）						
	干密度　（g/cm^3）						
最大干密度　（g/cm^3）							
压实度　（%）							
备注	本试验经二次平行测定后，其平行差值不得大于规定，取其算术平均值。						

审核：　　　　计算：　　　　试验：

土壤压实度（管沟法）试验记录

5291

工程名称：＿＿＿＿＿＿＿＿ 试验日期：＿＿＿＿＿＿＿＿

代表部位：＿＿＿＿＿＿＿＿ 管沟断面尺寸：＿＿＿＿＿＿＿＿

施工单位：＿＿＿＿＿＿＿＿ 击实种类：＿＿＿＿＿＿＿＿

<table>
<tr><td colspan="2">取样桩号及井号</td><td colspan="2"></td><td colspan="2"></td><td colspan="2"></td><td colspan="2"></td></tr>
<tr><td colspan="2">取样深度</td><td colspan="2"></td><td colspan="2"></td><td colspan="2"></td><td colspan="2"></td></tr>
<tr><td colspan="2">取样位置</td><td colspan="2"></td><td colspan="2"></td><td colspan="2"></td><td colspan="2"></td></tr>
<tr><td colspan="2">土样种类</td><td colspan="2"></td><td colspan="2"></td><td colspan="2"></td><td colspan="2"></td></tr>
<tr><td rowspan="6">湿密度</td><td>环刀号</td><td colspan="2"></td><td colspan="2"></td><td colspan="2"></td><td colspan="2"></td></tr>
<tr><td>环刀＋土质量（g）</td><td colspan="2"></td><td colspan="2"></td><td colspan="2"></td><td colspan="2"></td></tr>
<tr><td>环刀质量（g）</td><td colspan="2"></td><td colspan="2"></td><td colspan="2"></td><td colspan="2"></td></tr>
<tr><td>土质量（g）</td><td colspan="2"></td><td colspan="2"></td><td colspan="2"></td><td colspan="2"></td></tr>
<tr><td>环刀容积（cm^3）</td><td colspan="2"></td><td colspan="2"></td><td colspan="2"></td><td colspan="2"></td></tr>
<tr><td>湿密度（g/cm^3）</td><td colspan="2"></td><td colspan="2"></td><td colspan="2"></td><td colspan="2"></td></tr>
<tr><td rowspan="9">干密度</td><td>盒号</td><td></td><td></td><td></td><td></td><td></td><td></td><td></td><td></td></tr>
<tr><td>盒＋湿土质量（g）</td><td></td><td></td><td></td><td></td><td></td><td></td><td></td><td></td></tr>
<tr><td>盒＋干土质量（g）</td><td></td><td></td><td></td><td></td><td></td><td></td><td></td><td></td></tr>
<tr><td>水质量（g）</td><td></td><td></td><td></td><td></td><td></td><td></td><td></td><td></td></tr>
<tr><td>盒质量（g）</td><td></td><td></td><td></td><td></td><td></td><td></td><td></td><td></td></tr>
<tr><td>干土质量（g）</td><td></td><td></td><td></td><td></td><td></td><td></td><td></td><td></td></tr>
<tr><td>含水量（%）</td><td></td><td></td><td></td><td></td><td></td><td></td><td></td><td></td></tr>
<tr><td>平均含水量（%）</td><td></td><td></td><td></td><td></td><td></td><td></td><td></td><td></td></tr>
<tr><td>干密度（g/cm^3）</td><td></td><td></td><td></td><td></td><td></td><td></td><td></td><td></td></tr>
<tr><td colspan="2">最大干密度（g/cm^3）</td><td colspan="2"></td><td colspan="2"></td><td colspan="2"></td><td colspan="2"></td></tr>
<tr><td colspan="2">压实度（%）</td><td colspan="2"></td><td colspan="2"></td><td colspan="2"></td><td colspan="2"></td></tr>
<tr><td>备注</td><td colspan="9">本试验经二次平行测定后，其平行差值不得大于规定，取其算术平均值。</td></tr>
</table>

审核： 计算： 试验：

压实度（灌砂法）试验记录

5292

工程名称：　　　　施工单位：　　　　试验工序项目：

桩号										
层次及厚度（cm）										
灌砂前砂＋容器质量（g）		（1）								
灌砂后砂＋容器质量（g）		（2）								
灌砂筒下部锥体内砂质量（g）		（3）								
试坑灌入量砂的质量（g）		（4）	（1）－（2）－（3）							
量砂松散堆积密度（g/cm^3）		（5）								
试坑体积（cm^3）		（6）	（4）/（5）							
试坑中挖出的湿料质量（g）		（7）								
试样湿密度（g/cm^3）		（8）	（7）/（6）							
含水量 W（%）	盒　号	（9）								
	盒质量（g）	（10）								
	盒＋湿料质量（g）	（11）								
	盒＋干料质量（g）	（12）								
	水质量（g）	（13）	（11）－（12）							
	干料质量（g）	（14）	（12）－（10）							
	含水量（W）（%）	（15）	（13）/（14）×100%							
干密度（g/cm^3）		（16）	$\frac{(8)}{1+(15)}$							
最大干密度（g/cm^3）		（17）								
压实度（%）		（18）	（16）/（17）×100%							

审核：　　　　计算：　　　　试验：　　　　试验日期：　　年　　月　　日

道路基层混合料抗压强度试验记录

5293

委托单位		工程名称		施工单位	
混合料名称		水泥或石灰剂量			%
水泥种类及等级		石灰种类及氧化物含量			%
拌合方法		养护方法		塑性指数	
制模日期		要求龄期		要求试验日期	

试件编号	成型后试件测定				
	试件质量（g）	试件高度（mm）	湿密度（g/cm³）	含水量（%）	干密度（g/cm³）

试件编号	饱水前试件质量（g）	饱水后试件测定						强度值（MPa）	
		试件质量（g）	试件高（mm）	湿密度（g/cm³）	含水量（%）	干密度（g/cm³）	破坏时最大压力（kN）	单值	平均值

施工项目技术负责人：　　审核：　　计算：　　试验：

试验日期：______年____月____日

沥青混合料压实度（蜡封法）试验记录

5294

施工单位：

工程名称							试样类型				
试件编号	日期	桩号（部位）	试样质量（g）	试样加蜡质量（g）	试样加蜡于水中质量（g）	石蜡密度（g/cm^3）	石蜡质量（g）	石蜡体积（cm^3）	试样密度（g/cm^3）	标准密度（g/cm^3）	压实度（%）

施工项目技术负责人：　　　　审核：　　　　计算：　　　　试验：

标准击实试验记录

5295

施工单位：

监理单位：　　　　　　　　　　　　　　　　编号：

试样名称				试筒容积		落　距	
取样位置				层数×击数		击锤质量	
干密度	试验次数		1	2	3	4	5
	筒加土质量	g					
	筒质量	g					
	湿土质量	g					
	湿密度	g/cm^3					
	干密度	g/cm^3					
含水量	盒号						
	盒+湿土质量	g					
	盒+干土质量	g					
	盒质量	g					
	水质量	g					
	干土质量	g					
	含水量	%					
	平均含水量	%					
击实曲线					最佳含水量＝　　% 最大干密度＝　　g/cm^3		
备注							

试验：　　　　复核：　　　　监理：　　　　日期：

含水量试验记录

5296

施工单位：

监理单位：　　　　　　　　　　　　　　　　　　　　　　　　编号：

工程名称						取样地点					
施工路段						试样名称					
试样编号											
铝盒编号											
铝盒＋湿土质量	g										
铝盒＋干土质量	g										
铝盒质量	g										
水分质量	g										
干土质量	g										
含水量	%										
平均含水量	%										
备　注											
结　论	监理工程师：　　　　日期：										

试验：　　　　　　　　　　　　复核：　　　　　　　　　　　　日期：

颗粒分析试验记录表（筛分法）

5297

施工单位：

监理单位：　　　　　　　　　　　　　　　　　　　　　　　　　　　　　　编号：

<table>
<tr><td colspan="2">土样名称</td><td colspan="2"></td><td colspan="2">取样位置</td><td colspan="3"></td></tr>
<tr><td colspan="4">筛前总土质量 =　　　　g</td><td colspan="5">小于2mm 土质量 =　　　　g</td></tr>
<tr><td colspan="4">小于2mm 土质量 =　　　　g</td><td colspan="5">小于2mm 土占总土质量 =　　　　%</td></tr>
<tr><td colspan="4">粗筛分析</td><td colspan="5">细筛分析</td></tr>
<tr><td>孔径（mm）</td><td>累积留筛土质量（g）</td><td>小于该孔径的土质量（g）</td><td>小于该孔径土质量百分比（%）</td><td>孔径（mm）</td><td>累积留筛土质量（g）</td><td>小于该孔径的土质量（g）</td><td>小于该孔径土质量百分比（%）</td><td>占总土质量百分比（%）</td></tr>
<tr><td></td><td></td><td></td><td></td><td>2</td><td></td><td></td><td></td><td></td></tr>
<tr><td>60</td><td></td><td></td><td></td><td>1</td><td></td><td></td><td></td><td></td></tr>
<tr><td>40</td><td></td><td></td><td></td><td>0.5</td><td></td><td></td><td></td><td></td></tr>
<tr><td>20</td><td></td><td></td><td></td><td>0.25</td><td></td><td></td><td></td><td></td></tr>
<tr><td>10</td><td></td><td></td><td></td><td>0.074</td><td></td><td></td><td></td><td></td></tr>
<tr><td>5</td><td></td><td></td><td></td><td></td><td></td><td></td><td></td><td></td></tr>
<tr><td>2</td><td></td><td></td><td></td><td></td><td></td><td></td><td></td><td></td></tr>
<tr><td colspan="9">结论：

监理：　　　　　　　　日期：</td></tr>
</table>

试验：　　　　　　　　复核：　　　　　　　　日期：

界限含水量试验（液塑限联合试验）　　5298

施工单位：

监理单位：　　　　　　　　　　　　　　　　　　　　　　　　编号：

<table>
<tr><td colspan="2">取样位置</td><td colspan="4"></td><td colspan="2">土样名称</td><td></td></tr>
<tr><td colspan="2">试验次数</td><td colspan="2">1</td><td colspan="2">2</td><td colspan="2">3</td><td rowspan="12">锥入深度（mm）
含水量（%）
W_L =
W_P =
l =</td></tr>
<tr><td rowspan="3">入土深度（mm）</td><td>h_1</td><td colspan="2"></td><td colspan="2"></td><td colspan="2"></td></tr>
<tr><td>h_2</td><td colspan="2"></td><td colspan="2"></td><td colspan="2"></td></tr>
<tr><td>$(h_1+h_2)/2$</td><td colspan="2"></td><td colspan="2"></td><td colspan="2"></td></tr>
<tr><td rowspan="8">含水量（%）</td><td>盒号</td><td></td><td></td><td></td><td></td><td></td><td></td></tr>
<tr><td>盒质量（g）</td><td></td><td></td><td></td><td></td><td></td><td></td></tr>
<tr><td>盒+湿土质量（g）</td><td></td><td></td><td></td><td></td><td></td><td></td></tr>
<tr><td>盒+干土质量（g）</td><td></td><td></td><td></td><td></td><td></td><td></td></tr>
<tr><td>水分质量（g）</td><td></td><td></td><td></td><td></td><td></td><td></td></tr>
<tr><td>干土质量（g）</td><td></td><td></td><td></td><td></td><td></td><td></td></tr>
<tr><td>含水量（g）</td><td></td><td></td><td></td><td></td><td></td><td></td></tr>
<tr><td>平均含水量</td><td colspan="2"></td><td colspan="2"></td><td colspan="2"></td></tr>
<tr><td colspan="9">结论：

监理工程师：　　　　　　　　日期：</td></tr>
</table>

试验：　　　　　　　　　复核：　　　　　　　　　日期：

集 料 含 水 率

5299

施工单位：

监理单位：　　　　　　　　　　　　　　　　　　　　　　　　编号：

样品名称		样品来源	
试验人		试验日期	

编号	烘干前试样与容器总质量（g）	烘干后试样与容器总质量（g）	容器质量（g）	水质量（g）	干料质量（g）	含水量（%）	平均值（%）

结论：

监理工程师：　　　　　　　　　日期：

审核：　　　　　　　　　日期：

粗集料、集配集料筛分试验（洛杉矶法） 5300

施工单位：

监理单位： 编号：

样品名称		样品来源	
试验人		试验日期	
烘干试样（含黏性土）总质量 (g)		磨耗后留在孔径2mm	
0. 5mm 以上集料质量 (g)		0. 5mm 以下细土质量 (g)	
0. 075 ~0. 5mm 颗粒含量		0. 075mm 以上全部集料的质量 (g)	

筛孔尺寸（mm）	筛分试样总重（g）	筛土剩余料重（g）	筛土剩余料百分率（%）	筛土剩余料累计百分率（%）	通过百分率（%）	校正后的百分率（%）
50						
4						
3. 5						
25						
20						
16						
5						
2. 5						

结论：

监理工程师： 日期：

审核： 日期：

______公路建设项目 **5301**

试验名称：金属拉力试验

试验单位		合同号	
样品名称		试验规程	
样品来源		试验日期	
试验人		审核人	

试验名称									
试样编号									
试件尺寸	直径（mm）								
	长度（mm）								
	重量（g）								
	截面积（mm^2）								
	标距（mm）								
拉伸荷载（kN）	屈服								
	极限								
强度（MPa）	屈服点								
	拉伸强度								
伸长率	断后标距								
	伸长率（%）								
冷弯	弯心直径								
	弯曲角度								
	结果								
反复弯曲	弯曲半径（mm）								
	弯折次数								
结　论	监理工程师：　　　　日期：								

________公路建设项目　　5302

试验名称：水泥胶砂强度试验

试验单位		合同号	
样品名称		试验规程	
样品来源		试验日期	
试验人		审核人	

试件编号	水泥强度	养护温度（℃）	养护龄期／试验内容	强度	破坏荷载（kN）			强度结果（MPa）		
					3d	7d	28d	3d	7d	28d
			抗折	1						
				2						
				3						
			平均值							
			抗压	1						
				2						
				3						
				4						
				5						
				6						
			平均值							
结论	监理工程师：　　日期：									

______公路建设项目　　5303

试验名称：水泥混凝土抗压强度试验

试验单位		合同号	
样品名称		试验规程	
样品来源		试验日期	
试验人		审核人	

试件编号	外观描述	制件日期	试压日期	龄期（d）	试件尺寸（cm）	破坏荷载（kN）	抗压强度（MPa）		换算强度（MPa）	设计强度等级
							单值	平均值		
结　论	监理工程师：　　　　　　日期：									

______公路建设项目 **5304**

试验名称：水泥混凝土配合比试验

试验单位		合同号	
样品名称		试验规程	
样品来源		试验日期	
试验人		审核人	

混凝土强度等级	水泥强度	试件尺寸（cm）	水灰比	每立方米混凝土中各项材料用量（g）				坍落度（cm）			养护温度（℃）	单位体积重（g/cm^3）	龄期（d）	破坏荷载（kN）	抗压强度（MPa）	平均值
				砂	碎卵石	水	水泥	1	2	平均值						

用料说明	砂	表观密度		石	表观密度	
		孔隙率			孔隙率	

说明	1. 水泥厂商品牌： 2. 外加剂名称、掺量： 3. 混凝土拌制方法： 4. 其他：
备　注	监理工程师：　　　　　　　　日期：

________________公路建设项目

厚度值检测记录

5305

检测路段				施工单位		
检测单位				检测日期		
测点桩号	厚　度（cm）					备注
	左幅		右幅			
检测点数			厚度平均值（cm）			
标准偏差	（cm）		代表厚度值（cm）			

检测：　　　　　　　　记录：　　　　　　　　审核：

____________公路建设项目 **5306**

试验名称：3m 直尺测定平整度试验

试验单位		合同号	
样品名称		试验规程	
样品来源		试验日期	
试验人		审核人	

测定面类型											允许值	
测点桩号	测点距中桩位置左(+)右(-)(m)	最大间隙（mm）									平均值（mm）	合格率（%）
		1	2	3	4	5	6	7	8	9	10		

结　论	监理工程师：　　　　　　日期：

______公路建设项目 5307

试验名称：土的击实试验

试验单位		合同号	
样品名称		试验规程	
样品来源		试验日期	
试验人		审核人	

击实方法	每层击数：	筒容积：	cm^3	超尺寸颗粒含量：	
预加含水量（%）					
筒号					
筒＋湿土质量（g）					
筒质量（g）					
湿土质量（g）					
湿密度（g/cm^3）					
干密度（g/cm^3）					
盒号					
盒＋湿土质量（g）					
盒＋干土质量（g）					
盒质量（g）					
水质量（g）					
干土质量（g）					
含水量（%）					
最佳含水量（%）			最大干密度（g/cm^3）		
结　　论	监理工程师：			日期：	

含水量（%）

______公路建设项目 5308

试验名称：砂砾石筛分试验

试验单位		合同号	
样品名称		试验规程	
样品来源		试验日期	
试验人		审核人	

筛分试验质量	(g)					
筛孔尺寸（mm）	筛上筛余料重（g）			筛上筛余料百分率（%）	累计筛余百分率（%）	通过百分率（%）
	1	2	平均			
40						
30						
20						
10						
5						
2						
1						
0.5						
0.075						
<0.075						
结　论	监理工程师：　　　　日期：					

________________公路建设项目　　5309

试验名称：粗集料堆积振实密度及孔隙率试验

试验单位		合同号	
样品名称		试验规程	
样品来源		试验日期	
试验人		审核人	

堆积密度记录

试件编号	容量筒+试料质量（g）	容量筒质量（g）	试料质量（g）	容量筒体积（cm^3）	堆积密度（g/cm^3）	平均值（g/cm^3）

振实密度记录

试件编号	容量筒+振实试料质量（g）	容量筒质量（g）	试料质量（g）	容量筒体积（cm^3）	堆积密度（g/cm^3）	平均值（g/cm^3）
孔隙率 =（1 - 　　）×100% = 　　%						
结　论	监理工程师：　　　　日期：					

______公路建设项目 5310

试验名称：粗集料表观密度、饱和面干密度试验

试验单位		合同号	
样品名称		试验规程	
样品来源		试验日期	
试验人		审核人	

试件编号	10～20mm 筛气干试样质量 (g)	2.5mm 筛筛余质量 (g)	压碎值 (%)	平均值 (%)	20mm 筛以下颗粒含水量百分率 (%)	20mm 筛以上颗粒分针压碎值百分率 (%)	20mm 筛以上颗粒含水量百分率 (%)	20mm 筛以上颗粒分针压碎值百分率 (%)	总压碎值 (%)
结论	监理工程师： 日期：								

______公路建设项目 5311

试验名称：水泥混凝土粗集料压碎指标值试验

试验单位		合同号	
样品名称		试验规程	
样品来源		试验日期	
试验人		审核人	

试件编号	1.0~2.0mm筛气干试样质量 (g)	2.5mm筛筛余质量 (g)	压碎值 (%)	平均值 (%)	2.0mm筛以下颗粒含量百分率 (%)	2.0mm筛以上颗粒分针压碎值百分率 (%)	2.0mm筛以上颗粒含量百分率 (%)	2.0mm筛以上颗粒分针压碎值百分率 (%)	总压碎值 (%)
结　论	监理工程师：　　　日期：								

______________公路建设项目 5312

试验名称：粗集料针片状颗粒含量试验（规准仪法）

试验单位		合同号	
样品名称		试验规程	
样品来源		试验日期	
试验人		审核人	

试件编号	试样质量	试样最大料径（mm）	风干试样质量（g）	针片状颗粒质量（g）	针片状颗粒含量（%）
结　论	监理工程师：　　　　日期：				

________________公路建设项目 5313

试验名称：粗集料、级配集料筛分试验（洛杉矶法）

试验单位		合同号	
样品名称		试验规程	
样品来源		试验日期	
试验人		审核人	

烘干试样（含黏性土）总质量 (g)			磨耗后留在孔径 2mm			
0.5mm 以上集料质量 (g)			0.5mm 以下细土质量 (g)			
0.075~0.5mm 颗粒含量			0.075mm 以上全部集料的质量 (g)			
筛孔尺寸 (mm)	筛分试样总重 (g)	筛上剩余料重 (g)	筛上剩余料百分率 (%)	筛上剩余料累计百分率 (%)	通过百分率 (%)	校正后的通过百分率 (%)
100						
80						
63						
50						
40						
31.5						
25						
20						
16						
10						
5						
2.5						
说明：校正后的通过百分率指将小于 0.075mm 颗粒合并在一起计算得到的通过百分率。						
结论	监理工程师： 日期：					

试验名称：集料含水率试验（标准法）

试验单位		合同号	
样品名称		试验规程	
样品来源		试验日期	
试验人		审核人	

试样编号	烘干前试样与容器总质量（g）	烘干后试样与容器总质量（g）	容器质量（g）	水质量（g）	干料质量（g）	含水量（g）	平均值（%）
结　论	监理工程师：　　日期：						

______________________公路建设项目　　　　5315

试验名称：细集料含泥量、泥块含量试验（筛洗法）

试验单位		合同号	
样品名称		试验规程	
样品来源		试验日期	
试验人		审核人	

含泥量记录

试样编号	水洗前烘干试样质量（g）	水洗后留 1.25mm 及 0.08mm 筛烘干颗粒质量（g）	含泥量（%）	平均值（%）

泥块含量记录

试件编号	水洗闪存留 1.25mm 筛上烘干试样质量（g）	水洗后留 0.68mm 筛烘干质量（g）	泥块含量（%）	平均值（%）
结　论	监理工程师：　　　　日期：			

试验名称：细集料堆积密度、紧装密度试验

试验单位		合同号	
样品名称		试验规程	
样品来源		试验日期	
试验人		审核人	

堆积密度记录

试件编号	容量筒+堆积密度砂总质量（g）	容量筒质量（g）	堆积密度砂质量（g）	容量筒+玻璃板+水总质量（g）	容量筒+玻璃板总质量（g）	水质量（g）	容量筒体积（L）	堆积密度（kg/m^3）	平均值（kg/m^3）

紧装密度记录

试件编号	容量筒+紧装密度砂总质量（g）	容量筒质量（g）	紧装密度砂质量（g）	容量筒+玻璃板+水总质量（g）	容量筒+玻璃板总质量（g）	水质量（g）	容量筒体积（L）	紧装密度（kg/m^3）	平均值（kg/m^3）
孔隙率＝（1－　　）×100%＝　　%									
结　论	监理工程师：　　日期：								

_______________公路建设项目 5317

试验名称：细集料表观密度试验

试验单位		合同号	
样品名称		试验规程	
样品来源		试验日期	
试验人		审核人	

试件编号	试样来源	烘干细集料试样质量（g）	试样＋水＋容量瓶总质量（g）	水＋容量瓶总质量（g）	水温修正系数	表观密度（kg/m³）	通过平均值（kg/m³）
结　论							
	监理工程师：			日期：			

______________公路建设项目 5318

试验名称：水泥细度试验

试验单位		合同号	
样品名称		试验规程	
样品来源		试验日期	
试验人		审核人	

试件编号	水泥品种	试样质量（g）	筛余物质量（g）	水泥筛余百分率（%）	修正系数	修正后水泥筛余百分数（%）
结　论	监理工程师：　　日期：					

______公路建设项目 5319

试验名称：水泥标准稠度用水量、凝结时间、安定性试验

试验单位		合同号	
样品名称		试验规程	
样品来源		试验日期	
试验人		审核人	

检测内容 \ 试验结果		国家规定	试验结果		
		标　准	1	2	平均值
凝结时间	初凝时间（时、分）	≥45min			
	终凝时间（时、分）	≤12h			
安定性	沸煮法	安　定			
	雷氏法（mm）	≤5mm			
标准稠度用水量	不变水量法（%）				
	调整水量法（%）				
结　论					
	监理工程师：			日期：	

______________公路建设项目 **5320**

试验名称：无机结合料稳定土无侧限抗压（间接抗拉）强度试验

试验单位		合同号	
样品名称		试验规程	
样品来源		试验日期	
试验人		审核人	

材料名称：	最大干密度 g/cm^3						试件尺寸 cm						
材料剂量： %	试件压实度 %						养生龄期 d						
试件编号													
养生前试件质量（g）													
吸水前试件质量（g）													
吸水后试件质量（g）													
养生期的质量损失（g）													
吸水量（g）													
养生前试件高度（cm）													
吸水后试件高度（cm）													
实验时最大压力（kN）													
（抗拉）强度（MPa）													
平均值（MPa）$\bar{R}_C$													
标准值（MPa） S													
差系数（%） C_v													
$\bar{R}_C - 1.645S$（MPa）													
备 注													

<table>
<tr><td colspan="2">灌（满）水试验记录</td><td>编　号</td><td></td></tr>
<tr><td>工程名称</td><td></td><td>试验日期</td><td></td></tr>
<tr><td>试验项目</td><td></td><td>试验部位</td><td></td></tr>
<tr><td>材　质</td><td></td><td>规　格</td><td></td></tr>
<tr><td colspan="4">试验要求：</td></tr>
<tr><td colspan="4">试验记录：</td></tr>
<tr><td colspan="4">试验结论：</td></tr>
</table>

<table>
<tr><td rowspan="3">签字栏</td><td rowspan="2">建设（监理）单位</td><td colspan="3">施工单位</td></tr>
<tr><td>专业技术负责人</td><td>专业质检员</td><td>专业工长</td></tr>
<tr><td></td><td></td><td></td><td></td></tr>
</table>

注：本表由施工单位填报并保存。

<table>
<tr><td colspan="2">强度严密性试验记录</td><td>编　号</td><td></td></tr>
<tr><td>工程名称</td><td></td><td>试验日期</td><td></td></tr>
<tr><td>试验项目</td><td></td><td>试验部位</td><td></td></tr>
<tr><td>材　　质</td><td></td><td>规　　格</td><td></td></tr>
<tr><td colspan="4">试验要求：</td></tr>
<tr><td colspan="4">试验记录：</td></tr>
<tr><td colspan="4">试验结论：</td></tr>
</table>

<table>
<tr><td rowspan="3">签字栏</td><td rowspan="2">建设（监理）单位</td><td>施工单位</td><td colspan="2"></td></tr>
<tr><td>专业技术负责人</td><td>专业质检员</td><td>专业工长</td></tr>
<tr><td></td><td></td><td></td><td></td></tr>
</table>

注：本表由施工单位填写，城建档案馆、建设单位、施工单位各保存一份。

<table>
<tr><td colspan="2">通水试验记录</td><td>编　号</td><td colspan="2"></td></tr>
<tr><td>工程名称</td><td></td><td>试验日期</td><td colspan="2"></td></tr>
<tr><td>试验项目</td><td></td><td>试验部位</td><td colspan="2"></td></tr>
<tr><td>通水压力(MPa)</td><td></td><td>通水流量(m^3/h)</td><td colspan="2"></td></tr>
<tr><td colspan="5">试验系统简述：</td></tr>
<tr><td colspan="5">试验记录：</td></tr>
<tr><td colspan="5">试验结论：</td></tr>
</table>

<table>
<tr><td rowspan="3">签字栏</td><td rowspan="2">建设（监理）单位</td><td>施工单位</td><td colspan="2"></td></tr>
<tr><td>专业技术负责人</td><td>专业质检员</td><td>专业工长</td></tr>
<tr><td></td><td></td><td></td><td></td></tr>
</table>

注：本表由施工单位填写并保存。

<table>
<tr><td colspan="3">吹（冲）洗（脱脂）试验记录</td><td>编　号</td><td colspan="2"></td></tr>
<tr><td>工程名称</td><td colspan="2"></td><td>试验日期</td><td colspan="2"></td></tr>
<tr><td>试验项目</td><td colspan="2"></td><td>试验部位</td><td colspan="2"></td></tr>
<tr><td>试验介质</td><td colspan="2"></td><td>试验方式</td><td colspan="2"></td></tr>
<tr><td colspan="6">试验记录：</td></tr>
<tr><td colspan="6">试验结论：</td></tr>
<tr><td rowspan="3">签字栏</td><td rowspan="2">建设（监理）单位</td><td>施工单位</td><td colspan="3"></td></tr>
<tr><td>专业技术负责人</td><td>专业质检员</td><td colspan="2">专业工长</td></tr>
<tr><td></td><td></td><td></td><td colspan="2"></td></tr>
</table>

注：本表由施工单位填写并保存。

5325

<table>
<tr><td colspan="3">通球试验记录</td><td>编　号</td><td colspan="2"></td></tr>
<tr><td>工程名称</td><td colspan="2"></td><td>试验日期</td><td colspan="2"></td></tr>
<tr><td>试验项目</td><td colspan="2"></td><td>试验部位</td><td colspan="2"></td></tr>
<tr><td>管径（mm）</td><td colspan="2"></td><td>球径（mm）</td><td colspan="2"></td></tr>
<tr><td colspan="6">试验要求：</td></tr>
<tr><td colspan="6">试验记录：</td></tr>
<tr><td colspan="6">试验结论：</td></tr>
<tr><td rowspan="3">签字栏</td><td rowspan="2">建设（监理）单位</td><td colspan="4">施工单位</td></tr>
<tr><td colspan="2">专业技术负责人</td><td>专业质检员</td><td>专业工长</td></tr>
<tr><td></td><td colspan="2"></td><td></td><td></td></tr>
</table>

注：本表由施工单位填写，建设单位、施工单位各保存一份。

补偿器安装记录表		编　号	
工程名称		日　期	
设计压力（MPa）		补偿器安装部位	
补偿器规格型号		补偿器材质	
固定支架间距（m）		管内介质温度（℃）	
计算预拉值（mm）		实际预拉值（mm）	
补偿器安装记录及说明：			
结论：			

签字栏	建设（监理）单位	施工单位		
		专业技术负责人	专业质检员	专业工长

注：本表由施工单位填写并保存。

5327

<table>
<tr><td colspan="2">消火栓试射记录</td><td>编　号</td><td></td></tr>
<tr><td>工程名称</td><td></td><td>试射日期</td><td></td></tr>
<tr><td>试射消灭栓位置</td><td></td><td>启泵按钮</td><td>□合格　□不合格</td></tr>
<tr><td>消火栓组件</td><td>□合格　□不合格</td><td>栓口安装高度（m）</td><td>□合格　□不合格</td></tr>
<tr><td>栓口水枪型号</td><td>□合格　□不合格</td><td>卷盘间距（m）</td><td>□合格　□不合格</td></tr>
<tr><td>栓口静压（MPa）</td><td></td><td>栓口动压（MPa）</td><td></td></tr>
<tr><td colspan="4">试验要求：</td></tr>
<tr><td colspan="4">试验情况记录：</td></tr>
<tr><td colspan="4">试验结论：</td></tr>
</table>

<table>
<tr><td rowspan="3">签字栏</td><td rowspan="2">建设（监理）单位</td><td>施工单位</td><td colspan="2"></td></tr>
<tr><td>专业技术负责人</td><td>专业质检员</td><td>专业工长</td></tr>
<tr><td></td><td></td><td></td><td></td></tr>
</table>

注：本表由施工单位填写，城建档案馆、建设单位、施工单位各保存一份。

安全附件安装检查记录		编　号	
工程名称		安装位号	
锅炉型号		工作介质	
设计（额定）压力（MPa）		最大工作压力（MPa）	
检查项目		检查结果	
压力表	量程及精度等级	MPa：　　　级	
	校验日期	年　月　日	
	在最大工作压力处应划红线	□ 已划　　□ 未划	
	旋塞或针型阀是否灵活	□ 灵活　　□ 不灵活	
	蒸汽压力表管是否设存水弯管	□ 已设　　□ 未设	
	铅封是否完好	□ 完好　　□ 不完好	
安全阀	开启压力范围	MPa ~　　MPa	
	校验日期	年　月　日	
	铅封是否完好	□ 完好　　□ 不完好	
	安全阀排放管应引至安全地点	□ 是　　□ 不是	
	锅炉安全阀应有泄水管	□ 有　　□ 没有	
水位计（液位计）	锅炉水位计应有泄水管	□ 有　　□ 没有	
	水位计应划出高、低水位红线	□ 已划　　□ 未划	
	水位计旋塞（阀门）是否灵活	□ 灵活　　□ 不灵活	
报警装置	校验日期	年　月　日	
	报警高低限（声、光报警）	□ 灵敏、准确　　□ 不合格	
	联锁装置工作情况	□ 动作迅速、灵敏□ 不合格	
说明：			
结论：　□ 合格　　□ 不合格			

签字栏	建设（监理）单位	施工单位		
		专业技术负责人	专业质检员	专业工长

注：本表由施工单位填写，城建档案馆、建设单位、施工单位各保存一份。

<table>
<tr><td colspan="3">锅炉封闭烘炉（烘干）记录</td><td>编　号</td><td colspan="2"></td></tr>
<tr><td>工程名称</td><td colspan="2"></td><td>安装位号</td><td colspan="2"></td></tr>
<tr><td>锅炉型号</td><td colspan="2"></td><td>试验日期</td><td colspan="2"></td></tr>
<tr><td colspan="6">设备/管道封闭前的内部观察情况：</td></tr>
<tr><td>封闭方法</td><td colspan="5"></td></tr>
<tr><td rowspan="2">烘干方法</td><td rowspan="2" colspan="2"></td><td rowspan="2">烘炉时间</td><td colspan="2">起始时间　年　月　日　时　分</td></tr>
<tr><td colspan="2">终止时间　年　月　日　时　分</td></tr>
<tr><td colspan="2">温度区间（℃）</td><td colspan="2">升降温速度（℃/h）</td><td colspan="2">所用时间（h）</td></tr>
<tr><td colspan="2"></td><td colspan="2"></td><td colspan="2"></td></tr>
<tr><td colspan="2"></td><td colspan="2"></td><td colspan="2"></td></tr>
<tr><td colspan="2"></td><td colspan="2"></td><td colspan="2"></td></tr>
<tr><td colspan="2"></td><td colspan="2"></td><td colspan="2"></td></tr>
<tr><td colspan="2"></td><td colspan="2"></td><td colspan="2"></td></tr>
<tr><td colspan="2"></td><td colspan="2"></td><td colspan="2"></td></tr>
<tr><td colspan="6">烘炉（烘干）曲线图（包括计划曲线及实际曲线）：</td></tr>
<tr><td>结　论</td><td colspan="5">□ 合格　　　　□ 不合格</td></tr>
<tr><td rowspan="3">签字栏</td><td rowspan="2">建设（监理）单位</td><td colspan="4">施工单位</td></tr>
<tr><td colspan="2">专业技术负责人</td><td>专业质检员</td><td>专业工长</td></tr>
<tr><td></td><td colspan="2"></td><td></td><td></td></tr>
</table>

注：本表由施工单位填写，城建档案馆、建设单位、施工单位各保存一份。

<table>
<tr><td colspan="2">锅炉煮炉试验记录</td><td>编　号</td><td></td></tr>
<tr><td>工程名称</td><td></td><td>安装位号</td><td></td></tr>
<tr><td>锅炉型号</td><td></td><td>煮炉日期</td><td></td></tr>
<tr><td colspan="4">试验要求：
1. 检查煮炉前的污垢厚度，确定锅炉加药配方；
2. 煮炉后检查受热面内部清洁程度，记录煮炉时间、压力。</td></tr>
<tr><td colspan="4">试验记录：</td></tr>
<tr><td colspan="4">试验结论：</td></tr>
</table>

<table>
<tr><td rowspan="3">签字栏</td><td rowspan="2">建设（监理）单位</td><td colspan="3">施工单位</td></tr>
<tr><td>专业技术负责人</td><td>专业质检员</td><td>专业工长</td></tr>
<tr><td></td><td></td><td></td><td></td></tr>
</table>

注：本表由施工单位填写，城建档案馆、建设单位、施工单位各保存一份。

<table>
<tr><td colspan="2">锅炉试运行记录</td><td>编　号</td><td colspan="2"></td></tr>
<tr><td>工程名称</td><td colspan="4"></td></tr>
<tr><td>施工单位</td><td colspan="4"></td></tr>
<tr><td colspan="5">本锅炉在安全附件校验合格后，由＿＿＿＿＿＿＿＿＿＿统一组织，经＿＿＿＿＿＿＿＿＿＿＿＿＿＿＿＿＿＿共同验收，自＿＿＿＿年＿＿＿＿月＿＿＿＿日＿＿＿＿时至＿＿＿＿年＿＿＿＿月＿＿＿＿日＿＿＿＿时试运行，运行正常，符合规程及设计文件要求，试运行合格。</td></tr>
<tr><td colspan="5">试运行情况记录：

记录人：</td></tr>
<tr><td>建设单位
（签章）</td><td>监理单位
（签章）</td><td>管理单位
（签章）</td><td colspan="2">施工单位
（签章）</td></tr>
<tr><td></td><td></td><td></td><td colspan="2"></td></tr>
</table>

注：本表由施工单位填写，建设单位、施工单位、城建档案馆各保存一份。

建筑物室内平均温度检测记录

5332

房间号			检测单位				
持续时间			温度计核验证号				
温度 时间	1	2	3	4	5	6	7
月　日　时							
月　日　时							
月　日　时							
月　日　时							
月　日　时							
月　日　时							
月　日　时							
月　日　时							
月　日　时							
月　日　时							
月　日　时							
月　日　时							
月　日　时							
月　日　时							
月　日　时							
计算平均温度：							
结论：				审核人：		记录人：	

小区单位采暖耗煤量检测记录

5333

小区名称				检测单位				
批号			吨数			持续时间		
月　　日								
吨数								
月　　日								
吨数								
月　　日								
吨数								
月　　日								
吨数								
月　　日								
吨数								
月　　日								

耗煤量计算：

总计：　　　　批　　　　吨　　　　总误差：

结论：　　　　审核人：　　　　记录人：

建筑物单位采暖耗热量检测记录

5334

<table>
<tr><td colspan="2">工程名称</td><td colspan="4"></td><td colspan="2">检测单位</td><td colspan="3"></td></tr>
<tr><td colspan="3">温度传感器核验合格证号</td><td colspan="8"></td></tr>
<tr><td colspan="3">流量计核验合格证号</td><td colspan="8"></td></tr>
<tr><td colspan="3">二次仪表核验合格证号</td><td colspan="8"></td></tr>
<tr><td colspan="3">持续时间</td><td colspan="8"></td></tr>
<tr><td colspan="2">测量数据
起止时间</td><td></td><td>1</td><td>2</td><td>3</td><td>4</td><td>5</td><td>6</td><td>7</td><td></td></tr>
<tr><td colspan="2" rowspan="2">月　日　时</td><td>温度</td><td></td><td></td><td></td><td></td><td></td><td></td><td></td><td></td></tr>
<tr><td>流量</td><td></td><td></td><td></td><td></td><td></td><td></td><td></td><td></td></tr>
<tr><td colspan="2" rowspan="2">月　日　时</td><td>温度</td><td></td><td></td><td></td><td></td><td></td><td></td><td></td><td></td></tr>
<tr><td>流量</td><td></td><td></td><td></td><td></td><td></td><td></td><td></td><td></td></tr>
<tr><td colspan="2" rowspan="2">月　日　时</td><td>温度</td><td></td><td></td><td></td><td></td><td></td><td></td><td></td><td></td></tr>
<tr><td>流量</td><td></td><td></td><td></td><td></td><td></td><td></td><td></td><td></td></tr>
<tr><td colspan="2" rowspan="2">月　日　时</td><td>温度</td><td></td><td></td><td></td><td></td><td></td><td></td><td></td><td></td></tr>
<tr><td>流量</td><td></td><td></td><td></td><td></td><td></td><td></td><td></td><td></td></tr>
<tr><td colspan="2" rowspan="2">月　日　时</td><td>温度</td><td></td><td></td><td></td><td></td><td></td><td></td><td></td><td></td></tr>
<tr><td>流量</td><td></td><td></td><td></td><td></td><td></td><td></td><td></td><td></td></tr>
<tr><td colspan="2" rowspan="2">月　日　时</td><td>温度</td><td></td><td></td><td></td><td></td><td></td><td></td><td></td><td></td></tr>
<tr><td>流量</td><td></td><td></td><td></td><td></td><td></td><td></td><td></td><td></td></tr>
<tr><td colspan="2" rowspan="2">月　日　时</td><td>温度</td><td></td><td></td><td></td><td></td><td></td><td></td><td></td><td></td></tr>
<tr><td>流量</td><td></td><td></td><td></td><td></td><td></td><td></td><td></td><td></td></tr>
<tr><td colspan="2" rowspan="2">月　日　时</td><td>温度</td><td></td><td></td><td></td><td></td><td></td><td></td><td></td><td></td></tr>
<tr><td>流量</td><td></td><td></td><td></td><td></td><td></td><td></td><td></td><td></td></tr>
<tr><td colspan="2" rowspan="2">月　日　时</td><td>温度</td><td></td><td></td><td></td><td></td><td></td><td></td><td></td><td></td></tr>
<tr><td>流量</td><td></td><td></td><td></td><td></td><td></td><td></td><td></td><td></td></tr>
<tr><td colspan="2" rowspan="2">月　日　时</td><td>温度</td><td></td><td></td><td></td><td></td><td></td><td></td><td></td><td></td></tr>
<tr><td>流量</td><td></td><td></td><td></td><td></td><td></td><td></td><td></td><td></td></tr>
<tr><td colspan="2" rowspan="2">月　日　时</td><td>温度</td><td></td><td></td><td></td><td></td><td></td><td></td><td></td><td></td></tr>
<tr><td>流量</td><td></td><td></td><td></td><td></td><td></td><td></td><td></td><td></td></tr>
<tr><td colspan="2" rowspan="2">月　日　时</td><td>温度</td><td></td><td></td><td></td><td></td><td></td><td></td><td></td><td></td></tr>
<tr><td>流量</td><td></td><td></td><td></td><td></td><td></td><td></td><td></td><td></td></tr>
<tr><td colspan="11">计算热量：</td></tr>
<tr><td colspan="6">结论：</td><td colspan="3">审核人：</td><td colspan="2">记录人：</td></tr>
</table>

建筑物围护结构热工缺陷检测记录　　5335

<table>
<tr><td>工程名称</td><td colspan="2"></td><td>检测单位</td><td colspan="2"></td></tr>
<tr><td colspan="2">红外射像仪核验合格证号</td><td colspan="2"></td><td>检测时间</td><td></td></tr>
<tr><td>判断结果
检查内容</td><td>是否存在</td><td colspan="2">缺陷类型</td><td colspan="2">严重程度</td></tr>
<tr><td>缺少保温材料</td><td></td><td colspan="2"></td><td colspan="2"></td></tr>
<tr><td>保温材料受潮</td><td></td><td colspan="2"></td><td colspan="2"></td></tr>
<tr><td>空气渗透</td><td></td><td colspan="2"></td><td colspan="2"></td></tr>
<tr><td colspan="6">检测平面图：</td></tr>
<tr><td>认定方法：</td><td colspan="5"></td></tr>
<tr><td colspan="6">结论：

审核人：　　　　记录人：</td></tr>
</table>

建筑物围护结构传热系数检测记录

5336

工程名称		检测单位			
检测方法		持续时间			
热流计核验合格证号					
温度传感器热流计核验合格证号					
测量数据 时间		1	2	3	4	5
月 日 时	内表面温度					
	外表面温度					
	热流密度					
月 日 时	内表面温度					
	外表面温度					
	热流密度					
月 日 时	内表面温度					
	外表面温度					
	热流密度					
月 日 时	内表面温度					
	外表面温度					
	热流密度					
月 日 时	内表面温度					
	外表面温度					
	热流密度					
月 日 时	内表面温度					
	外表面温度					
	热流密度					
月 日 时	内表面温度					
	外表面温度					
	热流密度					
月 日 时	内表面温度					
	外表面温度					
	热流密度					
月 日 时	内表面温度					
	外表面温度					
	热流密度					
计算：						
结论： 审核人： 记录人：						

建筑物围护结构热桥部位内表面温度检测记录　5337

工程名称					检测单位				
温度传感器核验合格证号						时间			
持续时间					防护措施				
检测内容	时	时	时	时	时	时	时	时	时
热桥部位内表面温度									
室内空气温度									
室外空气温度									
热桥部位内表面温度									
室内空气温度									
室外空气温度									
热桥部位内表面温度									
室内空气温度									
室外空气温度									
热桥部位内表面温度									
室内空气温度									
室外空气温度									
热桥部位内表面温度									
室内空气温度									
室外空气温度									
热桥部位内表面温度									
室内空气温度									
室外空气温度									
热桥部位内表面温度									
室内空气温度									
室外空气温度									

计算：

结论：

审核人：　　　　记录人：

管道焊缝热处理及着色检验记录

5338

单位工程名称＿＿＿＿＿＿＿＿

分部分项工程名称＿＿＿＿＿＿＿＿　　　　年　　月　　日

管线号	焊缝编号	规格	材质	焊接方法	焊工代号	热处理质量检验		着色检验		备　注
						硬　度	证件号	底层焊道	热处理后	

项目主任工程师：　　　　施工员：　　　　质检员：　　　　试验员：

排水管道灌水试验检查记录表

5339

建设单位＿＿＿＿＿＿＿＿

单位工程		分部分项		施工图号		
管线号	管径（mm）	管材质	灌水高度（m）	灌水时间（min）	液面下降情况	附图或说明
年　月　日	质量员（签字）： 年　月　日		施工员（签字）： 年　月　日		施工班（组）签字： 年　月　日	

管 道 试 压 记 录

5340

建设单位：

工程名称： 年 月 日

管路图纸编号	规 格	长度（m）	工作压力	试验压力	试压时间开始至终止	试验性质		试验结果降压值（%）
						气密性	水 压	

施工单位： 建设单位验收人： 经办人：

给水（采暖、冷冻）管道系统压力试验记录

5341

工程名称：　　　　　　　　　　　　　　　　　　　　　　检查日期：　　年　　月　　日

管道材质				接口材料			试验方法			试验介质		
序号	管道系统编号	试验日期	设计工作压力（MPa）	试验压力（MPa）		持续时间（h）		压力降值（MPa）		降至工作压力时接口有无渗漏等情况	试验人	旁站监督人
				规范规定	实际	规范规定	实际	规范规定	实际			

施工单位复查结果：

施工单位项目专业技术负责人：　　年　　月　　日

监理（建设）单位核查结论：

项目专业监理工程师（建设单位项目技术负责人）：　　监理（建设）项目部（章）

年　　月　　日

注：各种材质的给水管道系统试验压力均为工作压力的 1.5 倍，但不得大于 0.6MPa。检验方法：金属及复合管给水管道系统在试验压力下观测 10min，压力降不应大于 0.02MPa，然后降到工作压力进行检查，应不渗漏；塑料管给水系统应在试验压力下稳压 1h，压力降不得超过 0.05MPa，然后在工作压力的 1.15 倍状态下稳压 2h，压力降不得超过 0.03MPa，同时检查各连接处不得渗漏。

室内给（冷热）、排水管道安装及附件检查记录

5342

工程名称：　　　　　　　　　　　　　　　　　　检查日期：　　年　　月　　日

检查单元	层数	户数	管道安装坡度、接口、支架、管件、阀门、龙头、水表、检查口、扫除口检查情况									检查人	旁站监督人
			管道坡度不符合规定处数	丝接不符合规定处数	法兰连接不符合规定处数	焊接连接不符合规定处数	承插、套箍不符合规定处数	支架制作固定不符合规定处数	阀门龙头不符合规定处数	检查口、扫除口不符合规定处数	水表不符合规定处数		

检查存在主要问题：	检查日期：	返修情况：	复查日期

施工单位复查结果： 施工单位项目专业技术负责人：　　年　　月　　日	监理（建设）单位核查结论： 项目专业监理工程师（建设单位项目技术负责人）：　　监理（建设）项目部（章） 年　　月　　日

注：该记录应按单元、层逐户全数检查填写其不符合规定的处数，并令其返修后复查；质量检查标准按设计要求及《建筑给水排水及采暖工程施工质量验收规范》GB50242—2002的有关规定实行；镀锌钢管严禁焊接。

水压管道系统、设备、阀门强度及严密性试验记录 5343

工程名称		施工单位		分包单位				
子分部工程		试验名称		管道材料				
序号	试验日期	试验内容及部位	工作压力（MPa）	试验压力（MPa）	持续时间（min）	实测压值（MPa）	渗漏检查	试验人员
试验结果								

施工单位检查结果：	分包单位检查结果：	监理（建设）单位验收结论：
项目专业负责人：	项目专业负责人：	监理工程师： （建设单位项目专业负责人）：
年 月 日	年 月 日	年 月 日

给水（采暖）管道系统清洗记录

5344

工程名称：　　　　　　　　　　　　　　　　　　检查日期：　　年　　月　　日

序号	管道系统编号	管道材质	接口材料	清（吹）洗介　质	清（吹）洗压力（MPa）	清（吹）洗次　数	清（吹）洗结　果	清（吹）洗日　期	清（吹）洗人	旁站监督人

施工单位复查结果：	监理（建设）单位核查结论：
施工单位项目专业技术负责人：　　年　　月　　日	项目专业监理工程师（建设单位项目技术负责人）：　　监理（建设）项目部（章）　　年　　月　　日

注：该记录应按单元、层逐户检查填写；生活给水系统管道在交付使用前应按国家验收规范的强制性条文规定：必须冲洗和消毒，并经有关部门取样检验，符合国家《生活饮用水标准》方可使用。

阀门试验记录

5345

工程名称：　　　　　　　　　　　　　　　　　　　　　部位：　　　年　　月　　日

试验时间	阀门名称	规格型号	阀门编号（位置）	试验介质	强度试验		严密性试验（MPa）	试验结果	备　注
					压力（MPa）	停压时间			

建设单位：	监理单位	施工单位：	施工项目技术负责人	质检员	工　长	班　长

注：强度试验为阀门公称压力的 1.5 倍，严密性试验为阀门公称压力。

补偿器安装记录

5346

工程名称：

<table>
<tr><td colspan="2">施工单位</td><td colspan="4"></td></tr>
<tr><td colspan="2">设计压力（MPa）</td><td></td><td>补偿器安装位置</td><td colspan="2"></td></tr>
<tr><td colspan="2">补偿器规格型号</td><td></td><td>补偿器材质</td><td colspan="2"></td></tr>
<tr><td colspan="2">固定支架间距（m）</td><td></td><td>设计温度（℃）</td><td colspan="2"></td></tr>
<tr><td colspan="2">设计预拉值（mm）</td><td></td><td>实际预拉值（mm）</td><td colspan="2"></td></tr>
<tr><td colspan="6">补偿器安装及预拉示意图与说明：</td></tr>
<tr><td>检查结果</td><td colspan="5"></td></tr>
<tr><td rowspan="2">建设单位</td><td rowspan="2">监理单位</td><td colspan="4">施工单位</td></tr>
<tr><td colspan="2">施工项目技术负责人</td><td>质检员</td><td>工长</td></tr>
<tr><td></td><td></td><td colspan="2"></td><td></td><td></td></tr>
</table>

补偿器冷拉记录

5347

施工单位：

工程名称			
单项工程名称			
补偿器编号		补偿器所在图号	
管段长度（m）		直径（mm）	
设计冷拉值（mm）		实际冷拉值（mm）	
冷拉日期		冷拉时气温（℃）	

冷拉示意图：

备注	

参加单位及人员签字	建设单位	监理单位	设计单位	施工单位

排水管道通球检验记录

5348

工程名称：　　　　　　　　　　　　　　　　　　　　　　检查日期：　　年　　月　　日

序号	系统管线名称	试验部位	管道内径（mm）	球径（mm）	通球时间 日　时至　日　时	检验结果	通球检验人	旁站监督人

施工单位复查结果：	监理（建设）单位核查结论：
施工单位项目 专业技术负责人：　年　月　日	项目专业监理工程师　监理（建设）项目部（章） （建设单位项目技术负责人）：　年　月　日

注：该记录应按单元逐户检查填写。排水主立管及水平干管管道均应做通球试验，通球球径不小于排水管道管径的2/3，通球率必须达到100%。

排（雨）水管道灌水静压试验记录

5349

工程名称：　　　　　　　　　　　　　　　　　　　　　　　　检查日期：　　年　　月　　日

序号	管道系统编号	管道材质	接口材料	灌水高度（cm）	满水15min时液面下降情况（cm）	再满水5min时液面下降情况（cm）	接口处是否渗漏等情况	试验日期	试验结果	试验人	旁站监督人

施工单位复查结果：

施工单位项目专业技术负责人：　　年　　月　　日

监理（建设）单位核查结论：

项目专业监理工程师（建设单位项目技术负责人）：　　监理（建设）项目部（章）　　年　　月　　日

注：该记录应按工程全数检查填写。按国家验收规范的强制性条文规定：隐蔽或埋地的排水管道在隐蔽前必须做灌水试验，其灌水高度应不低于底层卫生器具的上边缘或底层地面高度；满水15min水面下降后，再灌满观察5min，液面不降，管道及接口无渗漏为合格。

卫生器具盛水试验检查记录

5350

工程名称：　　　　　　　　　　　　　　　　　　检查日期：　　年　　月　　日

序号	系统管线名称	试验部位	卫生器具名称	数量（个、套）	卫生器具深度（mm）	盛水深度（mm）	堵水方法	盛水试验时间 日 时至 日 时	试验结果	试验人	旁站监督人

施工单位复查结果：	监理（建设）单位核查结论：
	监理（建设）项目部（章）
施工单位项目专业技术负责人：　　年　月　日	项目专业监理工程师（建设单位项目技术负责人）：　　年　月　日

注：该记录应按单元层逐户检查填写。排水栓、地漏安装应低于排水表面，周边无渗漏；有水封要求的卫生器具及地漏的水封高度不得小于50毫米；满水后各连接件不渗不漏，通水试验给、排水畅通。

排水管道灌水试验记录

5351

工程名称				分部名称		
日／月	管道系统设计编号	使用堵水体	堵体充气压力（MPa）	灌水面位置	灌水情况	备　注
试验结论			业主（含监理）	代表：	其他：	（签章）
			施工单位	代表：	其他：	（签章）
			试验单位	代表：		（签章）

记录人：　　　　　　　　　　年　　月　　日

排水、雨水、空调冷凝水管道灌水试验记录 5352

工程名称				分项工程			管道材质		
施工单位				分包单位					
序号	试验日期	试验部位	灌水高度	第一次灌满水持续时间（min）	第二次灌满水后持续时间（min）	液面检查	渗漏检查	结论	试验人员

施工单位检查结果：	分包单位检查结果：	监理（建设）单位验收结论：
项目专业负责人：	项目专业负责人：	监理工程师： （建设单位项目专业负责人）：
年 月 日	年 月 日	年 月 日

卫生器具蓄水试验记录

5353

工程名称				施工单位		
序　号	名　称	部　位	盛水规定时间（h）	盛水高度	检查数量	试验结果和处理情况	总　数
1	储水池		≥24	低地放满 高地放 2/3			
2	水盘拖布		≥24	2/3			
3	大便器水箱		2	至溢水口			
4	洗面盆		2	2/3			
5	化验盆		2	2/3			
6	浴　缸		2	至溢水口			
7	洗涤盆		2	2/3			

业主（含监理）	代表： 其他： 年　月　日	施工单位	施工技术： 质检： 记录： 年　月　日

通水试验记录

5354

<table>
<tr><td>工程名称</td><td colspan="2"></td><td colspan="2">建设单位</td><td></td></tr>
<tr><td>试验日期</td><td colspan="2"></td><td colspan="2">施工单位</td><td></td></tr>
<tr><td>试验管段</td><td colspan="2">通水时间（h）</td><td>配水点开放数量（%）</td><td>检查结果</td><td>备　注</td></tr>
<tr><td></td><td colspan="2"></td><td></td><td></td><td></td></tr>
<tr><td></td><td colspan="2"></td><td></td><td></td><td></td></tr>
<tr><td></td><td colspan="2"></td><td></td><td></td><td></td></tr>
<tr><td></td><td colspan="2"></td><td></td><td></td><td></td></tr>
<tr><td></td><td colspan="2"></td><td></td><td></td><td></td></tr>
<tr><td></td><td colspan="2"></td><td></td><td></td><td></td></tr>
<tr><td></td><td colspan="2"></td><td></td><td></td><td></td></tr>
<tr><td></td><td colspan="2"></td><td></td><td></td><td></td></tr>
<tr><td>试验结果</td><td colspan="5"></td></tr>
<tr><td>业主（含监理）</td><td colspan="2">代表：
其他：

年　月　日</td><td>施工单位</td><td colspan="2">技术：
质检：
记录：

年　月　日</td></tr>
</table>

地漏排水试验记录

5355

<table>
<tr><td colspan="2">工程名称</td><td></td><td>试验日期</td><td colspan="3"></td></tr>
<tr><td colspan="2">施工单位</td><td></td><td>分包单位</td><td colspan="3"></td></tr>
<tr><td colspan="2">水封高度(mm)</td><td></td><td>规　　格</td><td colspan="3"></td></tr>
<tr><td>序号</td><td>试验部位</td><td>地漏高度（mm）</td><td>地漏数量</td><td>周边是否无渗漏</td><td>排水是否通畅</td><td>结论</td></tr>
<tr><td></td><td></td><td></td><td></td><td></td><td></td><td></td></tr>
<tr><td></td><td></td><td></td><td></td><td></td><td></td><td></td></tr>
<tr><td></td><td></td><td></td><td></td><td></td><td></td><td></td></tr>
<tr><td></td><td></td><td></td><td></td><td></td><td></td><td></td></tr>
<tr><td></td><td></td><td></td><td></td><td></td><td></td><td></td></tr>
<tr><td></td><td></td><td></td><td></td><td></td><td></td><td></td></tr>
<tr><td></td><td></td><td></td><td></td><td></td><td></td><td></td></tr>
<tr><td></td><td></td><td></td><td></td><td></td><td></td><td></td></tr>
<tr><td></td><td></td><td></td><td></td><td></td><td></td><td></td></tr>
<tr><td></td><td></td><td></td><td></td><td></td><td></td><td></td></tr>
<tr><td></td><td></td><td></td><td></td><td></td><td></td><td></td></tr>
<tr><td></td><td></td><td></td><td></td><td></td><td></td><td></td></tr>
<tr><td></td><td></td><td></td><td></td><td></td><td></td><td></td></tr>
<tr><td></td><td></td><td></td><td></td><td></td><td></td><td></td></tr>
<tr><td></td><td></td><td></td><td></td><td></td><td></td><td></td></tr>
<tr><td></td><td></td><td></td><td></td><td></td><td></td><td></td></tr>
<tr><td colspan="2">施工单位检查结果：

项目专业负责人：

年　月　日</td><td colspan="2">分包单位检查结果：

项目专业负责人：

年　月　日</td><td colspan="3">监理（建设）单位
验收结论：

监理工程师：
（建设单位项目
专业负责人）：
年　月　日</td></tr>
</table>

室内消火栓系统测试记录

5356

<table>
<tr><td>工程名称</td><td colspan="2"></td><td>试验日期</td><td colspan="2"></td></tr>
<tr><td>施工单位</td><td colspan="2"></td><td>分包单位</td><td colspan="2"></td></tr>
<tr><td>管道材质</td><td></td><td>系统编号</td><td></td><td>建筑高度</td><td></td></tr>
<tr><td>室内消火栓数量</td><td colspan="2"></td><td>室内消防结合器数量</td><td colspan="2"></td></tr>
<tr><td colspan="3">消火栓实地试射试验</td><td colspan="3">系统功能综合检查</td></tr>
<tr><td colspan="3">屋顶层（或顶层水箱间内）消火栓试验情况：</td><td colspan="3">消防泵手动、自动启泵检查情况：</td></tr>
<tr><td colspan="3">首层 1 号消火栓试验情况：</td><td colspan="3">相关仪器仪表、报警、联动装置动作检查情况：</td></tr>
<tr><td colspan="3">首层 2 号消火栓试验情况：</td><td colspan="3">其他：</td></tr>
<tr><td colspan="2">施工单位检查结果：

项目专业负责人：

年　月　日</td><td colspan="2">分包单位检查结果：

项目专业负责人：

年　月　日</td><td colspan="2">监理（建设）单位验收结论：

监理工程师：
（建设单位项目专业负责人）：

年　月　日</td></tr>
</table>

5357

<table>
<tr><td colspan="3">消火栓试射记录</td><td>编　号</td><td colspan="2"></td></tr>
<tr><td>工程名称</td><td colspan="2"></td><td>试射日期</td><td colspan="2"></td></tr>
<tr><td>试射消火栓位置</td><td colspan="2"></td><td>启泵按钮</td><td>□合格</td><td>□不合格</td></tr>
<tr><td>消火栓组件</td><td>□合格</td><td>□不合格</td><td>栓口安装</td><td>□合格</td><td>□不合格</td></tr>
<tr><td>栓口水枪型号</td><td>□合格</td><td>□不合格</td><td>卷盘间距、组件</td><td>□合格</td><td>□不合格</td></tr>
<tr><td>栓口静压（MPa）</td><td colspan="2"></td><td>栓口动压（MPa）</td><td colspan="2"></td></tr>
<tr><td colspan="6">试验要求：</td></tr>
<tr><td colspan="6">试验情况记录：</td></tr>
<tr><td colspan="6">试验结论：</td></tr>
<tr><td rowspan="3">签字栏</td><td rowspan="2">建设（监理）单位</td><td>施工单位</td><td colspan="3"></td></tr>
<tr><td>专业技术负责人</td><td>专业质检员</td><td colspan="2">专业工长</td></tr>
<tr><td></td><td></td><td></td><td colspan="2"></td></tr>
</table>

注：本表由施工单位填写，建设单位、施工单位、城建档案馆各保存一份。

管道绝缘记录表

5358

工程名称：　　　　　　　　年　月　日

<table>
<tr><td colspan="12">沥青熬制记录表</td></tr>
<tr><td>玛琋脂配方</td><td colspan="11">#4 沥青　　%　　#5 沥青　　%</td></tr>
<tr><td>熔化沥青时间</td><td colspan="5">日　时　分至　日　时　分</td><td colspan="4">溶化沥青温度</td><td colspan="2">最高　℃
最低　℃</td></tr>
<tr><td>沥青脱水时间</td><td colspan="5">日　时　分至　日　时　分</td><td colspan="4">沥青脱水温度</td><td colspan="2">最高　℃
最低　℃</td></tr>
<tr><td>大气温度</td><td colspan="4">℃</td><td colspan="5">熬制及记录人签字</td><td colspan="2"></td></tr>
<tr><td colspan="12">管材包扎沥青自检记录</td></tr>
<tr><td rowspan="2">管材编号</td><td rowspan="2">绝缘等级</td><td rowspan="2">浇涂温度</td><td rowspan="2">浇涂方法</td><td colspan="4">浇涂厚度（mm）</td><td rowspan="2" colspan="2">有何缺陷</td><td rowspan="2" colspan="2">操作负责人签字</td></tr>
<tr><td>上</td><td>下</td><td>左</td><td>右</td></tr>
<tr><td></td><td></td><td></td><td></td><td></td><td></td><td></td><td></td><td colspan="2"></td><td colspan="2"></td></tr>
<tr><td></td><td></td><td></td><td></td><td></td><td></td><td></td><td></td><td colspan="2"></td><td colspan="2"></td></tr>
<tr><td></td><td></td><td></td><td></td><td></td><td></td><td></td><td></td><td colspan="2"></td><td colspan="2"></td></tr>
<tr><td></td><td></td><td></td><td></td><td></td><td></td><td></td><td></td><td colspan="2"></td><td colspan="2"></td></tr>
<tr><td></td><td></td><td></td><td></td><td></td><td></td><td></td><td></td><td colspan="2"></td><td colspan="2"></td></tr>
<tr><td></td><td></td><td></td><td></td><td></td><td></td><td></td><td></td><td colspan="2"></td><td colspan="2"></td></tr>
<tr><td></td><td></td><td></td><td></td><td></td><td></td><td></td><td></td><td colspan="2"></td><td colspan="2"></td></tr>
<tr><td></td><td></td><td></td><td></td><td></td><td></td><td></td><td></td><td colspan="2"></td><td colspan="2"></td></tr>
<tr><td></td><td></td><td></td><td></td><td></td><td></td><td></td><td></td><td colspan="2"></td><td colspan="2"></td></tr>
<tr><td></td><td></td><td></td><td></td><td></td><td></td><td></td><td></td><td colspan="2"></td><td colspan="2"></td></tr>
<tr><td>浇涂情况说明</td><td colspan="11"></td></tr>
</table>

记录人：　　　　　　　　年　月　日

无压力管道严密性试验记录　　5359

<table>
<tr><td colspan="2">工程名称</td><td colspan="3"></td><td>试验日期</td><td>年　月　日</td></tr>
<tr><td colspan="2">施工单位</td><td colspan="5"></td></tr>
<tr><td colspan="2">起止井号</td><td colspan="5">________号井至________号井段，带________号井，井型号________</td></tr>
<tr><td colspan="2">管道内径
(mm)</td><td colspan="2">管材种类</td><td colspan="2">接口种类</td><td>试验段长度
(m)</td></tr>
<tr><td colspan="2"></td><td colspan="2"></td><td colspan="2"></td><td></td></tr>
<tr><td colspan="2">试验段上游
设计水头
(m)</td><td colspan="3">试验水头（m）
（高于上游管内顶）</td><td colspan="2">允许渗水量
（m^3/(24h·km)）</td></tr>
<tr><td colspan="2"></td><td colspan="3"></td><td colspan="2"></td></tr>
<tr><td rowspan="5">渗水量测定记录</td><td>次数</td><td>观测起始时间 t_1</td><td>观测结束时间 t_2</td><td>恒压时间 t（min）</td><td>恒压时间内补入的水量 W（L）</td><td>实测渗水量 q L/（min·m）</td></tr>
<tr><td>1</td><td></td><td></td><td></td><td></td><td></td></tr>
<tr><td>2</td><td></td><td></td><td></td><td></td><td></td></tr>
<tr><td>3</td><td></td><td></td><td></td><td></td><td></td></tr>
<tr><td colspan="6">折合平均实测渗水量　　　　（m^3/(24h·km)）</td></tr>
<tr><td colspan="2">外观记录</td><td colspan="5"></td></tr>
<tr><td colspan="2">鉴定意见</td><td colspan="5"></td></tr>
<tr><td colspan="2" rowspan="2">参加单位
及人员</td><td>建设单位</td><td>监理单位</td><td>施工单位</td><td></td><td></td></tr>
<tr><td></td><td></td><td></td><td></td><td></td></tr>
</table>

回弹弯沉记录

5360

工程名称：________________施工单位：________________

试验位置：______起止桩号：______试验时间：______气温：______天气：______

设计弯沉值：______试验车型：______后轴重：____________

序号	桩号	轮位	行车道（　　）			行车道（　　）			行车道（　　）		
			百分表读数		回弹值	百分表读数		回弹值	百分表读数		回弹值
			D_1	D_2	1/100（mm）	D_1	D_2	1/100（mm）	D_1	D_2	1/100（mm）

结论：

审核：　　　　　　　　计算：　　　　　　　　试验：

水池满水试验记录

5361

工程名称			
水池名称		施工单位	
水池结构		允许渗水量（L/(m^2·d)）	
水池平面尺寸（m×m）		水面面积 A_1（m^2）	
水深（m）		湿润面积 A_2（m^2）	
测读记录	初读数	末读数	两次读数差
测读时间（年、月、日 时、分）			
水池水位 E（mm）			
蒸发水箱水位 e（mm）			
大气温度（℃）			
水温（℃）			

实际渗水量	m^3/d	L/(m^2·d)	占允许量的百分率（%）

参加单位和人员	建设单位	施工单位	监理单位	

供水管道水压试验记录 5362

施工单位：　　　　　　　　　　　　　　　　　　　试验日期：　　　年　　月　　日

<table>
<tr><td colspan="2">工程名称</td><td colspan="5"></td></tr>
<tr><td colspan="2">桩号及地段</td><td colspan="5"></td></tr>
<tr><td colspan="2">管内径
（mm）</td><td colspan="2">管　材</td><td colspan="2">接口种类</td><td>试验段长度
（m）</td></tr>
<tr><td colspan="2"></td><td colspan="2"></td><td colspan="2"></td><td></td></tr>
<tr><td colspan="2">工作压力
（MPa）</td><td colspan="2">试验压力
（MPa）</td><td colspan="2">10min 降压值
（MPa）</td><td>允许渗水量
（L/（min·km））</td></tr>
<tr><td colspan="2"></td><td colspan="2"></td><td colspan="2"></td><td></td></tr>
<tr><td rowspan="12">试验方法</td><td rowspan="5">注水法</td><td>次数</td><td>达到试验压力的时间 t_1</td><td>恒压结束时间 t_2</td><td>恒压时间内注入的水量 W（L）</td><td>渗水量 q
（L/min）</td></tr>
<tr><td>1</td><td></td><td></td><td></td><td></td></tr>
<tr><td>2</td><td></td><td></td><td></td><td></td></tr>
<tr><td>3</td><td></td><td></td><td></td><td></td></tr>
<tr><td colspan="5">折合平均渗水量　　　　　　　　L/（min·km）</td></tr>
<tr><td rowspan="5">放水法</td><td>次数</td><td>由试验压力降压 0.1MPa 的时间 t_1（min）</td><td>由试验压力放水下降 0.1MPa 的时间 t_2（min）</td><td>由试验压力，放水下降 0.1MPa 的放水量 W（L）</td><td>渗水量 q
（L/min）</td></tr>
<tr><td>1</td><td></td><td></td><td></td><td></td></tr>
<tr><td>2</td><td></td><td></td><td></td><td></td></tr>
<tr><td>3</td><td></td><td></td><td></td><td></td></tr>
<tr><td colspan="5">折合平均渗水量　　　　　　　　L/（min·km）</td></tr>
<tr><td colspan="2">外　观</td><td colspan="5"></td></tr>
<tr><td colspan="2">评　语</td><td>强度试验</td><td></td><td>严密性
试验</td><td colspan="2"></td></tr>
<tr><td colspan="2" rowspan="2">参加单位及人员</td><td>建设单位</td><td>施工单位</td><td>设计单位</td><td>监理单位</td><td></td></tr>
<tr><td></td><td></td><td></td><td></td><td></td></tr>
</table>

供热管道水压试验记录

5363

施工单位：

工程名称		试验日期		
试压范围（起止桩号）		管径（mm）		
试压总长度（m）				
试验压力（MPa）		稳压时间（min）	试验压力下	
			设计压力下	
允许压力降（MPa）				
实际压力降（MPa）				
试验结果				
试验情况				

参加单位及人员	建设单位	监理单位	设计单位	施工单位	

供热管网（场站）热运行记录

5364

施工单位：

<table>
<tr><td>工程名称</td><td colspan="3"></td></tr>
<tr><td>热运行范围</td><td colspan="3"></td></tr>
<tr><td>热运行时间</td><td colspan="3">从　月　日　时　分起至　月　日　时　分止</td></tr>
<tr><td>热运行温度（℃）</td><td></td><td>热运行压力（MPa）</td><td></td></tr>
<tr><td>是否连续运行</td><td></td><td>热运行累计时间（h）</td><td></td></tr>
<tr><td colspan="4">热运行时情况：</td></tr>
<tr><td colspan="4">处理意见：</td></tr>
</table>

<table>
<tr><td rowspan="2">签章</td><td>建设单位</td><td>监理单位</td><td>试运行组织单位</td><td>施工单位</td><td>设计单位</td><td>管理单位</td></tr>
<tr><td></td><td></td><td></td><td></td><td></td><td></td></tr>
</table>

燃气管道严密性试验记录（一）　5365

工程名称							
施工单位							
压力级别及管径	压 ϕ			压力计种类	U形压力计		
起止桩号及长度				管道材质			
充气时间	年　月　日　时			记录开始时间	年　月　日　时		
稳压时间（h）				记录结束时间	年　月　日　时		
时　间	上读数	下读数	土壤温度（℃）	时　间	上读数	下读数	土壤温度（℃）

施工项目技术负责人	质检员	记录人

燃气管道严密性试验记录（二）

5366

工程名称					
施工单位					
压力计种类		压力计 精度等级		压力单位	
压力级别			管道材质		
公称直径（mm）			充气时间	年　月　日　时	
起止桩号及长度			记录开始时间	年　月　日　时	
稳压时间（h）			记录结束时间	年　月　日　时	

时　间	压　力	时　间	压　力	时　间	压　力

其他说明：

施工项目技术负责人	质检员	记录人

燃气管道强度试验记录

5367

工程名称：　　　　　　　　　　　　　　　　　　　　试验日期：　　年　　月　　日

起止桩号		管径（mm）	
接口作法		管道材质	
试验压力（MPa）		施工单位	
试验介质			

试验结果：

参加单位及人员	建设单位	监理单位	设计单位	施工单位	

燃气管道严密性试验验收单

5368

工程名称：　　　　　　　　　　　　　　　　　　　　年　　月　　日

起止桩号		压力级别及管径	____压 ϕ____
接口作法		试验次数	第　次 共　次
试验压力（MPa）		允许压力降（MPa）	
实际压力降（MPa）		施工单位	
试验介质		长度（m）	
试验结果			
处理意见			
备注			

参加单位及人员	建设单位	监理单位	设计单位	施工单位	

燃气管道通球试验记录

5369

工程名称：　　　　　　　　　　　　　　　　　　　　　　　试验日期：　　年　　月　　日

<table>
<tr><td>管道规格</td><td colspan="2"></td><td>起止桩号</td><td colspan="2"></td></tr>
<tr><td>试验单位</td><td colspan="5"></td></tr>
<tr><td>发球时间</td><td colspan="2"></td><td>收球时间</td><td colspan="2"></td></tr>
<tr><td colspan="6">试验情况：</td></tr>
<tr><td colspan="6">试验结果：</td></tr>
<tr><td rowspan="2">参加单位
及人员</td><td>建设单位</td><td>监理单位</td><td>设计单位</td><td>施工单位</td><td>试验单位</td></tr>
<tr><td></td><td></td><td></td><td></td><td></td></tr>
</table>

户内燃气设施强度/严密性试验记录

5370

工程名称									
施工单位									
试验项目		□ 强度 □ 严密性			试验日期		年 月 日		
试验压力（kPa）					允许压力降（kPa）				
试验范围	楼 号								
	户数（户）								
	主立管（数量）								
	引入口（个）								
	燃气表（台）								
	燃气灶（台）								
	热水器（台）								
强度试验	试验压力（kPa）								
	检验结果								
严密性试验	试验压力（kPa）								
	保压时间（min）								
	最大压力降（kPa）								

试验结论：

监理（建设）单位	设计单位	施工单位		
		项目技术负责人	施工项目负责人	

湿式气柜总体试验记录

5371

年　月　日

工程名称			部位(工序)名称	
规　格			位　号	
材　质				
试验项目	试验日期	试验方法	试验结果	备　注
底板严密性				
水槽严密性		注水试验		
钟罩及中节严密性		气密性试验		
快速升降				
安全限位装置				
总体试验结果：				
建设单位	设计单位	监理单位	施工单位	

锅炉安全附件安装检查及调试记录

5372

工程名称		安装炉号	
施工单位		分包单位	
锅炉型号		工作介质	
设计（额定）压力（MPa）		最大工作压力（MPa）	

检查项目		检查结果
压力表	量程及精度等级	MPa： 级
	校验日期	年 月 日
	在最大工作压力处应划红线	
	旋塞或针型阀是否灵活	
	蒸汽压力表管是否设存水弯管	
	铅封是否完好	
安全阀	开启压力范围	MPa ~ MPa
	校验日期	年 月 日
	铅封是否完好	
	安全阀排放管应引至安全地点	
	锅炉安全阀应有泄水管	
水位计（液位计）	锅炉水位计应有泄水管	
	水位计应划出高、低水位红线	
	水位计旋塞（阀门）是否灵活	年 月 日
报警装置	校验日期	
	报警高低限（声、光报警）	
	联锁装置工作情况	

其他：

结论：

施工单位检查结果：	分包单位检查结果：	监理(建设)单位验收结论：
项目专业负责人：	项目专业负责人：	监理工程师： （建设单位项目专业负责人）：
年 月 日	年 月 日	年 月 日

<table>
<tr><td colspan="3">电气接地电阻测试记录</td><td>编　号</td><td colspan="3"></td></tr>
<tr><td colspan="2">工程名称</td><td></td><td>测试日期</td><td colspan="3"></td></tr>
<tr><td colspan="2">仪表型号</td><td></td><td>天气情况</td><td></td><td>气温（℃）</td><td></td></tr>
<tr><td>接地类型</td><td colspan="6">□防雷接地　□计算机接地　□工作接地
□保护接地　□防静电接地　□逻辑接地
□重复接地　□综合接地　□医疗设备接地</td></tr>
<tr><td>设计要求</td><td colspan="6">□≤10Ω　□≤4Ω　□≤1Ω
□≤0.1Ω　□≤　　Ω　□</td></tr>
<tr><td colspan="7">测试结论：</td></tr>
<tr><td rowspan="3">签字栏</td><td rowspan="2" colspan="2">建设（监理）单位</td><td colspan="4">施工单位</td></tr>
<tr><td>专业技术负责人</td><td colspan="2">专业质检员</td><td>专业测试人</td></tr>
<tr><td colspan="2"></td><td></td><td colspan="2"></td><td></td></tr>
</table>

注：本表由施工单位填写，城建档案馆、建设单位、施工单位各保存一份。

<table>
<tr><td colspan="4">电气接地装置隐检与平面示意图表</td><td>编　号</td><td colspan="2"></td></tr>
<tr><td>工程名称</td><td colspan="3"></td><td>图　号</td><td colspan="2"></td></tr>
<tr><td>接地类型</td><td colspan="2"></td><td>组数</td><td></td><td>设计要求</td><td>≤　Ω</td></tr>
<tr><td colspan="7">接地装置平面示意图（绘制比例要适当，注明各组别编号及有关尺寸）</td></tr>
<tr><td colspan="7"></td></tr>
<tr><td colspan="7">接地装置敷设情况检查表（尺寸单位：mm）</td></tr>
<tr><td>槽沟尺寸</td><td colspan="2"></td><td>土质情况</td><td colspan="3"></td></tr>
<tr><td>接地极规格</td><td colspan="2"></td><td>打进深度</td><td colspan="3"></td></tr>
<tr><td>接地体规格</td><td colspan="2"></td><td>焊接情况</td><td colspan="3"></td></tr>
<tr><td>防腐处理</td><td colspan="2"></td><td>接地电阻</td><td colspan="3">（取最大值）　Ω</td></tr>
<tr><td>检验结论</td><td colspan="2"></td><td>检验日期</td><td colspan="3"></td></tr>
<tr><td rowspan="3">签字栏</td><td rowspan="2">建设（监理）单位</td><td colspan="5">施工单位</td></tr>
<tr><td>专业技术负责人</td><td colspan="2">专业质检员</td><td colspan="2">专业工长</td></tr>
<tr><td></td><td></td><td colspan="2"></td><td colspan="2"></td></tr>
</table>

注：本表由施工单位填写，建设单位、施工单位、城建档案馆各保存一份。

电气绝缘电阻测试记录							编号			
工程名称							测试日期	年　月　日		
计量单位							天气情况			
仪表型号						电压		气温		
试验内容	相间			相对零			相对地			零对地
	L1－L2	L2－L3	L3－L1	L1－N	L2－N	L3－N	L1－PE	L2－PE	L3－PE	N－PE
层数·路别·名称·编号										
测试结论：										

签字栏	建设（监理）单位	施工单位		
		技术负责人	质检员	测试人

注：本表由施工单位填写，建设单位、施工单位各保存一份。

电气器具通电安全检查记录																		编号									
工程名称																		检查日期									
楼门单元或区域场所																											
层数	开关									灯具									插座								
	1	2	3	4	5	6	7	8	9	1	2	3	4	5	6	7	8	9	1	2	3	4	5	6	7	8	9

检查结论：

签字栏	施工单位		
	专业技术负责人	专业质检员	专业工长

注：本表由施工单位填写，建设单位、施工单位各保存一份。

<table>
<tr><td colspan="6">电气设备空载试运行记录</td><td>编号</td><td colspan="2"></td></tr>
<tr><td colspan="2">工程名称</td><td colspan="7"></td></tr>
<tr><td colspan="2">试运项目</td><td colspan="4"></td><td>填写日期</td><td colspan="2"></td></tr>
<tr><td colspan="2">试运时间</td><td colspan="7">由　日　时　分开始至　日　时　分结束</td></tr>
<tr><td rowspan="14">运行负荷记录</td><td rowspan="2">运行时间</td><td colspan="3">运行电压（V）</td><td colspan="3">运行电流（A）</td><td rowspan="2">温度（℃）</td></tr>
<tr><td>L1－N
（L1－L2）</td><td>L2－N
（L2－L3）</td><td>L3－N
（L3－L1）</td><td>L1 相</td><td>L2 相</td><td>L3 相</td></tr>
<tr><td></td><td></td><td></td><td></td><td></td><td></td><td></td><td></td></tr>
<tr><td></td><td></td><td></td><td></td><td></td><td></td><td></td><td></td></tr>
<tr><td></td><td></td><td></td><td></td><td></td><td></td><td></td><td></td></tr>
<tr><td></td><td></td><td></td><td></td><td></td><td></td><td></td><td></td></tr>
<tr><td></td><td></td><td></td><td></td><td></td><td></td><td></td><td></td></tr>
<tr><td></td><td></td><td></td><td></td><td></td><td></td><td></td><td></td></tr>
<tr><td></td><td></td><td></td><td></td><td></td><td></td><td></td><td></td></tr>
<tr><td></td><td></td><td></td><td></td><td></td><td></td><td></td><td></td></tr>
<tr><td></td><td></td><td></td><td></td><td></td><td></td><td></td><td></td></tr>
<tr><td></td><td></td><td></td><td></td><td></td><td></td><td></td><td></td></tr>
<tr><td></td><td></td><td></td><td></td><td></td><td></td><td></td><td></td></tr>
<tr><td></td><td></td><td></td><td></td><td></td><td></td><td></td><td></td></tr>
<tr><td colspan="9">试运行情况记录：</td></tr>
<tr><td rowspan="3">签字栏</td><td rowspan="2" colspan="2">建设（监理）单位</td><td colspan="6">施工单位</td></tr>
<tr><td colspan="2">专业技术负责人</td><td colspan="2">专业质检员</td><td colspan="2">专业工长</td></tr>
<tr><td colspan="2"></td><td colspan="2"></td><td colspan="2"></td><td colspan="2"></td></tr>
</table>

注：本表由施工单位填写，建设单位、施工单位、城建档案馆各保存一份。

<table>
<tr><td colspan="6">建筑物照明通电试运行记录</td><td>编　号</td><td colspan="2"></td></tr>
<tr><td colspan="2">工程名称</td><td colspan="5"></td><td colspan="2">公建□　　/住宅□</td></tr>
<tr><td colspan="2">试运项目</td><td colspan="3"></td><td colspan="2">填写日期</td><td colspan="2"></td></tr>
<tr><td colspan="2">试运时间</td><td colspan="7">由　　日　　时　　分开始至　　日　　时　　分结束</td></tr>
<tr><td rowspan="14">运行负荷记录</td><td rowspan="2">运行时间</td><td colspan="3">运行电压（V）</td><td colspan="3">运行电流（A）</td><td rowspan="2">温度（℃）</td></tr>
<tr><td>L1 – N
（L1 – L2）</td><td>L2 – N
（L2 – L3）</td><td>L3 – N
（L3 – L1）</td><td>L1 相</td><td>L2 相</td><td>L3 相</td></tr>
<tr><td></td><td></td><td></td><td></td><td></td><td></td><td></td><td></td></tr>
<tr><td></td><td></td><td></td><td></td><td></td><td></td><td></td><td></td></tr>
<tr><td></td><td></td><td></td><td></td><td></td><td></td><td></td><td></td></tr>
<tr><td></td><td></td><td></td><td></td><td></td><td></td><td></td><td></td></tr>
<tr><td></td><td></td><td></td><td></td><td></td><td></td><td></td><td></td></tr>
<tr><td></td><td></td><td></td><td></td><td></td><td></td><td></td><td></td></tr>
<tr><td></td><td></td><td></td><td></td><td></td><td></td><td></td><td></td></tr>
<tr><td></td><td></td><td></td><td></td><td></td><td></td><td></td><td></td></tr>
<tr><td></td><td></td><td></td><td></td><td></td><td></td><td></td><td></td></tr>
<tr><td></td><td></td><td></td><td></td><td></td><td></td><td></td><td></td></tr>
<tr><td></td><td></td><td></td><td></td><td></td><td></td><td></td><td></td></tr>
<tr><td></td><td></td><td></td><td></td><td></td><td></td><td></td><td></td></tr>
<tr><td colspan="9">试运行情况记录：</td></tr>
<tr><td rowspan="3">签字栏</td><td colspan="2" rowspan="2">建设（监理）单位</td><td colspan="6">施工单位</td></tr>
<tr><td colspan="2">专业技术负责人</td><td colspan="2">专业质检员</td><td colspan="2">专业工长</td></tr>
<tr><td colspan="2"></td><td colspan="2"></td><td colspan="2"></td><td colspan="2"></td></tr>
</table>

注：本表由施工单位填写，建设单位、施工单位、城建档案馆各保存一份。

大型照明灯具承载试验记录			编　号		
工程名称					
楼　层			试验日期		
灯具名称		安装部位	数　　量	灯具自重（kg）	试验载重（kg）

检查结果：

签字栏	建设（监理）单位	施工单位		
		专业技术负责人	专业质检员	专业工长

注：本表由施工单位填写，建设单位、施工单位各保存一份。

漏电开关模拟试验记录				编　号	
工程名称					
试验器具		试验日期			
安装部位	型　　号	设计要求		实际测试	
		动作电流（mA）	动作时间（ms）	动作电流（mA）	动作时间（ms）
测试结论：					

签字栏	建设（监理）单位	施工单位		
		专业技术负责人	专业质检员	专业工长

注：本表由施工单位填写，建设单位、施工单位各保存一份。

大容量电气线路结点测温记录		编　号	
工程名称			
测试地点		测试品种	导线□　　/母线□　　/开关□
测试工具		测试日期	

测试回路（部位）	测试时间	电流（A）	设计温度（℃）	测试温度（℃）

测试结论：

签字栏	建设（监理）单位	施工单位		
		专业技术负责人	专业质检员	专业工长

注：本表由施工单位填写，建设单位、施工单位各保存一份。

避雷带支架拉力测试记录						编　号			
工程名称									
测试部位					测试日期				
序号	拉力（kg）	序号	拉力（kg）	序号	拉力（kg）	序号	拉力（kg）		
检查结果：									

签字栏	建设（监理）单位	施工单位		
		专业技术负责人	专业质检员	专业工长

注：本表由施工单位填写，建设单位、施工单位各保存一份。

接地装置安装试验记录

5383

工程名称：　　　　　　　　　　　　　　　　　　　　测试日期：　　年　　月　　日

（一）基本资料：

接地装置安装地区____________________，用于____________________电压系统，变压器是专用还是公用____________________，接地性质____________________。

（二）室外接地网：

人工接地采用____________________接地极__________根，长度__________m，极间距__________m，打入地下深度__________m，接地干线采用____________________，埋入地下深度__________m。自然接地利用____________________。

（三）室内接地网：

人工接地干线采用____________________，分支线采用________________mm^2；自然接地干线采用________________________________，分支线采用__________mm^2。

（四）接地网简图如下：

（五）接地电阻测量使用仪表名称、型号____。

测量电阻时的天气情况__________，前三天的天气______________________________。

地质潮湿情况______________________________。测量电阻共____________________次，

平均值____________________Ω。

施工单位检查测试人：　　　　　　　　　　　　　　监理（建设）单位旁站监督人：

低压动力控制设备安装记录

5384

年　　月　　日

工程编号		单位工程名称	
施工图号		分项工程名称	

编　号	名　称	型号与规格	数　量	被控制设备名称	安装处所

1. 部件的检查与调整：______

2. 校对二次控制线路：______

3. 固定方法：______
4. 支架的型式、材质与固定方法：______
5. 支架防腐：______
6. 箱体的垂直与水平差：______
7. 接地线：牌号______用______方法连接于______接地干线上
8. 绝缘油：______
9. 试操作情况：______
10. 绝缘电阻：______

编　号	名　称	一　次　回　路　（MΩ）						二次回路	气温℃	使用仪器
		A—B	B—C	C—A	A—地	B—地	C—地			

质检员		施工员		班长	
				操作者	

变压器安装检查记录表

5386

<table>
<tr><td colspan="3">建设单位</td><td colspan="3"></td><td>分部分项</td><td colspan="2"></td></tr>
<tr><td colspan="3">单位工程</td><td colspan="3"></td><td>施工图号</td><td colspan="2"></td></tr>
<tr><td colspan="3">设备型号</td><td colspan="2"></td><td>额定容量</td><td>（kV·A）</td><td>相　数</td><td></td></tr>
<tr><td colspan="3">额定电压</td><td colspan="2">（V）</td><td>额定电流</td><td>（A）</td><td>频　率</td><td>（Hz）</td></tr>
<tr><td colspan="3">制造厂</td><td colspan="2"></td><td>产品编号</td><td></td><td>出厂日期</td><td></td></tr>
<tr><td>序号</td><td colspan="2">检查项目</td><td colspan="6">安装检查情况</td></tr>
<tr><td rowspan="3">1</td><td rowspan="3">外观检查</td><td>合格证件</td><td colspan="6"></td></tr>
<tr><td>技术文件</td><td colspan="6"></td></tr>
<tr><td>核对部件</td><td colspan="6"></td></tr>
<tr><td rowspan="10">2</td><td rowspan="10">变压器组装</td><td>本体就位</td><td colspan="6"></td></tr>
<tr><td>散热器安装</td><td colspan="6"></td></tr>
<tr><td>储油柜安装</td><td colspan="6"></td></tr>
<tr><td>密封垫材质</td><td colspan="6"></td></tr>
<tr><td>绝缘套管</td><td colspan="6"></td></tr>
<tr><td>气体继电器</td><td colspan="6"></td></tr>
<tr><td>温度计</td><td colspan="6"></td></tr>
<tr><td>风扇电动机</td><td colspan="6"></td></tr>
<tr><td>箱体接地</td><td colspan="6"></td></tr>
<tr><td>绝缘电阻（MΩ）</td><td colspan="6"></td></tr>
<tr><td>备注</td><td colspan="8"></td></tr>
<tr><td colspan="5">
年　月　日</td><td colspan="4">施工员（签字）
年　月　日</td></tr>
<tr><td colspan="5">质检员（签字）
年　月　日</td><td colspan="4">施工班（组）（签字）
年　月　日</td></tr>
</table>

成套开关柜（盘）安装检查记录表

5387

<table>
<tr><td>建设单位</td><td colspan="5"></td><td colspan="2">分部分项</td><td colspan="3"></td></tr>
<tr><td>单位工程</td><td colspan="5"></td><td colspan="2">施工图号</td><td colspan="3"></td></tr>
<tr><td>柜（盘）名称</td><td colspan="5"></td><td colspan="2">制造厂</td><td colspan="3"></td></tr>
<tr><td>序号</td><td colspan="2">型号</td><td>编号</td><td>数量</td><td>序号</td><td colspan="3">型号</td><td>编号</td><td>数量</td></tr>
<tr><td></td><td colspan="2"></td><td></td><td></td><td></td><td colspan="3"></td><td></td><td></td></tr>
<tr><td></td><td colspan="2"></td><td></td><td></td><td></td><td colspan="3"></td><td></td><td></td></tr>
<tr><td>外观检查</td><td colspan="10"></td></tr>
<tr><td>基础型钢安装</td><td colspan="10"></td></tr>
<tr><td>排列简图</td><td colspan="10"></td></tr>
<tr><td rowspan="2">成列柜(盘)顶部水平度</td><td colspan="2">允许偏差（mm）</td><td colspan="2">实测偏差（mm）</td><td colspan="2" rowspan="2">成列盘面不平度</td><td colspan="2">允许偏差（mm）</td><td colspan="2">实测偏差(mm)</td></tr>
<tr><td colspan="2"></td><td colspan="2"></td><td colspan="2"></td><td colspan="2"></td></tr>
<tr><td rowspan="2">垂直度</td><td colspan="2">允许偏差（mm）</td><td colspan="2">实测偏差（mm）</td><td colspan="2" rowspan="2">盘间接缝</td><td colspan="2">允许偏差（mm）</td><td colspan="2">实测偏差(mm)</td></tr>
<tr><td colspan="2"></td><td colspan="2"></td><td colspan="2"></td><td colspan="2"></td></tr>
<tr><td>手车情况</td><td>灵活</td><td colspan="2"></td><td>闭锁</td><td colspan="3"></td><td>照明</td><td colspan="2"></td></tr>
<tr><td colspan="11">柜座接地</td></tr>
<tr><td>备注</td><td colspan="10"></td></tr>
<tr><td colspan="5">
年　月　日</td><td colspan="6">施工员（签字）:
年　月　日</td></tr>
<tr><td colspan="5">质检员（签字）:
年　月　日</td><td colspan="6">施工班（组）（签字）:
年　月　日</td></tr>
</table>

电动机试运转检查记录表

5388

<table>
<tr><td colspan="3">建设单位</td><td colspan="6"></td><td colspan="3">分部分项</td><td colspan="3"></td></tr>
<tr><td colspan="3">单位工程</td><td colspan="6"></td><td colspan="3">施工图号</td><td colspan="3"></td></tr>
<tr><td>序号</td><td colspan="2">电机编号
检查项目</td><td colspan="3"></td><td colspan="3"></td><td colspan="3"></td><td colspan="3"></td></tr>
<tr><td>1</td><td colspan="2">机械名称</td><td colspan="3"></td><td colspan="3"></td><td colspan="3"></td><td colspan="3"></td></tr>
<tr><td rowspan="5">2</td><td rowspan="5">铭牌</td><td>型　号</td><td colspan="3"></td><td colspan="3"></td><td colspan="3"></td><td colspan="3"></td></tr>
<tr><td>额定容量（kW）</td><td colspan="3"></td><td colspan="3"></td><td colspan="3"></td><td colspan="3"></td></tr>
<tr><td>额定电压（V）</td><td colspan="3"></td><td colspan="3"></td><td colspan="3"></td><td colspan="3"></td></tr>
<tr><td>额定电流（A）</td><td colspan="3"></td><td colspan="3"></td><td colspan="3"></td><td colspan="3"></td></tr>
<tr><td>额定转速（r/min）</td><td colspan="3"></td><td colspan="3"></td><td colspan="3"></td><td colspan="3"></td></tr>
<tr><td>3</td><td colspan="2">定子绕组绝缘电阻（MΩ）</td><td colspan="3"></td><td colspan="3"></td><td colspan="3"></td><td colspan="3"></td></tr>
<tr><td>4</td><td colspan="2">转子绕组绝缘电阻（MΩ）</td><td colspan="3"></td><td colspan="3"></td><td colspan="3"></td><td colspan="3"></td></tr>
<tr><td>5</td><td colspan="2">主回路绝缘电阻（MΩ）</td><td colspan="3"></td><td colspan="3"></td><td colspan="3"></td><td colspan="3"></td></tr>
<tr><td rowspan="2">6</td><td rowspan="2" colspan="2">空载电流（A）</td><td>A</td><td>B</td><td>C</td><td>A</td><td>B</td><td>C</td><td>A</td><td>B</td><td>C</td><td>A</td><td>B</td><td>C</td></tr>
<tr><td></td><td></td><td></td><td></td><td></td><td></td><td></td><td></td><td></td><td></td><td></td><td></td></tr>
<tr><td>7</td><td colspan="2">负载电流（A）</td><td></td><td></td><td></td><td></td><td></td><td></td><td></td><td></td><td></td><td></td><td></td><td></td></tr>
<tr><td>8</td><td colspan="2">保护装置整定值（A）</td><td colspan="3"></td><td colspan="3"></td><td colspan="3"></td><td colspan="3"></td></tr>
<tr><td>9</td><td colspan="2">电机温度（℃）</td><td colspan="3"></td><td colspan="3"></td><td colspan="3"></td><td colspan="3"></td></tr>
<tr><td>10</td><td colspan="2">室内温度（℃）</td><td colspan="3"></td><td colspan="3"></td><td colspan="3"></td><td colspan="3"></td></tr>
<tr><td>11</td><td colspan="2">开停机时间（h）</td><td colspan="3"></td><td colspan="3"></td><td colspan="3"></td><td colspan="3"></td></tr>
<tr><td>12</td><td colspan="2">机体接地线规格（mm²）</td><td colspan="3"></td><td colspan="3"></td><td colspan="3"></td><td colspan="3"></td></tr>
<tr><td>13</td><td colspan="2">试运转情况</td><td colspan="3"></td><td colspan="3"></td><td colspan="3"></td><td colspan="3"></td></tr>
<tr><td>备注</td><td colspan="14"></td></tr>
<tr><td colspan="8">建设单位（签字）：
年　月　日</td><td colspan="7">施工员（签字）：
年　月　日</td></tr>
<tr><td colspan="8">质检员（签字）：
年　月　日</td><td colspan="7">施工班（组）（签字）：
年　月　日</td></tr>
</table>

避雷针（带）安装检查记录表

5389

<table>
<tr><td>建设单位</td><td colspan="3"></td><td colspan="2">分部分项</td><td colspan="2"></td></tr>
<tr><td>单位工程</td><td colspan="3"></td><td colspan="2">施工图号</td><td colspan="2"></td></tr>
<tr><td colspan="8">1. 避　雷　针</td></tr>
<tr><td>编　号</td><td>材　质</td><td colspan="2">规　格</td><td>避雷针形式</td><td>本体高度（m）</td><td>连接方法</td><td>防腐处理</td></tr>
<tr><td></td><td></td><td colspan="2"></td><td></td><td></td><td></td><td></td></tr>
<tr><td></td><td></td><td colspan="2"></td><td></td><td></td><td></td><td></td></tr>
<tr><td></td><td></td><td colspan="2"></td><td></td><td></td><td></td><td></td></tr>
<tr><td colspan="8">2. 避　雷　带</td></tr>
<tr><td>编　号</td><td>材　质</td><td colspan="2">规　格</td><td>长度（m）</td><td>敷设方法</td><td>连接方法</td><td>防腐处理</td></tr>
<tr><td></td><td></td><td colspan="2"></td><td></td><td></td><td></td><td></td></tr>
<tr><td></td><td></td><td colspan="2"></td><td></td><td></td><td></td><td></td></tr>
<tr><td></td><td></td><td colspan="2"></td><td></td><td></td><td></td><td></td></tr>
<tr><td colspan="8">3. 引　下　线</td></tr>
<tr><td>编　号</td><td>材　质</td><td colspan="2">规　格</td><td>长度（m）</td><td>断线卡设置高度（m）</td><td>连接方法</td><td>防腐处理</td></tr>
<tr><td></td><td></td><td colspan="2"></td><td></td><td></td><td></td><td></td></tr>
<tr><td></td><td></td><td colspan="2"></td><td></td><td></td><td></td><td></td></tr>
<tr><td></td><td></td><td colspan="2"></td><td></td><td></td><td></td><td></td></tr>
<tr><td colspan="2">地体序号</td><td colspan="6"></td></tr>
<tr><td colspan="2">接地电阻（Ω）</td><td colspan="6"></td></tr>
<tr><td>备　注</td><td colspan="7"></td></tr>
<tr><td colspan="4">
年　月　日</td><td colspan="4">施工员（签字）：
年　月　日</td></tr>
<tr><td colspan="4">质检员（签字）：
年　月　日</td><td colspan="4">施工班（组）（签字）：
年　月　日</td></tr>
</table>

接地装置施工检查记录表 **5390**

建设单位		分部分项	
单位工程		施工图号	
安装地点			

1. 接　　地　　体

序号	材　质	规　格	数　量	埋入深度（m）	极间距离（m）	极与建筑物距离（m）

2. 接　　地　　干　　线

序号	材　质	规　格	长度（m）	敷设方法	连接方法	防腐处理

3. 接　　地　　电　　阻

序号					使用仪器	天　　气	环境温度
电阻	（Ω）	（Ω）	（Ω）	（Ω）			（℃）

4. 独立避雷针的接地线与其他接地线的地下最小距离＿＿＿＿＿＿m

5. 独立避雷针及其接地装置与建筑物的出入口距离＿＿＿＿m，与道路的距离＿＿＿＿m

6.

附图及说明	

建设单位（签字）：年　月　日	施工员（签字）：年　月　日
质检员（签字）：年　月　日	施工班（组）（签字）：年　月　日

注：凡属埋地隐蔽的接地装置应由建设单位代表签字。

配管配线安装检查记录表

5391

建设单位				分部分项			
单位工程				施工图号			
序号	检查项目	检查情况					
1	进线型号规格						
2	回路名称及编号						
3	进线绝缘电阻（MΩ）						
4	配管敷设方法						
5	配线敷设方法						
6	外观检查						
7	各支线回路绝缘电阻测试（兆欧表型号：　　　　）						
序号	配电箱（柜）型号及编号	回路名称及编号	管线型号规格	长度（m）	回路电压（V）	绝缘电阻测试（MΩ）	
						线与线间	线与地间
备注							
年　月　日				施工员（签字）： 年　月　日			
质检员（签字）： 年　月　日				施工班（组）（签字）： 年　月　日			

电气（　　）线路绝缘测试记录表　　5392

<table>
<tr><td>建设单位</td><td colspan="4"></td><td>分部分项</td><td colspan="3"></td></tr>
<tr><td>单位工程</td><td colspan="4"></td><td>施工图号</td><td colspan="3"></td></tr>
<tr><td>兆欧表型号</td><td colspan="8"></td></tr>
<tr><td rowspan="2">序号</td><td rowspan="2">配电箱（柜）型号及编号</td><td rowspan="2">回路名称及编号</td><td rowspan="2">管线型号规格</td><td rowspan="2">长度（m）</td><td rowspan="2">回路电压（V）</td><td colspan="2">绝缘电阻（MΩ）</td></tr>
<tr><td>线与线间</td><td>线与地间</td></tr>
<tr><td></td><td></td><td></td><td></td><td></td><td></td><td></td><td></td></tr>
<tr><td></td><td></td><td></td><td></td><td></td><td></td><td></td><td></td></tr>
<tr><td></td><td></td><td></td><td></td><td></td><td></td><td></td><td></td></tr>
<tr><td></td><td></td><td></td><td></td><td></td><td></td><td></td><td></td></tr>
<tr><td></td><td></td><td></td><td></td><td></td><td></td><td></td><td></td></tr>
<tr><td></td><td></td><td></td><td></td><td></td><td></td><td></td><td></td></tr>
<tr><td></td><td></td><td></td><td></td><td></td><td></td><td></td><td></td></tr>
<tr><td></td><td></td><td></td><td></td><td></td><td></td><td></td><td></td></tr>
<tr><td></td><td></td><td></td><td></td><td></td><td></td><td></td><td></td></tr>
<tr><td></td><td></td><td></td><td></td><td></td><td></td><td></td><td></td></tr>
<tr><td></td><td></td><td></td><td></td><td></td><td></td><td></td><td></td></tr>
<tr><td></td><td></td><td></td><td></td><td></td><td></td><td></td><td></td></tr>
<tr><td></td><td></td><td></td><td></td><td></td><td></td><td></td><td></td></tr>
<tr><td></td><td></td><td></td><td></td><td></td><td></td><td></td><td></td></tr>
<tr><td></td><td></td><td></td><td></td><td></td><td></td><td></td><td></td></tr>
<tr><td>备注</td><td colspan="7"></td></tr>
<tr><td colspan="4">
年　　月　　日</td><td colspan="4">施工员（签字）：
年　　月　　日</td></tr>
<tr><td colspan="4">质检员（签字）：
年　　月　　日</td><td colspan="4">施工班（组）（签字）：
年　　月　　日</td></tr>
</table>

施工临时用电安全检（复）查验收表

5393

工程名称：		安装地点：	
序号	检　查　项　目	技术安全要求	实检状况或意见
检查意见			
项目经理： 主任工程师： 安全员： 质检员： 年　月　日		施工员： 班组长： 年　月　日	

注：本表可作为施工现场临时用电检查、定期或非定期检（复）查记录和安装完毕验收用。

大型灯具、吊扇安装检查记录表

5394

<table>
<tr><td>工程名称</td><td colspan="3"></td><td>施工单位</td><td colspan="3"></td></tr>
<tr><td>项目名称</td><td colspan="3"></td><td>施工图号</td><td colspan="3"></td></tr>
<tr><td>灯、扇所在层、段</td><td>规格型号</td><td>自重（kg）</td><td>预埋形式</td><td>固定点数</td><td>试验（重量 kg）</td><td>吊钩规格</td><td>防松、防振措施</td></tr>
<tr><td></td><td></td><td></td><td></td><td></td><td></td><td></td><td></td></tr>
<tr><td></td><td></td><td></td><td></td><td></td><td></td><td></td><td></td></tr>
<tr><td></td><td></td><td></td><td></td><td></td><td></td><td></td><td></td></tr>
<tr><td></td><td></td><td></td><td></td><td></td><td></td><td></td><td></td></tr>
<tr><td></td><td></td><td></td><td></td><td></td><td></td><td></td><td></td></tr>
<tr><td></td><td></td><td></td><td></td><td></td><td></td><td></td><td></td></tr>
<tr><td></td><td></td><td></td><td></td><td></td><td></td><td></td><td></td></tr>
<tr><td></td><td></td><td></td><td></td><td></td><td></td><td></td><td></td></tr>
<tr><td>施工说明及简图</td><td colspan="7"></td></tr>
<tr><td>业主
（含监理）</td><td colspan="3">代表：
其他：
年 月 日</td><td>施工
单位</td><td colspan="3">施工技术：
质　　检：
记　　录：
年 月 日</td></tr>
</table>

电缆敷设检查记录

5395

<table>
<tr><td>建设单位</td><td colspan="3"></td><td>施工单位</td><td colspan="2"></td></tr>
<tr><td>工程名称</td><td></td><td colspan="2">分项名称</td><td colspan="2"></td><td>施工图号</td></tr>
<tr><td>电缆编号</td><td colspan="2">电缆型号及规格</td><td>全长
（m）</td><td>敷设方式</td><td>中间接头
个　　数</td><td>起点——终点</td></tr>
<tr><td></td><td colspan="2"></td><td></td><td></td><td></td><td></td></tr>
<tr><td></td><td colspan="2"></td><td></td><td></td><td></td><td></td></tr>
<tr><td></td><td colspan="2"></td><td></td><td></td><td></td><td></td></tr>
<tr><td></td><td colspan="2"></td><td></td><td></td><td></td><td></td></tr>
<tr><td></td><td colspan="2"></td><td></td><td></td><td></td><td></td></tr>
<tr><td></td><td colspan="2"></td><td></td><td></td><td></td><td></td></tr>
<tr><td></td><td colspan="2"></td><td></td><td></td><td></td><td></td></tr>
<tr><td></td><td colspan="2"></td><td></td><td></td><td></td><td></td></tr>
<tr><td></td><td colspan="2"></td><td></td><td></td><td></td><td></td></tr>
<tr><td></td><td colspan="2"></td><td></td><td></td><td></td><td></td></tr>
<tr><td></td><td colspan="2"></td><td></td><td></td><td></td><td></td></tr>
<tr><td></td><td colspan="2"></td><td></td><td></td><td></td><td></td></tr>
<tr><td></td><td colspan="2"></td><td></td><td></td><td></td><td></td></tr>
<tr><td></td><td colspan="2"></td><td></td><td></td><td></td><td></td></tr>
<tr><td></td><td colspan="2"></td><td></td><td></td><td></td><td></td></tr>
<tr><td>业主
（含监理）</td><td colspan="2">代表：
其他：

年　　月　　日</td><td>施工
单位</td><td colspan="3">施工技术：
质　　检：
记　　录：
年　　月　　日</td></tr>
</table>

电力变压器试验记录表

5396

建设单位			单位工程			安装位置★	
铭牌	产品编号		型号			接线组别	
	容量	(kV·A)	阻抗			制造厂	
	电压	(V)	油种			温升	(℃)
	电流	(A)	器重	(kg)	油重 (kg)	总重	(kg)

绝缘及耐压	测试项目 / 测试部位	绝缘电阻（MΩ）R60s/R15s 耐压前	耐压后	交流耐压 (kV/min)	直流耐压 (kV/min)	直流泄漏 kV	μA	介质损耗 (%)
	一次对地及其他绕阻							
	二次对地及其他绕阻							

接线组别	一次测 / 二次测	AB	BC	CA	向量图	外观检查	
						散热器	
	ab					分接开关	
	bc					瓷瓶	
	ca					放油阀	

直流电阻及变压比	分接开关 运行位置	位置	直流电阻（Ω） A—B/O	B—C/O	C—A/O	a—b/o	b—c/o	c—a/o	变压比（V） AB	ab	BC	bc	CA	ca	铭牌
		Ⅰ													
		Ⅱ													
		Ⅲ													
		Ⅳ													
		Ⅴ													
							绝缘油击穿电压		次平均值						(kV)

天气		环境温度	(℃)	测量时间	年 月 日 时 分
备注				结论	
年 月 日		校验（签字） 年 月 日		试验（签字） 年 月 日	

注：★安装位置是指装于某车间或某电气装置的位置。

高压断路器试验记录表

5397

建设单位		单位工程		安装位置	
铭牌	柜型号		产品编号		制造厂	
	开关型号		电　压	kV	出厂日期	
	操作机构型　号		电　流	A		

	项　目 \ 相　别			A	B	C
开关本体	导电杆行程（mm）					
	H尺寸（mm）					
	主触头接触后行程（mm）					
	触头接触电阻（μΩ）					
	合闸状态	绝缘电阻（MΩ）	耐压前			
			耐压后			
		工频耐压（kV/min）				
	可动触头对地及固定触头	绝缘电阻（MΩ）	耐压前			
			耐压后			
		工频耐压（kV/min）				
	三相不同时接触度（mm）	绝缘油击穿电压________次平均值________kV				
	本体检查情况					

	试验项目	电压脱扣线圈		电流脱扣线圈		合闸线圈	分闸线圈
操作机构	直流电阻（Ω）						
	绝缘电阻（MΩ）						
	最低动作值	吸上　V	释放　V	A	A	V	V
	分合闸时间、速度	合　闸			分　闸		
		s	m/s		s	m/s	

直流泄漏	kV	A	μA	B	μA	C	μA

多　油　介　质　损　耗											
分闸	A进		B进		C进		A出		B出		C出	
合闸	A		B		C							

备　注		结　论	
年　月　日	校验（签字） 年　月　日	试验（签字） 年　月　日	

注：本表用于35kV多油及仿苏式开关。

电压互感器试验记录表

5398

建设单位			单位工程		安装位置	
铭牌	型　号		变 压 比		产品编号	
	容　量	V·A	额定电压	kV	出厂日期	
	等　级		制 造 厂			

绝缘电阻（MΩ）		低压直流电阻（Ω）		高压直流电阻（Ω）	
高压对地及其他绕组（耐压前/后）	/	a—b / o		A—B / O	
低压对地及其他绕组（耐压前/后）	/	b—c / o		B—C / O	
辅助对地及其他绕组（耐压前/后）	/	c—a / o		C—A / O	
对地及其他绕组（耐压前/后）	/	开口三角			
交流耐压试验（kV/min）	/	绝缘油击穿电压	＿＿次平均值＿＿kV		

接线组别	相位	A B	B C	C A	向量图
	a b				
	b c				
	c a				

电压比	电压	A B	a b	B C	b c	C A	c a	铭牌比率	实际比率	误 差
	V									
	V									

$U_2 = U_{1H}$时的励磁电流 I_B　　A	低压绕组三相并联 $U_2 =$　　V时开口三角电压V
备注	结论

天气		环境温度	℃	测量时间	年 月 日 时 分

年 月 日	校验（签字） 年 月 日	试验（签字） 年 月 日

电流互感器试验记录表

5399

建设单位			单位工程		安装位置	
铭牌	测试项目 \ 相位		黄	绿	红	
	设备型号					
	产品编号					
	变流比（A）					
	容量（V·A）					
	级别					
	试验电压（kV/min）					
绝缘电阻（MΩ）	一次对地及其他绕组					
	二次	级对地及其他绕组				
		级对地及其他绕组				
交流耐压（kV/min）						

变流比（A）	等　级	一次	二次	一次	二次	一次	二次
极　性		加	减	加	减	加	减
伏安特性	级 *U*（V）						
	级 *I*（A）						
	级 *U*（V）						
	级 *I*（A）						

备注		结论			
天气		环境温度	（℃）	测量时间	年　月　日　时　分
年　月　日		校验（签字） 年　月　日		试验（签字） 年　月　日	

避雷器试验记录表

5400

<table>
<tr><td colspan="2">建设单位</td><td colspan="2"></td><td>单位工程</td><td></td><td>安装位置</td><td></td></tr>
<tr><td rowspan="2">铭牌</td><td>型　号</td><td colspan="2"></td><td>制 造 厂</td><td></td><td>组成元件数</td><td>（只/相）</td></tr>
<tr><td>电　压</td><td colspan="2">kV</td><td>出厂日期</td><td></td><td></td><td></td></tr>
<tr><td colspan="3">产品编号</td><td colspan="2"></td><td colspan="2"></td><td></td></tr>
<tr><td rowspan="3">绝缘电阻（MΩ）</td><td colspan="2">相　位</td><td colspan="2">黄</td><td colspan="2">绿</td><td>红</td></tr>
<tr><td colspan="2">放电前</td><td colspan="2"></td><td colspan="2"></td><td></td></tr>
<tr><td colspan="2">放电后</td><td colspan="2"></td><td colspan="2"></td><td></td></tr>
<tr><td rowspan="2">直流泄漏电流</td><td colspan="2">试验电压（kV）</td><td colspan="2"></td><td colspan="2"></td><td></td></tr>
<tr><td colspan="2">泄漏电流（μA）</td><td colspan="2"></td><td colspan="2"></td><td></td></tr>
<tr><td rowspan="4">工频击穿电压（kV）</td><td colspan="2">第一次</td><td colspan="2"></td><td colspan="2"></td><td></td></tr>
<tr><td colspan="2">第二次</td><td colspan="2"></td><td colspan="2"></td><td></td></tr>
<tr><td colspan="2">第三次</td><td colspan="2"></td><td colspan="2"></td><td></td></tr>
<tr><td colspan="2">平均值</td><td colspan="2"></td><td colspan="2"></td><td></td></tr>
<tr><td colspan="3">放电记录器动作情况</td><td colspan="2"></td><td colspan="2"></td><td></td></tr>
<tr><td>备注</td><td colspan="3"></td><td>结论</td><td colspan="3"></td></tr>
<tr><td>天气</td><td></td><td>环境温度</td><td>℃</td><td>测量时间</td><td colspan="3">年　月　日　时　分</td></tr>
<tr><td colspan="3">年　月　日</td><td colspan="3">校验（签字）
年　月　日</td><td colspan="2">试验（签字）
年　月　日</td></tr>
</table>

电力电容器试验记录表

5401

建设单位		单位工程		安装位置			
型　号		电　压	V	制造厂			
电容量	μF	电容器总数	只				

相位	序号	编号	绝缘电阻（MΩ）		电压（V）	电流（mA）	电容值（μF）	铭牌值（μF）
			耐压前	耐压后				
A O B								
B O C								
C O A								

交流耐压试验（kV/min）		结　果					
冲击合闸试验（次）		电流（A）	A		B		C
备注		结论					
天气	环境温度	℃	测量时间	年　月　日　时　分			
年　月　日	校验（签字） 年　月　日		试验（签字） 年　月　日				

感应型过电流继电器试验记录表

5402

建设单位				单位工程		安装位置	
铭牌	型　号			交 流 比	A	制造厂	
	被保护设备					出厂日期	
相别 / 试测项目				A（　）*		B（　）*	C（　）*
感应元件	设计值	动作电流（A）					
		______倍动作电流		A　S		A　S	A　S
	整定值	始动电流（A）					
		动作电流（A）					
		返回系数					
		______倍动作电流平均时间		A　S		A　S	A　S
		______倍动作电流平均时间		A　S		A　S	A　S
		______倍动作电流平均时间		A　S		A　S	A　S
		时限指示位置					
速动元件	设计值	______倍动作电流（A）					
	整定值	______倍动作电流（A）					
		速动时间（S）					
		速动转盘位置（倍）					
分接头位置（A）							
绝缘电阻（MΩ）	电流或（电压）回路						
	接　　点						
备注				结论			
天气		环境温度	℃	测量时间		年　月　日　时　分	
年　月　日		校验（签字）　年　月　日				试验（签字）　年　月　日	

注：（　）* 内填写编号。

继电器试验记录表

建设单位			单位工程				安装位置					
序号	名　称	代　号	安装柜号	设计值 （　）	整定值 （　）	刻度值 （　）	动作值 / 返回值 （　）	线圈 额定值 （　）	产品型号	出厂编号	制造厂	备　注

年　月　日

校验（签字）

年　月　日

试验（签字）

年　月　日

交流电动机试验记录表

5404

<table>
<tr><td colspan="2">建设单位</td><td></td><td>单位工程</td><td></td><td>安装位置</td><td colspan="2"></td></tr>
<tr><td rowspan="6">铭牌</td><td>型　号</td><td></td><td>功率因数</td><td></td><td>接　线</td><td colspan="2"></td></tr>
<tr><td>容　量</td><td>（kW）</td><td>效　率</td><td>（%）</td><td>绝缘等级</td><td colspan="2"></td></tr>
<tr><td>电　压</td><td>（V）</td><td>定　额</td><td>（%）</td><td>制造厂</td><td colspan="2"></td></tr>
<tr><td>电　流</td><td>（A）</td><td>频　率</td><td>（Hz）</td><td>出厂日期</td><td colspan="2"></td></tr>
<tr><td>转　速</td><td>（r/min）</td><td>相　数</td><td></td><td>产品编号</td><td colspan="2"></td></tr>
</table>

<table>
<tr><td rowspan="10">本体试验</td><td rowspan="4">绝　缘
电　阻
（MΩ）</td><td rowspan="3">定　子
R60s/15s</td><td colspan="3">A 相对地及其他绕组</td><td colspan="4"></td></tr>
<tr><td colspan="3">B 相对地及其他绕组</td><td colspan="4"></td></tr>
<tr><td colspan="3">C 相对地及其他绕组</td><td colspan="4"></td></tr>
<tr><td colspan="5">转子对地及其他绕组直流 R60s/15s</td><td colspan="3"></td></tr>
<tr><td rowspan="3">直　流
电　阻
（MΩ）</td><td rowspan="3">定
子</td><td>A</td><td></td><td></td><td rowspan="3">转
子</td><td></td><td></td></tr>
<tr><td>B</td><td></td><td></td><td></td><td></td></tr>
<tr><td>C</td><td></td><td></td><td></td><td></td></tr>
<tr><td>极　性</td><td></td><td>空载电流（A）</td><td>A</td><td></td><td>B</td><td></td><td>C</td></tr>
<tr><td colspan="2">高压电机交流耐压</td><td colspan="3">kV · min</td><td>泄漏电流</td><td colspan="2">mA</td></tr>
</table>

<table>
<tr><td rowspan="3">转子附
加电阻
（Ω）</td><td></td><td rowspan="3" colspan="3"></td></tr>
<tr><td></td></tr>
<tr><td></td></tr>
<tr><td colspan="2">动力制动电阻（Ω）</td><td></td><td>启动器型式</td><td></td></tr>
</table>

<table>
<tr><td>备
注</td><td></td><td>结
论</td><td></td></tr>
</table>

<table>
<tr><td>天气</td><td></td><td>环境温度</td><td>℃</td><td>测量时间</td><td>年　月　日　时　分</td></tr>
</table>

<table>
<tr><td>
年　月　日</td><td>校验（签字）
年　月　日</td><td>试验（签字）
年　月　日</td></tr>
</table>

注：本表用于 40kW 以上（包括 40kW）电动机试验记录。

变压器吊芯试验记录表

5405

<table>
<tr><td>建设单位</td><td colspan="3"></td><td>单位工程</td><td colspan="2"></td><td>安装位置</td><td></td></tr>
<tr><td>制造厂</td><td colspan="3"></td><td>产品编号</td><td colspan="2"></td><td>出厂日期</td><td></td></tr>
<tr><td>型　号</td><td></td><td>容　量</td><td colspan="2">kV·A</td><td>相 数</td><td></td><td>油面温度</td><td>℃</td></tr>
<tr><td rowspan="11">本体检查</td><td>序号</td><td colspan="3">检　查　项　目</td><td colspan="4">检　查　情　况</td></tr>
<tr><td>1</td><td colspan="3">油枕及外壳是否良好，有无漏油</td><td colspan="4"></td></tr>
<tr><td>2</td><td colspan="3">散热器外形是否完好</td><td colspan="4"></td></tr>
<tr><td>3</td><td colspan="3">高低压瓷套管有无裂纹，破损</td><td colspan="4"></td></tr>
<tr><td>4</td><td colspan="3">线圈绝缘有无损伤，线圈位置有无倾斜</td><td colspan="4"></td></tr>
<tr><td>5</td><td colspan="3">线圈引出线及螺丝紧固情况</td><td colspan="4"></td></tr>
<tr><td>6</td><td colspan="3">铁芯有无变形，铁芯紧固是否良好</td><td colspan="4"></td></tr>
<tr><td>7</td><td colspan="3">油箱内底部有无螺丝、螺帽等脱落物</td><td colspan="4"></td></tr>
<tr><td>8</td><td colspan="3">轭铁下面的垫木及其他木件是否良好</td><td colspan="4"></td></tr>
<tr><td>9</td><td colspan="3">电压分接开关接触电阻应小于500μΩ</td><td colspan="4">A　　B　　C</td></tr>
<tr><td>10</td><td colspan="3"></td><td colspan="4"></td></tr>
<tr><td colspan="2">发现问题及处理</td><td colspan="7"></td></tr>
<tr><td rowspan="5">绝缘电阻（MΩ）</td><td>序号</td><td colspan="2">检查项目</td><td>A 相</td><td>B 相</td><td>C 相</td><td colspan="2">使用兆欧表（V）</td></tr>
<tr><td rowspan="2">1
2</td><td rowspan="2">穿心螺栓位置</td><td>上轭铁（MΩ）</td><td></td><td></td><td></td><td colspan="2"></td></tr>
<tr><td>下轭铁（MΩ）</td><td></td><td></td><td></td><td colspan="2"></td></tr>
<tr><td rowspan="2">1
2</td><td rowspan="2">夹件与铁芯</td><td>上夹件（MΩ）</td><td></td><td></td><td></td><td colspan="2"></td></tr>
<tr><td>下夹件（MΩ）</td><td></td><td></td><td></td><td colspan="2"></td></tr>
<tr><td>备注</td><td colspan="3"></td><td>结论</td><td colspan="4"></td></tr>
<tr><td>天气</td><td></td><td>环境温度</td><td>℃</td><td>测试时间</td><td colspan="4">年　月　日　时　分</td></tr>
<tr><td colspan="3">年　月　日</td><td colspan="3">校验（签字）
年　月　日</td><td colspan="3">试验（签字）
年　月　日</td></tr>
</table>

高压开关柜试验记录表 **5406**

建设单位			单位工程		安装位置	
铭牌	柜型号		产品编号		制造厂	
	开关型号		电　压	kV	出厂日期	
	操作机构型号					
			电　流	(A)		

	相　别 / 项目			A	B	C
开关本体	导电杆行程（mm）					
	H尺寸（mm）					
	主触头接触后行程（mm）					
	触头接触电阻（μΩ）					
	合闸状态	绝缘电阻（MΩ）	耐压前/耐压后			
		工频耐压（kV/min）				
	可动触头对地及固定触头	绝缘电阻（MΩ）	耐压前/耐压后			
		工频耐压（kV/min）				
	三相不同时接触度______（mm）绝缘油击穿电压______次平均值______kV					
	本体检查情况					

	试验项目	电压脱扣线圈		电流脱扣线圈		合闸线圈	分闸线圈
操作机构	直流电阻（Ω）						
	绝缘电阻（Ω）						
	最低动作值	吸上　V	释放　V	A	A	V	V

			型　编　号								交流比	极性		相别	A	V
电流互感器	伏安特性	级	A	I（A）									流变两次负荷	A		
			A	V（V）										B		
			B	V（V）										C		
			C	V（V）										A		
		级	A	V（V）										B		
			B	V（V）										C		
			C	V（V）												

绝缘电阻（MΩ）	过流	MΩ	接触器	MΩ	二次直流	MΩ		
	表计	MΩ	合闸线圈	MΩ	二次交流	MΩ		
	电压	MΩ	分闸线圈	MΩ	母　排	MΩ	母排耐压	kV

备　注		结　论	

	校验（签字）	试验（签字）
年　月　日	年　月　日	年　月　日

电缆头施工及试验记录表

5407

<table>
<tr><td>建设单位</td><td></td><td>单位工程</td><td></td><td>工程地点</td><td></td></tr>
<tr><td>安装单位☆</td><td></td><td>电缆头名称</td><td></td><td>电缆头位置</td><td></td></tr>
<tr><td>电缆型号</td><td></td><td>电　压</td><td>kV</td><td>规　格</td><td>mm²</td></tr>
<tr><td>电缆起点</td><td></td><td>电缆终点</td><td></td><td></td><td></td></tr>
<tr><td colspan="6">简要施工工艺（主要操作步骤和主要剥切尺寸）</td></tr>
<tr><td colspan="6"></td></tr>
</table>

相色 / 测试项目	黄　相	绿　相	红　相	零　线
绝缘电阻（MΩ☆☆）				

<table>
<tr><td>质量检查情况</td><td colspan="2"></td></tr>
<tr><td></td><td>质量员（签名）
年　月　日</td><td>绝缘处理者（签名）
年　月　日</td></tr>
<tr><td>年　月　日</td><td>施工班（组）长（签名）
年　月　日</td><td>施工者（签名）
年　月　日</td></tr>
</table>

注：☆指敷设电缆的施工安装单位。

☆☆电缆头施工前，必须先经绝缘电阻测试合格。

电力电缆试验记录表

5408

<table>
<tr><td colspan="2">建设单位</td><td></td><td>单位工程</td><td></td><td>工程地点</td><td colspan="2"></td></tr>
<tr><td colspan="2">电缆型号</td><td></td><td>电缆起点</td><td></td><td>电缆终点</td><td colspan="2"></td></tr>
<tr><td colspan="2">电缆长度</td><td>m</td><td>电　压</td><td>kV</td><td>截面规格</td><td colspan="2">mm^2</td></tr>
<tr><td rowspan="14">试验内容</td><td rowspan="7">绝缘电阻（MΩ）</td><td colspan="3">测试项目</td><td colspan="3">测试数据</td></tr>
<tr><td colspan="2" rowspan="2">黄相对绿红相接地</td><td>耐压前</td><td colspan="3"></td></tr>
<tr><td>耐压后</td><td colspan="3"></td></tr>
<tr><td colspan="2" rowspan="2">绿相对红黄相接地</td><td>耐压前</td><td colspan="3"></td></tr>
<tr><td>耐压后</td><td colspan="3"></td></tr>
<tr><td colspan="2" rowspan="2">红相对黄绿相接地</td><td>耐压前</td><td colspan="3"></td></tr>
<tr><td>耐压后</td><td colspan="3"></td></tr>
<tr><td rowspan="6">耐压试验</td><td colspan="3">泄漏电流（μA）／相位／试验电压（kV）</td><td>黄相对绿红相接地</td><td>绿相对红黄相接地</td><td>红相对黄绿相接地</td></tr>
<tr><td colspan="3">25%试验电压，直流______kV一分钟后</td><td></td><td></td><td></td></tr>
<tr><td colspan="3">50%试验电压，直流______kV一分钟后</td><td></td><td></td><td></td></tr>
<tr><td colspan="3">75%试验电压，直流______kV一分钟后</td><td></td><td></td><td></td></tr>
<tr><td colspan="3">100%试验电压，直流______kV一分钟后</td><td></td><td></td><td></td></tr>
<tr><td colspan="3">100%试验电压，直流______kV一分钟后</td><td></td><td></td><td></td></tr>
<tr><td colspan="2">相　位
检查情况</td><td colspan="6"></td></tr>
<tr><td colspan="2">备注</td><td colspan="2"></td><td>结论</td><td colspan="3"></td></tr>
<tr><td>天气</td><td></td><td>环境温度</td><td></td><td>相对湿度　%</td><td>测量时间</td><td colspan="2">年　月　日　时　分</td></tr>
<tr><td colspan="3">
年　月　日</td><td colspan="2">校验（签字）
年　月　日</td><td colspan="3">试验（签字）
年　月　日</td></tr>
</table>

低压电力电缆绝缘电阻测试记录表

5409

建设单位		单位工程			工程地点				
电缆型号	电压等级	截面规格（mm^2）	起讫地点		绝缘电阻（相对其余相及测试）（MΩ）				备注
			起点	终点	黄相	绿相	红相	零线	
天气		环境温度	℃	相对湿度	%	测试时间	年 月 日 时 分		
		年 月 日	校验（签字） 年 月 日			试验（签字） 年 月 日			

电缆中间接头检查记录表　5410

<table>
<tr><td>建设单位</td><td></td><td>单位工程</td><td></td><td>工程地点</td><td></td></tr>
<tr><td>电缆型号</td><td></td><td>电压等级</td><td>kV</td><td>截面规格</td><td></td></tr>
<tr><td>电缆总长</td><td></td><td>电缆起点</td><td></td><td>电缆终点</td><td></td></tr>
<tr><td>敷设方式</td><td colspan="3">埋地，沟内，隧道，槽架</td><td>施工日期</td><td></td></tr>
</table>

<table>
<tr><td>天气</td><td></td><td>环境温度</td><td>℃</td><td>相对湿度</td><td>%</td><td>测量时间</td><td>____年__月　日　时__分</td></tr>
<tr><td>电缆中间接头示意图</td><td colspan="7">电源端
1 ① ② 2
3 ③ ④ 4
5 ⑤ ⑥ 6
受电端</td></tr>
<tr><td colspan="8">自电源端至受电端共________只中间接头，表中记录是第________只。</td></tr>
<tr><td>备注</td><td colspan="3"></td><td>结论</td><td colspan="3"></td></tr>
</table>

封铅者签字					
位号	姓　　名	位号	姓　　名	位号	姓　　名
1		2		3	
4		5		6	
①		②		③	
④		⑤		⑥	

校验（签字） 年　月　日	互检（签字） 年　月　日	自检（签字） 年　月　日

注：本表用于油浸纸绝缘电力电缆中间接头封铅记录。每只接头填写一份。如是统包电缆，只填写上面一只封铅记录。

电气系统、设备调试、电动机抽芯检查记录 5411

<table>
<tr><td>工程名称</td><td colspan="2"></td><td>分部（子分部）
工　　程</td><td colspan="3"></td></tr>
<tr><td>施工单位</td><td colspan="2"></td><td>分包单位</td><td colspan="3"></td></tr>
<tr><td>系统、设备
名　　称</td><td colspan="2"></td><td>型号、规格</td><td></td><td>调试、检查
人　　员</td><td></td></tr>
<tr><td>安装部位</td><td colspan="2"></td><td>设计编号</td><td></td><td>图　号</td><td></td></tr>
<tr><td>调试、检查
项　　目</td><td>调试检
查部位</td><td colspan="5">调试、检查内容及数据、结果</td></tr>
<tr><td></td><td></td><td colspan="5"></td></tr>
<tr><td></td><td></td><td colspan="5"></td></tr>
<tr><td></td><td></td><td colspan="5"></td></tr>
<tr><td></td><td></td><td colspan="5"></td></tr>
<tr><td></td><td></td><td colspan="5"></td></tr>
<tr><td></td><td></td><td colspan="5"></td></tr>
<tr><td></td><td></td><td colspan="5"></td></tr>
<tr><td></td><td></td><td colspan="5"></td></tr>
<tr><td></td><td></td><td colspan="5"></td></tr>
<tr><td></td><td></td><td colspan="5"></td></tr>
<tr><td></td><td></td><td colspan="5"></td></tr>
<tr><td></td><td></td><td colspan="5"></td></tr>
<tr><td></td><td></td><td colspan="5"></td></tr>
<tr><td></td><td></td><td colspan="5"></td></tr>
<tr><td></td><td></td><td colspan="5"></td></tr>
<tr><td></td><td></td><td colspan="5"></td></tr>
</table>

<table>
<tr><td>施工单位检查结果：

项目专业负责人：

年　月　日</td><td>分包单位检查结果：

项目专业负责人：

年　月　日</td><td>监理（建设）单位验收结论：

监理工程师：
（建设单位项目
专业负责人）：

年　月　日</td></tr>
</table>

低压电气设备交接试验记录

5412

<table>
<tr><td colspan="2">工程名称</td><td colspan="2"></td><td colspan="2">分部（子分部）
工　　程</td><td></td><td>安装部位</td><td colspan="2"></td></tr>
<tr><td colspan="2">施工单位</td><td colspan="2"></td><td colspan="2">分包单位</td><td></td><td>试验人员</td><td colspan="2"></td></tr>
<tr><td colspan="2">设备名称</td><td colspan="2"></td><td colspan="2">设计编号</td><td></td><td>图　号</td><td colspan="2"></td></tr>
<tr><td colspan="2">型号、规格</td><td></td><td>额定电压</td><td></td><td>相　数</td><td></td><td>环境温度</td><td colspan="2"></td></tr>
<tr><td rowspan="9">交
接
试
验</td><td rowspan="3">设备均应检验项目</td><td>试验项目</td><td colspan="6">试验部位及情况（数值）</td><td rowspan="2">测试仪表名称型号</td></tr>
<tr><td>设计图
核对情况</td><td colspan="6"></td></tr>
<tr><td>绝缘电阻</td><td colspan="6"></td><td></td></tr>
<tr><td colspan="2">柜、屏、台、箱、
母线耐压试验</td><td colspan="6"></td><td></td></tr>
<tr><td rowspan="4">单独安装低压电器</td><td>电器动作情况</td><td colspan="6"></td><td></td></tr>
<tr><td>脱扣器整定值</td><td colspan="6"></td><td></td></tr>
<tr><td>电（变）阻器
直流电阻差值</td><td colspan="6"></td><td></td></tr>
<tr><td></td><td colspan="6"></td><td></td></tr>
<tr><td colspan="2">100kV 以上电动机
各相直流电阻值</td><td colspan="6"></td><td></td></tr>
<tr><td rowspan="4">漏电开关模拟试验</td><td colspan="2">回路编号</td><td></td><td></td><td></td><td></td><td></td><td></td><td></td></tr>
<tr><td colspan="2">设计值（mA、ms）</td><td></td><td></td><td></td><td></td><td></td><td></td><td></td></tr>
<tr><td colspan="2">实测值（mA、ms）</td><td></td><td></td><td></td><td></td><td></td><td></td><td></td></tr>
<tr><td colspan="2">仪表名称、型号</td><td></td><td></td><td></td><td></td><td></td><td></td><td></td></tr>
<tr><td colspan="4">施工单位试验结果：

项目专业负责人：

年　　月　　日</td><td colspan="3">分包单位试验结果：

项目专业负责人：

年　　月　　日</td><td colspan="3">监理（建设）单位验收结论：

监理工程师：
（建设单位项目
专业负责人）：
年　　月　　日</td></tr>
</table>

低压电气系统、设备____试运行记录 5413

工程名称			分部（子分部）工　　程		安装部位		
施工单位			分包单位		运行人员		
系统、设备名　　称		型　号		设计编号		图　号	
额定容量（电流）		额定电压		相　数		环境温度	℃
试运行时间	由　　日　　时　　分至　　日　　时　　分						
试运行情况							

电压、电流测试	测试时间	运行电压（V）			运行电流（A）		
		A－B（A－N）	B－C（B－N）	C－A（C－N）	A	B	C
	时　　分						
	时　　分						
	时　　分						

大容量节点温度测试	测试时间	线路电流（A）	节点数量	设计温度	节点实测温度范围 min、max
				℃	—　　℃
仪表名称、型号					

建设单位验收意见：	施工单位检测结果：	分包单位检测结果：	监理单位验收结论：
项目专业负责人：	项目专业负责人：	项目专业负责人：	监理工程师：
年　　月　　日	年　　月　　日	年　　月　　日	年　　月　　日

注：表头中“________”处应填写空载、负荷之一。

发电机交接试验、试运转记录

5414

<table>
<tr><td colspan="3">工程名称</td><td colspan="2"></td><td>施工单位</td><td></td><td>分包单位</td><td></td></tr>
<tr><td colspan="3">型　号</td><td></td><td>额定电压</td><td></td><td>额定容量</td><td>试验人员</td><td></td></tr>
<tr><td>序号</td><td colspan="2">内容
部位</td><td colspan="3">试验内容</td><td colspan="3">试验结果</td></tr>
<tr><td>1</td><td rowspan="11">静态试验</td><td rowspan="3">定子电路</td><td colspan="3">测量定子绕组的绝缘电阻和吸收比</td><td colspan="3"></td></tr>
<tr><td>2</td><td colspan="3">在常温下，绕组表面温度与空气温度差 ± 3℃ 范围内测量各相直流电阻</td><td colspan="3"></td></tr>
<tr><td>3</td><td colspan="3">交流工频耐压试验 1min</td><td colspan="3"></td></tr>
<tr><td>4</td><td rowspan="3">转子电路</td><td colspan="3">用 1000V 兆欧表测量转子绝缘电阻</td><td colspan="3"></td></tr>
<tr><td>5</td><td colspan="3">在常温下，绕组表面温度与空气温度差在 ± 3℃ 范围内测量绕组直流电阻</td><td colspan="3"></td></tr>
<tr><td>6</td><td colspan="3">交流工频耐压试验 1min</td><td colspan="3"></td></tr>
<tr><td>7</td><td rowspan="2">励磁电路</td><td colspan="3">退出励磁电路电子器件后，测量励磁电路的线路设备的绝缘电阻</td><td colspan="3"></td></tr>
<tr><td>8</td><td colspan="3">退出励磁电路电子器件后，进行交流工频耐压试验 1min</td><td colspan="3"></td></tr>
<tr><td>9</td><td rowspan="3">其他</td><td colspan="3">有绝缘轴承的用 1000V 兆欧表测量轴承绝缘电阻</td><td colspan="3"></td></tr>
<tr><td>10</td><td colspan="3">测量检温计（埋入式）绝缘电阻，校验检温计精度</td><td colspan="3"></td></tr>
<tr><td>11</td><td colspan="3">测量灭磁电阻，自同步电阻器的直流电阻</td><td colspan="3"></td></tr>
<tr><td>12</td><td colspan="2" rowspan="3">运转试验</td><td colspan="3">发电机空载特性试验</td><td colspan="3"></td></tr>
<tr><td>13</td><td colspan="3">测量相序</td><td colspan="3"></td></tr>
<tr><td>14</td><td colspan="3">测量空载和负荷后轴电压</td><td colspan="3"></td></tr>
<tr><td colspan="3">建设单位验收结果：

项目专业负责人：

年　月　日</td><td colspan="2">施工单位试验结果：

项目专业负责人：

年　月　日</td><td colspan="2">分包单位试验结果：

项目专业负责人：

年　月　日</td><td colspan="2">监理单位验收结论：

监理工程师：

年　月　日</td></tr>
</table>

低压电气线路、照明配电箱绝缘电阻测试记录　5415

工程名称				分部（子分部）工程								
施工单位				图　号					测试人员			
测定电压				仪表型号					仪表电压等级			V
天气情况		绝缘电阻测试值　（MΩ）							环境温度			℃
线路或照明箱名称	系统编号	AB	BC	CA	AN	BN	CN	APE	BPE	CPE	NPE	测试结果

施工单位测试结果：	监理（建设）单位验收结论：
测试人员（签字） 年　月　日	监理工程师： 年　月　日

景观、庭院灯绝缘电阻测试记录

5416

<table>
<tr><td>工程名称</td><td colspan="2"></td><td colspan="3">分部（子分部）
工　　程</td><td colspan="3"></td><td>图　号</td><td colspan="2"></td></tr>
<tr><td>施工单位</td><td colspan="2"></td><td colspan="3">环境温度</td><td colspan="3"></td><td>试验
人员</td><td colspan="2"></td></tr>
<tr><td>线路额定
电压</td><td colspan="2"></td><td colspan="3">仪表型号</td><td colspan="3"></td><td>仪表电
压等级</td><td colspan="2"></td></tr>
<tr><td>灯具名称、
型号</td><td colspan="12">灯具位置编号及导电部分对地绝缘电阻值</td></tr>
<tr><td rowspan="2"></td><td>位置编号</td><td></td><td></td><td></td><td></td><td></td><td></td><td></td><td></td><td></td><td></td></tr>
<tr><td>阻值（MΩ）</td><td></td><td></td><td></td><td></td><td></td><td></td><td></td><td></td><td></td><td></td></tr>
<tr><td rowspan="2"></td><td>位置编号</td><td></td><td></td><td></td><td></td><td></td><td></td><td></td><td></td><td></td><td></td></tr>
<tr><td>阻值（MΩ）</td><td></td><td></td><td></td><td></td><td></td><td></td><td></td><td></td><td></td><td></td></tr>
<tr><td rowspan="2"></td><td>位置编号</td><td></td><td></td><td></td><td></td><td></td><td></td><td></td><td></td><td></td><td></td></tr>
<tr><td>阻值（MΩ）</td><td></td><td></td><td></td><td></td><td></td><td></td><td></td><td></td><td></td><td></td></tr>
<tr><td rowspan="2"></td><td>位置编号</td><td></td><td></td><td></td><td></td><td></td><td></td><td></td><td></td><td></td><td></td></tr>
<tr><td>阻值（MΩ）</td><td></td><td></td><td></td><td></td><td></td><td></td><td></td><td></td><td></td><td></td></tr>
<tr><td rowspan="2"></td><td>位置编号</td><td></td><td></td><td></td><td></td><td></td><td></td><td></td><td></td><td></td><td></td></tr>
<tr><td>阻值（MΩ）</td><td></td><td></td><td></td><td></td><td></td><td></td><td></td><td></td><td></td><td></td></tr>
<tr><td rowspan="2"></td><td>位置编号</td><td></td><td></td><td></td><td></td><td></td><td></td><td></td><td></td><td></td><td></td></tr>
<tr><td>阻值（MΩ）</td><td></td><td></td><td></td><td></td><td></td><td></td><td></td><td></td><td></td><td></td></tr>
<tr><td rowspan="2"></td><td>位置编号</td><td></td><td></td><td></td><td></td><td></td><td></td><td></td><td></td><td></td><td></td></tr>
<tr><td>阻值（MΩ）</td><td></td><td></td><td></td><td></td><td></td><td></td><td></td><td></td><td></td><td></td></tr>
<tr><td rowspan="2"></td><td>位置编号</td><td></td><td></td><td></td><td></td><td></td><td></td><td></td><td></td><td></td><td></td></tr>
<tr><td>阻值（MΩ）</td><td></td><td></td><td></td><td></td><td></td><td></td><td></td><td></td><td></td><td></td></tr>
<tr><td colspan="6">施工单位测试结果：

项目专业负责人：

年　月　日</td><td colspan="6">监理（建设）单位验收结论：

监理工程师：
（建设单位项目
专业负责人）：

年　月　日</td></tr>
</table>

________接地电阻测试记录

5417

工程名称				分部（子分部）工程				
施工单位				测试人员		仪表型号		
接地名称	接地体类别	接地体引入位置	季节系数	接地电阻值（Ω）				备注
				规定值	实测值	实际值	结果	

施工单位测试结果： 项目专业负责人： 年　月　日	监理（建设）单位验收结论： 监理工程师： （建设单位项目 专业负责人）： 年　月　日

季节系数	月份	1	2	3	4	5	6	7	8	9	10	11	12
	系数	1	1	1.1	1.1	1.2	1.2	1.3	1.6	1.5	1.4	1.2	1.1

注：“________”处应填写电气或避雷。

管道静电接地测试检查记录表

5418

建设单位：

<table>
<tr><td colspan="3">单位工程</td><td colspan="2">分部分项</td><td colspan="2">施工图号</td><td></td></tr>
<tr><td rowspan="2">序号</td><td rowspan="2">管线号</td><td colspan="4">法兰或螺纹接头</td><td colspan="2">系统接地</td><td rowspan="2">备　注</td></tr>
<tr><td>接头形式</td><td>跨接导线规格</td><td>跨接导线材质</td><td>电阻值（Ω）</td><td>接地线材质及规格</td><td>对地电阻（Ω）</td></tr>
<tr><td></td><td></td><td></td><td></td><td></td><td></td><td></td><td></td><td></td></tr>
<tr><td></td><td></td><td></td><td></td><td></td><td></td><td></td><td></td><td></td></tr>
<tr><td></td><td></td><td></td><td></td><td></td><td></td><td></td><td></td><td></td></tr>
<tr><td></td><td></td><td></td><td></td><td></td><td></td><td></td><td></td><td></td></tr>
<tr><td></td><td></td><td></td><td></td><td></td><td></td><td></td><td></td><td></td></tr>
<tr><td></td><td></td><td></td><td></td><td></td><td></td><td></td><td></td><td></td></tr>
<tr><td></td><td></td><td></td><td></td><td></td><td></td><td></td><td></td><td></td></tr>
<tr><td>跨接方式简图</td><td colspan="8"></td></tr>
<tr><td colspan="2">年　月　日</td><td colspan="2">质量员（签字）
年　月　日</td><td colspan="2">施工员（签字）
年　月　日</td><td colspan="3">施工班（组）（签字）
年　月　日</td></tr>
</table>

电气照明全负荷试运行记录

5419

工程名称		
部位工程		
施工单位		
试运行时间	自 年 月 日 时 分开始，至 年 月 日 时 分结束	
填写日期	年 月 日	

序号	回路名称	设计容量（kW）	试运行时间	运行电压（V）			运行电流（A）		
				L_1—N（L_1—L_2）	L_2—N（L_2—L_3）	L_3—N（L_3—L_1）	L_1 相	L_2 相	L_3 相

试运行情况记录及运行结论：

监理（建设）单位	施工单位		
	项目技术负责人	质检员	测试人

电机试运行记录

5420

<table>
<tr><td>工程名称</td><td colspan="6"></td></tr>
<tr><td>施工单位</td><td colspan="6"></td></tr>
<tr><td>设备名称</td><td colspan="3"></td><td>安装位置</td><td colspan="2"></td></tr>
<tr><td>施工图号</td><td></td><td colspan="2">电机型号</td><td></td><td>设备位号</td><td></td></tr>
<tr><td>电机额定数据</td><td colspan="4"></td><td>环境温度</td><td></td></tr>
<tr><td>试运行时间</td><td colspan="6">自　年　月　日　时　分开始至　年　月　日　时　分结束</td></tr>
<tr><td>序 号</td><td>试验项目</td><td colspan="2">试验状态</td><td colspan="2">试验结果</td><td>备 注</td></tr>
<tr><td>1</td><td>电源电压</td><td>□空载</td><td>□负载</td><td colspan="2">V</td><td></td></tr>
<tr><td>2</td><td>电机电流</td><td>□空载</td><td>□负载</td><td colspan="2">A</td><td></td></tr>
<tr><td>3</td><td>电机转速</td><td>□空载</td><td>□负载</td><td colspan="2">rpm</td><td></td></tr>
<tr><td>4</td><td>定子绕组温度</td><td>□空载</td><td>□负载</td><td colspan="2">℃</td><td></td></tr>
<tr><td>5</td><td>外壳温度</td><td>□空载</td><td>□负载</td><td colspan="2">℃</td><td></td></tr>
<tr><td>6</td><td>轴承温度</td><td>□前</td><td>□后</td><td colspan="2">℃</td><td></td></tr>
<tr><td>7</td><td>起动时间</td><td colspan="2"></td><td colspan="2">s</td><td></td></tr>
<tr><td>8</td><td>振动值（双倍振幅值）</td><td colspan="2"></td><td colspan="2"></td><td></td></tr>
<tr><td>9</td><td>噪声</td><td colspan="2"></td><td colspan="2">dB</td><td></td></tr>
<tr><td>10</td><td>碳刷与换向器或滑环</td><td colspan="2">工作状态</td><td colspan="2"></td><td></td></tr>
<tr><td>11</td><td>冷却系统</td><td colspan="2">工作状态</td><td colspan="2"></td><td></td></tr>
<tr><td>12</td><td>润滑系统</td><td colspan="2">工作状态</td><td colspan="2"></td><td></td></tr>
<tr><td>13</td><td>控制柜继电保护</td><td colspan="2">工作状态</td><td colspan="2"></td><td></td></tr>
<tr><td>14</td><td>控制柜控制系统</td><td colspan="2">工作状态</td><td colspan="2"></td><td></td></tr>
<tr><td>15</td><td>控制柜调速系统</td><td colspan="2">工作状态</td><td colspan="2"></td><td></td></tr>
<tr><td>16</td><td>控制柜测量仪表</td><td colspan="2">工作状态</td><td colspan="2"></td><td></td></tr>
<tr><td>17</td><td>控制柜信号指示</td><td colspan="2">工作状态</td><td colspan="2"></td><td></td></tr>
<tr><td></td><td></td><td colspan="2"></td><td colspan="2"></td><td></td></tr>
<tr><td colspan="2">试验结论</td><td colspan="5"></td></tr>
<tr><td colspan="2" rowspan="2">监理（建设）单位</td><td colspan="5">施工单位</td></tr>
<tr><td colspan="2">项目技术负责人</td><td colspan="2">质检员</td><td>测试人</td></tr>
<tr><td colspan="2"></td><td colspan="2"></td><td colspan="2"></td><td></td></tr>
</table>

运转设备试运行记录

5421

<table>
<tr><td colspan="2">工程名称</td><td colspan="2"></td><td>设备名称</td><td></td></tr>
<tr><td colspan="2">施工单位</td><td colspan="2"></td><td>规格型号</td><td></td></tr>
<tr><td colspan="2">试验单位</td><td colspan="2"></td><td>额定数据</td><td></td></tr>
<tr><td colspan="2">设备所在系统</td><td colspan="2"></td><td>台　数</td><td></td></tr>
<tr><td colspan="2">试运行时间</td><td colspan="4">试验自　年　月　日　时　分起至　年　月　日　时　分止</td></tr>
<tr><td colspan="2">试运行性质</td><td colspan="4">□空负荷试运行；　□负荷试运行</td></tr>
<tr><td>序号</td><td colspan="2">重点检查项目</td><td colspan="2">主要技术要求</td><td>试验结论</td></tr>
<tr><td>1</td><td colspan="2">盘车检查</td><td colspan="2">转动灵活，无异常现象</td><td></td></tr>
<tr><td>2</td><td colspan="2">有无异常声响</td><td colspan="2">无异常噪声、声响</td><td></td></tr>
<tr><td>3</td><td colspan="2">轴承温度</td><td colspan="2">1. 滑动轴承及往复运动部件的温升不得超过35℃，最高温度不得超过65℃
2. 滚动轴承的温升不得超过40℃，最高温度不得超过75℃
3. 填料函或机械密封的温度应符合技术文件的规定</td><td></td></tr>
<tr><td>4</td><td colspan="2">其他主要部位的温度及各系统的压力参数</td><td colspan="2">在规定范围内</td><td></td></tr>
<tr><td>5</td><td colspan="2">振动值</td><td colspan="2">不超过规定值</td><td></td></tr>
<tr><td>6</td><td colspan="2">驱动电机的电压、电流及温升</td><td colspan="2">不超过规定值</td><td></td></tr>
<tr><td>7</td><td colspan="2">机器各部位的紧固情况</td><td colspan="2">无松动现象</td><td></td></tr>
<tr><td>8</td><td colspan="2"></td><td colspan="2"></td><td></td></tr>
<tr><td colspan="6">综合结论：
□　合　格
□　不合格</td></tr>
</table>

<table>
<tr><td rowspan="2">监理（建设）单位</td><td rowspan="2">管理单位</td><td colspan="2">施工单位</td><td rowspan="2">＿＿＿单位</td></tr>
<tr><td>项目技术负责人</td><td>质检员</td></tr>
<tr><td></td><td></td><td></td><td></td><td></td></tr>
</table>

调 试 记 录

5422

<table>
<tr><td>工程名称</td><td colspan="3"></td><td colspan="2">分部工程</td><td></td></tr>
<tr><td>设备或
设施名称</td><td colspan="3"></td><td colspan="2">规格型号</td><td></td></tr>
<tr><td>调试时间</td><td colspan="3"></td><td colspan="2">系统编号</td><td></td></tr>
<tr><td>调
试
内
容</td><td colspan="6"></td></tr>
<tr><td>调
试
结
果</td><td colspan="6"></td></tr>
<tr><td rowspan="2">建设单位</td><td rowspan="2">监理单位</td><td rowspan="2">设计单位</td><td colspan="4">调试单位</td></tr>
<tr><td colspan="2">项目技术负责人</td><td>质检员</td><td>工　长</td></tr>
<tr><td></td><td></td><td></td><td colspan="2"></td><td></td><td></td></tr>
</table>

设备负荷联动试运行记录

5423

<table>
<tr><td>工程名称</td><td colspan="4"></td></tr>
<tr><td>施工单位</td><td colspan="4"></td></tr>
<tr><td>试验系统</td><td colspan="4"></td></tr>
<tr><td>试运行时间</td><td colspan="4">自　年　月　日　时起　至　年　月　日　时止</td></tr>
<tr><td colspan="5">试运行内容：</td></tr>
<tr><td colspan="5">试运行情况：</td></tr>
<tr><td colspan="5">说明：</td></tr>
<tr><td colspan="5">综合结论：
□　合　格
□　不合格</td></tr>
<tr><td rowspan="2">监理
（建设）单位</td><td rowspan="2">设计单位</td><td rowspan="2">管理单位</td><td colspan="2">施工单位</td></tr>
<tr><td>项目经理</td><td>项目技术负责人</td></tr>
<tr><td></td><td></td><td></td><td></td><td></td></tr>
</table>

导线点复测记录

5424

工程名称：　　　　施工单位：　　　　复测部位：　　　　日期：

测　点	测　角 (°′″)	方位角 (°′″)	距　离 (m)	纵坐标增量 ΔX (m)	横坐标增量 ΔY (m)	纵坐标 X (m)	横坐标 Y (m)	备　注

计算（另附简图）：　　　　结论：

1. 角度闭合差：　$f_{测} =$　　　$f_{容} =$
2. 坐标增量闭合差：　$f_x =$　　　$f_y =$
3. 导线柜对闭合差：　$f =$　　　$K =$

观测：　　　复测：　　　计算：　　　施工项目技术负责人：

继电器试验记录

5425

委托单位		试验日期	年 月 日
工程名称		报告日期	年 月 日
一、名牌：			
型 号		制造厂名	
调整范围		出厂日期	年 月 日
二、试验记录： 单位：电流（A） 电压（V）			

柜（盘）名	编号	相别	保护种类	测试内容	串联×			并联×			实际整定值	实际手把位置
				动作电								
				返回电								
				返回系数								
				动作电								
				返回电								
				返回系数								
				动作电								
				返回电								
				返回系数								
				动作电								
				返回电								
				返回系数								
				动作电								
				返回电								
				返回系数								

三、备注：

四、结论：

试验员： 记录： 审核：

成套配电柜（盘）安装记录

5426

<table>
<tr><td>建设单位</td><td></td><td>单位工程名称</td><td></td><td colspan="2">分部（分项）工程名称</td><td></td></tr>
<tr><td>安装单位</td><td></td><td>施工图号</td><td></td><td colspan="2">施工日期</td><td></td></tr>
<tr><td>制造厂</td><td colspan="2"></td><td>出厂日期</td><td colspan="3"></td></tr>
<tr><td rowspan="6">开关柜
型号
及编号</td><td>型号</td><td rowspan="2">数量</td><td>型号</td><td></td><td>型号</td><td></td></tr>
<tr><td>编号</td><td>编号</td><td></td><td>编号</td><td></td></tr>
<tr><td></td><td></td><td></td><td></td><td></td><td></td></tr>
<tr><td></td><td></td><td></td><td></td><td></td><td></td></tr>
<tr><td></td><td></td><td></td><td></td><td></td><td></td></tr>
<tr><td></td><td></td><td></td><td></td><td></td><td></td></tr>
<tr><td>外观检查</td><td colspan="6"></td></tr>
<tr><td>基础型钢安装记录</td><td colspan="6"></td></tr>
<tr><td>排列简图</td><td colspan="6"></td></tr>
<tr><td>手车情况</td><td colspan="6">灵活　　闭锁　　照明</td></tr>
<tr><td rowspan="2">成排顶部水平度偏差（mm/m）</td><td>允许偏差</td><td rowspan="2"></td><td rowspan="2">成排面部平面度偏差（mm）</td><td>允许偏差</td><td colspan="2" rowspan="2"></td></tr>
<tr><td></td><td></td></tr>
<tr><td rowspan="2">垂直度偏差（mm/m）</td><td>允许偏差</td><td rowspan="2"></td><td rowspan="2">屏（柜）间接缝（mm）</td><td>允许偏差</td><td colspan="2" rowspan="2"></td></tr>
<tr><td></td><td></td></tr>
<tr><td colspan="7">备注：</td></tr>
<tr><td colspan="3">年　月　日</td><td colspan="4">技术员
年　月　日</td></tr>
<tr><td colspan="3">质检员
年　月　日</td><td colspan="4">施工班（组）
年　月　日</td></tr>
</table>

电缆头制作记录

5427

<table>
<tr><td>建设单位</td><td></td><td>单位工程名称</td><td></td><td>分部分项工程名称</td><td></td></tr>
<tr><td>安装单位</td><td></td><td>施工图号</td><td></td><td>施工日期</td><td></td></tr>
</table>

<table>
<tr><td>序号</td><td colspan="4">施工记录 \ 电缆编号</td><td></td><td></td><td></td><td></td><td></td><td></td></tr>
<tr><td>1</td><td colspan="4">安装地点</td><td></td><td></td><td></td><td></td><td></td><td></td></tr>
<tr><td>2</td><td colspan="4">制作日期</td><td></td><td></td><td></td><td></td><td></td><td></td></tr>
<tr><td>3</td><td colspan="4">天气情况</td><td></td><td></td><td></td><td></td><td></td><td></td></tr>
<tr><td>4</td><td colspan="4">电缆型号
截面（mm^2）
电压（kV）</td><td></td><td></td><td></td><td></td><td></td><td></td></tr>
<tr><td>5</td><td colspan="4">备用长度</td><td></td><td></td><td></td><td></td><td></td><td></td></tr>
<tr><td>6</td><td colspan="4">电缆头型号</td><td></td><td></td><td></td><td></td><td></td><td></td></tr>
<tr><td>7</td><td colspan="4">保护壳型式</td><td></td><td></td><td></td><td></td><td></td><td></td></tr>
<tr><td>8</td><td colspan="4">相序校对</td><td></td><td></td><td></td><td></td><td></td><td></td></tr>
<tr><td>9</td><td colspan="4">绝缘带型号规格</td><td></td><td></td><td></td><td></td><td></td><td></td></tr>
<tr><td rowspan="3">10</td><td rowspan="3">电缆头</td><td rowspan="3">绝缘填料</td><td colspan="2">型号规格</td><td></td><td></td><td></td><td></td><td></td><td></td></tr>
<tr><td rowspan="2">浇注情况</td><td>温度</td><td></td><td></td><td></td><td></td><td></td><td></td></tr>
<tr><td>次数</td><td></td><td></td><td></td><td></td><td></td><td></td></tr>
<tr><td>11</td><td colspan="4">接地线规格</td><td></td><td></td><td></td><td></td><td></td><td></td></tr>
<tr><td>12</td><td colspan="4">芯线连接方法</td><td></td><td></td><td></td><td></td><td></td><td></td></tr>
<tr><td>13</td><td colspan="4">工艺标准</td><td></td><td></td><td></td><td></td><td></td><td></td></tr>
<tr><td>14</td><td colspan="4">操作人员</td><td></td><td></td><td></td><td></td><td></td><td></td></tr>
<tr><td colspan="11">备注：本表适用于电力电缆</td></tr>
</table>

<table>
<tr><td rowspan="2">

年　月　日</td><td>技术员
年　月　日</td></tr>
<tr><td>施工班（组）
年　月　日</td></tr>
</table>

同步电动机试验记录 5428

建设单位			单位工程		安装位置	
铭牌	型号		温升	(℃)	制造厂	
	容量	kW	效率	(%)	产品编号	
	电压	V	励磁	V A	出厂日期	
	电流	A	功率因数			
	转速	r/min	接法			

			耐压前		耐压后	
绝缘电阻（MΩ）	定子绕组 R60s \ R15s	A 相对地及其他绕组				
		B 相对地及其他绕组				
		C 相对地及其他绕组				
	转子绕组对地及其他绕组					
	放电电阻对地及其他绕组					
	轴承座对地					

直流电阻（Ω）	定子	A	B	C
	转子			

极性							
交流耐压	定子电压（kV/min）						
	转子电压（kV/min）						
定子直流泄漏	试验电压（kV）						
	泄漏电流（μV）						
空载 V 曲线 $I=f(i_B)$	定子电流 I（A）						
	激电磁流 i_B（A）						

备注		结论	

天气		环境温度	（℃）	测量时间	年 月 日 时 分
年 月 日	校验 年 月 日		试验 年 月 日		

少油断路器安装调整记录 5429

工程名称＿＿＿＿＿＿＿＿安装部位＿＿＿＿＿＿＿＿安装日期＿＿＿年＿＿月＿＿日

额定电压＿＿＿＿＿＿＿＿额定电流＿＿＿＿＿＿＿＿制造厂＿＿＿＿＿＿＿＿＿＿

型　　号＿＿＿＿＿＿＿＿

一、表面检查：

1. 套管有无闪络和裂纹＿＿＿＿＿＿，表面是否清洁＿＿＿＿＿＿。

2. 底座、拉杆是否水平＿＿＿＿＿＿，是否接地＿＿＿＿＿＿。

3. 各部位有无漏油、漏气＿＿＿＿＿＿，油位是否正确＿＿＿＿＿＿。

4. 贮压器压力是否正常＿＿＿＿＿＿，氮气预充压力＿＿＿＿＿＿大气压℃。

5. 活塞杆行程与压力值是否对应＿＿＿＿＿＿，微动开关动作是否正确＿＿＿＿＿＿。

6. 传动油是否清洁＿＿＿＿＿，管道联结是否紧固＿＿＿＿＿，管件有无损坏＿＿＿＿。

7. 消弧室及拉杆有无损伤变形＿＿＿＿＿＿，安装是否垂直及受潮＿＿＿＿＿＿。

8. 操作机构 CY 型是否灵活可靠＿＿＿＿＿＿，辅助开关动作是否正确＿＿＿＿＿＿。

9. 其他

二、安装调整：

项　　目	要　　求	实　测　结　果		
		A	B	C
铝帽凸台至消弧室上面				
导 电 杆 全 行 程				
导 电 杆 超 行 程				
三　相　同　期　差				
三 相 A 值 配 合				
回　　路　　电　　阻				

三、注入变压器油标号＿＿＿＿＿＿绝缘值＿＿＿＿＿＿kV。

班长　　　　　　　　安装人

多油断路器安装调整记录

5430

工程名称________安装部位________安装日期____年___月___日

额定电压________额定电流________制造厂________

型　号________

一、表面检查：

1. 套管有无闪络和裂纹________，表面是否清洁________。
2. 消弧室和绝缘杆等有无损坏或变形________，安装是否垂直________。
3. 各固定螺丝垫圈销钉是否齐全完整紧固________。
4. 操作机构动作是否灵活可靠________，辅助开关动作是否正确________。
   接触是否良好________，机械分合指示是否正确________。
   动合铁芯到顶板和支架间的间隙应为1～2mm，实测________。
5. 有无漏油现象________，油位是否正常________。
6. 是否已润滑________，是否刷相色________，是否接地________。

二、安装调整记录：

项　目	要　求	实 测 结 果（面向名牌）		
		A	B	C
分合闸动触头行程				
合闸动触头超行程	前 后			
触头断开距离	前 后			
传动机构限位螺钉间距				
三相同期误差				
同相同期误差				
套管变流器安装	型号　变比			

三、注入变压器油标号________，绝缘值________kV。

班长　　　　　　安装人

镉镍蓄电池充（放）电试验记录

5431

建设单位		单位工程		安装位置	
设备型号		设备型号		出厂日期	
试验性质				充（放）电日期	
起始值（V）	（接负载测试）				

序号	电池(组)号	充(放)电流(A)	电池电压(V)	测试时间	发现问题及处理情况

备注		结论				
天　气		环境温度	（℃）	测量时间	年　月　日　时　分	
年　月　日	校验	年　月　日	试验	年　月　日		

注：充（放）电按要求产品说明书规定。

负序电压继电器试验记录 5432

委托单位		线路名称	
工程名称		试验日期	年 月 日
盘 号		报告日期	年 月 日

编 号	型 号	额定电压	频 率	制 造 厂	出 厂 日 期
		V	Hz		年 月 日

试验记录：

1. 负序电压过滤器平衡调整：

输入三相正序电压 $U\text{ab} = U\text{bc} = U\text{ca} = 100\text{V}$

输出零序电压 $U\text{mn} = V$

2. 负序电压过滤器输出测定：（V）

	输入电压	输出电压	$U_{出}/U_{入}$
负序负载测定			
负序负载测定			

3. 负序动作线电压整定范围：

线电压整定范围：

线电压整定值：

4. 冲击试验：

1.1 倍额定正序电压冲击：

额定负序电压冲击：

结论：	备注：

试验员： 记录： 审核：

二次回路检查记录

5433

<table>
<tr><td>委托单位</td><td></td><td>试验日期</td><td>年　月　日</td></tr>
<tr><td>工程名称</td><td></td><td>报告日期</td><td>年　月　日</td></tr>
<tr><td colspan="4">二次回路检查记录：</td></tr>
<tr><td colspan="4">1. 绝缘电阻　　使用　　伏兆欧表　　MΩ</td></tr>
</table>

序号	回路名称	绝缘电阻最低值	备注
1	控制回路：包括分、合闸线圈		
2	继保回路：包括继电器线圈		
3	测量回路：包括仪表线圈		
4	信号回路：包括信号继电器线圈		

2. 二次回路检查：

发现问题	处理情况

3. 继保装置整组试验时信号系统检查：

序号	检查内容	检查结果	备注
1	信号继电器动作情况		
2	位置信号系统		
3	事故信号系统		
4	预告信号系统		
5	闪光信号系统		

结论：

试验员：　　　　记录：　　　　审核：

千伏母线交流耐压试验记录

5434

<table>
<tr><td>委托单位</td><td colspan="3"></td><td colspan="2">工程名称</td><td colspan="2"></td></tr>
<tr><td>温　度</td><td>℃</td><td>试验日期</td><td>年　月　日</td><td colspan="2">报告日期</td><td colspan="2">年　月　日</td></tr>
<tr><td colspan="8">一、配电装置的范围：</td></tr>
<tr><td colspan="8">包括油断路器、隔离开关、电压互感器、电流互感器、穿墙套管、母线瓷瓶等所属一次高压设备。母线额定电压。</td></tr>
<tr><td colspan="8">二、绝缘电阻：（MΩ）　　使用　　伏兆欧表</td></tr>
</table>

段号	相别	绝缘电阻值
	A	
	B	
	C	

段号	相别	绝缘电阻值
	A	
	B	
	C	

三、交流耐压：（kV）　　试验时间：1min

段号	相别	试验电压
	A	
	B	
	C	

段号	相别	试验电压
	A	
	B	
	C	

四、备注：

五、结论：

试验员：　　记录：　　审核：

电力电容器试验记录

5435

建设单位		单位工程		安装位置	
型　　号		电　　压	（V）	制造厂	
电容量	（μF）	电容器总数	（只）		

相位	序号	编号	绝缘电阻（MΩ）		电压（V）	电流（mA）	电容值（μF）	铭牌值（μF）
			耐压前	耐压后				
A O B								
B O C								
C O A								

交流耐压试验（kV/min）		结　果			
冲击合闸试验（次）		电流（A）	A	B	C
备注		结论			
天气	环境温度　℃	测量时间	年　月　日　时　分		
年　月　日	校验　年　月　日	试验　年　月　日			

GL型过电流继电器试验记录

5436

委托单位		试验日期	年　　月　　日
工程名称		报告日期	年　　月　　日

一、名牌：

型　　号		制造厂名	
调整范围	A — A	出厂日期	年　　月　　日

二、电气特性试验：

1. 感应元件动作电流检查：

感应元件在　　s　　A位置试验。

开关柜（盘）名称	继电器编号	相别	动作电流	返回电流	返回系数
	#	A	A	A	
	#	B	A	A	
	#	C	A	A	

2. 感应元件时限特性试验：　　单位：　S

继 电 器 编 号	相别	1	1.2	1.5	2	4	6	8
#	A							
#	B							
#	C							

3. 速断元件动作电流检查：

速断整定为　　倍。

继 电 器 编 号	相别	动 作 电 流	动 作 时 间	调节螺丝实际位置
#	A	A	s	倍
#	B	A	s	倍
#	C	A	s	倍

三、备注：

四、结论：

试验员：　　　　　　记录：　　　　　　审核：

变压器吊心检查记录

5437

<table>
<tr><td>委托单位</td><td colspan="3"></td><td>工程名称</td><td></td></tr>
<tr><td>油面温度</td><td>℃</td><td>试验日期</td><td>年　月　日</td><td>报告日期</td><td>年　月　日</td></tr>
<tr><td colspan="6">一、名牌：</td></tr>
<tr><td>制造厂名</td><td></td><td>出厂编号</td><td></td><td>型　式</td><td></td></tr>
<tr><td>容　量</td><td></td><td>相　数</td><td></td><td>出厂日期</td><td>年　月　日</td></tr>
<tr><td colspan="6">二、检查项目及处理情况：</td></tr>
</table>

1. 检查项目：符号标记：○良好、×不良

（1）油枕及外壳是否良好，有无漏油	
（2）散热器外形是否完好	
（3）高低压瓷套管有无裂纹、破损	
（4）线圈绝缘有无损伤，线圈位置有无倾斜	
（5）线圈引出线及螺丝坚固情况	
（6）电压分接开关接触是否良好	
（7）铁心有无变形，铁心紧固是否良好	
（8）油箱内底部有无螺丝、螺帽等脱落物	
（9）轭铁下面的垫木及其他木件是否完好	
（10）其他	

2. 发现问题及处理情况：

三、穿心螺丝绝缘电阻：使用　　　　伏兆欧表

穿心螺丝位置	A　相	B　相	C　相
上　轭　铁	MΩ	MΩ	MΩ
下　轭　铁	MΩ	MΩ	MΩ

四、结论：

试验员：　　　　　　记录：　　　　　　审核：

变压器试验记录

5438

委托单位				工程名称		
油面温度	℃	试验日期	年 月 日	报告日期	年 月 日	

一、铭牌数据：　　（试验前后检查：　　）

制造厂名		型 号		编 号		出厂时间	年 月
容 量	kV·A	相 数		阻 抗	%	接线组别	/——

高压侧	电压（V）	Ⅰ		Ⅱ		Ⅲ		低压侧	电压（V）	
	电流（A）								电流（A）	

二、绝缘电阻（MΩ）使用　　伏兆欧表

高压对地		低压对地		高压对低压	

三、电阻测定：（Ω）

高压侧	档＼相	AB		BC		AC		低压侧				
									线间	ab	bc	ac
	Ⅰ											
	Ⅱ								相间	ao	bo	co
	Ⅲ											

四、变压比测定：

相＼侧 档	高压侧			低压侧			测定变化			额定变化	最大误差
	AB	BC	AC	ab	bc	ac	AB/ab	BC/bc	AC/ac		
Ⅰ											%
Ⅱ											%
Ⅲ											%

五、交流耐压：（kV）

主绝缘	高压对地			低压对地	
油耐压				三次平均值	

六、空载试验：

低压输入（V）	AB		冲击电流（A）	A				空载电流（A）	A		空载电流	%
	BC			B					B			
	AC			C					C		空载损耗	W

七、极性试验：　　　　结果：

八、其他试验：

九、结论：

试验员：　　　　记录：　　　　审核：

隔离开关 / 高压断路器 安装调整记录

5439

工程名称____________　　　　安装地点____________

项目 \ 相别		A	B	C
型　　号				
出厂编号				
相间距离（mm）				
分闸角度（度）				
主刀闸三相同期性（mm）				
接地刀闸三相同期性（mm）				
以 0.05mm×10mm 塞尺检查接触面情况	线接触部分			
	面接触部门			
其他				

班长：　　　　　　　　安装人：

蓄电池充（放）电记录

5440

建设单位		单位工程		安装位置	
充（放）电时间	自____年__月__日__时__分开始至____年__月__日__时__分结束				

序号	电池号	比　重	温　度（℃）	电　压（V）	液面高度（mm）	发现问题及处理情况

备注		充电机	电压（V）	
			电流（A）	
			运行情况	

天气		环境温度	℃	测量时量	年　月　日　时　分

年　月　日	校验 年　月　日	试验 年　月　日

套管试验记录

5441

委托单位		环境温度	
工程名称		试验日期	年 月 日
一、铭牌：			
型 式		制 造 厂	
额定电压	kV	出厂日期	年 月 日

二、绝缘试验：

出 厂 编 号							
绝 缘 电 阻 (MΩ)							
油 击 穿 电 压 (kV)							
介 质 损 耗 角 tg δ (%)							
泄漏试验	直 流 电 压 (kV)						
泄漏试验	泄 漏 电 流 (μA)						
交流耐压	试 验 电 压 (kV)						
交流耐压	试 验 时 间 (min)						
三、结论：							

四、备注：	1. 用途： 2. 其他：

试验员： 记录： 审核：

差动保护整组试验记录

5442

委托单位		工程名称	
装置名称		试验日期	年　月　日	报告日期	年　月　日

一、整定值：

C：　/　　W_g =　　匝　$W_{yⅠ}$ =　　匝　$W_{yⅡ}$ =　　匝　W_k =　—

二、跳闸试验：

一次加大电流，动作区母线短接。

侧					侧				
相别	动作电流（A）			动作时限（S）	相别	动作电流（A）			动作时限（S）
	匝数 W	一　次	二　次			匝数 W	一　次	二　次	
A					A				
B					B				
C					C				

三、不平衡电流：（mA）

相别	kV　—　kV			相别	kV　内桥　—　kV		
	侧	侧	中性点		侧	侧	中性点
A				A			
B				B			
C				C			

四：备注：

五、结论：

试验员：　　　　　　　　记录：　　　　　　　　审核：

交流电动机试验记录

5443

建设单位			单位工程			安装位置	
铭牌	型号		功率因数			接线	
	容量	kW	效率		%	绝缘等级	
	电压	V	定额		%	制造厂	
	电流	A	频率		Hz	出厂日期	
	转速	r/min	相数			产品编号	
本体试验	绝缘电阻（MΩ）	定子 R60S/15S	A 相对地及其他绕组				
			B 相对地及其他绕组				
			C 相对地及其他绕组				
		转子对地及其他绕组直流 R60S/15S					
	直流电阻（Ω）	定子	A			转子	
			B				
			C				
	极性		空载电（A）	A		B	C
	高压电机交流耐压				kV/min	泄漏电流	mA
转子附加电阻（Ω）							
动力制动电阻（Ω）				启动器型式			
备注				结论			
天气		环境温度	（℃）	测量时间	年 月 日 时 分		
年 月 日		校验 年 月 日			试验 年 月 日		

注：本表用于 40kW 以上（包括 40kW）电动试验记录。

避雷器试验记录

5444

<table>
<tr><td>建设单位</td><td colspan="2"></td><td>单位工程</td><td></td><td>安装位置</td><td></td></tr>
<tr><td rowspan="2">铭牌</td><td>型　号</td><td></td><td>制 造 厂</td><td></td><td>组成元件数</td><td>只/杆</td></tr>
<tr><td>电　压</td><td>kV</td><td>出厂日期</td><td></td><td></td><td></td></tr>
<tr><td colspan="3">产　品　编　号</td><td></td><td></td><td></td><td></td></tr>
<tr><td rowspan="3">绝缘电阻（MΩ）</td><td colspan="2">相　　位</td><td>黄</td><td>绿</td><td colspan="2">红</td></tr>
<tr><td colspan="2">放　电　前</td><td></td><td></td><td colspan="2"></td></tr>
<tr><td colspan="2">放　电　后</td><td></td><td></td><td colspan="2"></td></tr>
<tr><td rowspan="2">直　流泄漏电流</td><td colspan="2">试验电压(kV)</td><td></td><td></td><td colspan="2"></td></tr>
<tr><td colspan="2">泄漏电流(UA)</td><td></td><td></td><td colspan="2"></td></tr>
<tr><td rowspan="4">工频击穿电压（kV）</td><td colspan="2">第　一　次</td><td></td><td></td><td colspan="2"></td></tr>
<tr><td colspan="2">第　二　次</td><td></td><td></td><td colspan="2"></td></tr>
<tr><td colspan="2">第　三　次</td><td></td><td></td><td colspan="2"></td></tr>
<tr><td colspan="2">平　均　值</td><td></td><td></td><td colspan="2"></td></tr>
<tr><td colspan="3">放电记录器动作情况</td><td></td><td></td><td colspan="2"></td></tr>
<tr><td>备注</td><td colspan="2"></td><td>结论</td><td colspan="3"></td></tr>
<tr><td>天气</td><td></td><td>环境温度　（℃）</td><td>测量时量</td><td colspan="3">年　月　日　时　分</td></tr>
<tr><td colspan="3">年　月　日</td><td colspan="2">校验　年　月　日</td><td colspan="2">试验　年　月　日</td></tr>
</table>

接地电阻试验记录

5445

委托单位		温　度	℃	试验日期	年　月　日
工程名称		天　气		报告日期	年　月　日

试验记录：（Ω）

序号	接地装置名称、用途及安装情况	实验值	允许值	结　论
1				
2				
3				
4				
5				
6				
7				
8				
9				

试验员：　　　　　　记录：　　　　　　审核：

交流电动机试验记录

5446

年　　月　　日

Ⅰ　原始资料

安装地点＿＿＿＿＿；　型　　式＿＿＿＿＿；　容　　量＿＿＿kW

电　　压＿＿＿＿＿V；　电　　流＿＿＿＿＿A；　$\cos\varphi$＿＿＿＿＿

励磁电压＿＿＿＿＿V；　励磁电流＿＿＿＿＿A；　定子接法＿＿＿＿＿

转　　速＿＿＿＿转/分；　相　　数＿＿＿＿＿；　频　　率＿＿＿＿＿

厂　　家＿＿＿＿＿；　厂　　号＿＿＿＿＿；　出厂日期＿＿＿＿＿

灭磁电阻＿＿＿＿＿＿＿＿＿＿＿＿＿＿＿＿＿＿＿＿＿＿＿＿＿＿

可变电阻＿＿＿＿＿＿＿＿＿＿＿＿＿＿＿＿＿＿＿＿＿＿＿＿＿＿

Ⅱ　试验数据

1. 绝缘电阻及吸收比测定　　温度＿＿℃　摇表电压＿＿V　厂号＿＿＿

定　子　$R_{60''}/R_{15''}$			转　子	刷　架	轴　承	灭　磁 电　阻	可　变 电　阻	

2. 直流电阻　　温度＿＿℃　使用仪表＿＿＿＿　厂号＿＿＿

定　子　（Ω）			转　子 （Ω）	灭磁电阻 （Ω）	可变电阻 （Ω）	

3. 交流耐压试验　　试验持续时间全部为一分钟

定　子　（kV）			转　子 （kV）	转子绑线 （kV）	灭磁电阻 （kV）	可变电阻 （kV）

4. 定子直流耐压及泄漏电流测定

相别	试验电压 （kV）	泄　漏　电　流　（μA）				持续时间 （分）	
		25%	50%	75%	100%		
A							
B							
C							

5. 线圈连接及极性检查

＿＿＿＿＿＿＿＿＿＿＿＿＿＿＿＿＿＿＿＿＿＿＿＿＿＿＿＿＿＿＿＿

6. 空转检查

＿＿＿＿＿＿＿＿＿＿＿＿＿＿＿＿＿＿＿＿＿＿＿＿＿＿＿＿＿＿＿＿

Ⅲ　结论

试验人员＿＿＿＿＿＿试验负责人＿＿＿＿＿＿试验单位＿＿＿＿＿＿

____________电流保护试验报告 5447

____年____月____日

安装地点____________被保护设备____________

1. 电流继电器

符号										
型号										
定值范围										
接线方式										
厂家										
厂号										
出厂日期										
内外部检查										
绝缘电阻										
定值校验	方案给定值（ ）	动作值（A）	返回值（A）	返回系数	动作值（A）	返回值（A）	返回系数	动作值（A）	返回值（A）	返回系数
	把手位置									
冲击后情况										

2. 时间继电器

符号	型号	电压	定值范围	厂家	厂号	内外部检查	绝缘电阻（MΩ）	直流电阻（Ω）

动作电压（V）		返回电压（V）	
方案给定值		实测值	

结论：

试验人员____________试验负责人____________试验单位____________

电容器试验报告

5448

年　月　日

Ⅰ　原始资料

安装地点________型式________电压________V　厂家________

Ⅱ　试验记录

摇表电压________V　厂号________

厂　号	标称电容（μF）	实测电容（μF）	耦合、均压电容器 tgδ 值测定（%）	绝缘电阻（MΩ）	备　注

Ⅲ　电力电容器交流耐压试验________kV，　时间________min

Ⅳ　冲击合闸试验________

Ⅴ　结论：

试验人员________试验负责人________试验单位________

电表校验记录

5449

委托单位		试验日期	年　月　日
工程名称		报告日期	年　月　日

校验记录：

柜（盘）名	仪表名牌		仪表刻度校验（　）					
	型号：	编号：	标准表					
	刻度：	变比：	被校表					
	型号：	编号：	标准表					
	刻度：	变比：	被校表					
	型号：	编号：	标准表					
	刻度：	变比：	被校表					
	型号：	编号：	标准表					
	刻度：	变比：	被校表					
	型号：	编号：	标准表					
	刻度：	变比：	被校表					
	型号：	编号：	标准表					
	刻度：	变比：	被校表					
	型号：	编号：	标准表					
	刻度：	变比：	被校表					
	型号：	编号：	标准表					
	刻度：	变比：	被校表					
	型号：	编号：	标准表					
	刻度：	变比：	被校表					

结果：	备注：

试验员：　　　　记录：　　　　审核：

低压电流互感器试验记录

5450

委托单位		检验日期	年 月 日
工程名称		报告日期	年 月 日

试验记录：（试验前后检查：　　　　　　　　）

柜号	线路名称	铭牌数目	试验记录（A）								一次导线匝数	实测变比
			标准表			1	2	3	4	5		
		型号： 变比： 准确级： 制造厂：	被测表	A	#							/
				B	#							
				C	#							
		型号： 变比： 准确级： 制造厂：	被测表	A	#							/
				B	#							
				C	#							
		型号： 变比： 准确级： 制造厂：	被测表	A	#							/
				B	#							
				C	#							
		型号： 变比： 准确级： 制造厂：	被测表	A	#							/
				B	#							
				C	#							
		型号： 变比： 准确级： 制造厂：	被测表	A	#							/
				B	#							
				C	#							
		型号： 变比： 准确级： 制造厂：	被测表	A	#							/
				B	#							
				C	#							
		型号： 变比： 准确级： 制造厂：	被测表	A	#							/
				B	#							
				C	#							

结论：

试验员：　　　　　　　记录：　　　　　　　审核：

电压互感器试验报告

5451

年　月　日

工程名称		安装地点		试验日期	

铭牌					
铭牌	型　号		接线组别		准确等级	
	容　量	V·A	最大容量	V·A	制造厂	
	电　压	V			出厂日期	
	出厂编号					

绝缘试验	绝缘电阻（MΩ）						交流耐压		温度（℃）	湿度
	A相		B相		C相		电压（kV）	时间（min）		
	耐压前	耐压后	耐压前	耐压后	耐压前	耐压后				
高压—低压、地										
低压—高压、地										
辅助线圈—地										

直流电阻（Ω）相别	一次线圈		基本二次线圈		辅助二次线圈		温度（℃）	接线组别	
A									
B									
C									

变压比 相别	铭牌变化	实测高压侧电压（V）	实测低压侧电压（V）	实测变比	比差（%）	角差（分）	负荷（V·A）
A							
B							
C							
试验方法及仪表							

空载电流 相别	额定电压（V）		空载电流（A）		绝缘油击穿电压（kV）	相别	第1次	第2次	第3次	第4次	第5次	平均
A						A						
B						B						
C						C						

试验用仪器、仪表	
结论及其他	

技术负责人：　　　　审核：　　　　试验人：

电流互感器试验报告 5452

建设单位		单位工程		安装位置	
温　度	℃	试验日期	年　月　日	报告日期	年　月　日
一、铭　牌：					
型　号		变流比		准确级	级　级
额定电压	kV	制造厂		出厂时间	年　月　日

二、试验记录：

相别或产品编号			A　#			B　#			C　#		
1. 绝缘电阻 摇表电压 V	一次/铁心		MΩ			MΩ			MΩ		
	一次/二次		MΩ			MΩ			MΩ		
	二次/铁心		MΩ			MΩ			MΩ		
	二次之间		MΩ			MΩ			MΩ		
2. 交流耐压	一次/铁心		kV　min			kV　min			kV　min		
	二次/铁心		kV　min			kV　min			kV　min		
3. 油耐压	三次平均值		kV			kV			kV		
4. 变流比 （A）	一次电流	A	二次电流	测比	比差（%）	二次电流	测比	比差（%）	二次电流	测比	比差（%）
		级									
		级									
5. 极性											
6. 介损 tgδ（%）											

7. 伏安特性（继保有要求者作）

电　流		（A）	2	4	6	8	10	12	14	16	18	20	
电 压 （V）	A	级											
		级											
	B	级											
		级											
	C	级											
		级											

三、结　论：

单位：	试验员：	审核：

高压开关柜试验报告

5453

	建设单位		单位工程		安装位置	
铭牌	柜型号		编号		制造厂	
	开关型号		电压(kV)		出厂日期	
	操作机构型号		电流(A)			

	项目 \ 相别			A	B	C
开关本体	合闸状态	绝缘电阻(MΩ)	耐压前 / 耐压后			
		工频耐压	(kV/min)			
	导电回路电阻		(μΩ)			

		次楼		1	2	3	平均值
开关本体	分合闸时间测定	分闸时间	(s)				
		合闸时间	(s)				
	三相不同时接触度		min	绝缘油击穿电压三次平均值		kV	

	项目 \ 内容	合闸接触器	合闸线圈	分闸线圈	使用仪表	温度(℃)
操作机构	绝缘电阻(MΩ)					
	直流电阻(Ω)					
	最低动作电压(V)					

			型	编号	一次/铁心	一次/二次	二次/铁心	二次之间	交流比	测比	比差(%)	极性
电流互感器	绝缘电阻(MΩ)	级	A									
			B									
			C									
		级	A									
			B									
			C									

绝缘电阻(MΩ)	母排		二次直流	
	隔离开关		二次交流	
工频耐压(kV/min)	母排		电流互感器	
	隔离开关		系统耐压(不易分开时)	
备注			结论	

单位:	审核:	试验员:
年 月 日	年 月 日	年 月 日

低压空气开关试验记录

5454

委托单位		试验日期	年　月　日
工程名称		报告日期	年　月　日

试验记录：

柜号	系统名称	铭牌					速断电流（A）		
		编　号	型　号	脱扣电流	制造厂	出厂日期	A	B	C

结　论：	备　注：

试验员：　　　　记录：　　　　审核：

千伏油断路器试验记录

5455

委托单位				工程名称			
温　度	℃	试验日期	年　月　日		报告日期		年　月　日
一、铭牌：							
系统名称			编　号	#	型　号		
操动机构型　号			额定电压	kV	额定电流		
制造厂名				出厂时间			年　月　日
二、试验记录（试验前后检查：　　　　　）							
1. 绝缘电阻　　使用　　伏兆欧表　　MΩ							
导体对地	A 相		B 相		C 相		
2. 交流耐压　　时间　　1min　　kV							
试验电压	A 相		B 相		C 相		
3. 绝缘油试验　　kV							
耐　压　值	A 相		B 相		C 相		
4. 介质损耗角 tgδ（%）							

A 相	进侧		B 相	进侧		C 相	进侧	
	出侧			出侧			出侧	

5. 泄漏电流　　μA						
泄漏电流值	A 相		B 相		C 相	

6. 分闸电磁铁、合闸接触器低动作电压及直流电阻				
	分闸电磁铁		合闸接触器	
最低动作电压（V）		%		%
直流电阻（Ω）				

7. 油断路器分、合闸时间			
分闸时间	s	合闸时间	s

8. 直流电阻　　μΩ					
A 相		B 相		C 相	

9. 接触同期性检查：　　同相各触头间：　　三相各触头间：

三、结论：

试验员：　　记录：　　审核：

电动调节单元仪表调试报告

5456

<table>
<tr><td colspan="2">建设单位</td><td colspan="2"></td><td colspan="2">仪表位号</td><td colspan="2"></td><td colspan="2">制 造 厂</td><td colspan="2"></td></tr>
<tr><td colspan="2">单位工程</td><td colspan="2"></td><td colspan="2">仪表输入</td><td colspan="2"></td><td colspan="2">产品编号</td><td colspan="2"></td></tr>
<tr><td colspan="2">仪表名称</td><td colspan="2"></td><td colspan="2">仪表输出</td><td colspan="2"></td><td colspan="2">出厂日期</td><td colspan="2"></td></tr>
<tr><td colspan="2">仪表型号</td><td colspan="2"></td><td colspan="2">仪表精度</td><td colspan="2"></td><td colspan="2">标准表及编号</td><td colspan="2"></td></tr>
<tr><td rowspan="2">1</td><td rowspan="2">测量点</td><td rowspan="2">标准给定信号</td><td colspan="3">测 量 值（ ）</td><td rowspan="2">2</td><td rowspan="2">测量点</td><td rowspan="2">标准给定信号</td><td colspan="3">测 量 值（ ）</td></tr>
<tr><td>标准值</td><td>上 升
测量值</td><td>下 降
测量值</td><td>标准值</td><td>上 升
测量值</td><td>下 降
测量值</td></tr>
<tr><td rowspan="5">测量指针</td><td>0%</td><td></td><td></td><td></td><td></td><td rowspan="5">测量指针</td><td></td><td></td><td></td><td></td><td></td></tr>
<tr><td>25%</td><td></td><td></td><td></td><td></td><td></td><td></td><td></td><td></td><td></td></tr>
<tr><td>50%</td><td></td><td></td><td></td><td></td><td></td><td></td><td></td><td></td><td></td></tr>
<tr><td>75%</td><td></td><td></td><td></td><td></td><td></td><td></td><td></td><td></td><td></td></tr>
<tr><td>100%</td><td></td><td></td><td></td><td></td><td></td><td></td><td></td><td></td><td></td></tr>
<tr><td colspan="2">允许误差</td><td colspan="4"></td><td colspan="2">允许误差</td><td colspan="4"></td></tr>
<tr><td>3</td><td>0%</td><td></td><td></td><td></td><td></td><td>4</td><td></td><td></td><td></td><td></td><td></td></tr>
<tr><td rowspan="4">软手操</td><td>25%</td><td></td><td></td><td></td><td></td><td rowspan="4">硬手操</td><td></td><td></td><td></td><td></td><td></td></tr>
<tr><td>50%</td><td></td><td></td><td></td><td></td><td></td><td></td><td></td><td></td><td></td></tr>
<tr><td>75%</td><td></td><td></td><td></td><td></td><td></td><td></td><td></td><td></td><td></td></tr>
<tr><td>100%</td><td></td><td></td><td></td><td></td><td></td><td></td><td></td><td></td><td></td></tr>
<tr><td colspan="2">允许误差</td><td colspan="4"></td><td colspan="2">允许误差</td><td colspan="4"></td></tr>
<tr><td>5</td><td></td><td></td><td></td><td></td><td></td><td>6</td><td></td><td></td><td></td><td></td><td></td></tr>
<tr><td rowspan="4">自动跟踪</td><td></td><td></td><td></td><td></td><td></td><td rowspan="4">阀位指针</td><td></td><td></td><td></td><td></td><td></td></tr>
<tr><td></td><td></td><td></td><td></td><td></td><td></td><td></td><td></td><td></td><td></td></tr>
<tr><td></td><td></td><td></td><td></td><td></td><td></td><td></td><td></td><td></td><td></td></tr>
<tr><td></td><td></td><td></td><td></td><td></td><td></td><td></td><td></td><td></td><td></td></tr>
<tr><td colspan="2">允许误差</td><td colspan="4"></td><td colspan="2">允许误差</td><td colspan="4"></td></tr>
</table>

<table>
<tr><td rowspan="5">P.
I.
D.
功能</td><td colspan="2">P. 比例度 （%）</td><td>I. 积分时间</td><td>（min）</td><td>D. 微分时间</td><td>（min）</td><td>积分增益</td><td></td></tr>
<tr><td>标准值</td><td>实测值</td><td>标准值</td><td>实测值</td><td>标准值</td><td>实测值</td><td>微分残余电流</td><td></td></tr>
<tr><td></td><td></td><td></td><td></td><td></td><td></td><td>输出上限</td><td></td></tr>
<tr><td></td><td></td><td></td><td></td><td></td><td></td><td>输出下限</td><td></td></tr>
<tr><td></td><td></td><td></td><td></td><td></td><td></td><td></td><td></td></tr>
</table>

<table>
<tr><td>备注</td><td colspan="2">结论</td></tr>
<tr><td>年 月 日</td><td>校验
年 月 日</td><td>试验
年 月 日</td></tr>
</table>

调　校　记　录

5457

工号：

仪表名称		型　　号	
测量范围		制 造 厂	

精度等级		分 度 号		出厂编号	
室　　温		相对湿度		出厂日期	

被检分度线	示　　值（　　）						
	名义量值（　　）						
标准表示值	正　　向（　　）						
	反　　向（　　）						
基本误差	正　　向（　　）						
	反　　向（　　）						
来回变差	（　　）						

标准仪器名称	型号规格	精　　度	编　　号

备注	

校验结果：基本误差：允许值__________实际最大值__________

来回变差：允许值__________实际最大值__________

结论：__________

审　　核：__________检验员：__________日期：__________

变送器（转换器）校验记录

5458

工程名称		仪表名称	
位号		厂家及出厂编号	
型号		精度	

量程（输入）：　　　　迁移量：

气（电）源：　　　　输出：

外观检查：

绝缘电阻（MΩ）：

静压试验：　　　　试验介质：　　　　最大工作压力：

静压（　）		
误差（　）		

输入值	输出						
（　）	计算值	上升	误差	下降	误差	变值	

校验结果：

校验： 年　月　日	实验： 年　月　日

系统仪表检查记录

5459

建设单位		单位工程	
仪表回路名称		仪表回路名称	
仪表回路代号		仪表回路代号	

现场仪表	测量点	仪表名称			仪表名称		
		输入值(　)	输出值(　)	测量值(　)	输入值(　)	输出值(　)	测量值(　)
	0%						
	50%						
	100%						

控制室盘装仪表	测量点	仪表名称				仪表名称			
		指示记录值(　)			允差值	指示记录值(　)			允差值
		标尺刻度	标准值	指示值		标尺刻度	标准值	指示值	
	0%								
	50%								
	100%								
	测量点	仪表名称				仪表名称			
		指示记录值(　)			允差值	指示记录值(　)			允差值
		标尺刻度	标准值	指示值		标尺刻度	标准值	指示值	
	0%								
	50%								
	100%								

现场调节阀	测量点	仪表名称				仪表名称			
		执行器位置值(　)			允差值	执行器位置值(　)			允差值
		标尺刻度	实际行程			标尺刻度	实际行程		
	0%								
	50%								
	100%								
	控制方式					控制方式			

备　注		结　论	
	检验:	调试:	

注:(　　)内填写单位。

调节阀、执行单元校验记录

5460

<table>
<tr><td colspan="2">工程名称</td><td colspan="3"></td><td colspan="2">仪表名称</td><td colspan="2"></td><td>位　号</td><td></td></tr>
<tr><td colspan="2">厂家及出厂编号</td><td colspan="3"></td><td colspan="2">型　号</td><td colspan="2"></td><td>特　性</td><td></td></tr>
<tr><td colspan="9">规　格：　Pg =　　Dg =　　dg =</td><td>输　入</td><td></td></tr>
<tr><td colspan="9">流过能力（cr）：</td><td>输　出</td><td></td></tr>
<tr><td colspan="11">气（电）源：　　　　外观检查：</td></tr>
<tr><td colspan="11">标准仪表及编号：</td></tr>
<tr><td colspan="11">定位器：型号　　　　作用</td></tr>
<tr><td colspan="11">阀　体：</td></tr>
<tr><td colspan="11">强度试验：　　　　试验介质　　压力下降</td></tr>
<tr><td colspan="11">阀芯阀座：</td></tr>
<tr><td colspan="11">泄漏量检查：　　　　毫升分（滴分）试验介质　　ΔP</td></tr>
<tr><td colspan="5">灵敏度试验</td><td colspan="4">绝缘电阻试验（MQ）</td><td colspan="2"></td></tr>
<tr><td>%</td><td colspan="2">%</td><td colspan="2">%</td><td colspan="6">事故阀全行程时间（s）</td></tr>
<tr><td></td><td colspan="2"></td><td colspan="2"></td><td colspan="4">开阀</td><td colspan="2">关阀</td></tr>
<tr><td colspan="11">精度</td></tr>
<tr><td>最大行程(或开度)</td><td colspan="5">不带定位器</td><td colspan="5">带定位器</td></tr>
<tr><td>行程(或开度)</td><td></td><td></td><td></td><td></td><td></td><td></td><td></td><td></td><td></td><td></td></tr>
<tr><td>相应输入信号</td><td></td><td></td><td></td><td></td><td></td><td></td><td></td><td></td><td></td><td></td></tr>
<tr><td>输入信号(或行程)
上升</td><td></td><td></td><td></td><td></td><td></td><td></td><td></td><td></td><td></td><td></td></tr>
<tr><td>测试值下降</td><td></td><td></td><td></td><td></td><td></td><td></td><td></td><td></td><td></td><td></td></tr>
<tr><td>上升误差</td><td></td><td></td><td></td><td></td><td></td><td></td><td></td><td></td><td></td><td></td></tr>
<tr><td>下降误差</td><td></td><td></td><td></td><td></td><td></td><td></td><td></td><td></td><td></td><td></td></tr>
<tr><td>变差</td><td></td><td></td><td></td><td></td><td></td><td></td><td></td><td></td><td></td><td></td></tr>
<tr><td colspan="11">校验结果</td></tr>
<tr><td colspan="6">检验
年　月　日</td><td colspan="5">试验
年　月　日</td></tr>
</table>

就地指示压力表校验记录

5461

工程名称					
位　　号	型号规格	仪表编号精度	最大误差	校验结果	校验人
年　月　日					

计算单元仪表调试记录

5462

建设单位		仪表位号		制造厂	
单位工程		测量范围		出厂日期	
仪表名称		输出范围		产品编号	
仪表型号		仪表精度			
外观及附件检查				标准表及编号	

	测量点	标准给定信号值				测量值			单位		允差值
		1	2	3	4	基准值	上升测量值	下降测量值	最大误差值	变差值	
运算调试	0%										
	25%										
	50%										
	75%										
	100%										
计数周期调试	0%										
	25%										
	50%										
	75%										
	100%										

通道系数调试	1		2		3		4	
	刻度值	测量值	刻度值	测量值	刻度值	测量值	刻度值	测量值

其他				
	小信号上升切除值		调试设定用周期	字/时
	小信号下降切除值		短接端子号	（ ）与（ ）

计算式		备注		结论	
年 月 日		校验 年 月 日		试验 年 月 日	

DCS基本功能检测报告

5463

<table>
<tr><td>工程名称</td><td></td><td>安装地点</td><td></td><td>温　　度</td><td>℃</td></tr>
<tr><td>站 名 称</td><td></td><td>站 型 号</td><td></td><td>编　　号</td><td></td></tr>
</table>

<table>
<tr><td colspan="4">站系统基本功能检查记录</td><td colspan="6">站电源测试记录</td></tr>
<tr><td>检查项目</td><td>判断</td><td>检查结果</td><td>备注</td><td colspan="2" rowspan="2">测试项目</td><td rowspan="2">基准值
（　　）</td><td colspan="2">测试值
（　　）</td><td rowspan="2">备注</td></tr>
<tr><td>通讯功能</td><td>□</td><td></td><td></td><td>调前</td><td>调后</td></tr>
<tr><td>自诊断功能</td><td>□</td><td></td><td></td><td rowspan="6">交
流</td><td></td><td></td><td></td><td></td><td></td></tr>
<tr><td>报警功能</td><td>□</td><td></td><td></td><td></td><td></td><td></td><td></td><td></td></tr>
<tr><td>冗余功能</td><td>□</td><td></td><td></td><td></td><td></td><td></td><td></td><td></td></tr>
<tr><td>断电保护</td><td>□</td><td></td><td></td><td></td><td></td><td></td><td></td><td></td></tr>
<tr><td>恢复功能</td><td>□</td><td></td><td></td><td></td><td></td><td></td><td></td><td></td></tr>
<tr><td>键盘操作</td><td>□</td><td></td><td></td><td></td><td></td><td></td><td></td><td></td></tr>
<tr><td>蓄电池</td><td>□</td><td></td><td></td><td rowspan="8">直
流</td><td></td><td></td><td></td><td></td><td></td></tr>
<tr><td>LED</td><td>□</td><td></td><td></td><td></td><td></td><td></td><td></td><td></td></tr>
<tr><td>工作接地</td><td>□</td><td></td><td></td><td></td><td></td><td></td><td></td><td></td></tr>
<tr><td>保护接地</td><td>□</td><td></td><td></td><td></td><td></td><td></td><td></td><td></td></tr>
<tr><td></td><td>□</td><td></td><td></td><td></td><td></td><td></td><td></td><td></td></tr>
<tr><td></td><td>□</td><td></td><td></td><td></td><td></td><td></td><td></td><td></td></tr>
<tr><td></td><td>□</td><td></td><td></td><td></td><td></td><td></td><td></td><td></td></tr>
<tr><td></td><td>□</td><td></td><td></td><td></td><td></td><td></td><td></td><td></td></tr>
<tr><td colspan="10">技术负责人：　　　　试验班（班）长：　　　　检测人：

年　月　日</td></tr>
</table>

报警、联锁系统试验报告

5464

<table>
<tr><td colspan="3">工程名称</td><td colspan="3"></td><td>工程编号</td><td></td></tr>
<tr><td colspan="3">位号</td><td></td><td></td><td></td><td></td><td></td></tr>
<tr><td colspan="3">项目 ＼ 名称</td><td></td><td></td><td></td><td></td><td></td></tr>
<tr><td colspan="3">报警元件</td><td></td><td></td><td></td><td></td><td></td></tr>
<tr><td colspan="3">设定值</td><td></td><td></td><td></td><td></td><td></td></tr>
<tr><td rowspan="3">报警</td><td colspan="2">灯</td><td></td><td></td><td></td><td></td><td></td></tr>
<tr><td colspan="2">铃</td><td></td><td></td><td></td><td></td><td></td></tr>
<tr><td colspan="2">笛</td><td></td><td></td><td></td><td></td><td></td></tr>
<tr><td rowspan="2">紧急事故阀</td><td></td><td>开/闭灯</td><td></td><td></td><td></td><td></td><td></td></tr>
<tr><td></td><td>开/闭灯</td><td></td><td></td><td></td><td></td><td></td></tr>
<tr><td rowspan="3">运转设备（辅助接点）</td><td></td><td>转/停灯</td><td></td><td></td><td></td><td></td><td></td></tr>
<tr><td></td><td>转/停灯</td><td></td><td></td><td></td><td></td><td></td></tr>
<tr><td></td><td>转/停灯</td><td></td><td></td><td></td><td></td><td></td></tr>
<tr><td rowspan="2">外部接点</td><td></td><td>通/断</td><td></td><td></td><td></td><td></td><td></td></tr>
<tr><td></td><td>通/断</td><td></td><td></td><td></td><td></td><td></td></tr>
<tr><td colspan="3">确认</td><td></td><td></td><td></td><td></td><td></td></tr>
<tr><td colspan="3">复位</td><td></td><td></td><td></td><td></td><td></td></tr>
<tr><td colspan="3">备注</td><td></td><td></td><td></td><td></td><td></td></tr>
<tr><td colspan="3"></td><td colspan="2">校验

年　月　日</td><td colspan="3">实验

年　月　日</td></tr>
</table>

计算单元仪表调试记录

5465

建设单位		仪表位号		制　造　厂	
单位工程		测量范围		出厂日期	
仪表名称		输出范围		产品编号	
仪表型号		仪表精度			
外　观　及 附件检查				标　准　表 及　编　号	

	测量点	标准给定信号值				测　量　值			单位		允差值
		1	2	3	4	基准值	上升 测量值	下降 测量值	最大 误差值	变差值	
运算调试	0%										
	25%										
	50%										
	75%										
	100%										
计数周期调试	0%										
	25%										
	50%										
	75%										
	100%										

	1		2		3		4	
通道系数调试	刻度值	测量值	刻度值	测量值	刻度值	测量值	刻度值	测量值

其他	小信号上升切除值		调试设定用周期	字/时
	小信号下降切除值		短接端子号	（　　）与（　　）

计算式		备注		结论	
	年　月　日	校验 年　月　日		试验 年　月　日	

气动显示调节单元仪表调试记录

5466

<table>
<tr><td colspan="2">建设单位</td><td colspan="2"></td><td colspan="2">仪表位号</td><td colspan="2"></td><td>制造厂</td><td colspan="2"></td></tr>
<tr><td colspan="2">单位工程</td><td colspan="2"></td><td colspan="2">测量范围</td><td colspan="2"></td><td>出厂日期</td><td colspan="2"></td></tr>
<tr><td colspan="2">仪表名称</td><td colspan="2"></td><td colspan="2">输出范围</td><td colspan="2"></td><td>产品编号</td><td colspan="2"></td></tr>
<tr><td colspan="2">仪表型号</td><td colspan="2"></td><td colspan="2">仪表精度</td><td colspan="2"></td><td rowspan="2">标准表
及编号</td><td rowspan="2" colspan="2"></td></tr>
<tr><td colspan="8">外观及附件检查</td></tr>
<tr><td rowspan="17">精
度
调
试</td><td colspan="2" rowspan="2">测量点</td><td rowspan="2">标准
给定值</td><td colspan="3">测量值</td><td>单位</td><td rowspan="2">变差值</td><td rowspan="2">允差值
（ ）</td><td></td></tr>
<tr><td>基准值</td><td>上升
测量值</td><td>下降
测量值</td><td>最大
误差值</td><td></td></tr>
<tr><td rowspan="5"></td><td>0%</td><td></td><td></td><td></td><td></td><td></td><td></td><td></td><td></td></tr>
<tr><td>25%</td><td></td><td></td><td></td><td></td><td></td><td></td><td></td><td></td></tr>
<tr><td>50%</td><td></td><td></td><td></td><td></td><td></td><td></td><td></td><td></td></tr>
<tr><td>75%</td><td></td><td></td><td></td><td></td><td></td><td></td><td></td><td></td></tr>
<tr><td>100%</td><td></td><td></td><td></td><td></td><td></td><td></td><td></td><td></td></tr>
<tr><td rowspan="5"></td><td>0%</td><td></td><td></td><td></td><td></td><td></td><td></td><td></td><td></td></tr>
<tr><td>25%</td><td></td><td></td><td></td><td></td><td></td><td></td><td></td><td></td></tr>
<tr><td>50%</td><td></td><td></td><td></td><td></td><td></td><td></td><td></td><td></td></tr>
<tr><td>75%</td><td></td><td></td><td></td><td></td><td></td><td></td><td></td><td></td></tr>
<tr><td>100%</td><td></td><td></td><td></td><td></td><td></td><td></td><td></td><td></td></tr>
<tr><td rowspan="5"></td><td>0%</td><td></td><td></td><td></td><td></td><td></td><td></td><td></td><td></td></tr>
<tr><td>25%</td><td></td><td></td><td></td><td></td><td></td><td></td><td></td><td></td></tr>
<tr><td>50%</td><td></td><td></td><td></td><td></td><td></td><td></td><td></td><td></td></tr>
<tr><td>75%</td><td></td><td></td><td></td><td></td><td></td><td></td><td></td><td></td></tr>
<tr><td>100%</td><td></td><td></td><td></td><td></td><td></td><td></td><td></td><td></td></tr>
<tr><td rowspan="5">P.
I.
D.
功能</td><td colspan="3">P. 比例度 %</td><td colspan="2">I. 积分时间（min）</td><td colspan="2">D. 微分时间（min）</td><td rowspan="3">走纸
速度</td><td>1</td><td></td></tr>
<tr><td colspan="2">刻度值</td><td>测量值</td><td>刻度值</td><td>测量值</td><td>刻度值</td><td>测量值</td><td>2</td><td></td></tr>
<tr><td colspan="2"></td><td></td><td></td><td></td><td></td><td></td><td>3</td><td></td></tr>
<tr><td colspan="2"></td><td></td><td></td><td></td><td></td><td></td><td rowspan="2">全行程
时间</td><td rowspan="2" colspan="2"></td></tr>
<tr><td colspan="2"></td><td></td><td></td><td></td><td></td><td></td></tr>
<tr><td rowspan="5">控制点调试</td><td colspan="2">偏差 P出（MPa）
P入（MPa）</td><td>0.003</td><td>0.006</td><td>0.009</td><td rowspan="3">打印
记录
功能</td><td rowspan="3"></td><td rowspan="3">报警
功能</td><td rowspan="3" colspan="2"></td></tr>
<tr><td colspan="2">0.003</td><td></td><td></td><td></td></tr>
<tr><td colspan="2">0.006</td><td></td><td></td><td></td></tr>
<tr><td colspan="2">0.009</td><td></td><td></td><td></td><td></td><td>备注
结论</td><td colspan="3"></td></tr>
<tr><td colspan="10"></td></tr>
<tr><td colspan="4">
年 月 日</td><td colspan="4">校验
年 月 日</td><td colspan="3">试验
年 月 日</td></tr>
</table>

节流元件安装记录

5467

建设单位		工程名称		工段名称	
施工单位		施工图号		施工日期	

位 号	节流元件		直管段长度（mm）		管段号	被测介质	安装日期	实测项目	
								允 许	偏差（mm）
	名 称	规 格	前	后				1	2

实测项目		项 目	允许偏差（mm）
	1	节流元件法兰与管道轴线垂直度	1
	2	节流元件应与管道同轴允许偏差为管道内径的	1%

 年 月 日	质检员 年 月 日
技术员 年 月 日	施工班（组） 年 月 日

分析仪表安装记录

5468

建设单位		工程名称		工段名称	
施工单位		施工图号		施工日期	

位　号	仪　　表		实测项目	
	名　　称	型号规格	序　号	实测偏差（mm）

实测项目	项　　目		允许偏差（mm）
	1		
	2		

年　月　日	质检员 年　月　日
技术员 年　月　日	施工班（组） 年　月　日

连接管路安装吹扫试压记录

5469

<table>
<tr><td>建设单位</td><td></td><td>工程名称</td><td></td><td>工段名称</td><td></td></tr>
<tr><td>施工单位</td><td></td><td>施工图号</td><td></td><td>施工日期</td><td></td></tr>
</table>

位号或编号	管路			工作		试验		吹扫日期	实测项目		
	名称	规格	数量	压力	介质	压力	介质		最小坡度	弯曲半径	圆度

<table>
<tr><td rowspan="4">实测项目</td><td>1</td><td>压力管路</td><td rowspan="4">最小坡度</td><td>1:100</td><td>5</td><td>气源管路</td><td>最小坡度</td><td>1:100</td></tr>
<tr><td>2</td><td>流量管路</td><td>1:50</td><td>6</td><td>普通管</td><td rowspan="2">弯曲半径</td><td>>50g</td></tr>
<tr><td>3</td><td>取样管路</td><td>1:20</td><td>7</td><td>高压管</td><td>>30g</td></tr>
<tr><td>4</td><td>回油管路</td><td>1:10</td><td>8</td><td colspan="2">椭圆度</td><td><7%</td></tr>
</table>

<table>
<tr><td>
年 月 日</td><td>质检员
年 月 日</td></tr>
<tr><td>技术员
年 月 日</td><td>施工班（组）
年 月 日</td></tr>
</table>

调节阀电磁阀和执行机构安装记录

5470

建设单位		工程名称		工段名称	
施工单位		施工图号		施工日期	

位　号	仪　　表			实测项目
	名　　称	型号规格	序　号	实测偏差（mm）

实测项目	项　　目		允许偏差（mm）
	1		
	2		

年　月　日	质检员 年　月　日
技术员 年　月　日	施工班（组） 年　月　日

仪表盘箱安装记录

5471

建设单位		工程名称		工段/控制室名称	
施工单位		施工图号		施工日期	

序号	仪表盘(箱)		配线绝缘电阻(<0.5HΩ)		
	编号	型号规格	线间	对地	

	项目				允许偏差(mm)	实测偏差值(mm)									
						1	2	3	4	5	6	7	8	9	10
实测项目	1	基础型钢	直线度	每米全长	1(5)										
	2		倾斜度	每米全长	1(3)										
	3	盘箱安装	每米垂直度		1.5										
	4		水平度	相邻盘顶部	1										
	5			成排盘顶部	3										
	6		平面度	相邻盘面	1										
	7			成排盘面	5										
	8		盘闸挠缝		2										

说明

	施工班组 年 月 日
技术员 年 月 日	质检员 年 月 日

温度仪表安装记录

5472

建设单位		工程名称		工段名称	
施工单位		施工图号		施工日期	

位　号	仪　表		实　测　项　目	
	名　称	型号规格	序　号	实　测　偏　差（mm）

<table>
<tr><td rowspan="6">实测项目</td><td colspan="10">感温元件保护管末端超过管道中心线的长度（mm）</td></tr>
<tr><td>序号</td><td colspan="2">项　目</td><td>超过长度</td><td>允许偏差</td><td>序号</td><td>项　目</td><td>超过长度</td><td>允许偏差</td></tr>
<tr><td>1</td><td colspan="2">热电偶</td><td>7</td><td>3</td><td>5</td><td>工业内标式水银温度计</td><td>4</td><td>1</td></tr>
<tr><td>2</td><td rowspan="2">铂热电阻</td><td>云母骨架</td><td>25</td><td>5</td><td>6</td><td>双铌温度计</td><td>32</td><td>3</td></tr>
<tr><td>3</td><td>玻璃骨架</td><td>12</td><td>3</td><td>7</td><td colspan="2">压力式温度计毛细管的弯曲半径位大于</td><td>50</td></tr>
<tr><td>4</td><td colspan="2">铜热电阻</td><td>27</td><td>3</td><td>8</td><td colspan="2">集中安装的温度变送器底部标高</td><td>3</td></tr>
</table>

技术员 年　月　日	质检员 年　月　日
施工班（组） 年　月　日	

施工单位：　　　　　　　　建设单位：

压力仪表安装记录

5473

建设单位		工程名称		工段名称	
施工单位		施工图号		施工日期	

位号	仪表			实测项目
	名称	型号规格	序号	实测偏差（mm）

实测项目		项目	允许偏差（mm）
	1	集中安装的变送器底部标高	
	2		

年 月 日	质检员 年 月 日
技术员 年 月 日	施工班（组） 年 月 日

物位仪表安装记录

5474

<table>
<tr><td>建设单位</td><td colspan="2"></td><td>工程名称</td><td colspan="2"></td><td>工段名称</td><td colspan="2"></td></tr>
<tr><td>施工单位</td><td colspan="2"></td><td>施工图号</td><td colspan="2"></td><td>施工日期</td><td colspan="2"></td></tr>
<tr><td rowspan="2">位　号</td><td colspan="4">仪　　表</td><td colspan="4">实　测　项　目</td></tr>
<tr><td colspan="2">名　　称</td><td>型号规格</td><td>序号</td><td colspan="4">实　测　偏　差（mm）</td></tr>
<tr><td></td><td colspan="2"></td><td></td><td></td><td colspan="4"></td></tr>
<tr><td></td><td colspan="2"></td><td></td><td></td><td colspan="4"></td></tr>
<tr><td></td><td colspan="2"></td><td></td><td></td><td colspan="4"></td></tr>
<tr><td></td><td colspan="2"></td><td></td><td></td><td colspan="4"></td></tr>
<tr><td></td><td colspan="2"></td><td></td><td></td><td colspan="4"></td></tr>
<tr><td></td><td colspan="2"></td><td></td><td></td><td colspan="4"></td></tr>
<tr><td></td><td colspan="2"></td><td></td><td></td><td colspan="4"></td></tr>
<tr><td></td><td colspan="2"></td><td></td><td></td><td colspan="4"></td></tr>
<tr><td></td><td colspan="2"></td><td></td><td></td><td colspan="4"></td></tr>
<tr><td></td><td colspan="2"></td><td></td><td></td><td colspan="4"></td></tr>
<tr><td></td><td colspan="2"></td><td></td><td></td><td colspan="4"></td></tr>
<tr><td></td><td colspan="2"></td><td></td><td></td><td colspan="4"></td></tr>
<tr><td rowspan="4">实测项目</td><td colspan="5">项　　目</td><td colspan="3">允许偏差（mm）</td></tr>
<tr><td>1</td><td colspan="4">双室平衡容器上下筒间的水平中线与汽包正常水位重合</td><td colspan="3">2</td></tr>
<tr><td>2</td><td colspan="4">外浮筒液位计浮筒壳体垂直度</td><td colspan="3">2</td></tr>
<tr><td>3</td><td colspan="4">内浮筒液位计浮筒（浮子）垂直度</td><td colspan="3">2</td></tr>
<tr><td colspan="9"></td></tr>
<tr><td colspan="5">
年　　月　　日</td><td colspan="4">质检员
年　　月　　日</td></tr>
<tr><td colspan="5">技术员
年　　月　　日</td><td colspan="4">施工班（组）
年　　月　　日</td></tr>
</table>

流量差压仪表安装记录

5475

建设单位		工程名称		工段名称	
施工单位		施工图号		施工日期	

位号	仪表		实测项目	
	名称	型号规格	序号	实测偏差（mm）

实测项目		项目	允许偏差（mm）
	1	转子流量计锤管中心线垂直度偏差	2
	2	成排安装的变送器底部标高	3
	3	成对安装的容器底部标高	2

  年　月　日	质检员 年　月　日
技术员 年　月　日	施工班（组） 年　月　日

仪表管线（管缆）试压、试漏、脱脂记录 5476

工程：　　　　　　　　　　　　　　　　　　　　　　　　　　　年　　月　　日

位　　号		传 送 介 质	
名　　称		型 号 规 格	

一、管路试压、试漏：

试验使用介质	试 验 压 力	时　　间	压力下降值
	kgf/cm^2	分	kgf/cm^2

二、管路脱脂：

脱脂使用介质	时　　间	脱 脂 含 量
	h	%

结　　论	
备　　注	

试验单位＿＿＿＿＿＿＿＿　　　　　　　　　　　　试验人＿＿＿＿＿＿＿＿

就地指示计工艺开关校检报告

5477

<table>
<tr><td colspan="3">工程名称：</td><td colspan="3">仪表名称：</td></tr>
<tr><td colspan="3">位　　号：</td><td colspan="3">精　　度：</td></tr>
<tr><td colspan="3">量程（输入）：</td><td colspan="3">刻 度 值：</td></tr>
<tr><td colspan="6">标准仪表及编号：</td></tr>
<tr><td colspan="6"></td></tr>
<tr><td colspan="6">外观检查：</td></tr>
<tr><td colspan="6"></td></tr>
<tr><td colspan="6"></td></tr>
<tr><td rowspan="2">指　示　值</td><td colspan="4">实　　测　　值</td><td rowspan="2">变　　差</td></tr>
<tr><td>上　升</td><td>误　差</td><td>下　降</td><td>误　差</td></tr>
<tr><td></td><td></td><td></td><td></td><td></td><td></td></tr>
<tr><td></td><td></td><td></td><td></td><td></td><td></td></tr>
<tr><td></td><td></td><td></td><td></td><td></td><td></td></tr>
<tr><td></td><td></td><td></td><td></td><td></td><td></td></tr>
<tr><td></td><td></td><td></td><td></td><td></td><td></td></tr>
<tr><td></td><td></td><td></td><td></td><td></td><td></td></tr>
<tr><td></td><td></td><td></td><td></td><td></td><td></td></tr>
</table>

<table>
<tr><td colspan="5">绝缘电阻试验（MΩ）</td></tr>
<tr><td>报警整定值（　　）</td><td colspan="2">高</td><td colspan="2">低</td></tr>
<tr><td rowspan="2">实　　测　　值</td><td>动　作</td><td>断　开</td><td>动　作</td><td>断　开</td></tr>
<tr><td></td><td></td><td></td><td></td></tr>
<tr><td colspan="5">校验结果：</td></tr>
<tr><td colspan="5"></td></tr>
<tr><td colspan="5"></td></tr>
<tr><td colspan="5"></td></tr>
<tr><td colspan="5">备注：</td></tr>
<tr><td colspan="2">校验
年　　月　　日</td><td colspan="3">试验
年　　月　　日</td></tr>
</table>

电缆线路、配管及导线安装记录

5478

建设单位		工程名称		工段名称	
施工单位		施工图号		施工日期	

位号或编号	名称	型号规格	长度（m）	起迄位置		实测项目	
				起点	终点	绝缘电阻	最小弯曲数

实测项目	项目		绝缘电阻值（Ω）	项目		绝缘电阻值（Ω）
	1	讯号线路	>2	3	电压低于24V线路	>0.5
	2	补偿导线	>0.5	4	电压高于24V每千伏工作电压	>1
	项目		最小弯曲半径与外径比值（倍数）	项目		最小弯曲半径与外径比值（倍数）
	1	铠装电缆	10	2	无铠装电缆	6

  年　月　日	技术员 年　月　日
质检员 年　月　日	施工班（组） 年　月　日

普通电气设备安装动态检查记录

5479

工程名称：　　　　　　　　　　　　　　　　　　　　检查日期：　　年　月　日

检查单元	层数	户数	漏电保护器		开关启方向和切断相序检查			灯具通亮及相序检查（盏）			插座相序检查		电表相序检查		保险相序检查		导线无分色或错误	检查人	旁站监督人
			动作电流（mA）	动作时间（s）	总数（个）	开启错误	相序错误	总数（盏）	不亮	相序错误	总数（个）	相序错误	总数（个）	相序错误	总数（个）	相序错误			

施工单位复查结果：	监理（建设）单位核验结论：
施工单位项目专业技术负责人：　　年　月　日	监理（建设）项目部（章） 项目专业监理工程师（建设单位项目技术负责人）：　　年　月

注：按单位元、户逐间房设置数量检查填写。

防雷及电器设备接地电阻测试验收记录 5480

工程名称：

项目	组别及电器设备名称	设计要求电阻值	实测电阻值	测试结果	测试日期	测试人	旁站监督人
防（避）雷接地电阻							
重复接地电阻							
设备接地零电阻							

施工单位复查结果：

施工单位项目专业技术负责人：　　年　月　日

监理（建设）单位核查结论：

项目专业监理工程师监理（建设）项目部（章）

（建设单位项目技术负责人）：

年　月　日

注：该记录应另附接地装置安装试验记录。

<table>
<tr><td colspan="2">风管漏光检测记录</td><td colspan="2">编　号</td><td></td></tr>
<tr><td>工程名称</td><td colspan="2"></td><td>试验日期</td><td></td></tr>
<tr><td>系统名称</td><td colspan="2"></td><td>工作压力（Pa）</td><td></td></tr>
<tr><td>系统接缝总长度（m）</td><td colspan="2"></td><td>每 10m 接缝为一检测段的分段数</td><td></td></tr>
<tr><td>检测光源</td><td colspan="4"></td></tr>
<tr><td>分段序号</td><td>实测漏光点数（个）</td><td colspan="2">每 10m 接缝的允许漏光点数（个/10m）</td><td>结　论</td></tr>
<tr><td>1</td><td></td><td colspan="2"></td><td></td></tr>
<tr><td>2</td><td></td><td colspan="2"></td><td></td></tr>
<tr><td>3</td><td></td><td colspan="2"></td><td></td></tr>
<tr><td>4</td><td></td><td colspan="2"></td><td></td></tr>
<tr><td>5</td><td></td><td colspan="2"></td><td></td></tr>
<tr><td>6</td><td></td><td colspan="2"></td><td></td></tr>
<tr><td>7</td><td></td><td colspan="2"></td><td></td></tr>
<tr><td>8</td><td></td><td colspan="2"></td><td></td></tr>
<tr><td>9</td><td></td><td colspan="2"></td><td></td></tr>
<tr><td>10</td><td></td><td colspan="2"></td><td></td></tr>
<tr><td>11</td><td></td><td colspan="2"></td><td></td></tr>
<tr><td>12</td><td></td><td colspan="2"></td><td></td></tr>
<tr><td>13</td><td></td><td colspan="2"></td><td></td></tr>
<tr><td rowspan="2">合　计</td><td>总漏光点数（个）</td><td colspan="2">每 100m 接缝的允许漏光点数（个/100m）</td><td>结　论</td></tr>
<tr><td></td><td colspan="2"></td><td></td></tr>
<tr><td colspan="5">检测结论：</td></tr>
</table>

<table>
<tr><td rowspan="3">签字栏</td><td rowspan="2">建设（监理）单位</td><td colspan="3">施工单位</td></tr>
<tr><td>专业技术负责人</td><td>专业质检员</td><td>专业工长</td></tr>
<tr><td></td><td></td><td></td><td></td></tr>
</table>

注：本表由施工单位填写并保存。

<table>
<tr><td colspan="2">风管漏风检测记录</td><td colspan="2">编　号</td><td colspan="2"></td></tr>
<tr><td>工程名称</td><td></td><td colspan="2">试验日期</td><td colspan="2"></td></tr>
<tr><td>系统名称</td><td></td><td colspan="2">工作压力（Pa）</td><td colspan="2"></td></tr>
<tr><td>风管总面积（m^2）</td><td></td><td colspan="2">试验压力（Pa）</td><td colspan="2"></td></tr>
<tr><td>系统总面积（m^2）</td><td></td><td colspan="2">系统检测分段数</td><td colspan="2"></td></tr>
<tr><td colspan="2" rowspan="16">检测区段图示：</td><td colspan="4">分段实测数值</td></tr>
<tr><td>序号</td><td>分段表面积（m^2）</td><td>试验压力（Pa）</td><td>实际漏风量（m^3/h）</td></tr>
<tr><td>1</td><td></td><td></td><td></td></tr>
<tr><td>2</td><td></td><td></td><td></td></tr>
<tr><td>3</td><td></td><td></td><td></td></tr>
<tr><td>4</td><td></td><td></td><td></td></tr>
<tr><td>5</td><td></td><td></td><td></td></tr>
<tr><td>6</td><td></td><td></td><td></td></tr>
<tr><td>7</td><td></td><td></td><td></td></tr>
<tr><td>8</td><td></td><td></td><td></td></tr>
<tr><td>9</td><td></td><td></td><td></td></tr>
<tr><td>10</td><td></td><td></td><td></td></tr>
<tr><td>11</td><td></td><td></td><td></td></tr>
<tr><td>12</td><td></td><td></td><td></td></tr>
<tr><td>13</td><td></td><td></td><td></td></tr>
<tr><td>14</td><td></td><td></td><td></td></tr>
<tr><td>系统允许漏风量（$m^3/m^2 \cdot h$）</td><td></td><td colspan="2">实测系统漏风量（$m^3/m^2 \cdot h$）</td><td colspan="2"></td></tr>
<tr><td colspan="6">检测结论：</td></tr>
</table>

<table>
<tr><td rowspan="3">签字栏</td><td rowspan="2">建设（监理）单位</td><td colspan="3">施工单位</td></tr>
<tr><td>专业技术负责人</td><td>专业质检员</td><td>专业工长</td></tr>
<tr><td></td><td></td><td></td><td></td></tr>
</table>

<table>
<tr><td colspan="2">现场组装除尘器、空调机漏风检测记录</td><td>编　号</td><td></td></tr>
<tr><td>工程名称</td><td></td><td>分部工程</td><td></td></tr>
<tr><td>分项工程</td><td></td><td>检测日期</td><td></td></tr>
<tr><td>设备名称</td><td></td><td>型号规格</td><td></td></tr>
<tr><td>总风量（m^3/h）</td><td></td><td>允许漏风率（%）</td><td></td></tr>
<tr><td>工作压力（Pa）</td><td></td><td>测试压力（Pa）</td><td></td></tr>
<tr><td>允许漏风量（m^3/h）</td><td></td><td>实测漏风量（m^3/h）</td><td></td></tr>
<tr><td colspan="4">检测记录：</td></tr>
<tr><td colspan="4">检测结论：</td></tr>
</table>

<table>
<tr><td rowspan="3">签字栏</td><td rowspan="2">建设（监理）单位</td><td>施工单位</td><td colspan="2"></td></tr>
<tr><td>专业技术负责人</td><td>专业质检员</td><td>专业工长</td></tr>
<tr><td></td><td></td><td></td><td></td></tr>
</table>

注：本表由施工单位填写并保存。

5484

各房间室内风量测量记录			编　号	
工程名称			测量日期	
系统名称			系统位置	
项目 房间（测点）编号	风量（m^3/h）			所在房间室内温度
	设计风量（$Q_{设}$）	实际风量（$Q_{实}$）	相对差 $\delta=(Q_{设}-Q_{实})/Q_{设}$	
施工单位				
测量人	记录人		审核人	

注：本表由施工单位填写，建设单位、施工单位各保存一份。

管网风量平衡记录

管网风量平衡记录						编　号				
工程名称						测量日期				
系统名称						系统位置				
测点编号	风管规格（mm × mm）	断面积（m^2）	平均风压（Pa）			风速（m/s）	风量（m^3/h）		相对差	使用仪器编号
			动压	静压	全压		实际	设计		
施工单位										
审核人			测定人				记录人			

注：本表由施工单位填写并保存。

<table>
<tr><td colspan="3">空调系统试运转调试记录</td><td>编　号</td><td colspan="2"></td></tr>
<tr><td>工程名称</td><td colspan="2"></td><td>试运转调试日期</td><td colspan="2"></td></tr>
<tr><td>系统名称</td><td colspan="2"></td><td>系统所在位置</td><td colspan="2"></td></tr>
<tr><td>实测总风量（m^3/h）</td><td colspan="2"></td><td>设计总风量（m^3/h）</td><td colspan="2"></td></tr>
<tr><td>风机全压（Pa）</td><td colspan="2"></td><td>实测风机全压（Pa）</td><td colspan="2"></td></tr>
<tr><td colspan="6">试运转、调试内容：</td></tr>
<tr><td colspan="6">试运转、调试结论：</td></tr>
<tr><td rowspan="3">签字栏</td><td rowspan="2">建设（监理）单位</td><td colspan="4">施工单位</td></tr>
<tr><td>专业技术负责人</td><td colspan="2">专业质检员</td><td>专业工长</td></tr>
<tr><td></td><td></td><td colspan="2"></td><td></td></tr>
</table>

注：本表由施工单位填写，城建档案馆、建设单位、施工单位各保存一份。

5487

<table>
<tr><td colspan="2">空调水系统试运转调试记录</td><td>编　号</td><td></td></tr>
<tr><td>工程名称</td><td></td><td>试运转调试日期</td><td></td></tr>
<tr><td>设计空调冷(热)水总流量($Q_{设}$)(m^3/h)</td><td></td><td rowspan="2">相对差
$\delta=(Q_{设}-Q_{实})/Q_{设}$</td><td rowspan="2"></td></tr>
<tr><td>实际空调冷(热)水总流量($Q_{实}$)(m^3/h)</td><td></td></tr>
<tr><td>空调冷(热)水供水温度(℃)</td><td></td><td>空调冷(热)水回水温度(℃)</td><td></td></tr>
<tr><td>设计冷却水总流量($Q_{设}$)(m^3/h)</td><td></td><td rowspan="2">相对差
$\delta=(Q_{设}-Q_{实})/Q_{设}$</td><td rowspan="2"></td></tr>
<tr><td>实际冷却水总流量($Q_{实}$)(m^3/h)</td><td></td></tr>
<tr><td>冷却水供水温度(℃)</td><td></td><td>冷却水回水温度(℃)</td><td></td></tr>
<tr><td colspan="4">试运转、调试内容：</td></tr>
<tr><td colspan="4">试运转、调试结论：</td></tr>
</table>

<table>
<tr><td rowspan="3">签字栏</td><td rowspan="2">建设(监理)单位</td><td colspan="3">施工单位</td></tr>
<tr><td>专业技术负责人</td><td>专业质检员</td><td>专业工长</td></tr>
<tr><td></td><td></td><td></td><td></td></tr>
</table>

注：本表由施工单位填写，城建档案馆、建设单位、施工单位各保存一份。

<table>
<tr><td colspan="3">制冷系统气密性试验记录</td><td>编　号</td><td colspan="2"></td></tr>
<tr><td>工程名称</td><td colspan="2"></td><td>试验时间</td><td colspan="2"></td></tr>
<tr><td>试验项目</td><td colspan="2"></td><td>试验部位</td><td colspan="2"></td></tr>
<tr><td rowspan="2">管道编号</td><td colspan="5">气密性试验</td></tr>
<tr><td>试验介质</td><td colspan="2">试验压力（MPa）</td><td>停压时间</td><td>试验结果</td></tr>
<tr><td></td><td></td><td colspan="2"></td><td></td><td></td></tr>
<tr><td></td><td></td><td colspan="2"></td><td></td><td></td></tr>
<tr><td></td><td></td><td colspan="2"></td><td></td><td></td></tr>
<tr><td rowspan="2">管道编号</td><td colspan="5">真空试验</td></tr>
<tr><td>设计真空度（kPa）</td><td colspan="2">试验真空度（kPa）</td><td>试验时间</td><td>试验结果</td></tr>
<tr><td></td><td></td><td colspan="2"></td><td></td><td></td></tr>
<tr><td></td><td></td><td colspan="2"></td><td></td><td></td></tr>
<tr><td></td><td></td><td colspan="2"></td><td></td><td></td></tr>
<tr><td rowspan="2">管道编号</td><td colspan="5">充制制冷试验</td></tr>
<tr><td>充制冷剂压力(MPa)</td><td colspan="2">检漏仪器</td><td>补漏位置</td><td>试验结果</td></tr>
<tr><td></td><td></td><td colspan="2"></td><td></td><td></td></tr>
<tr><td></td><td></td><td colspan="2"></td><td></td><td></td></tr>
<tr><td></td><td></td><td colspan="2"></td><td></td><td></td></tr>
<tr><td colspan="6">试验结论：</td></tr>
<tr><td rowspan="3">签字栏</td><td rowspan="2">建设（监理）单位</td><td colspan="4">施工单位</td></tr>
<tr><td colspan="2">专业技术负责人</td><td>专业质检员</td><td>专业工长</td></tr>
<tr><td></td><td colspan="2"></td><td></td><td></td></tr>
</table>

注：本表由施工单位填写，城建档案馆、建设单位、施工单位各保存一份。

<table>
<tr><td colspan="3">净化空调系统检测记录</td><td>编　号</td><td></td></tr>
<tr><td>工程名称</td><td colspan="2"></td><td>试验日期</td><td></td></tr>
<tr><td>系统名称</td><td colspan="2"></td><td>洁净室级别</td><td></td></tr>
<tr><td>仪器型号</td><td colspan="2"></td><td>仪器编号</td><td></td></tr>
<tr><td rowspan="8">高效过滤器</td><td>型号</td><td></td><td>数量</td><td></td></tr>
<tr><td rowspan="7">检测内容</td><td colspan="3"></td></tr>
<tr><td colspan="3"></td></tr>
<tr><td colspan="3"></td></tr>
<tr><td colspan="3"></td></tr>
<tr><td colspan="3"></td></tr>
<tr><td colspan="3"></td></tr>
<tr><td colspan="3"></td></tr>
<tr><td rowspan="7">室内洁净度</td><td rowspan="7">检测内容</td><td colspan="3"></td></tr>
<tr><td colspan="3"></td></tr>
<tr><td colspan="3"></td></tr>
<tr><td colspan="3"></td></tr>
<tr><td colspan="3"></td></tr>
<tr><td colspan="3"></td></tr>
<tr><td colspan="3"></td></tr>
<tr><td colspan="5">检测结论：</td></tr>
</table>

<table>
<tr><td rowspan="3">签字栏</td><td rowspan="2">建设（监理）单位</td><td colspan="3">安装单位</td></tr>
<tr><td>专业技术负责人</td><td>专业质检员</td><td>专业工长</td></tr>
<tr><td></td><td></td><td></td><td></td></tr>
</table>

5490

防排烟系统联合试运行记录		编　号	
工程名称		试运行时间	
试运行项目		试运行楼层	
风道类别		风机类别型号	
电源型式		防火(风)阀类别	

序号	风口尺寸(mm)	风速(m/s)	风量(m^3/h)		相对差 $\delta=(Q_{设}-Q_{实})/Q_{设}$	风压(Pa)
			设计风量($Q_{设}$)	实际风量($Q_{实}$)		

试运行结论：

签字栏	建设（监理）单位	施工单位		
		专业技术负责人	专业质检员	专业工长

注：本表由施工单位填写，城建档案馆、建设单位、施工单位各保存一份。

制冷设备运行调试记录

5491

<table>
<tr><td>工程名称</td><td colspan="4"></td></tr>
<tr><td>施工单位</td><td colspan="2"></td><td>分包单位</td><td></td></tr>
<tr><td>设备名称</td><td colspan="2"></td><td>制造企业</td><td></td></tr>
<tr><td>设备型号</td><td colspan="2"></td><td>制 冷 量</td><td></td></tr>
<tr><td>制冷剂种类</td><td colspan="2"></td><td>制冷充注量</td><td></td></tr>
<tr><td rowspan="8">压缩式制冷机组</td><td colspan="2">工程名称</td><td>设计工况</td><td>调试工况</td></tr>
<tr><td colspan="2">吸气压力/排气压力（MPa）</td><td>/</td><td>/</td></tr>
<tr><td colspan="2">吸气温度/排气温度（℃）</td><td>/</td><td>/</td></tr>
<tr><td colspan="2">油压（MPa）/油温（℃）</td><td>/</td><td>/</td></tr>
<tr><td colspan="2">油箱油面高度和供油状况</td><td></td><td></td></tr>
<tr><td colspan="2">能量调节装置是否稳定可靠</td><td></td><td></td></tr>
<tr><td colspan="2">电动机的电流（A）/电压（V）/温升（℃）</td><td>/ /</td><td>/ /</td></tr>
<tr><td colspan="2">各安全保护继电器的动作是否灵敏、准确</td><td></td><td></td></tr>
<tr><td rowspan="6">水系统</td><td colspan="2">冷却水泵出品压力（MPa）</td><td></td><td></td></tr>
<tr><td colspan="2">冷（热）水泵出品压力（MPa）</td><td></td><td></td></tr>
<tr><td colspan="2">冷却水进口温度/出口温度（℃）</td><td>/</td><td>/</td></tr>
<tr><td colspan="2">冷（热）水进口温度/出口温度（℃）</td><td>/</td><td>/</td></tr>
<tr><td colspan="2">冷却水流量（m³/h）</td><td></td><td></td></tr>
<tr><td colspan="2">冷（热）水流量（m³/h）</td><td></td><td></td></tr>
<tr><td rowspan="7">溴化锂制冷机组</td><td colspan="2">工作蒸汽压力（MPa）/温度（℃）</td><td>/</td><td>/</td></tr>
<tr><td colspan="2">热水温度（℃）/流量（m³/h）</td><td></td><td></td></tr>
<tr><td colspan="2">燃气、燃油的燃烧状况（大火、中火、小火）</td><td></td><td></td></tr>
<tr><td colspan="2">机组真空度（Pa）</td><td></td><td></td></tr>
<tr><td colspan="2">稀溶液温度/浓溶液温度（℃）</td><td>/</td><td>/</td></tr>
<tr><td colspan="2">各安全保护继电器的动作及
仪表的指示是否灵敏、准确</td><td></td><td></td></tr>
<tr><td colspan="2">屏蔽泵工作是否稳定，无阻塞、过热、异常声响</td><td></td><td></td></tr>
<tr><td>综合评定意见</td><td colspan="4"></td></tr>
<tr><td colspan="2">施工单位检查结果：

项目专业负责人：

年 月 日</td><td colspan="2">分包单位检查结果：

项目专业负责人：

年 月 日</td><td>监理（建设）单位验收结论：

监理工程师：
（建设单位项目专业负责人）：
年 月 日</td></tr>
</table>

通风、空调系统调试记录 5492

<table>
<tr><td>工程名称</td><td colspan="7"></td></tr>
<tr><td>施工单位</td><td colspan="3"></td><td>分包单位</td><td colspan="3"></td></tr>
<tr><td colspan="2">系统编号</td><td colspan="2"></td><td colspan="2">调试日期</td><td colspan="2"></td></tr>
<tr><td colspan="2">设计总风量（m^3/h）</td><td colspan="2"></td><td colspan="2">实测总风量（m^3/h）</td><td colspan="2"></td></tr>
<tr><td colspan="2">额定风机电机
电流（A）/电压（V）</td><td colspan="2">/</td><td colspan="2">实测风机电机
电流（A）/电压（V）</td><td colspan="2">/</td></tr>
<tr><td colspan="2">额定风机转速（r/min）</td><td colspan="2"></td><td colspan="2">实测风机转速（r/min）</td><td colspan="2"></td></tr>
<tr><td colspan="2">额定风机轴功率（kW）</td><td colspan="2"></td><td colspan="2">实测风机轴功率（kW）</td><td colspan="2"></td></tr>
<tr><td colspan="2">设计冷（热）水流量
（m^3/h）</td><td colspan="2"></td><td colspan="2">实测冷（热）水流量
（m^3/h）</td><td colspan="2"></td></tr>
<tr><td colspan="3">各种风阀、信号、自动调节、
联动保护装置调试情况</td><td colspan="5"></td></tr>
<tr><td>①</td><td colspan="3">风口风量调试结果</td><td colspan="4"></td></tr>
<tr><td>②</td><td colspan="3">温度、相对湿度测试结果</td><td colspan="4"></td></tr>
<tr><td>③</td><td colspan="3">防排烟系统正压差测试结果</td><td colspan="4"></td></tr>
<tr><td>④</td><td colspan="3">空调系统室内静压差测试结果</td><td colspan="4"></td></tr>
<tr><td>⑤</td><td colspan="3">噪声测试结果</td><td colspan="4"></td></tr>
<tr><td colspan="4">综合评定意见</td><td colspan="4"></td></tr>
<tr><td colspan="2">建设单位验收结论：

项目专业负责人：

年 月 日</td><td colspan="2">施工单位检查结果：

项目专业负责人：

年 月 日</td><td colspan="2">分包单位检查结果：

项目专业负责人：

年 月 日</td><td colspan="2">监理单位验收结论：

监理工程师：

年 月 日</td></tr>
</table>

注：1. 洁净室性能测试认证工作，应由专门检测认证单位承担，并提交检测报告。检测应包括 a 洁净度、b 静压差、c 风量或风速三项基本内容，其他可以洽商选项测试。

2. 本表上的①、②、③、④、⑤实测数据统计表应附在本表后。

冷却水、冷（热）水系统及制冷系统冲洗（吹污）试验记录

5493

<table>
<tr><td>工程名称</td><td colspan="2"></td><td>子分部工程</td><td></td><td>试验名称</td><td></td></tr>
<tr><td>施工单位</td><td colspan="2"></td><td>分包单位</td><td colspan="3"></td></tr>
<tr><td colspan="2">管道材质/规格范围</td><td></td><td colspan="2">冲洗（吹污）压力（MPa）</td><td colspan="2"></td></tr>
<tr><td colspan="2">冲洗（吹污）方法</td><td></td><td colspan="2">试验日期</td><td colspan="2"></td></tr>
<tr><td>序号</td><td colspan="2">冲洗（吹污）部位</td><td colspan="2">拆洗阀门的规格范围和数量</td><td colspan="2">冲洗（吹污）结果</td></tr>
<tr><td></td><td colspan="2"></td><td colspan="2"></td><td colspan="2"></td></tr>
<tr><td></td><td colspan="2"></td><td colspan="2"></td><td colspan="2"></td></tr>
<tr><td></td><td colspan="2"></td><td colspan="2"></td><td colspan="2"></td></tr>
<tr><td></td><td colspan="2"></td><td colspan="2"></td><td colspan="2"></td></tr>
<tr><td></td><td colspan="2"></td><td colspan="2"></td><td colspan="2"></td></tr>
<tr><td></td><td colspan="2"></td><td colspan="2"></td><td colspan="2"></td></tr>
<tr><td></td><td colspan="2"></td><td colspan="2"></td><td colspan="2"></td></tr>
<tr><td></td><td colspan="2"></td><td colspan="2"></td><td colspan="2"></td></tr>
<tr><td></td><td colspan="2"></td><td colspan="2"></td><td colspan="2"></td></tr>
<tr><td></td><td colspan="2"></td><td colspan="2"></td><td colspan="2"></td></tr>
<tr><td></td><td colspan="2"></td><td colspan="2"></td><td colspan="2"></td></tr>
<tr><td></td><td colspan="2"></td><td colspan="2"></td><td colspan="2"></td></tr>
<tr><td></td><td colspan="2"></td><td colspan="2"></td><td colspan="2"></td></tr>
<tr><td></td><td colspan="2"></td><td colspan="2"></td><td colspan="2"></td></tr>
<tr><td></td><td colspan="2"></td><td colspan="2"></td><td colspan="2"></td></tr>
<tr><td colspan="2">施工单位检查结果：

项目专业负责人：

年 月 日</td><td colspan="3">分包单位检查结果：

项目专业负责人：

年 月 日</td><td colspan="2">监理（建设）单位验收结论：

监理工程师：
（建设单位项目专业负责人）：

年 月 日</td></tr>
</table>

设备单机试车记录

5494

工程名称：　　　　　　　　　　　　　　　　　　　　试车日期：　　年　　月　　日

分项工程名称：				子分部工程名称：				系统名称：		
序号	系统编号	设备名称	设备转速（r/min）		功率（kW）		电流（A）		轴承温升（℃）	备　注
			额定值	实测值	铭牌	实测值	额定值	实测值	实测值	

施工单位调试人：	监理（建设）单位旁站监督人：
施工单位调试结果： 施工单位项目 专业技术负责人：　　年　　月　　日	监理（建设）单位核查结论： 项目专业监理工程师（建设单位项目技术负责人）：　　监理（建设）项目部（章） 年　　月　　日

注：通风及空调设备单机试运转及调试应符合《通风与空调工程施工质量验收规范》GB50243—2002 第 11.2.2 条及 11.3.1 条的规定要求。

系统联合试运转记录

5495

工程名称：　　　　　　　　　　　　　　　　　　　　　　　　试运转日期：　年　月　日

<table>
<tr><td colspan="2">分部（子分部）工程名称：</td><td colspan="2">设备名称：</td></tr>
<tr><td>试运转内容</td><td colspan="3"></td></tr>
<tr><td>试运转情况</td><td colspan="3"></td></tr>
<tr><td colspan="2">施工单位试运转人：</td><td colspan="2">监理（建设）单位旁站监督人：</td></tr>
<tr><td colspan="2">施工单位试运转检测结果：

施工单位项目
专业技术负责人：　　　年　月　日</td><td>监理（建设）单位核查结论：

项目专业监理工程师（建设单位项目技术负责人）：</td><td>监理（建设）
项目部（章）
年　月　日</td></tr>
</table>

注：通风及空调系统无生产负荷的联合试运转及调试应符合《通风与空调工程施工质量验收规范》GB50243—2002 第 11.2.3 条、11.2.4 条、11.3.3 条、11.3.4 条的规定要求。

空调系统试验调整报告

5496

工程名称：　　　　　　　　　　　　　　　　　　　　　　　　试验日期：　　年　　月　　日

<table>
<tr><td>分部（子分部）工程名称：</td><td>系统编号：</td></tr>
<tr><td>设计总风量：　　　　　　　　m^3/h</td><td>实测总风量：　　　　m^3/h</td></tr>
<tr><td>风机全压：</td><td>实测风机全压：</td></tr>
<tr><td colspan="2">报告内容：</td></tr>
<tr><td colspan="2">试验结果：</td></tr>
<tr><td>施工单位调试人：

施工单位项目
专业技术负责人：　　　年　　月　　日</td><td>监理（建设）单位旁站监督人：

项目专业监理工程师（建设单位项目技术负责人）：
监理（建设）项目部（章）
年　　月　　日</td></tr>
</table>

空气净化系统检测记录

5497

工程名称：　　　　　　　　　　　　　　　　　　　　　　检测日期：　　年　　月　　日

分部（子分部）工程名称：			系统编号：	
洁净室级别：		仪器型号：	仪器编号：	
高效过滤器	型号		数量	
	实测值			
室内洁净度	洁净室面积（m^2）	实测洁净室等级		

施工单位检测人：	监理（建设）单位旁站监督人：
施工单位检测结果： 施工单位项目 专业技术负责人：　　年　　月　　日	监理（建设）单位核查结论： 项目专业监理工程师（建设单位项目技术负责人）：　　监理（建设）项目部（章） 年　　月　　日

通风空调机组调试记录表

5498

建设单位		单位工程		分项工程	
系统名称		系统编号		施工图号	
机组编号		风机型号		电机型号	

序号	测试项目	设计值	铭牌值	实测值
1	电机转速（r/min）			
2	风机转速（r/min）			
3	总 静 压（mmH_2O）			
4	总 风 量（m^3/h）			
5	功　　率（kW）			
6	电　　压（V）			
调试情况				
验收意见				

建设单位代表（签字）：	质量员（签字）：	调试组（签字）：
年　月　日	年　月　日	年　月　日

采暖系统试运行调试记录

5499

<table>
<tr><td>工程名称</td><td></td><td>系统名称</td><td></td><td>试运行时间</td><td></td></tr>
<tr><td>施工单位</td><td></td><td>分包单位</td><td></td><td></td><td></td></tr>
<tr><td colspan="6">试运行、调试内容：</td></tr>
<tr><td colspan="6">结论：</td></tr>
</table>

建设单位验收结论：	施工单位检查结果：	分包单位检查结果：	监理单位验收结论：
项目专业负责人：	项目专业负责人：	项目专业负责人：	监理工程师：
年　月　日	年　月　日	年　月　日	年　月　日

管道（设备）试验记录

5500

建设单位：　　　　　　　　　　　　　　　　　　　　　　　　　试验日期：

<table>
<tr><td>工程名称</td><td colspan="4"></td><td colspan="2">分部分项
工程名称</td><td colspan="3"></td></tr>
<tr><td>管道设备
名　　称</td><td colspan="3"></td><td>位号
（线号）</td><td></td><td>型号规格</td><td colspan="3"></td></tr>
<tr><td>用途及介质</td><td colspan="3"></td><td>操作压力</td><td>MPa</td><td>操作温度</td><td colspan="3">℃</td></tr>
<tr><td rowspan="3">强度试验</td><td>试验部位</td><td colspan="3"></td><td>试验介质</td><td colspan="4"></td></tr>
<tr><td>试验压力</td><td colspan="3">MPa</td><td>停压时间</td><td colspan="4">min</td></tr>
<tr><td>结　　果</td><td colspan="8"></td></tr>
<tr><td rowspan="3">严密试验</td><td>试验部位</td><td colspan="3"></td><td>试验介质</td><td colspan="4"></td></tr>
<tr><td>试验压力</td><td colspan="3">MPa</td><td>停压时间</td><td colspan="4">min</td></tr>
<tr><td>结　　果</td><td colspan="8"></td></tr>
<tr><td rowspan="9">泄漏量试验</td><td>试验部位</td><td colspan="3"></td><td>试验介质</td><td colspan="4"></td></tr>
<tr><td colspan="2">试验压力（MPa）</td><td colspan="2">试验温度（℃）</td><td colspan="2">试验时间（h）</td><td>允许泄漏量</td><td colspan="2">实际泄漏量</td></tr>
<tr><td>开始 P_1</td><td>终了 P_2</td><td>开始 T_1</td><td>终了 T_2</td><td>开始 t_1</td><td>终了 t_2</td><td>每小时(%)</td><td colspan="2">每小时(%)</td></tr>
<tr><td></td><td></td><td></td><td></td><td></td><td></td><td></td><td colspan="2"></td></tr>
<tr><td></td><td></td><td></td><td></td><td></td><td></td><td></td><td colspan="2"></td></tr>
<tr><td></td><td></td><td></td><td></td><td></td><td></td><td></td><td colspan="2"></td></tr>
<tr><td></td><td></td><td></td><td></td><td></td><td></td><td></td><td colspan="2"></td></tr>
<tr><td></td><td></td><td></td><td></td><td></td><td></td><td></td><td colspan="2"></td></tr>
<tr><td colspan="9">附计算公式：</td></tr>
<tr><td rowspan="3">补充试验</td><td colspan="9"></td></tr>
<tr><td colspan="9"></td></tr>
<tr><td colspan="9"></td></tr>
<tr><td>试验结果
评　　定</td><td colspan="9"></td></tr>
<tr><td>备　　注</td><td colspan="9"></td></tr>
<tr><td colspan="5">建设单位代表：

年　　月　　日</td><td colspan="5">技术负责人：
专职质量检查员：
试验负责人：</td></tr>
</table>

注：1kg/cm² =0.098MPa　　　　　　　　记录　　　　　　　　监理单位

轿厢平层准确度测量记录					编　号		
工程名称					日　期		
额定速度(m/s)		层站	/	驱动方式		层高（m)	
达速层数		标准	±　　mm	测量工具	深度卡尺	单位(mm)	
上　行				下　行			
起层	停层	空载	满载	起层	停层	空载	满载

签字栏	建设（监理）单位	安装单位		
		专业技术负责人	专业质检员	专业工长

注：本表由施工单位填写，建设单位、施工单位各保存一份。

电梯层门安全装置检验记录

电梯层门安全装置检验记录		编　号	
工程名称		日　期	
层、站、门	／　／	开门方式	中分□ 旁开□
开门宽度（B）mm		门扇数	
门锁装置铭牌制造厂名称		有效期至	
型式试验标志及试验单位			

层站	开门时间	关门时间	联锁安全触点 左1	联锁安全触点 左2	联锁安全触点 右1	联锁安全触点 右2	啮合长度 左	啮合长度 右	自闭功能 左	自闭功能 右	关门阻止力	紧急开锁装置	屋门地坎护脚板
标准	≤　s		每扇门齐全可靠				≥7mm		灵活可靠		≤150N	安全可靠	平整光滑

开门宽度 mm		$B \leqslant 800$	$800 < B \leqslant 1000$	$1000 < B \leqslant 1100$	$1100 < B \leqslant 1300$
中分	开关门时间≤	3.2s	4.0s	4.3s	4.9s
旁开		3.7s	4.3s	4.9s	5.9s

签字栏	建设（监理）单位	安装单位		
		专业技术负责人	专业质检员	专业工长

注：本表由施工单位填写，城建档案馆、建设单位、施工单位各保存一份。

<table>
<tr><td colspan="3">电梯电气安全装置检验记录</td><td>编　号</td><td></td></tr>
<tr><td>工程名称</td><td colspan="2"></td><td>日　期</td><td></td></tr>
<tr><td>序号</td><td>检验项目</td><td colspan="2">检验内容及其规范标准要求</td><td>检查结果</td></tr>
<tr><td>1</td><td>电源主开关</td><td colspan="2">位置合理、容量适中、标志易识别</td><td></td></tr>
<tr><td>2</td><td>断相、错相保护装置</td><td colspan="2">断任－相电或错相，电梯停止，不能启动</td><td></td></tr>
<tr><td>3</td><td>上、下限位开关</td><td colspan="2">轿厢越程>50mm时起作用</td><td></td></tr>
<tr><td>4</td><td>上、下极限开关</td><td colspan="2">轿厢或对重撞缓冲器之前起作用</td><td></td></tr>
<tr><td>5</td><td>上、下强迫缓速装置</td><td colspan="2">位置符合产品设计要求，动作可靠</td><td></td></tr>
<tr><td>6</td><td>停止装置（安全、急停开关）</td><td colspan="2">机房、底坑、轿顶进入位置≤m，红色、停止</td><td></td></tr>
<tr><td>7</td><td>检修运行开关</td><td colspan="2">轿顶优先、易接近、双稳态、防误操作</td><td></td></tr>
<tr><td>8</td><td>紧急电动运行开关（机房内）</td><td colspan="2">防误操作按钮、标明方向、直观主机位置</td><td></td></tr>
<tr><td>9</td><td>开、关门和运行方向接触器</td><td colspan="2">机械或电气联锁动作可靠</td><td></td></tr>
<tr><td>10</td><td>限速器电气安全装置</td><td colspan="2">动作速度之前、同时（额定速度115%时）</td><td></td></tr>
<tr><td>11</td><td>安全钳电气安全装置</td><td colspan="2">在安全钳动作以前或同时，使电动机停转</td><td></td></tr>
<tr><td>12</td><td>限速绳断裂、松弛保护装置</td><td colspan="2">张紧轮下落大于50mm时</td><td></td></tr>
<tr><td>13</td><td>轿厢位置传递装置的张紧度</td><td colspan="2">钢带（钢绳、链条）断裂或松弛时</td><td></td></tr>
<tr><td>14</td><td>耗能型缓冲器复位保护</td><td colspan="2">缓冲器被压缩时，安全触点强迫断开</td><td></td></tr>
<tr><td>15</td><td>轿厢安全窗安全门锁闭状况</td><td colspan="2">如锁紧失败，应使电梯停止</td><td></td></tr>
<tr><td>16</td><td>轿厢自动门撞击保护装置</td><td colspan="2">安全触板、光电保护、阻止关门力≤150N</td><td></td></tr>
<tr><td>17</td><td>轿门的锁闭状况及关闭位置</td><td colspan="2" rowspan="2">安全触点，位置正确，无论是正常、检修或紧急电动操作均不能造成开门运行</td><td></td></tr>
<tr><td>18</td><td>层门的锁闭状况及关闭位置</td><td></td></tr>
<tr><td>19</td><td>补偿绳的张紧度及防跳装置</td><td colspan="2">安全触点检查，动作时电梯停止运行</td><td></td></tr>
<tr><td>20</td><td>检修门，井道安全门</td><td colspan="2">不得朝井道内开启，关闭时，电梯才可能运行</td><td></td></tr>
<tr><td>21</td><td>消防专用开关</td><td colspan="2">返基站、开门、解除应答、运行、动作可靠</td><td></td></tr>
<tr><td rowspan="3">签字栏</td><td rowspan="2">建设（监理）单位</td><td colspan="3">安装单位</td></tr>
<tr><td>专业技术负责人</td><td>专业质检员</td><td>专业工长</td></tr>
<tr><td></td><td></td><td></td><td></td></tr>
</table>

注：本表由施工单位填写，建设单位、施工单位各保存一份。

<table>
<tr><td colspan="3">电梯整机功能检验记录</td><td colspan="2">编　号</td><td colspan="2"></td></tr>
<tr><td colspan="2">工程名称</td><td></td><td colspan="2">日　期</td><td colspan="2"></td></tr>
<tr><td>项目</td><td colspan="5">试验条件及其规范标准要求</td><td>检验结果</td></tr>
<tr><td rowspan="3">无故障运行</td><td colspan="5">轿厢分别以空载、50%额定载荷和额定载荷三种工况，在通电持续率40%，到达全行程范围，按120次/h，每天不少于8h，各起、制动运行1000次。电梯应运行平稳、制动可靠、连续运行无故障</td><td rowspan="3"></td></tr>
<tr><td colspan="5">制动器线圈温升和减速器油温升不超过60K，其温度不超过85℃，电动机温升不超过GB12974的规定。电动机，风机工作正常</td></tr>
<tr><td colspan="5">曳引机除蜗杆轴伸出端渗漏油面积平均每小时不超过150cm^{2}外，其余各处不得渗漏油</td></tr>
<tr><td>超载运行</td><td colspan="5">断开超载控制电路，电梯在110%额定载荷，通电持续率40%情况下，到达全行程范围。起、制动运行30次，电梯应能可靠地起动、运行和停止（平层不计），曳引机工作正常</td><td></td></tr>
<tr><td rowspan="3">曳引检查</td><td colspan="5">电梯空载上行至端站及125%额定载荷下行至端站，分别停层3次以上，轿厢应可靠制停，在超载下行时切断供电，轿厢应被可靠制动</td><td rowspan="3"></td></tr>
<tr><td colspan="5">当对重压在缓冲器上时，空载轿厢不能被曳引绳提升起</td></tr>
<tr><td colspan="5">当轿厢面积不能限制额定载荷时，需用150%额定载荷做曳引静载检查，历时10min，曳引绳无打滑现象</td></tr>
<tr><td rowspan="2">安全钳装置</td><td colspan="5">对瞬时式安全钳装置，轿厢应有均匀分布的额定载重量，以检修速度下行按GB/T10059—1997中4.2的要求进行试验</td><td rowspan="2"></td></tr>
<tr><td colspan="5">对渐进式安全钳装置，轿厢应有均匀分布的额定载重量，以检修速度或平层速度下行按GB/T10059—1997中4.2的要求进行试验</td></tr>
<tr><td rowspan="2">缓冲试验</td><td colspan="5">蓄能型缓冲器：轿厢以额定重量减低速度或轿厢空载对重装置分别对各自的缓冲器静压5min后脱离，缓冲器应回复正常位置</td><td rowspan="2"></td></tr>
<tr><td colspan="5">耗能型缓冲器：轿厢和对重装分别以检修速度下降将缓冲器全压缩，从离于缓冲器瞬间起，缓冲器柱塞复位时间不大于120s</td></tr>
<tr><td rowspan="3">签字栏</td><td rowspan="2">建设（监理）单位</td><td colspan="5">安装单位</td></tr>
<tr><td colspan="2">专业技术负责人</td><td colspan="2">专业质检员</td><td>专业工长</td></tr>
<tr><td></td><td colspan="2"></td><td colspan="2"></td><td></td></tr>
</table>

注：本表由施工单位填写，城建档案馆、建设单位、施工单位各保存一份。

电梯主要功能检验记录		编　号	
工程名称		日　期	

序号	检验项目	检验内容及其规范标准要求	检查结果
1	基站启用、关闭开关	专用钥匙，运行、停止转换灵活可靠	
2	工作状态选择开关	操纵盘上司机、自动、检修钥匙开关，可靠	
3	轿内照明、通风开关	功能正确、灵活可靠、标志清晰	
4	轿内应急照明	自动充电，电源故障时自动接通，大于1W·h	
5	本层厅外开门	按电梯停在某层的召唤按钮，应开门	
6	自动定向	按先人为主原则，自动确定运行方向	
7	轿内指令记忆	有多个选层指令时，电梯按顺序逐一停靠	
8	呼梯记忆、顺向截停	记忆厅外全部召唤信号，按顺序停靠应答	
9	自动换向	全部顺向指令完成后，自动应答反向指令	
10	轿内选层信号优先	完成最后指令在门关闭前轿内优先登记定向	
11	自动关门待客	完成全部指令后，电梯自动关门，时间4～10s	
12	提早关门	按关门按钮，门不经延时立即关门	
13	按钮开门	在电梯未起动前，按开门按钮，门打开	
14	自动返基站	电梯完成全部指令后，自动返基站	
15	司机直驶	司机状态，按直驶钮后，厅外召唤不能截车	
16	营救运行	电梯故障停在层间时，自动慢速就近平层	
17	满载、超载装置	满载时截车功能取消；超载时不能运行	
18	报警装置	应采用警铃、对讲系统、外部电话	
19	最小负荷控制（防捣乱）	使空载轿厢运行最近层站后，消除登记信号	
20	门机断电手动开门	在开锁区，断电后，手扒开门的力不大于300N	
21	紧急电源停层装置	备用电源将电梯就近平层开门	
22	集选、并取及机群控制	按产品设计程序试验	

签字栏	建设（监理）单位	安装单位		
		专业技术负责人	专业质检员	专业工长

注：本表由施工单位填写，建设单位、施工单位各保存一份。

<table>
<tr><td colspan="6">电梯负荷运行试验记录表</td><td>编　号</td><td colspan="2"></td></tr>
<tr><td colspan="2">工程名称</td><td colspan="4"></td><td>日　期</td><td colspan="2"></td></tr>
<tr><td colspan="2">电梯编号</td><td></td><td>层　站</td><td>/</td><td>额定载荷（kg）</td><td></td><td>额定速度(m/s)</td><td></td></tr>
<tr><td colspan="2">电机功率(kW)</td><td></td><td>电流(A)</td><td></td><td>额定转速(r/min)</td><td></td><td>实测速度(m/s)</td><td></td></tr>
<tr><td colspan="2">仪表型号</td><td colspan="3">电流表：</td><td colspan="2">电压表：</td><td colspan="2">转速表：</td></tr>
<tr><td colspan="2">工况荷重</td><td rowspan="2">运行方向</td><td rowspan="2">电压
(V)</td><td rowspan="2" colspan="2">电流
(A)</td><td rowspan="2" colspan="2">电机转速
(r/min)</td><td rowspan="2">轿厢速度
(m/s)</td></tr>
<tr><td>%</td><td>kg</td></tr>
<tr><td rowspan="2">0</td><td rowspan="2"></td><td>上</td><td></td><td colspan="2"></td><td colspan="2"></td><td></td></tr>
<tr><td>下</td><td></td><td colspan="2"></td><td colspan="2"></td><td></td></tr>
<tr><td rowspan="2">25（　）</td><td rowspan="2"></td><td>上</td><td></td><td colspan="2"></td><td colspan="2"></td><td></td></tr>
<tr><td>下</td><td></td><td colspan="2"></td><td colspan="2"></td><td></td></tr>
<tr><td rowspan="2">40</td><td rowspan="2"></td><td>上</td><td></td><td colspan="2"></td><td colspan="2"></td><td></td></tr>
<tr><td>下</td><td></td><td colspan="2"></td><td colspan="2"></td><td></td></tr>
<tr><td rowspan="2">50</td><td rowspan="2"></td><td>上</td><td></td><td colspan="2"></td><td colspan="2"></td><td></td></tr>
<tr><td>下</td><td></td><td colspan="2"></td><td colspan="2"></td><td></td></tr>
<tr><td rowspan="2">75（　）</td><td rowspan="2"></td><td>上</td><td></td><td colspan="2"></td><td colspan="2"></td><td></td></tr>
<tr><td>下</td><td></td><td colspan="2"></td><td colspan="2"></td><td></td></tr>
<tr><td rowspan="2">100</td><td rowspan="2"></td><td>上</td><td></td><td colspan="2"></td><td colspan="2"></td><td></td></tr>
<tr><td>下</td><td></td><td colspan="2"></td><td colspan="2"></td><td></td></tr>
<tr><td rowspan="2">110</td><td rowspan="2"></td><td>上</td><td></td><td colspan="2"></td><td colspan="2"></td><td></td></tr>
<tr><td>下</td><td></td><td colspan="2"></td><td colspan="2"></td><td></td></tr>
<tr><td colspan="9">当轿内的载重量为额定载重量的50%下行至全行程中部时的速度不得大于额定速度的105%，且不得小于额定速度的92%。（可测曳引绳线速度，或按GB/T10059中5.1.2公式计算）
注：仅测量电流，用于交流电动机；测量电流并同时测量电压，则用于直流电动机。</td></tr>
<tr><td rowspan="3">签字栏</td><td rowspan="2" colspan="2">建设（监理）单位</td><td colspan="6">安装单位</td></tr>
<tr><td colspan="2">专业技术负责人</td><td colspan="2">专业质检员</td><td colspan="2">专业工长</td></tr>
<tr><td colspan="2"></td><td colspan="2"></td><td colspan="2"></td><td colspan="2"></td></tr>
</table>

注：本表由施工单位填写，城建档案馆、建设单位、施工单位各保存一份。

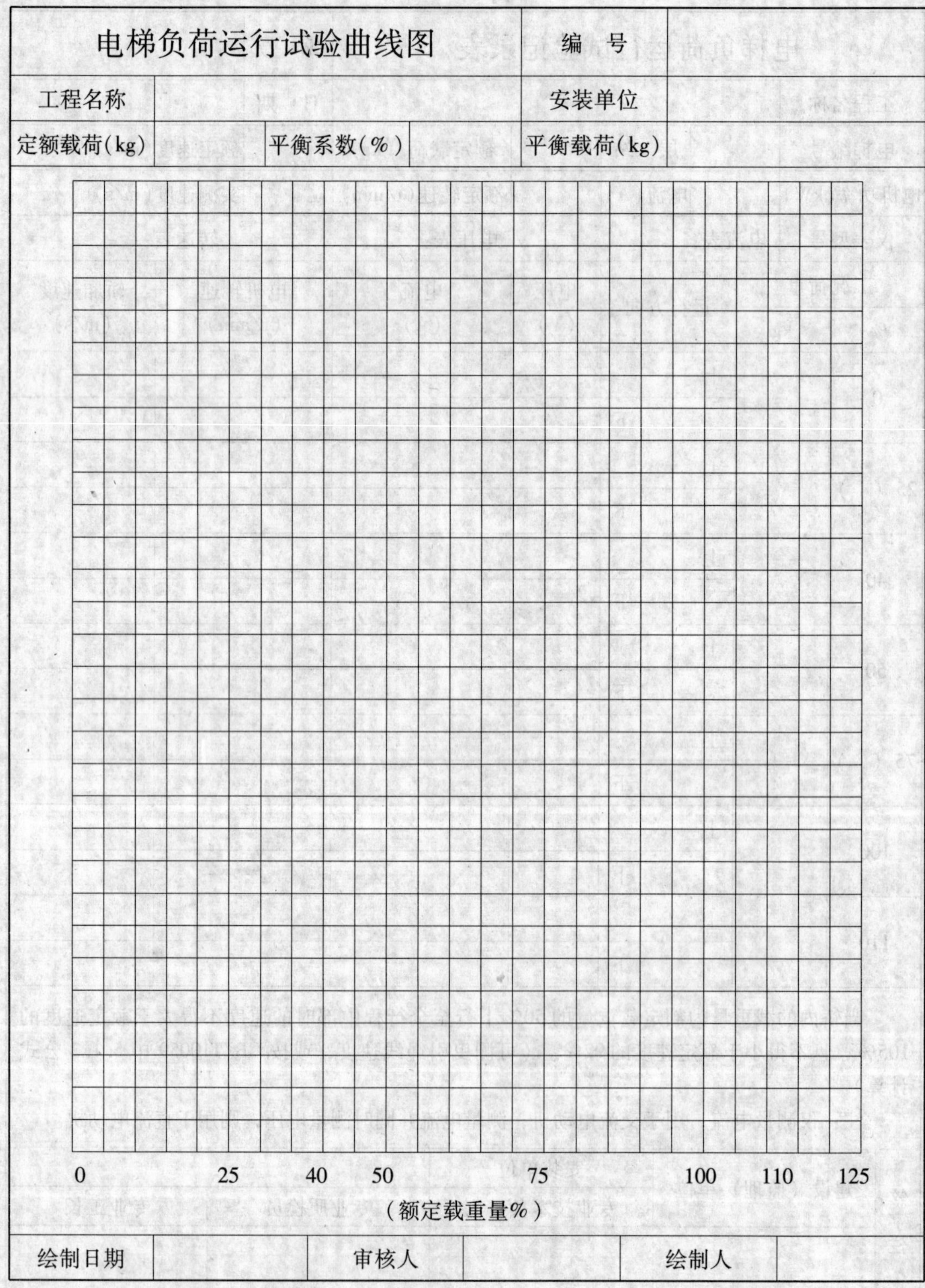

电梯负荷运行试验曲线图				编　号	
工程名称				安装单位	
定额载荷(kg)		平衡系数(%)		平衡载荷(kg)	

绘制日期		审核人		绘制人	

注：本表由施工单位填写，建设单位、施工单位各保存一份。

电梯噪声测试记录表		编 号	
工程名称		安装单位	
声级计型号		计量单位	dB（A计权、快档）

机 房（驱动主机）							轿厢内		
前	后	左	右	上		背景	上行	下行	背景

测试不少于3点　标准值：合格≤80（含货梯）　液压梯≤85　≤55（v≤2.5m/s≤60）

层站	轿厢门			层站门			层站	轿厢门			层站门		
	开门	关门	背景	开门	关门	背景		开门	关门	背景	开门	关门	背景

标准值：合格≤65

备注	各部位噪声测试均取最大值。轿厢内测试不含风机噪声 背景噪声应比测试对象至少低10dB（A），如不能满足时，按GB/T10059中表1修正。				
测试日期		审核人		测试人	

注：本表由施工单位填写，建设单位、施工单位各保存一份。

<table>
<tr><td colspan="3">自动扶梯、自动人行道安全装置检验记录（一）</td><td>编　号</td><td></td></tr>
<tr><td>工程名称</td><td colspan="2"></td><td>日　期</td><td></td></tr>
<tr><td>序号</td><td>检验项目</td><td colspan="2">检验内容及其规范标准要求</td><td>检查结果</td></tr>
<tr><td rowspan="3">1</td><td rowspan="3">一般要求</td><td colspan="2">各种安全装置应固定可靠，但不得焊接固定，不得因正常运行的振动使开关产生位移、损坏或误动作</td><td></td></tr>
<tr><td colspan="2">安全装置应直接作用在控制驱动主机供电的设备上，应能防止驱动主机启动或立即使其停止运行，工作制动器应制动</td><td></td></tr>
<tr><td colspan="2">安全装置断开的动作必须通过安全触点或安全电路来完成</td><td></td></tr>
<tr><td>2</td><td>断、错相保护</td><td colspan="2">当电源断任一相电或错相、或三相电不平衡严重时</td><td></td></tr>
<tr><td>3</td><td>电机短路过载保护</td><td colspan="2">手动复位的自动开关能切断正常使用的最大电流
当过载检测绕组温升，断路器可在绕组冷却后自动闭合</td><td></td></tr>
<tr><td>4</td><td>超速保护</td><td colspan="2">当超过额定速度120%时，检查有无该装置及出厂调整数值；如驱动装置不是摩擦的，且转差率不超过10%，则可不用该保护</td><td></td></tr>
<tr><td>5</td><td>非操纵逆转保护</td><td colspan="2">正常运行未经任何操作，梯级、踏板或胶带自行改变规定运行方向时</td><td></td></tr>
<tr><td rowspan="2">6</td><td rowspan="2">停止开关</td><td colspan="2">设在出入口附近、明显易接近，应为红色，标有“停止”字样。应为手动的断开、闭合型式，具有清晰、永久的转换位置标记</td><td></td></tr>
<tr><td colspan="2">当驱动和转向站内配备符合GB16899中13.4规定的主开关时，则可不在驱动和转向站内设停止开关</td><td></td></tr>
<tr><td rowspan="2">7</td><td rowspan="2">附加急停装置的设置</td><td colspan="2">当自动扶梯提升高度>12m时，其开关间距应≤15m</td><td></td></tr>
<tr><td colspan="2">当自动人行道运行长度>40m时，其开关间距应≤40m</td><td></td></tr>
<tr><td>8</td><td>扶手带保护</td><td colspan="2">当手指或异物带入扶手带入口护罩时</td><td></td></tr>
<tr><td>9</td><td>梳齿板保护</td><td colspan="2">当梯级、踏板或胶带进入梳齿板处有异物夹住时</td><td></td></tr>
<tr><td>10</td><td>驱动装置断裂保护</td><td colspan="2">当驱动元件（如链条或齿条）的断裂或过分伸长时；
驱动装置与转向装置之间的距离无意性缩短时</td><td></td></tr>
<tr><td>11</td><td>梯级、踏板下陷保护</td><td colspan="2">保护开关设在梳齿相交线之间，大于该梯的最大制停距离，以保证下陷的梯级或踏板不能到达梳齿相交线</td><td></td></tr>
<tr><td>12</td><td>围裙板保护</td><td colspan="2">当异物夹入梯级或踏板与围裙板间，阻力超允许值时</td><td></td></tr>
<tr><td>13</td><td>扶手带破断保护</td><td colspan="2">当扶手破断或拉长超允许值时，仅用于公共交通型，且没有扶手带破断强度≥25kN试验证明时</td><td></td></tr>
<tr><td>14</td><td>主驱动链断裂保护</td><td colspan="2">设防护罩，当驱动链条断裂或拉长时</td><td></td></tr>
<tr><td rowspan="3">签字栏</td><td rowspan="2">建设（监理）单位</td><td colspan="3">安装单位</td></tr>
<tr><td>专业技术负责人</td><td>专业质检员</td><td>专业工长</td></tr>
<tr><td></td><td></td><td></td><td></td></tr>
</table>

注：本表由施工单位填写，建设单位、施工单位各保存一份。

自动扶梯、自动人行道安全装置检验记录（二）		编　号	
工程名称		日　期	

序号	检验项目	检验内容及其规范标准要求	检查结果
15	三角皮带松断保护	至少用三条，并设防护罩，当任一皮带断裂或拉长时	
16	附加制动器	当超过额定速度140%，或改变规定运行方向时	
17	工作制动器	制动系统在动作过程中应无故意的延迟现象。在制动时应有匀减速过程，直到保持停止状态	
		制动器的供电应有两套独立且串联的电气装置来实现，如停车后，其中任一套电气装置未能断开，则重新启动是不可能的	
		机－电式制动器应是持续通电来保持正常释放，在动力电源或控制电路断开后，制动器应立即制动	
		能用手打开的制动器应用手的持续力使其保持松开状态	
18	梯级轮保护	当梯级轮任一只破损时，在到达梳齿前应停止	
19	弯曲部导轨安全装置	当异物在上部或下部夹入两梯级间阻力超允许时	
20	检修控制装置	在驱动、转向站和桁架内均应设检修控制插座，并应能使检修控制装置达到自动扶梯或自动人行道的任何位置	
		检修装置的连接软电缆应≥3m，并设有双稳态停止开关，只有持续按压操作元件时，才能运转。各开关应有明显的识别标记	
		当使用检修装置时，其他所有启动开关都应不起作用，安全回路和安全开关应仍起有效作用	
		当一个以上检修装置连接时，或都不起作用，或需同时都启动才能起作用	
21	自动装置	运行方向应预先确定，应有明显清晰的标志。在使用者走到梳齿相交线之前启动运行	
		如使用者从与预定运行方向相反的方向进入时，当走到梳齿相交线之前，仍应按预定方向启动，运行时间应≥10s	
		自动停止运行至少为预期乘客输送时间再加上10s以后	
		在两端梳齿交叉线再加0.3m的附加距离之间，应对梯级、踏板或胶带进行监控，当这个区域内没有人和物时，自动再启动的重复使用才是有效的	
		在自动控制装置作用过程中，各电气安全装置仍可靠有效	

签字栏	建设（监理）单位	安装单位		
		专业技术负责人	专业质检员	专业工长

注：本表由施工单位填写，建设单位、施工单位各保存一份。

<table>
<tr><td colspan="3">自动扶梯、自动人行道整机性能、
运行试验记录</td><td>编　号</td><td colspan="2"></td></tr>
<tr><td>工程名称</td><td colspan="2"></td><td>日　期</td><td colspan="2"></td></tr>
<tr><td>序号</td><td colspan="4">检查内容及标准规范要求</td><td>检查结果</td></tr>
<tr><td>1</td><td colspan="4">在额定频率和额定电压下，梯级踏板或胶带的空载运行速度与额定速度之间的允许偏差为 ±5%</td><td></td></tr>
<tr><td>2</td><td colspan="4">扶手带的运行速度相对于梯级、踏板或胶带的速度允许偏差为 0～2%</td><td></td></tr>
<tr><td>3</td><td colspan="4">空载运行时，梯级、踏板或胶带及出入口盖板上 1m 处所测的噪声值应 ≤68dB（A）</td><td></td></tr>
<tr><td rowspan="7">4</td><td colspan="4">空载和有载下行的制停距离应在下列范围内：</td><td rowspan="7"></td></tr>
<tr><td>额定速度（m/s）</td><td colspan="2">制停距离范围（m）</td><td>实测（m）</td></tr>
<tr><td>0.50</td><td colspan="2">0.20～1.00</td><td></td></tr>
<tr><td>0.65</td><td colspan="2">0.30～1.30</td><td></td></tr>
<tr><td>0.75</td><td colspan="2">0.35～1.50</td><td></td></tr>
<tr><td>0.90</td><td colspan="2">0.40～1.70（自动人行道）</td><td></td></tr>
<tr><td colspan="4">若额定速度在上述数值之间，制停距离用插入法计算；
制停距离应从电气制动装置动作时开始测量</td></tr>
<tr><td>5</td><td colspan="4">各联结件、紧固件无松动、异常响声、运行平稳；所有梯级、踏板或胶带应顺利通过梳齿板，与围裙板无刮碰现象；相临梯级踏板与踢板的齿合过程无磨擦</td><td></td></tr>
<tr><td rowspan="2">6</td><td colspan="4">空载情况下、连续上下运行 2 小时，电动机、减速器温升 ≤60K，油温 ≤85℃，各部件运行正常，不得有任何故障发生</td><td></td></tr>
<tr><td colspan="4">手动或自动加油装置应油量适中，工作正常</td><td></td></tr>
<tr><td>7</td><td colspan="4">功能试验应根据制造厂提供的功能表进行，应齐全可靠</td><td></td></tr>
<tr><td>8</td><td colspan="4">扶手带材质应耐腐蚀，外表面应光滑平整，无刮痕，无尖锐物外露</td><td></td></tr>
<tr><td>9</td><td colspan="4">对梯级（踏板或胶带）、梳齿板、扶手带、护壁板、围裙板、内外盖板、前沿板及活动盖板等部位的外表面应清理</td><td></td></tr>
<tr><td rowspan="3">签字栏</td><td rowspan="2">建设（监理）单位</td><td colspan="4">安装单位</td></tr>
<tr><td>专业技术负责人</td><td colspan="2">专业质检员</td><td>专业工长</td></tr>
<tr><td></td><td></td><td colspan="2"></td><td></td></tr>
</table>

注：本表由施工单位填写，建设单位、施工单位、城建档案馆各保存一份。

电力驱动的曳引式或强制式电梯安全装置检测报告

5512

工程名称：　　　　　　　　检测日期：　　年　　月　　日　被检电梯编号：

<table>
<tr><td>子分部工程名称：电力驱动的曳引式或强制式电梯安装</td><td>分项工程名称：整机安装验收</td></tr>
<tr><td colspan="2">检测内容
一、必须检查的安全装置或功能情况：
1. 断相、错相保护装置或功能（注①）：
2. 断路、过载保护装置（注②）：
3. 限速器（注③）：
4. 安全钳、缓冲器、门锁装置是否与其型式试验证书相符：
5. 上、下极限开关（注④）：
6. 轿顶、机房（有/无）、滑轮间（有/无）、底坑的停止装置位于轿顶、机房（有/无）、滑轮间（有/无）、底坑的停止装置的动作是否正常：

二、必须检查的安全开关，其动作是否可靠：
1. 限速器绳张紧开关：
2. 液压缓冲器复位开关：
3. 有补偿张紧轮时，补偿绳张紧开关：
4. 当额定速度大于3.5m/s时，补偿绳轮防跳开关：
5. 轿厢安全窗（如果有）开关：
6. 安全门、底坑门、检修活板门（如果有）的开关：
7. 对可拆卸式紧急操作装置所需要的安全开关：
8. 悬挂钢丝绳（链条）为两根时，防松动安全开关：</td></tr>
<tr><td colspan="2">检测结果：</td></tr>
<tr><td>施工单位检测人：

施工单位项目专业技术负责人：　年　月　日</td><td>监理（建设）单位旁站监督人：

项目专业监理工程师（建设单位项目技术负责人）：　监理（建设）单位（章）　年　月　日</td></tr>
</table>

注：①当控制柜三相电源中任何一相断开或任何二相错接时，断相、错相保护装置或功能应使电梯不发生危险故障（当错相不影响电梯正常运行时可没有错相保护装置功能）。②动力电路、控制电路、安全电路必须有与负载匹配的短路保护装置；动力电路必须有过载保护装置。③限速器上的轿箱（对重、平衡量）下行标志必须与轿厢（对重、平衡重）的实际下行方向相符；限速器铭牌上的额定速度、动作速度与被检电梯相符；限速器必须与其型式试验证书相符。④上、下极限开关必须是安全触点，在端站位置进行动作试验时必须动作正常；在轿厢或对重（如果有）接触缓冲器之前必须动作，且缓冲器完全压缩时，保持动作状态。

电力驱动的曳引式或强制式电梯安全功能试验报告

5513

工程名称：　　　　　　　　　　　　　　试验日期：　　年　　月　　日

<table>
<tr><td>子分部工程名称：电力驱动的曳引式或强制式电梯安装</td><td colspan="2">分项工程名称：整机安装验收</td></tr>
<tr><td colspan="3">试验内容
一、限速器安全钳联动试验情况（注①）：

二、层门与轿门的试验情况（注②）：

三、曳引式电梯的曳引能力试验情况（注③）：</td></tr>
<tr><td colspan="3">试验结果：</td></tr>
<tr><td>施工单位试验人：

施工单位项目专业技术负责人：　年　月　日</td><td colspan="2">监理（建设）单位旁站监督人：

项目专业监理工程师（建设单位项目技术负责人）：　　监理(建设)项目部(章)
年　月　日</td></tr>
</table>

注：①限速器与安全钳电气开关在联动试验中必须动作可靠，且应使驱动主机立即制动。对瞬时式安全钳，轿厢应载有均匀分布的额定载重量；对渐进式安全钳，轿厢应载有均匀分布的125%额定载重量；当短接限速器及安全钳电器开关，轿厢以检修速度下行，人为使限速器机械动作时，安全钳应可靠动作，轿厢必须可靠制动，且轿底倾斜度不应大于5%。②每层层门必须能够用三角钥匙正常开启；当一个层门或轿门（在多扇门中任何一扇门）非正常打开时，电梯严禁启动或继续运行。③轿厢在行程上部范围空载上行及行程下部范围载有125%额定载重量下行，分别停层3次以上，轿厢必须可靠地制停（空载上行工况应平层）。轿厢载有125%额定载重量以正常运行速度下行时，切断电动机与制动器供电，电梯必须可靠制动。当对重完全压在缓冲器上，且驱动主机按轿厢上行方向连续运转时，空载轿厢严禁向上提升。

电力驱动的曳引式或强制式
电梯运行检验报告

5514

工程名称：　　　　　　　　　　　　　　　　　　　　　　检验日期：　　年　　月　　日

<table>
<tr><td>子分部工程名称：电力驱动的曳引式或强制式电梯安装</td><td>分项工程名称：整机安装验收</td></tr>
<tr><td colspan="2">检验内容
一、检验曳引式电梯的平衡系数为（注①）：
二、检验轿厢在空载、额定载荷工况下的运行情况（注②）：

三、噪声检验情况（注③）：

四、平层准确度检验情况（注④）：

五、运行速度检验情况（注⑤）：</td></tr>
<tr><td colspan="2">检验结果：</td></tr>
<tr><td>施工单位检验人：

施工单位项目专
业技术负责人：　年　月　日</td><td>监理（建设）单位旁站监督人：

项目专业监理工程师（建　　监理(建设)项目部(章)
设单位项目技术负责人）：　　年　月　日</td></tr>
</table>

注：①平衡系数应为0.4~0.5。②轿厢分别在空载、额定载荷工况下，按设计规定的每小时启动次数和负载持续率各运行1000次（每天不小于8h）电梯应运行平稳、制动可靠、连续运行无故障。③机房噪声：对额定速度≤4m/s的电梯，不应>80dB（A）；对额定速度>4m/s的电梯，不应>85dB（A）。乘客电梯和病床电梯运行中轿厢内噪声：对额定速度≤4m/s的电梯，不应>55dB（A）；对额定速度>4m/s的电梯，不应>60dB（A）。乘客电梯和病床电梯的开关门过程噪声不应>65dB（A）。④额定速度≤0.63m/s的交流双速电梯，应在±15mm的范围内；额定速度>0.63m/s且≤1m/s的交流双速电梯，应在±30mm的范围内；其他调速方式的电梯，应在±15mm范围内。⑤当电源为额定频率和额定电压、轿厢载有50%额定载荷时，向下运行至行程中段（减去加速减速段）时的速度，不应>额定速度的105%，且不应<额定速度的92%。

结构实体混凝土强度验收记录											编　号	
工程名称											结构类型	
施工单位											验收日期	
强度等级	试件强度代表值（MPa）										强度评定结果	监理（建设）单位验收结果
结论：												
签字栏	项目专业技术负责人						专业监理工程师（建设单位项目专业技术负责人）					

注：表中某一强度等级对应的试件强度代表值，上一行填写根据 GB107 确定的数值，下一行填写乘以折算系数后的数值。

本表应附以下附件：

1. 同条件养护试件的取样部位应由监理（建设）、施工单位共同选定，有相应文字记录。
2. 混凝土结构工程的各混凝土强度等级均应留置同条件养护试件；施工过程中同条件养护试件留置位置、取样组数和养护方法应符合 GB50204—2002 中 10.2 节和附录 D 的规定，有相应文字记录。
3. 如采用“温度－时间累计法（600℃.d）”确定同条件混凝土试件等效养护龄期的，应有相应温度测量记录。
4. 同条件试件取样应实行有见证取样和送检，有相应混凝土抗压强度报告。

结构实体钢筋保护层厚度验收记录								编　号			
工程名称								结构类型			
施工单位								验收日期			
构件类别		钢筋保护层厚度（mm）							合格点率	评定结果	监理（建设）单位验收结果
		设计值	实测值								
梁											
板											
结论：											
签字栏	项目专业技术负责人							专业监理工程师 （建设单位项目专业技术负责人）			

注：本表中对每一构件可填写6根钢筋的保护层厚度实测值，应检验钢筋的具体数量须根据规范要求和实际情况确定。

本表应有以下附件：

1. 钢筋保护层厚度检验的结构部位应由监理（建设）、施工单位共同选定，有相应文字记录（计划）；
2. 钢筋保护层厚度检验的结构部位、构件类别、构件数量、检验钢筋数量和位置应符合 GB50204—2002 中 10.2 节和附录 E 的规定，有相应文字记录。

<table>
<tr><td colspan="4" rowspan="3">钢筋保护层厚度试验报告</td><td colspan="2">编　号</td><td colspan="2"></td></tr>
<tr><td colspan="2">试验编号</td><td colspan="2"></td></tr>
<tr><td colspan="2">委托编号</td><td colspan="2"></td></tr>
<tr><td>工程名称及部位</td><td colspan="7"></td></tr>
<tr><td>委托单位</td><td colspan="7"></td></tr>
<tr><td>试验委托人</td><td colspan="3"></td><td colspan="2">见证人</td><td colspan="2"></td></tr>
<tr><td>构件名称</td><td colspan="7"></td></tr>
<tr><td>测试点编号</td><td>1</td><td>2</td><td>3</td><td>4</td><td>5</td><td>6</td><td></td></tr>
<tr><td>保护层厚度设计值（mm）</td><td colspan="7"></td></tr>
<tr><td>保护层厚度实测值（mm）</td><td></td><td></td><td></td><td></td><td></td><td></td><td></td></tr>
<tr><td colspan="8">测试位置示意图：</td></tr>
<tr><td colspan="8">测试结论：</td></tr>
</table>

批准		审核		试验	
试验单位					
报告日期					

钢筋闪光对焊接头施工质量检查验收记录 5518

工程名称： 施工单位： 焊机容量： kV · A

钢筋牌号及直径：	焊接接头数量： 个	焊工姓名及考试合格证号：
随机切取试件数： 根	力学性能试验结果：	施焊时间：自 年 月 日 时至 日 时
第……批外观质量检查情况（检验批构件部位及名称： ）		

《钢筋焊接及验收规范》JGJ18—2003 的规定	施工单位检查评定记录	监理（建设）单位验收记录
1. 接头处不得有横向裂纹		
2. 与电极接触处的钢筋表面，Ⅰ~Ⅲ级钢筋焊接时不得有明显烧伤；Ⅳ级钢筋焊接时不得有烧伤；负温闪光对焊时，对于Ⅱ~Ⅳ级钢筋，均不得有烧伤		
3. 接头处的弯折角不得大于3°		
4. 接头处的轴线偏移，不得大于钢筋直径的0.1倍，且不得大于2mm		

工程名称： 施工单位： 焊机容量： kV · A

钢筋牌号及直径：	焊接接头数量： 个	焊工姓名及考试合格证号：
随机切取试件数： 根	力学性能试验结果：	施焊时间：自 年 月 日 时至 日 时
第……批外观质量检查情况（检验批构件部位及名称： ）		

《钢筋焊接及验收规范》JGJ18—2003 的规定	施工单位检查评定记录	监理（建设）单位验收记录
1. 接头处不得有横向裂纹		
2. 与电极接触处的钢筋表面，Ⅰ~Ⅲ级钢筋焊接时不得有明显烧伤；Ⅳ级钢筋焊接时不得有烧伤；负温闪光对焊时，对于Ⅱ~Ⅳ级钢筋，均不得有烧伤		
3. 接头处的弯折角不得大于3°		
4. 接头处的轴线偏移，不得大于钢筋直径的0.1倍，且不得大于2mm		

施工单位检查评定结果：	监理（建设）单位验收结论：
项目专业技术负责人： 年 月 日	项目专业监理工程师（建设单位项目技术负责人）： 监理（建设）项目部（章） 年 月 日

注：1. 该记录一页可检查验收两个检验批。2. 外观检查结果，当有一个接头不符合要求时，应对全部接头进行检查，剔出不合格接头，切除热影响区后重新焊接。

施工单位检查记录人：

监理（建设）单位旁站监督人：

钢筋电弧焊接头施工质量检查验收记录 5519

工程名称：　　　　　　　　　　　施工单位：　　　　　　　　　焊条牌号及直径：

<table>
<tr><td>钢筋牌号及直径：</td><td>焊接接头数量：　个</td><td colspan="2">焊工姓名及考试合格证号：</td></tr>
<tr><td>随机切取试件数：　根</td><td>力学性能试验结果：</td><td colspan="2">施焊时间：自　　年　月　日　时至　日　时</td></tr>
<tr><td colspan="4">第……批外观质量检查情况（检验批构件部位及名称：　　　　　　　　　）</td></tr>
<tr><td colspan="2">《钢筋焊接及验收规范》JGJ18—2003 的规定</td><td>施工单位检查评定记录</td><td>监理（建设）单位验收记录</td></tr>
<tr><td colspan="2">1. 焊缝表面应平整，不得有凹陷或焊瘤</td><td></td><td></td></tr>
<tr><td colspan="2">2. 焊接接头区域不得有裂纹</td><td></td><td></td></tr>
<tr><td colspan="2">3. 坡口焊、熔槽帮条焊和窄间隙焊接头的焊缝余高不得大于 3mm</td><td></td><td></td></tr>
<tr><td colspan="2">4. 咬边深度、气孔、夹渣等缺陷允许值及接头尺寸的允许偏差，应符合下面的规定</td><td></td><td></td></tr>
</table>

钢筋电弧焊接头尺寸偏差及缺陷允许值

<table>
<tr><td colspan="2" rowspan="2">名　　称</td><td rowspan="2">单位</td><td colspan="3">接头形式</td></tr>
<tr><td>帮条焊</td><td>搭接焊</td><td>坡口焊窄间隙焊熔槽帮条焊</td></tr>
<tr><td colspan="2">帮条沿接头中心线的纵向偏移</td><td>mm</td><td>0.5d</td><td>—</td><td>—</td></tr>
<tr><td colspan="2">接头处弯折角</td><td>(°)</td><td>4</td><td>4</td><td>4</td></tr>
<tr><td colspan="2">接头处钢筋轴线的偏移</td><td>mm</td><td>0.1d/3</td><td>0.1d/3</td><td>0.1d/3</td></tr>
<tr><td colspan="2">焊缝厚度</td><td>mm</td><td>+0.05d/0</td><td>+0.05d/0</td><td>—</td></tr>
<tr><td colspan="2">焊缝宽度</td><td>mm</td><td>+0.1d/0</td><td>+0.1d/0</td><td>—</td></tr>
<tr><td colspan="2">焊接长度</td><td>mm</td><td>−0.5d</td><td>−0.5d</td><td>—</td></tr>
<tr><td colspan="2">横向咬边深度</td><td>mm</td><td>0.5</td><td>0.5</td><td>0.5</td></tr>
<tr><td rowspan="2">在长 2d 焊缝表面上的气孔及夹渣</td><td>数量</td><td>个</td><td>2</td><td>2</td><td>—</td></tr>
<tr><td>面积</td><td>mm^2</td><td>6</td><td>6</td><td>—</td></tr>
<tr><td rowspan="2">在全部焊缝表面上的气孔及夹渣</td><td>数量</td><td>个</td><td>—</td><td>—</td><td>2</td></tr>
<tr><td>面积</td><td>mm^2</td><td>—</td><td>—</td><td>6</td></tr>
<tr><td colspan="2">施工单位检查评定结果：

项目专业技术负责人：
年　月　日</td><td colspan="4">监理（建设）单位验收结论：

项目专业监理工程师（建设单位项目技术负责人）：　　监理（建设）项目部（章）
年　月　日</td></tr>
</table>

注：1. d 为钢筋直径（mm）；2. 负温电弧焊接头咬边深度不得大于 0.2mm；3. 外观检查不合格的接头，经修整或补强后可提交二次验收。

施工单位检查记录人：

监理（建设）单位旁站监督人：

钢筋电渣压力焊接头施工质量检查验收记录 5520

工程名称： 施工单位： 焊剂牌号：

钢筋牌号及直径：	焊接接头数量： 个	焊工姓名及考试合格证号：	
随机切取试件数： 根	力学性能试验结果：	施焊时间：自 年 月 日 时至 日 时	
第......批外观质量检查情况（检验批构件部位及名称： ）			
《钢筋焊接及验收规范》JGJ18—2003 的规定		施工单位检查评定记录	监理（建设）单位验收记录
1. 四周焊包凸出钢筋表面的高度应符合第 5.5.2 条的规定			
2. 钢筋与电极接触处，应无烧伤缺陷			
3. 接头处的弯折角不得大于 3°			
4. 接头处的轴线偏移不得大于钢筋直径的 0.1 倍，且不得大于 2mm			
4.5.4 条 d 款：接头焊毕，应停歇后，方可回收焊剂和卸下焊接夹具，并敲去渣壳；四周焊包应均匀，凸出钢筋表面的高度应大于或等于 4mm			

工程名称： 施工单位： 焊剂牌号：

钢筋牌号及直径：	焊接接头数量： 个	焊工姓名及考试合格证号：	
随机切取试件数： 根	力学性能试验结果：	施焊时间：自 年 月 日 时至 日 时	
第____批外观质量检查情况（检验批构件部位及名称： ）			
《钢筋焊接及验收规范》JGJ18—2003 的规定		施工单位检查评定记录	监理（建设）单位验收记录
1. 四周焊包凸出钢筋表面的高度应符合第 5.5.2 条的规定			
2. 钢筋与电极接触处，应无烧伤缺陷			
3. 接头处的弯折角不得大于 3°			
4. 接头处的轴线偏移不得大于钢筋直径的 0.1 倍，且不得大于 2mm			
施工单位检查评定结果： 项目专业技术负责人： 年 月 日	监理（建设）单位验收结论： 项目专业监理工程师（建设单位项目技术负责人）：	监理（建设）项目部（章） 年 月 日	

注：该记录一页可检查验收两个检验批；外观检查不合格的接头应切除重焊，或采取补强焊接措施。

施工单位检查记录人：

监理（建设）单位旁站监督人：

装配式（吊装）工程检查验收记录 5521

<table>
<tr><td colspan="2">工程名称</td><td colspan="3"></td><td>施工单位</td><td colspan="2"></td></tr>
<tr><td colspan="2">吊装部位</td><td colspan="3"></td><td>分包单位</td><td colspan="2"></td></tr>
<tr><td colspan="2">构件类别</td><td colspan="2"></td><td>固定方法</td><td></td><td>施工日期</td><td></td></tr>
<tr><td rowspan="6">检查内容</td><td>构件规格、型号、数量</td><td colspan="6"></td></tr>
<tr><td>标高、轴线、搭置尺寸</td><td colspan="6"></td></tr>
<tr><td>焊接情况</td><td colspan="6"></td></tr>
<tr><td>节点处理情况</td><td colspan="6"></td></tr>
<tr><td>找平层检查情况</td><td colspan="6"></td></tr>
<tr><td>其他</td><td colspan="6"></td></tr>
<tr><td colspan="8">附图说明：</td></tr>
<tr><td colspan="3">施工单位检查结果：

项目专业负责人：

年　月　日</td><td colspan="3">分包单位检查结果：

项目专业负责人：

年　月　日</td><td colspan="2">监理（建设）单位验收结论：

监理工程师：
（建设单位项目专业负责人）：

年　月　日</td></tr>
</table>

________检验批质量验收记录表 5522

<table>
<tr><td colspan="3">单位（子单位）工程名称</td><td colspan="3"></td></tr>
<tr><td colspan="3">分部、子分部工程
（分项工程）</td><td></td><td>验收部位</td><td></td></tr>
<tr><td colspan="2">施工单位</td><td colspan="2"></td><td>项目经理</td><td></td></tr>
<tr><td colspan="2">分包单位</td><td colspan="2"></td><td>分包项目经理</td><td></td></tr>
<tr><td colspan="3">施工执行标准名称及编号</td><td colspan="3"></td></tr>
<tr><td colspan="4">施工质量验收规范的规定</td><td>施工单位检查评定记录</td><td>监理（建设）单位验收记录</td></tr>
<tr><td rowspan="8">主控项目</td><td></td><td></td><td></td><td></td><td rowspan="8"></td></tr>
<tr><td></td><td></td><td></td><td></td></tr>
<tr><td></td><td></td><td></td><td></td></tr>
<tr><td></td><td></td><td></td><td></td></tr>
<tr><td></td><td></td><td></td><td></td></tr>
<tr><td></td><td></td><td></td><td></td></tr>
<tr><td></td><td></td><td></td><td></td></tr>
<tr><td></td><td></td><td></td><td></td></tr>
<tr><td rowspan="7">一般项目</td><td></td><td></td><td></td><td></td><td rowspan="7"></td></tr>
<tr><td></td><td></td><td></td><td></td></tr>
<tr><td></td><td></td><td></td><td></td></tr>
<tr><td></td><td></td><td></td><td></td></tr>
<tr><td></td><td></td><td></td><td></td></tr>
<tr><td></td><td></td><td></td><td></td></tr>
<tr><td></td><td></td><td></td><td></td></tr>
<tr><td rowspan="2" colspan="2">施工单位检查评定结果</td><td colspan="2">专业工长（施工员）</td><td>施工班组长</td><td></td></tr>
<tr><td colspan="4">项目专业质量检查员：　　　　年　月　日</td></tr>
<tr><td colspan="2">监理（建设）
单位验收结论</td><td colspan="4">专业监理工程师
（建设单位项目专业技术负责人）：　　　　年　月　日</td></tr>
</table>

注：地基基础、主体结构工程的检验批质量验收不填写“分包单位”和“分包项目经理”。

________分项工程质量验收记录表　5523

单位（子单位）工程名称		结构类型	
分部（子分部）工程名称		检验批数	
施工单位		项目经理	
分包单位		分包项目经理	

序号	检验批名称、部位、区段	施工单位检查评定结果	监理(建设)单位验收结论
1			
2			
3			
4			
5			
6			
7			
8			
9			
10			
说明：			

检查结论	项目专业技术负责人： 年　月　日	验收结论	监理工程师： （建设单位项目专业技术负责人）： 年　月　日

注：1. 地基基础、主体结构工程的分项工程质量验收不填写“分包单位”和“分包项目经理”。

2. 当同一分项工程检验批名称不一致时，填写检验批名称。

分部（子分部）工程质量验收记录表（一）　5524

<table>
<tr><td colspan="3">单位（子单位）工程名称</td><td colspan="2"></td><td>结构类型及层数</td><td colspan="2"></td></tr>
<tr><td>施工单位</td><td colspan="3"></td><td>技术部门负责人</td><td></td><td>质量部门负责人</td><td></td></tr>
<tr><td>分包单位</td><td colspan="3"></td><td>分包单位负责人</td><td></td><td>分包技术负责人</td><td></td></tr>
<tr><td>序号</td><td colspan="2">子分部(分项)工程名称</td><td>分项工程（检验批）数</td><td colspan="3">施工单位检查评定</td><td>验收意见</td></tr>
<tr><td rowspan="7">1</td><td></td><td></td><td></td><td colspan="3"></td><td rowspan="10"></td></tr>
<tr><td></td><td></td><td></td><td colspan="3"></td></tr>
<tr><td></td><td></td><td></td><td colspan="3"></td></tr>
<tr><td></td><td></td><td></td><td colspan="3"></td></tr>
<tr><td></td><td></td><td></td><td colspan="3"></td></tr>
<tr><td></td><td></td><td></td><td colspan="3"></td></tr>
<tr><td></td><td></td><td></td><td colspan="3"></td></tr>
<tr><td>2</td><td colspan="2">质量控制资料</td><td colspan="4"></td></tr>
<tr><td>3</td><td colspan="2">安全和功能检验（检测）报告</td><td colspan="4"></td></tr>
<tr><td>4</td><td colspan="2">观感质量验收</td><td colspan="4"></td></tr>
<tr><td rowspan="5">验收单位</td><td colspan="2">分包单位</td><td colspan="5">项目经理　　　　　　　　　年　月　日</td></tr>
<tr><td colspan="2">施工单位</td><td colspan="5">项目经理　　　　　　　　　年　月　日</td></tr>
<tr><td colspan="2">勘察单位</td><td colspan="5">项目负责人　　　　　　　　年　月　日</td></tr>
<tr><td colspan="2">设计单位</td><td colspan="5">项目负责人　　　　　　　　年　月　日</td></tr>
<tr><td colspan="2">监理（建设）单位</td><td colspan="5">总监理工程师
（建设单位项目专业负责人）：　　　　年　月　日</td></tr>
</table>

注：地基基础、主体结构分部工程质量验收不填写“分包单位”、“分包单位负责人”和“分包技术负责人”。地基基础、主体结构分部工程验收勘察单位应签认，其他分部工程验收勘察单位可不签认。

分部（子分部）工程质量验收记录表（二） 5525

分部（子分部）工程名称： 验收日期： 年 月 日

<table>
<tr><td>工程名称</td><td colspan="2"></td><td>结构类型</td><td></td><td>层数</td><td></td></tr>
<tr><td>施工单位</td><td colspan="2"></td><td>技术部门负责人</td><td></td><td>质量部门负责人</td><td></td></tr>
<tr><td>分包单位</td><td colspan="2"></td><td>分包单位负责人</td><td></td><td>分包技术负责人</td><td></td></tr>
<tr><td>序号</td><td>分项工程名称</td><td colspan="2">检验批数</td><td colspan="2">施工单位检验评定</td><td>验收意见</td></tr>
<tr><td>1</td><td></td><td colspan="2"></td><td colspan="2"></td><td rowspan="7"></td></tr>
<tr><td>2</td><td></td><td colspan="2"></td><td colspan="2"></td></tr>
<tr><td>3</td><td></td><td colspan="2"></td><td colspan="2"></td></tr>
<tr><td>4</td><td></td><td colspan="2"></td><td colspan="2"></td></tr>
<tr><td>5</td><td></td><td colspan="2"></td><td colspan="2"></td></tr>
<tr><td>6</td><td></td><td colspan="2"></td><td colspan="2"></td></tr>
<tr><td>7</td><td></td><td colspan="2"></td><td colspan="2"></td></tr>
<tr><td colspan="2">质量控制资料（项/分）</td><td colspan="2">/</td><td colspan="2"></td><td></td></tr>
<tr><td colspan="2">安全和功能检验（检测）报告（项/份）</td><td colspan="2">/</td><td colspan="2"></td><td></td></tr>
<tr><td colspan="2">观感质量验收</td><td colspan="4"></td><td></td></tr>
<tr><td rowspan="6">验收单位</td><td>总包单位</td><td colspan="5">项目经理： 年 月 日</td></tr>
<tr><td>分包单位</td><td colspan="5">项目经理： 年 月 日</td></tr>
<tr><td>勘察单位</td><td colspan="5">项目负责人： 年 月 日</td></tr>
<tr><td>设计单位</td><td colspan="5">项目负责人： 年 月 日</td></tr>
<tr><td>建设单位</td><td colspan="5">项目负责人： 年 月 日</td></tr>
<tr><td>监理(建设)单位</td><td colspan="5">项目总监理工程师 监理（建设）项目部（章）
（建设单位项目专业负责人）： 年 月 日</td></tr>
</table>

注：分部（子分部）工程质量验收合格应符合：所含分项工程的质量均应验收合格；质量控制资料应完整；地基与基础、主体结构和设备安装等分部工程有关安全及功能的检验和抽样检测结果应符合有关规定；观感质量验收应符合要求。分部（子分部）工程质量的验收均应在施工单位检查评定的基础上进行，参加验收的各方人员应具备规定的专业技术资格。

______单位（子单位）工程质量验收记录 5526

<table>
<tr><td>工程名称</td><td></td><td>结构类型</td><td colspan="2"></td><td>层数/建筑面积</td><td></td></tr>
<tr><td>施工单位</td><td></td><td>技术负责人</td><td colspan="2"></td><td>开工日期</td><td></td></tr>
<tr><td>项目经理</td><td></td><td>项目技术负责人</td><td colspan="2"></td><td>竣工日期</td><td></td></tr>
<tr><td>序号</td><td>项　目</td><td colspan="3">验　收　内　容</td><td colspan="2">验收结论</td></tr>
<tr><td>1</td><td>分部工程质量验收</td><td colspan="3">共______分部，经查______分部
符合标准及设计要求______分部</td><td colspan="2"></td></tr>
<tr><td>2</td><td>质量控制资料核查</td><td colspan="3">共______项，经审查符合要求______项，
经核定符合规范要求______项</td><td colspan="2"></td></tr>
<tr><td>3</td><td>安全和主要使用功能核查及抽查结果</td><td colspan="3">共核查______项，符合要求______项，
共抽查______项，符合要求______项，
经返工处理符合要求______项</td><td colspan="2"></td></tr>
<tr><td>4</td><td>观感质量验收</td><td colspan="3">共抽查______项，好______项，
一般______项，差______项</td><td colspan="2"></td></tr>
<tr><td>5</td><td>综合验收结论</td><td colspan="5"></td></tr>
<tr><td rowspan="2">检查结论</td><td>建设单位</td><td colspan="2">监理单位</td><td colspan="2">施工单位</td><td>设计单位</td></tr>
<tr><td>（公章）
单位（项目）
负责人
年　月　日</td><td colspan="2">（公章）
总监理工程师
年　月　日</td><td colspan="2">（公章）
单位负责人
年　月　日</td><td>（公章）
单位（项目）
负责人
年　月　日</td></tr>
</table>

天然地基（土方开挖）工程质量验收记录　5527

<table>
<tr><td colspan="3">单位（子单位）工程名称</td><td colspan="2"></td><td>分部（子分部）工程名称</td><td colspan="2"></td></tr>
<tr><td colspan="3">施工单位</td><td colspan="2">项目经理</td><td></td><td>验收部位</td><td></td></tr>
<tr><td colspan="4">施工执行标准名称及编号</td><td colspan="4"></td></tr>
<tr><td colspan="4">质量验收规范 GB50202—2002 的规定</td><td colspan="3">施工单位检查评定记录</td><td>监理（建设）单位验收记录</td></tr>
<tr><td rowspan="4">主控项目</td><td>1</td><td>标高</td><td>表6.2.4</td><td colspan="3"></td><td rowspan="6"></td></tr>
<tr><td>2</td><td>长度、宽度</td><td>表6.2.4</td><td colspan="3"></td></tr>
<tr><td>3</td><td>基底土性</td><td>设计要求</td><td colspan="3"></td></tr>
<tr><td>4</td><td>边坡</td><td>设计要求</td><td colspan="3"></td></tr>
<tr><td rowspan="2">一般项目</td><td>1</td><td>表面平整度</td><td>表6.2.4</td><td colspan="3"></td></tr>
<tr><td>2</td><td></td><td></td><td colspan="3"></td></tr>
</table>

表6.2.4 土方开挖工程质量检验标准（mm）

<table>
<tr><td rowspan="3">项目</td><td rowspan="3">项次</td><td rowspan="3">项　目</td><td colspan="5">允许偏差或允许值</td><td rowspan="3">检验方法</td><td rowspan="9">说明:地(路)面基层的偏差只适用于直接在挖、填方上做地(路)面的基层。非建(构)筑物天然地基，其基底土性按一般项目检验</td></tr>
<tr><td rowspan="2">柱基基坑基槽</td><td colspan="2">挖方场地平整</td><td rowspan="2">管沟</td><td rowspan="2">地（路）面基层</td></tr>
<tr><td>人工</td><td>机械</td></tr>
<tr><td rowspan="4">主控项目</td><td>1</td><td>标高</td><td>−50</td><td>±30</td><td>±50</td><td>−50</td><td>−50</td><td>水准仪</td></tr>
<tr><td>2</td><td>长度、宽度(由设计中心线向两边量)</td><td>+200
−50</td><td>+300
−100</td><td>+500
−100</td><td>+100</td><td>—</td><td>经纬仪，用钢尺量</td></tr>
<tr><td>3</td><td>基底土性</td><td colspan="5">设计要求</td><td>观察或土样分析</td></tr>
<tr><td>4</td><td>边坡</td><td colspan="5">设计要求</td><td>观察或用坡度尺检查</td></tr>
<tr><td rowspan="2">一般项目</td><td>1</td><td>表面平整度</td><td>20</td><td>20</td><td>50</td><td>20</td><td>20</td><td rowspan="2">用2m靠尺和楔形塞尺检查</td></tr>
<tr><td></td><td></td><td></td><td></td><td></td><td></td><td></td></tr>
</table>

<table>
<tr><td>勘察单位核验基底土性意见</td><td>勘察单位项目负责人：　　年　月　日</td></tr>
<tr><td>施工单位检查评定结果</td><td>专业工长（施工员）：
施工班组长：
项目专业质量检查员：　　年　月　日</td></tr>
<tr><td>监理（建设）单位验收结论</td><td>监理（建设）项目部（章）
监理工程师（建设单位项目专业技术负责人）：　　年　月　日</td></tr>
</table>

注：本表由施工项目质量检查员填写，监理工程师（建设单位项目技术负责人）组织项目专业质量（技术）负责人等进行验收。

基坑（槽）工程施工验收记录 5528

<table>
<tr><td>工程名称</td><td colspan="2"></td><td>施工单位</td><td colspan="2"></td></tr>
<tr><td>部　　位</td><td colspan="2"></td><td>验槽依据</td><td colspan="2"></td></tr>
<tr><td>放坡比例</td><td colspan="2"></td><td>验收时间</td><td colspan="2"></td></tr>
<tr><td>序号</td><td>检查内容</td><td colspan="4">检查结果</td></tr>
<tr><td>1</td><td>位置及几何尺寸</td><td colspan="4"></td></tr>
<tr><td>2</td><td>槽底标高</td><td colspan="4"></td></tr>
<tr><td>3</td><td>土质情况</td><td colspan="4"></td></tr>
<tr><td>4</td><td>地下水情况</td><td colspan="4"></td></tr>
<tr><td>5</td><td>槽底是否有异物情况</td><td colspan="4"></td></tr>
<tr><td>6</td><td>排降水方式</td><td colspan="4"></td></tr>
<tr><td>7</td><td>支护位移情况</td><td colspan="4"></td></tr>
<tr><td colspan="6">附基坑（槽）平面、剖面示意图：</td></tr>
</table>

建设单位验收结论	设计单位验收结论	勘察单位验收结论	施工单位检查结果	监理单位验收结论
项目专业负责人： 年　月　日	设计专业负责人： 年　月　日	项目专业负责人： 年　月　日	项目负责人： 年　月　日	监理工程师： 年　月　日

地基处理工程验收记录 5529

<table>
<tr><td colspan="2">工程名称</td><td></td><td>验收日期</td><td colspan="2"></td></tr>
<tr><td colspan="2">施工单位</td><td colspan="4"></td></tr>
<tr><td>处理原因</td><td colspan="5"></td></tr>
<tr><td>处理方法</td><td colspan="5"></td></tr>
<tr><td>处理范围示意图</td><td colspan="5"></td></tr>
<tr><td>建设单位验收结论

项目负责人：

年 月 日</td><td colspan="2">勘察单位验收结论

项目负责人：

年 月 日</td><td>设计单位验收结论

设计负责人：

年 月 日</td><td>施工单位检查结果

项目负责人：

年 月 日</td><td>监理单位验收结论

监理工程师：

年 月 日</td></tr>
</table>

复合地基工程施工验收记录 5530

<table>
<tr><td>工程名称</td><td></td><td>施工单位</td><td></td></tr>
<tr><td>复合地基
种　　类</td><td></td><td>分包单位</td><td></td></tr>
</table>

序号	检查内容	检查结果
1	原材料	
2	桩径	
3	桩长	
4	桩体强度、干密度	
5	地基承载力	
6	桩孔垂直度	
7	桩顶标高	
8	桩体偏移	
9	嵌固层	
10	灌砂量	

建设单位验收结论： 项目专业负责人： 年　月　日	勘察单位验收结论： 项目专业负责人： 年　月　日	设计单位验收结论： 设计负责人： 年　月　日
施工单位检查结果： 项目专业负责人： 年　月　日	分包单位检查结果： 项目专业负责人： 年　月　日	监理单位验收结论： 监理工程师： 年　月　日

桩基工程施工验收记录

5531

<table>
<tr><td colspan="2">工程名称</td><td></td><td>分包单位</td><td colspan="2"></td></tr>
<tr><td colspan="2">施工单位</td><td></td><td>设计承载力</td><td colspan="2"></td></tr>
<tr><td colspan="2">桩基种类</td><td></td><td>规格、数量</td><td colspan="2"></td></tr>
<tr><td>序号</td><td>检查内容</td><td colspan="4">检查结果</td></tr>
<tr><td>1</td><td>桩顶标高</td><td colspan="4"></td></tr>
<tr><td>2</td><td>桩位偏移</td><td colspan="4"></td></tr>
<tr><td>3</td><td>桩体质量或
混凝土强度</td><td colspan="4"></td></tr>
<tr><td>4</td><td>承载力检验</td><td colspan="4"></td></tr>
<tr><td>5</td><td>成桩质量
情　况</td><td colspan="4"></td></tr>
<tr><td>6</td><td></td><td colspan="4"></td></tr>
<tr><td colspan="2">建设单位验收结论：

项目专业负责人：

年　月　日</td><td colspan="2">勘察单位验收结论：

项目专业负责人：

年　月　日</td><td colspan="2">设计单位验收结论：

设计负责人：

年　月　日</td></tr>
<tr><td colspan="2">施工单位检查结果：

项目专业负责人：

年　月　日</td><td colspan="2">分包单位检查结果：

项目专业负责人：

年　月　日</td><td colspan="2">监理单位验收结论：

监理工程师：

年　月　日</td></tr>
</table>

混凝土结构检查记录

5532

合同段：　　　　　　　　　　　　　　施工单位：

<table>
<tr><td colspan="2">工程名称</td><td colspan="5"></td><td>桩号</td><td></td></tr>
<tr><td rowspan="2">结构部位名称及编号</td><td rowspan="2">设计图纸号</td><td>混凝土设计强度等级</td><td colspan="4">混凝土全部试件28d强度（MPa）</td><td>混凝土全部试验表号</td><td>集料试验资料检查说明</td></tr>
<tr><td></td><td></td><td></td><td></td><td></td><td></td><td></td></tr>
<tr><td colspan="9">位置及标高（并说明是否在容许偏差范围）：</td></tr>
<tr><td colspan="9">外观及病害面积：</td></tr>
<tr><td colspan="9">有否裂缝及位置处：</td></tr>
<tr><td colspan="9">2m直尺检查平整度：</td></tr>
<tr><td colspan="5">施工单位自检意见：

签名：　　20　　年　　月　日</td><td colspan="4">监理工程师检查意见：

签名：　　20　　年　　月　日</td></tr>
</table>

检查：　　　　　　　　　　　　　记录：　　　　　　　　　　　　施工负责人：

土方（土石混填）路基现场质量检验报告单 5533

施工单位：　　　　　　　　　　　　　　　　　　　　　检验表：

监理单位：　　　　　　　　　　　　　　　　　　　　　编　号：

<table>
<tr><td colspan="3">工程名称</td><td colspan="2"></td><td>施工时间</td><td></td></tr>
<tr><td colspan="3">桩号及部位</td><td colspan="2"></td><td>检验时间</td><td></td></tr>
<tr><td rowspan="2">项次</td><td colspan="2" rowspan="2">检验项目</td><td>规定值或允许偏差</td><td colspan="2" rowspan="2">检验结果</td><td rowspan="2">检验频率和方法</td></tr>
<tr><td>快速路和主干道</td></tr>
<tr><td rowspan="4">1</td><td rowspan="4">△压实度（%）</td><td>零填及路堑 0～300mm</td><td>95%</td><td colspan="2" rowspan="4"></td><td rowspan="4">用环刀法检验，每层每 1000m² 检测 3 点</td></tr>
<tr><td>0～800mm</td><td>95%</td></tr>
<tr><td>800～1500mm</td><td>93%</td></tr>
<tr><td>>1500mm</td><td>90%</td></tr>
<tr><td>2</td><td colspan="2">弯　沉（0.01）</td><td>不大于 200</td><td colspan="2"></td><td>每 2 车道每 20m 1 点</td></tr>
<tr><td>3</td><td colspan="2">中线高程（mm）</td><td>±20</td><td colspan="2"></td><td>水准仪：每 20m 测 1 点</td></tr>
<tr><td>4</td><td colspan="2">宽　度（mm）</td><td>+200，0</td><td colspan="2"></td><td>用尺量：每 40m 测 1 点</td></tr>
<tr><td>5</td><td colspan="2">平整度（mm）</td><td>20</td><td colspan="2"></td><td>3m 直尺：每 20m 测 3 点</td></tr>
<tr><td>6</td><td colspan="2">横　坡（%）</td><td>±20mm 且不大于 ±0.3%</td><td colspan="2"></td><td>水准仪：每 20m 测 1 个断面</td></tr>
<tr><td colspan="7">结论：

监理工程师：　　　　　　日期：</td></tr>
</table>

质检工程师：　　　　　　日期：

管道基础现场质量检验报告单

5534

施工单位：　　　　　　　　　　　　　　　　　　　　　　检验表：
监理单位：　　　　　　　　　　　　　　　　　　　　　　编　号：

工程名称				施工时间	
桩号及部位				检验时间	
项次	检验项目		规定值或允许偏差	检验结果	检验方法和频率
1	△混凝土抗压强度（MPa）		合　格		合格评定标准
2	垫层	中线每侧宽度	不小于设计		挂中心线每10m用尺量每侧1点
		高　　程	0，－15mm		用水准仪每10m测1点
3	平基	中线每侧宽度	＋10mm，0		挂中心线每10m用尺量每侧1点
		高　　程	0，－15mm		用水准仪每10m测1点
4	管座	肩　　宽	＋10，－5mm		挂边线每10m用尺量1点
		肩　　高	±20mm		用水准仪每10m每侧测1点
5	蜂窝面积		1%		用尺量蜂窝总面积

结论：

监理工程师：　　　　　　　　日期：

质检工程师：　　　　　　　　日期：

管道安装及接口现场质量检验报告单

5535

施工单位： 检验表：

监理单位： 编　号：

<table>
<tr><td colspan="3">工程名称</td><td colspan="2"></td><td>施工时间</td><td></td></tr>
<tr><td colspan="3">桩号及部位</td><td colspan="2"></td><td>检验时间</td><td></td></tr>
<tr><td>项次</td><td colspan="2">检验项目</td><td>允许偏差（mm）</td><td colspan="2">检验结果</td><td>检验方法和频率</td></tr>
<tr><td>1</td><td colspan="2">中线位移</td><td>15</td><td colspan="2"></td><td>挂中线两井之间用尺量2点</td></tr>
<tr><td rowspan="2">2</td><td rowspan="2">△管内底高程</td><td>$D \leqslant 1000$mm</td><td>±10</td><td colspan="2"></td><td>两井之间用水准仪测量2点</td></tr>
<tr><td>$D > 1000$mm</td><td>±15</td><td colspan="2"></td><td>两井之间用水准仪测量2点</td></tr>
<tr><td rowspan="2">3</td><td rowspan="2">相邻管内底错口</td><td>$D \leqslant 1000$mm</td><td>3</td><td colspan="2"></td><td>两井之间用尺量3点</td></tr>
<tr><td>$D > 1000$mm</td><td>5</td><td colspan="2"></td><td>两井之间用尺量3点</td></tr>
<tr><td rowspan="2">4</td><td rowspan="2">抹带接口</td><td>宽　度</td><td>0，+5</td><td colspan="2"></td><td>两井之间用尺量2点</td></tr>
<tr><td>厚　度</td><td>0，+5</td><td colspan="2"></td><td>两井之间用尺量2点</td></tr>
<tr><td colspan="7">结论：

监理工程师：　　　　日期：</td></tr>
</table>

质检工程师：　　　　日期：

检查井砌筑现场质量检验报告单

5536

施工单位： 检验表：

监理单位： 编　号：

<table>
<tr><td colspan="3">工程名称</td><td colspan="2">长沙含浦科教园象嘴路工程</td><td>施工时间</td><td></td></tr>
<tr><td colspan="3">桩号及部位</td><td colspan="2"></td><td>检验时间</td><td></td></tr>
<tr><td>项次</td><td colspan="2">检验项目</td><td>允许偏差（mm）</td><td colspan="2">检验结果</td><td>检验方法和频率</td></tr>
<tr><td rowspan="2">1</td><td rowspan="2">井身尺寸</td><td>长、宽</td><td>±20</td><td colspan="2"></td><td>每座用尺量长宽各1点</td></tr>
<tr><td>直　径</td><td>±20</td><td colspan="2"></td><td>每座用尺量2点</td></tr>
<tr><td rowspan="2">2</td><td rowspan="2">井盖高程</td><td>非路面</td><td>±20</td><td colspan="2"></td><td>用水准仪每座测量1点</td></tr>
<tr><td>路　面</td><td>3</td><td colspan="2"></td><td>用水准仪每座测量1点</td></tr>
<tr><td rowspan="2">3</td><td rowspan="2">井底高程</td><td>$D \leqslant 1000$mm</td><td>±10</td><td colspan="2"></td><td>用水准仪每座测量1点</td></tr>
<tr><td>$D > 1000$mm</td><td>±15</td><td colspan="2"></td><td>用水准仪每座测量1点</td></tr>
<tr><td colspan="7">结论：

监理工程师：　　　　日期：</td></tr>
</table>

质检工程师：　　　　日期：

浆砌砌体现场质量检验报告单

5537

承包单位： 合同号：

监理单位： 编 号：

工程名称			施工时间		
桩号及部位			检验时间		
项次	检验项目		规定值允许偏差	检验结果	检验频率和方法
1	砂浆强度（MPa）		在合格标准内		强度评定
2	大面平整度（mm）	料石			每 20m 用尺量 3 处
		块石			
		片石			
3	顶面高程（mm）	料块石			每 20m 用水准仪量 1 处
		片石			
4	竖直度坡度	料块石			每 20m 用垂线检查 3 处
		片石			
5	断面尺寸（mm）	料石			每 20m 量 2 处
		块石			
		片石			

结论：

监理工程师： 日期：

承包人： 日期：

填石路基质量检验表

5538

______公路______合同段　　　　编号：

基本要求			
检查桩号		施工单位	
工程名称		检验日期	

项次	检查项目		规定值或允许偏差	检查方法和频率	实测值或实测偏差															
					1	2	3	4	5	6	7	8	9	10	11	12	13	14	15	16
1	层厚(cm)																			
2	碾压遍数																			
3	压实度	压实沉降(mm)																		
		空隙率(%)																		
4	纵断高程(mm)																			
5	中线偏位(mm)																			
6	宽度(mm)																			
7	平整度:高差厚度(%)																			
8	横坡																			
9	边坡	坡度																		
		平顺度																		
		码砌厚度																		

外观鉴定：　　　　实测外观：

检查意见： 施工方： 质检工程师：　年　月　日	检查意见： 现场监理工程师：　年　月　日	检查意见： 驻地高监签字：　年　月　日

检验申请批复单

5539

承包单位：　　　　　　　　　　　　　　　　　　　　　　　　合同号：
监理单位：　　　　　　　　　　　　　　　　　　　　　　　　编　号：

<table>
<tr><td>工程项目：</td><td colspan="2"></td></tr>
<tr><td>工程地点及桩号：</td><td colspan="2"></td></tr>
<tr><td>具体部位：</td><td colspan="2"></td></tr>
<tr><td>检验内容：</td><td colspan="2"></td></tr>
<tr><td colspan="3">要求到现场检验时间：</td></tr>
<tr><td colspan="3">承包人递交日期、时间和签字：</td></tr>
<tr><td colspan="3">监理组收件日期、时间和签字：</td></tr>
<tr><td colspan="3">现场监理工程师评论和签字：</td></tr>
<tr><td colspan="2">本基础上可以继续进行：</td><td>质量证明附件：</td></tr>
<tr><td colspan="2">高级驻地监理工程师签字：

日期：</td><td>承包人收到日期、时间和签字：</td></tr>
</table>

中间交工证书

5540

承包单位： 合同号：

监理单位： 编　号：

<table>
<tr><td colspan="6">下列工程已完，申请交验，以便进行下一步
工程内容：</td></tr>
<tr><td>桩　号</td><td></td><td>日　期</td><td></td><td>承包人签字</td><td></td></tr>
<tr><td>监理工程师收件日期</td><td></td><td></td><td></td><td>签字</td><td></td></tr>
<tr><td colspan="6">结论：

监理工程师：　　　　日期：</td></tr>
<tr><td>承包人收件日期</td><td></td><td>签　字</td><td colspan="3"></td></tr>
</table>

级配碎石基层和底基层现场质量检验报告单 5541

承包单位： 合同号：

监理单位： 编　号：

<table>
<tr><td colspan="3">工程名称</td><td colspan="3"></td><td colspan="4">施工时间</td><td colspan="2"></td></tr>
<tr><td colspan="3">桩号及部位</td><td colspan="3"></td><td colspan="4">检验时间</td><td colspan="2"></td></tr>
<tr><td rowspan="3">项次</td><td colspan="2" rowspan="3">检验项目</td><td colspan="4">规定值或允许偏差</td><td colspan="4">检验结果</td><td rowspan="3">检验方法</td></tr>
<tr><td colspan="2">基层</td><td colspan="2">底基层</td><td colspan="2">基层</td><td colspan="2">底基层</td></tr>
<tr><td>高速，一级公路</td><td>其他公路</td><td>高速，一级公路</td><td>其他公路</td><td>高速，一级公路</td><td>其他公路</td><td>高速，一级公路</td><td>其他公路</td></tr>
<tr><td rowspan="2">1</td><td rowspan="2">压实度（%）</td><td>代表值</td><td></td><td></td><td></td><td></td><td></td><td></td><td></td><td></td><td></td></tr>
<tr><td>极值</td><td></td><td></td><td></td><td></td><td></td><td></td><td></td><td></td><td></td></tr>
<tr><td>2</td><td colspan="2">弯沉(0.01mm)</td><td></td><td></td><td></td><td></td><td></td><td></td><td></td><td></td><td></td></tr>
<tr><td>3</td><td colspan="2">平整度(mm)</td><td></td><td></td><td></td><td></td><td></td><td></td><td></td><td></td><td></td></tr>
<tr><td>4</td><td colspan="2">纵断面高程(mm)</td><td></td><td></td><td></td><td></td><td></td><td></td><td></td><td></td><td></td></tr>
<tr><td rowspan="2">5</td><td rowspan="2">厚度（mm）</td><td>代表值</td><td></td><td></td><td></td><td></td><td></td><td></td><td></td><td></td><td></td></tr>
<tr><td>极值</td><td></td><td></td><td></td><td></td><td></td><td></td><td></td><td></td><td></td></tr>
<tr><td>6</td><td colspan="2">宽度(mm)</td><td></td><td></td><td></td><td></td><td></td><td></td><td></td><td></td><td></td></tr>
<tr><td>7</td><td colspan="2">横坡(%)</td><td></td><td></td><td></td><td></td><td></td><td></td><td></td><td></td><td></td></tr>
<tr><td colspan="4">结论：

现场监理工程师：
日期：</td><td colspan="8"></td></tr>
</table>

承包人： 日期：

基坑现场质量检验报告单

5542

承包单位： 合同号：

监理单位： 编　号：

工 程 名 称		施工时间	
桩号及部位		检验时间	

项次	检验项目	规定值或允许偏差	检验结果	检验方法和频率
1	基底平面尺寸（mm）			
2	基底标高			
3	基底承载能力（MPa）			
4	平整度（mm）			

结论：

监理工程师：　　日期：

承包人：　　日期：

盖板涵、箱涵现场质量检验报告单

5543

承包单位： 合同号：

监理单位： 编　号：

<table>
<tr><td colspan="2">工程名称</td><td colspan="2"></td><td>施工时间</td><td></td></tr>
<tr><td colspan="2">桩　　号</td><td colspan="2"></td><td>检验时间</td><td></td></tr>
<tr><td>项次</td><td colspan="2">检验项目</td><td>规定值或允许偏差</td><td>检验结果</td><td>检验方法和频率</td></tr>
<tr><td>1</td><td colspan="2">混凝土强度（MPa）</td><td>25</td><td></td><td></td></tr>
<tr><td rowspan="2">2</td><td rowspan="2">轴线偏位（mm）</td><td>明　涵</td><td>20</td><td></td><td rowspan="2"></td></tr>
<tr><td>暗　涵</td><td>50</td><td></td></tr>
<tr><td>3</td><td colspan="2">涵底流水面高程（mm）</td><td>±20</td><td></td><td></td></tr>
<tr><td>4</td><td colspan="2">长　度</td><td>－100～50</td><td></td><td></td></tr>
<tr><td>5</td><td colspan="2">孔　径</td><td>±20</td><td></td><td></td></tr>
<tr><td rowspan="2">6</td><td rowspan="2">顶面高程（mm）</td><td>明　涵</td><td>±20～50</td><td></td><td rowspan="2"></td></tr>
<tr><td>暗　涵</td><td>±50</td><td></td></tr>
<tr><td colspan="6">结论：

监理工程师：　　　　日期：</td></tr>
</table>

承包人：　　　　日期：

浆砌砌体和混凝土挡土墙现场质量检验报告单 5544

承包单位：　　　　　　　　　　　　　　　　　　　　合同号：

监理单位：　　　　　　　　　　　　　　　　　　　　编　号：

<table>
<tr><td colspan="3">工程名称</td><td></td><td>施工时间</td><td colspan="2"></td></tr>
<tr><td colspan="3">桩号及部位</td><td></td><td>检验时间</td><td colspan="2"></td></tr>
<tr><td>项次</td><td colspan="2">检验项目</td><td colspan="2">规定值或允许偏差</td><td>检验结果</td><td>检验方法和频率</td></tr>
<tr><td>1</td><td colspan="2">砂浆或混凝土强度（MPa）</td><td colspan="2"></td><td></td><td></td></tr>
<tr><td rowspan="2">2</td><td rowspan="2">平面位置（mm）</td><td>浆砌挡土墙</td><td colspan="2"></td><td></td><td></td></tr>
<tr><td>混凝土挡土墙</td><td colspan="2"></td><td></td><td></td></tr>
<tr><td rowspan="2">3</td><td rowspan="2">顶面高程（mm）</td><td>浆砌挡土墙</td><td colspan="2"></td><td></td><td></td></tr>
<tr><td>混凝土挡土墙</td><td colspan="2"></td><td></td><td></td></tr>
<tr><td>4</td><td colspan="2">断面尺寸（mm）</td><td colspan="2"></td><td></td><td></td></tr>
<tr><td>5</td><td colspan="2">底面高程（mm）</td><td colspan="2"></td><td></td><td></td></tr>
<tr><td rowspan="3">6</td><td rowspan="3">平面平整度（mm）</td><td>块　石</td><td colspan="2"></td><td></td><td></td></tr>
<tr><td>片　石</td><td colspan="2"></td><td></td><td></td></tr>
<tr><td>混凝土</td><td colspan="2"></td><td></td><td></td></tr>
<tr><td colspan="7">结论：</td></tr>
</table>

监理工程师：　　　　　　　日期：

承包人：　　　　　　　日期：

混凝土基础质量检验评定表

5545

______公路 ______合同段　　　　编号：

<table>
<tr><td colspan="4">基本要求</td><td colspan="17"></td></tr>
<tr><td colspan="4">检查桩号</td><td colspan="6"></td><td colspan="6">施工单位</td><td colspan="5"></td></tr>
<tr><td colspan="4">工程名称</td><td colspan="6"></td><td colspan="6">检验日期</td><td colspan="5"></td></tr>
<tr><td rowspan="2">项次</td><td colspan="2" rowspan="2">检查项目</td><td rowspan="2">规定值或允许偏差</td><td rowspan="2">检查方法和频率</td><td colspan="10">实测值或实测偏差</td><td rowspan="2">平均值</td><td rowspan="2">规定分</td><td rowspan="2">合格率</td><td rowspan="2">实得分</td></tr>
<tr><td>1</td><td>2</td><td>3</td><td>4</td><td>5</td><td>6</td><td>7</td><td>8</td><td>9</td><td>10</td></tr>
<tr><td>1</td><td colspan="2">混凝土强度（MPa）</td><td>设计强度</td><td>附录 D 检查</td><td></td><td></td><td></td><td></td><td></td><td></td><td></td><td></td><td></td><td></td><td></td><td>35</td><td></td><td></td></tr>
<tr><td>2</td><td colspan="2">平面偏位（mm）</td><td>±50</td><td>用尺量长、宽各 3 处</td><td></td><td></td><td></td><td></td><td></td><td></td><td></td><td></td><td></td><td></td><td></td><td>20</td><td></td><td></td></tr>
<tr><td rowspan="2">3</td><td rowspan="2">基础底面标高（mm）</td><td>土质</td><td>±50</td><td rowspan="2">用水准仪测量 5～8 点</td><td></td><td></td><td></td><td></td><td></td><td></td><td></td><td></td><td></td><td></td><td></td><td>10</td><td></td><td></td></tr>
<tr><td>石质</td><td>+50，−200</td><td></td><td></td><td></td><td></td><td></td><td></td><td></td><td></td><td></td><td></td><td></td><td>15</td><td></td><td></td></tr>
<tr><td>4</td><td colspan="2">基础顶面标高（mm）</td><td>±30</td><td>用水准仪测量 5～8 点</td><td></td><td></td><td></td><td></td><td></td><td></td><td></td><td></td><td></td><td></td><td></td><td>20</td><td></td><td></td></tr>
<tr><td>5</td><td colspan="2">轴线偏位（mm）</td><td>25</td><td>用经纬仪测量纵、横各 2 点</td><td></td><td></td><td></td><td></td><td></td><td></td><td></td><td></td><td></td><td></td><td></td><td>100</td><td></td><td></td></tr>
<tr><td rowspan="3">外观鉴定</td><td colspan="8" rowspan="3">基础的混凝土蜂空麻面面积不得超过该面积的 0.5%，深度不超过 10m。不符合要求时每超过 0.5% 减 5 分。</td><td rowspan="2">外观实评</td><td colspan="3" rowspan="2"></td><td rowspan="2">减分</td><td>外观</td><td>分</td><td>合计</td><td>100</td><td></td><td></td></tr>
<tr><td>资料</td><td>分</td><td colspan="2">扣分后实得分</td><td colspan="2"></td></tr>
<tr><td colspan="6">质检保证资料实评</td><td colspan="6"></td></tr>
<tr><td colspan="4">检查意见：
施工方：
质检工程师：　年　月　日</td><td colspan="5">检查意见：
现场
监理工程师：　年　月　日</td><td colspan="7">检查意见：
驻地高监签字：
年　月　日</td><td colspan="5">检查意见：</td></tr>
</table>

防水布铺设现场质量检验报告单

5546

承包单位：　　　　　　　　　　　　　　　　　　　　合同号：

监理单位：　　　　　　　　　　　　　　　　　　　　编　号：

<table>
<tr><td colspan="2">工程名称</td><td></td><td>施工日期</td><td></td><td rowspan="3">规定分</td><td rowspan="3">实得分</td></tr>
<tr><td colspan="2">桩　号</td><td></td><td>检验日期</td><td></td></tr>
<tr><td>项次</td><td>检验项目</td><td>规定值或允许偏差</td><td>检验结果</td><td>检查方法和频率</td></tr>
<tr><td>1</td><td>上承层平整度、拱度</td><td>规定值或允许偏差</td><td></td><td>每 200m 检查 4 处</td><td>20</td><td></td></tr>
<tr><td>2</td><td>土工布搭接宽度</td><td>≥20</td><td></td><td>抽查 2%</td><td>40</td><td></td></tr>
<tr><td>3</td><td>搭接缝错开距离</td><td>符合图纸施工要求</td><td></td><td>抽查 2%</td><td>20</td><td></td></tr>
<tr><td>4</td><td>平整度</td><td>±20</td><td></td><td>3m 直尺：每 200m4 处*3 尺</td><td>20</td><td></td></tr>
<tr><td colspan="7">质量评定：

现场监理：　　　　　　日期：</td></tr>
<tr><td>结论</td><td colspan="6">合格：　　　　　　不合格：

监理工程师：　　　　　　日期：</td></tr>
</table>

承包人：　　　　　　日期：

塑料排水板现场质量检验报告单

5547

承包单位： 合同号：

监理单位： 编　号：

工程名称			施工日期		规定分	实得分
桩　号			检验日期			
项次	检验项目	规定值或允许偏差	检验结果	检查方法和频率		
1	数量（根）	不小于设计		实地检查	30	
2	板长（mm）	不小于设计		查施工记录	30	
3	位置（ ）	±		抽查2%	20	
4	桩架竖直度	≤1.5%		量套管倾斜度	20	

质量评定：

现场监理： 日期：

结论

合格： 不合格：

监理工程师： 日期：

承包人： 日期：

仰拱混凝土回填现场质量检验报告单　**5548**

承包单位：　　　　　　　　　　　　　　　　　　　　　　　　合同号：

监理单位：　　　　　　　　　　　　　　　　　　　　　　　　编　号：

工程名称			施工日期	
桩　号			检验日期	
项次	检验项目	规定值或允许偏差	检验结果	检查方法和频率
1	混凝土强度（MPa）	在合格标准内		按《公路工程质量检验评定标准》附录D检查
2	仰拱厚度	不小于图纸规定		每40m检查1个断面
3	平整度	20		每40m用2m直尺每侧检查3处

质量评定：

现场监理：　　　　　　日期：

结论

合格：　　　　　　不合格：

监理工程师：　　　　　　日期：

承包人：　　　　　　日期：

洞门端墙质量检验报告单

5549

承包单位：　　　　　　　　　　　　　　　　　　　　合同号：

监理单位：　　　　　　　　　　　　　　　　　　　　编　号：

<table>
<tr><td colspan="2">工程名称</td><td colspan="2"></td><td>施工日期</td><td></td></tr>
<tr><td colspan="2">桩　号</td><td colspan="2"></td><td>检验日期</td><td></td></tr>
<tr><td>项次</td><td colspan="2">检验项目</td><td>规定值或允许偏差</td><td>检验结果</td><td>检查方法和频率</td></tr>
<tr><td>1</td><td colspan="2">混凝土强度（MPa）</td><td>在合格标准内</td><td></td><td>按《公路工程质量验评标准》（JTJ071－98）附录D、F检查</td></tr>
<tr><td>2</td><td>平面位置（mm）</td><td>混凝土</td><td>30</td><td></td><td>每20m用经纬仪检查3点</td></tr>
<tr><td>3</td><td>顶面高程（mm）</td><td>混凝土</td><td>10</td><td></td><td>每20m用水准仪检查1点</td></tr>
<tr><td>4</td><td>表面平整度（mm）</td><td>混凝土</td><td>±10</td><td></td><td>每20m用2m直尺检查3点</td></tr>
<tr><td>5</td><td colspan="2">断面尺寸（mm）</td><td>不小于图纸规定</td><td></td><td>每20m用尺量两个断面</td></tr>
<tr><td rowspan="2">6</td><td rowspan="2">基础底面高程（mm）</td><td>石质</td><td>－50，－200</td><td></td><td rowspan="2">每20m用水准仪检查1点</td></tr>
<tr><td>土质</td><td>±50</td><td></td></tr>
<tr><td>7</td><td colspan="2">墙面坡度</td><td>不陡于图纸规定</td><td></td><td>每20m用吊垂线检查3点</td></tr>
<tr><td>结论</td><td colspan="5">合格：　　　　　　不合格：

监理工程师：　　　　日期：</td></tr>
</table>

承包人：　　　　日期：

隧道衬砌现场质量检验报告单

5550

承包单位：　　　　　　　　　　　　　　　　　　　　　　　　合同号：

监理单位：　　　　　　　　　　　　　　　　　　　　　　　　编　号：

承包人：　　　　日期

工程名称			施工日期			规定分	实得分
桩　号			检验日期				
项次	检验项目		规定值或允许偏差	检验结果	检查方法和频率		
1	混凝土或砂浆强度（MPa）		在合格标准内		按 JTJ071－93 附录 D 检查	35	
2	衬砌厚度（mm）		不小于设计		每 40m 检查 1 个断面，用凿孔或激光断面仪来确定厚度	30	
3	墙面平整度（mm）		20		每 40m 用 2m 直尺每侧检查 3 处	25	
4	断面尺寸（mm）	宽	每侧＋50，－0		每 40m 检查 1 个断面，每断面处和起拱线宽度各 1 处，量高度 3 处	10	
		高	不小于设计				

质量评定：

现场监理：　　　　日期：

结论	合格：　　　　不合格：
	监理工程师：　　　　日期：

承包人：　　　　日期：

__________公路工程建设项目

隧道开挖现场质量检验报告单

5551

承包单位： 合同号：

监理单位： 编　号：

工程名称					施工时间		规定分	实得分
桩　号					检验时间			
项次	检查项目		规定值或允许偏差	检验结果	检查方法和频率			
1	破碎岩、土（Ⅰ、Ⅱ类岩石）		平均100，最大150		用J2经纬仪，S1水准仪配合钢尺检查。每20m用尺量1个断面		40	
	中硬岩、软岩（Ⅲ～Ⅴ类围岩）		平均150，最大250					
	硬　岩（Ⅵ类围岩）							
2	宽度（mm）	每侧	+100，-0		每20m用尺量1个断面		30	
		全宽	+200，-0					
3	仰拱、隧底超挖(mm)		+0，-100		每20m用水准仪沿中线检查1处		30	

质量评定：

现场监理：　　日期：

结论

合格：　　不合格：

监理工程师：　　日期：

承包人：　　日期：

______公路工程建设项目

洞身开挖现场质量检验报告单

5552

承包单位： 合同号：

监理单位： 编 号：

<table>
<tr><td colspan="2">工程名称</td><td></td><td>工程部位</td><td></td><td>施工日期</td><td></td></tr>
<tr><td colspan="2">里程桩号</td><td></td><td>图 纸 号</td><td></td><td>检验日期</td><td></td></tr>
<tr><td>项次</td><td colspan="2">检验项目</td><td>规定值或允许偏差</td><td>检验结果</td><td>检查方法和频率</td><td>规定分</td></tr>
<tr><td rowspan="3">1</td><td rowspan="3">拱部超挖（mm）</td><td>破碎岩、土（Ⅰ、Ⅱ类岩石）</td><td>平均100，最大150</td><td rowspan="3"></td><td rowspan="3">每20m用尺量1个断面</td><td rowspan="3">40</td></tr>
<tr><td>中硬岩、软岩（Ⅲ～Ⅴ类围岩）</td><td>平均150，最大200</td></tr>
<tr><td>硬 岩（Ⅵ类围岩）</td><td>平均100，最大200</td></tr>
<tr><td rowspan="2">2</td><td rowspan="2">宽度（mm）</td><td>每 侧</td><td>+100，－0</td><td rowspan="2"></td><td rowspan="2">每20m用尺量，每侧一处</td><td rowspan="2">30</td></tr>
<tr><td>全 宽</td><td>+200，－0</td></tr>
<tr><td>3</td><td colspan="2">仰拱、隧底超挖（mm）</td><td>平均100</td><td></td><td>每20m用水准仪沿中线检1处</td><td>30</td></tr>
<tr><td colspan="7">质量评定：

现场监理： 日期：</td></tr>
<tr><td colspan="2">结论</td><td colspan="5">合格：[ ] 不合格：[ ]

监理工程师： 日期：</td></tr>
</table>

承包人： 日期：

_______________公路工程建设项目

隧道锚喷支护现场质量检验报告单

5553

承包单位：　　　　　　　　　　　　　　　　　　　　合同号：

监理单位：　　　　　　　　　　　　　　　　　　　　编　号：

工程名称			施工时间		规定分	实得分
桩　号			检验时间			
项次	检查项目	规定值或允许偏差	检验结果	检查方法和频率		
1	混凝土强度（MPa）	在合格标准之内		按JTJ071－93附录检查	35	
2	锚杆拔力	拔力平均值不小于设计值（70kN）		按锚杆数做拔力试验	35	
3	喷层厚度（mm）	检查点的60%不小于设计厚度		每10m检查1个断面	30	

质量评定：

现场监理：　　　　　　日期：

结论

合格：　　　　　　不合格：

监理工程师：　　　　　　日期：

承包人：　　　　　　日期：

××项目路基精加工层验收合格通知单 5554

第　　监理处：

你处所报验的 K　　　　　　～K　　　　　　段路基精加工层验收合格，可以进入底基层施工。

需局部处理地点：

处理结果签认：

验收组签认：

日期：　　　年　　月　　日

（六）

工 程 资 料
目 录 用 表

工　程　资　料

6001

名　　称：________________

案卷题名：________________

____

编制单位：________________

技术主管：________________

编制日期：　自　　年　　月　　日　　起至　　年　　月　　日　止

保管期限：________________ 密　级：________________

保存档号：________________

共　　册　第　　册

工程资料卷内目录

6002

工程名称						
序号	工程资料题名	原编字号	编制单位	编制日期	页　次	备　注

分项目录（一）

6003

工程名称				物资类别			
序号	资料名称	厂　名	品　种 型号、规格	数量	使用部位	页　次	备　注

注：本表适用于施工物资资料的编目。

分 项 目 录（二）

6004

工程名称		资料名称		
序号	施 工 部 位 （内容摘要）	日 期	页 次	备 注

注：本表适用于施工测量记录、施工记录的编目。

混凝土（砂浆）抗压强度报告目录

6005

工程名称									
序号	试件编号	试验日期	施工部位	设计强度等级	龄期（d）	实际抗压强度（MPa）	达到设计强度（%）	配合比编号	备　注

钢筋连接（原材）试验报告目录　6006

工程名称									
序号	试件编号	试验日期	种类及规格	施工部位	连接形式	代表数量（头）	抗拉强度（MPa）	屈服点（MPa）	备注

工程资料备案表

6007

本案卷已编号的文件材料共__________张，其中：文字材料__________张；图样材料__________张、照片__________张。 立卷单位对本案卷完整准确情况的审核说明： 立卷人：　　　　年　月　日 审核人：　　　　年　月　日
保存单位的审核说明： 技术审核人：　　　　年　月　日 档案接收人：　　　　年　月　日

档案馆代号：

城市建设档案

6008

名　　称：____________________

案卷题名：____________________

____

编制单位：____________________

技术主管：____________________

编制日期：　自　　年　　月　　日　　起至　　年　　月　　日　　止

保管期限：____________________　密　　级：____________________

档　　号：____________________　缩微号：____________________

共　　册　　第　　册

城建档案卷内目录

6009

顺序号	文件资料题名	原编字号	编制单位	编制日期	页次	备注

城建档案案卷审核备考表

6010

本案卷已编号的文件材料共________张、其中：文字材料________张；图样材料________张，照片__________张。

立卷单位对本案卷完整准确情况的审核说明：

立卷人： 年 月 日

审核人： 年 月 日

接收单位（档案馆）的审核说明：

技术审核人： 年 月 日

档案接收人： 年 月 日

城市建设档案移交目录 6011

序号	工程项目名称	案卷题名	形成年代	数量						备注
				文字材料		图样材料		综合卷		
				册	张	册	张	册	张	

注：综合卷指文字和图样材料混装的案卷。

工程资料移交书

6012

____________________按有关规定向____________________办理____________________工程资料移交手续。共计________册。其中图样材料________册，文字材料________册，其他材料____________张（　　）。

附：移交明细表

移交单位（公章）：　　　　　　　　接受单位（公章）：

单位负责人：　　　　　　　　单位负责人：

技术负责人：　　　　　　　　技术负责人：

移交人：　　　　　　　　接收人：

移交日期：　　年　　月　　日

城市建设档案移交书　　6013

__________________向___________市城市建设档案馆移交__________________档案共计___________册。其中：图样材料___________册，文字材料___________册，其他材料___________张（　　）。

附：城市建设档案移交目录一式三份，共　　　　张。

移交单位：　　　　　　　　　　接收单位：

单位负责人：　　　　　　　　　单位负责人：

移交人：　　　　　　　　　　　移交人：

移交日期：　　　年　　月　　日

城市建设档案缩微品移交书　　6014

__________________向____________市城市建设档案馆移交__________________工程缩微品档案。档号____________，缩微号________。卷片共________盘，开窗卡________张，其中母片：卷片________盘，开窗卡________张；

拷贝片：卷片______套______盘，开窗卡______套______张。

缩微原件共______册，其中文字材料______册，图样材料______册。其他材料______册。

附：城市建设档案缩微品移交目录

移交单位（章）：	接收单位（章）：
单位法人：	单位法人：
移交人：	接收人：

移交日期：　　年　　月　　日

工程资料移交目录

6015

工程项目名称：

序号	案卷题名	数量						备注
		文字材料		图样材料		综合卷		
		册	张	册	张	册	张	

注：综合卷指文字和图样材料混装的案卷。

（七）

建 设 工 程

竣工验收备案用表

施 工 任 务 书

7001

工程名称：__________

施工班组：__________

工期	开　工	竣　工
计划	月　日	月　日
实际	月　日	月　日

签发日期：　19　年　月　日　　　　编号：__________

<table>
<tr><th rowspan="2">定额编号</th><th rowspan="2">施工项目</th><th rowspan="2" colspan="2">工作内容</th><th rowspan="2">计量单位</th><th colspan="2">工程量</th><th rowspan="2">增减系数或工日</th><th rowspan="2">时间定额</th><th colspan="2">计件单价</th><th rowspan="2">定额工日</th><th rowspan="2">合计金额</th></tr>
<tr><th>计划</th><th>完成</th><th>优良</th><th>合格</th></tr>
<tr><td></td><td></td><td colspan="2"></td><td></td><td></td><td></td><td></td><td></td><td></td><td></td><td></td><td></td></tr>
<tr><td></td><td></td><td colspan="2"></td><td></td><td></td><td></td><td></td><td></td><td></td><td></td><td></td><td></td></tr>
<tr><td></td><td></td><td colspan="2"></td><td></td><td></td><td></td><td></td><td></td><td></td><td></td><td></td><td></td></tr>
<tr><td></td><td></td><td colspan="2"></td><td></td><td></td><td></td><td></td><td></td><td></td><td></td><td></td><td></td></tr>
<tr><td rowspan="3">质量要求与安全措施</td><td rowspan="3" colspan="2"></td><td rowspan="3">质量验收鉴定</td><td rowspan="3" colspan="5"></td><td colspan="2">总　计</td><td></td><td></td></tr>
<tr><td colspan="2">结算人</td><td></td><td></td></tr>
<tr><td colspan="2">领款人</td><td></td><td></td></tr>
</table>

批准：　　　　签发：　　　　定额：　　　　验收：　　　　交工：

监督登记号：
备　案　号：

建设工程竣工验收备案表

7002

工程名称：________________

建设单位：________________

年　　月　　日

______工　程

竣　工　验　收　备　案　表

7003

共4页　第1页

建设单位名称			
备案日期			
工程名称			
工程地点			
建筑面积（m^2）			
结构类型			
工程用途			
开工日期			
竣工验收日期			
施工许可证号			
施工图审查意见			
勘察单位名称		资质等级	
设计单位名称		资质等级	
施工单位名称		资质等级	
监理单位名称		资质等级	
工程质量监督机构名称			

本表一式三份，建设单位、备案机关、房屋产权行政主管部门各一份。

<table>
<tr><td rowspan="5">竣
工
验
收
意
见</td><td>勘察
单位
意见</td><td>单位负责人：

（签名、公章）
年　月　日</td></tr>
<tr><td>设计
单位
意见</td><td>单位负责人：

（签名、公章）
年　月　日</td></tr>
<tr><td>施工
单位
意见</td><td>单位负责人：

（签名、公章）
年　月　日</td></tr>
<tr><td>监理
单位
意见</td><td>单位负责人：

（签名、公章）
年　月　日</td></tr>
<tr><td>建设
单位
意见</td><td>单位负责人：

（签名、公章）
年　月　日</td></tr>
</table>

<table>
<tr><td>工程竣工验收备案文件目录</td><td colspan="3">1. 工程竣工验收报告；
2. 工程施工许可证；
3. 施工图设计文件审查意见；
4. 单位工程质量综合验收文件（含施工单位出具的工程施工质量验收申请报告、监理单位出具的工程质量评价报告等）；
5. 市政基础设施的有关质量检测和功能性试验资料；
6. 规划、公安消防、环保等部门出具的认可文件或者准许使用文件；
7. 施工单位签署的工程质量保修书；
8. 商品住宅的《住宅质量保证书》和《住宅使用说明书》；
9. 法规、规章规定必须提供的其他文件。</td></tr>
<tr><td>备案意见</td><td colspan="3">____________工程的竣工验收备案文件已于______年______月______日收讫，文件__________。

（公章）
年 月 日</td></tr>
<tr><td>备案机关负责人</td><td></td><td>备案经办人</td><td></td></tr>
</table>

注：表中______内填写齐全或基本齐全，不齐全或其他原因不能备案。

备案机关处理意见：

（公章）

年　　月　日

注：处理意见主要指建设单位是否违反国家建设部第 78 号令《房屋建筑工程和市政基础设施工程竣工验收备案管理暂行办法》的有关规定，如有违反行为，则按该办法第八条至第十二条规定处罚。

____________工 程
竣 工 验 收 报 告

7007

____________（备案机关）：

我单位建设的____________单位（子单位）工程，由____________勘察，____________设计，____________施工，____________监理。根据施工图设计文件，该工程为____________结构，最高________层，总建筑面积________平方米，总造价________万元。该工程于______年______月______日开工，______年______月______日由建设单位牵头，勘察、设计、施工、监理等单位和其他有关方面的专家组成验收组（委员会），建设单位________同志担任验收组组长（主任），其验收情况报告如下：

一、执行基本建设程序情况：

序　号	程序内容	执行程序情况
1	有无可行性研究报告及立项审批文件、规划许可证等	
2	地质勘察报告、施工设计图纸（含变更）是否齐全，有无施工图设计文件审查意见	
3	有无施工、监理中标通知书及其合同和施工许可证等	
4	在工程施工中，参建各方是否尽职尽责完成合同约定的内容要求	
5	其他：	

共3页　第1页

7008

二、该单位工程质量的总体评价：

验收组（委员会）在验收会上听取了建设、勘察、设计、施工、监理等单位分别汇报工程合同履约情况和在工程建设各个环节执行法律、法规和工程建设强制性标准的情况，审阅了这些参建单位提供的工程档案资料，查验了工程的实体质量，对该单位（子单位）工程建筑施工及设备安装的质量和各管理环节等方面作出的总体评价如下：

1. 该工程从立项至竣工验收，符合/基本符合中华人民共和国《建设工程质量管理条例》规定的基本建设程序。

2. 依据勘察、设计、施工、监理单位所承担的任务与其单位的资质、现场执业人员的资格相符合/基本符合，质量保证体系、责任制度完善/较完善、落实/较落实，以及在工程施工过程中执行强制性标准、工作质量、服务态度等情况综合评价：勘察单位的质量行为端正/较端正/不端正，工程管理水平高/较高/低；设计单位的质量行为端正/较端正/不端正，工程管理水平高/较高/低；施工单位的质量行为端正/较端正/不端正，工程管理水平高/较高/低；监理单位的质量行为端正/较端正/不端正，工程管理水平高/较高/低。

3. 验收组通过核查监理单位出具的质量评价报告后，对该单位（子单位）工程的质量控制（保证）资料进行了核查和主要功能、观感质量抽查，认为该单位（子单位）工程共________个分部（子分部）工程，其质量控制资料和安全、功能检验测试报告等齐全/基本齐全/欠齐全，符合/基本符合/欠符合规范要求；主要使用功能抽查符合/基本符合/欠符合规定要求，观感质量好/一般/差。按规定需要公安消防、环保部门出具的准许使用文件也已办理。

依据国家《建筑工程施工质量检验统一标准》GB50300—2001 的规定要求，同意该单位（子单位）工程竣工验收。该单位（子单位）工程的质量控制资料核查记录、安全和功能检验资料核查及主要功能抽查记录、观感质量验收检查记录与质量竣工验收记录，见附后的____________、____________、____________和____________表。

共3页　第2页

7009

三、参加竣工验收的单位、人员及验收组（委员会）成员的身份情况如下表：

参加单位名称	姓　名	职　务	参加单位名称	姓　名	职　务

验收组（委员会）成员身份情况

工作单位	姓　名	专　业	职　称	工作单位	姓　名	专　业	职　称

注：1. 聘请专家姓名：

2. 监督站监督竣工验收的人员姓名：

建设单位（章）

年　　月　　日

抄送：监督站

共3页　第3页

____________工 程
质 量 评 估 报 告 7010

____________工程竣工验收组（委员会）：

受____________（建设单位）委托监理，由____________承包施工的____________工程，自________年________月________日开工以来，我单位按照该工程的监理规划，对工程的实体质量采取了旁站，巡视和平行检查等形式进行监督；对主要建筑材料、构配件和混凝土、砂浆等均实行了见证取样送检；并按照国家施工质量验收统一标准及其相关专业质量验收规范的规定要求，对分部分项工程及时进行了验收签认，现根据建设单位要求（其甩项的分项分部工程注明于后），该工程已基本完工，且施工单位对已完工工程的质量进行了自检自评达到合格要求。在此基础上，我单位按国家现行建筑工程施工质量验收统一标准的规定要求进行了核查，认为该单位（子单位）工程（甩项除外）所含分部（子分部）工程的质量均验收合格，质量控制资料及有关安全和功能的检测资料完整，主要功能项目的抽查结果与观感质量验收符合相关专业质量验收规范的规定，综合验收评价该单位（子单位）工程的施工质量达到合格要求。其《单位（子单位）工程质量控制资料核查记录》、《单位（子单位）工程安全和功能检验资料核查及主要功能抽查记录》和《单位（子单位）工程观感质量检查记录》分别见表，请予主持办理该工程的竣工验收手续。

注：甩项分部分项工程如下：

总监理工程师签字：

年 月 日

本评价报告一式四份，建设、施工、监督站、监理各一份。

监理单位（章）

年 月 日

____________________工程
施工质量验收申请报告 7011

__________________（建设单位）：

由我公司承担施工的__________________单位（子单位）工程，现已按该工程的设计及施工合同约定的内容要求完成（甩项分部分项工程及其原因见后）。经监理单位核查该单位（子单位）工程所含分部（子分部）工程的质量均验收合格，质量控制资料及有关安全功能的检测资料完整，主要功能项目的抽查结果及观感质量验收符合相关专业质量验收规范的规定要求。为此特请你单位在________年________月________日前组织竣工验收。该工程的全部竣工技术档案资料已按有关规定要求整理成册，随报告送来备查。

甩项的分部分项工程及其原因：

项目经理签字：　　　　　　　　施工单位法人代表签字：

总监理工程师签字：　　　　　　施工单位（章）

年　　月　　日

本申请报告一式四份，建设、监理、施工、监督站各一份。

____________________工　程

竣 工 验 收 申 请 报 告　　　　7012

______________工程质量监督站、备案机关：

由我单位建设、__________________施工、__________________监理的______________单位（子单位）工程，现已按设计及合同约定内容要求完成（甩项的分部分项工程及其原因见后）。施工单位（均）已出具了施工质量验收申请报告，要求我单位在______年______月______日前组织竣工验收；监理单位也于______年______月______日出具了工程质量评价报告；你站于______年______月______日组织有关监督人员进行竣工验收前检查时所提出的工程质量问题，施工单位也已按要求全部整改完毕。我单位已组织了以______同志为组长（主任）的验收组（委员会），拟定于______年______月______日在______________（地址）进行竣工验收，请予派员与会监督该工程的竣工验收，并提交以下资料供检查。

1. 该工程全套施工技术资料；

2. 监理单位对该工程的质量评价报告；

3. 验收组（委员会）成员名单及其身份（含工作单位、文化程度、所学专业、职务、职称等）情况；

4. 验收组筹备会议研究制定的验收方案（即验收程度、内容与时间安排等要点）。

甩项的分部分项工程及其原因：

建设单位负责人签字：

建设单位（章）

年　　月　　日

____________________房　屋
建 筑 工 程 质 量 保 修 书

7013

______________公司（以下简称施工单位）按照其资质等级、经营范围和中（议）标书等内容要求，承担了______________________________（以下简称建设单位）的________________房屋建筑安装工程施工，现已按该工程的设计及合同约定的内容要求完成，并于________年________月________日办理了竣工验收手续。为保护建设单位、施工单位、房屋建筑所有人和使用人的合法权益，维护公共安全和公众利益，根据中华人民共和国《建筑法》、《建设工程质量管理条例》和建设部《房屋建筑工程质量保修办法》的规定要求，经建设、施工双方约定该工程竣工验收后，如在以下保修范围、保修期限内出现质量缺陷，施工单位履行保修义务，予以修复；并按有关规定承担应负的保修责任等。

一、质量保修范围

根据施工单位的中（议）标书和与建设单位签定的《建设工程合同》及工程决算书所包括的工程量与质量内容要求，施工单位应对该工程以下保修范围的分项、分部工程承担保修义务：

1. 地基与基础分部的分项工程：

2. 主体结构分部的分项工程：

3. 建筑装饰装修分部的分项工程：

4. 屋面分部的分项工程：

5. 建筑给水、排水及采暖分部的分项工程：

6. 建筑电气分部的分项工程：

7. 通风与空调分部的分项工程：

8. 电梯（共________台）分部的分项工程：

9. 智能建筑分部的分项工程：

二、根据国家《房屋建筑工程质量保修办法》规定的最低期限，建设单位与施工单位双方约定，在正常使用条件下，该工程的质量保修期限如下：

1. 国家保修办法规定地基基础和主体结构工程，为设计文件规定的该工程的合理使用年限，该工程建设、施工双方单位约定保修期限为________年；

2. 国家保修办法规定屋面防水工程、有防水要求的卫生间、房间和外墙面防渗漏的最低保修期限为五年，该工程建设、施工双方单位约定保修期限为________年；

3. 国家保修办法规定供热与供冷系统的最低保修期限为两个采暖期、供冷期，该工程建设、施工双方单位约定保修期限为________个采暖、________供冷期；

4. 国家保修办法规定装修工程及电气管线、给排水管道、设备安装的最低保修期限为两年，该工程建设、施工双方单位约定保修期限为________年；

5. 经建设、施工双方单位约定，________________的保修期为________年；

6. 房屋建筑工程的保修期从竣工验收合格之日，即________年________月________日起计算。

三、质量保修责任

1. 该工程在保修期限内由于勘察、设计、施工、监理原因造成质量缺陷的，分别由勘察、设计、施工、监理单位承担质量保修责任。

因该工程质量缺陷造成人身或者财产损害，责任方应当向被损害方依法给予赔偿。

2. 因施工单位采购的或者建设单位按照工程承包合同规定采购经施工单位检测验收使用的建筑材料、设备、构配件如________________等的质量不合格引起的工程质量缺陷，由施工单位承担质量保修责任；因建设单位采购并要求施工单位使用的建筑材料、设备、构配件如________________等的质量不合格引起的工程质量缺陷，施工单位不承担质量保修责任。

3. 因用户使用不当或者不可抗力的原因造成的工程质量缺陷，勘察、设计、施工、监理单位不承担质量保修责任。

4. 建设工程在保修期内出现质量缺陷，建设单位或者用户可以向负责该工程质量监督的单位投诉。监督单位应当自接到投诉之日起，三十日内认定、通知质量保修责任方，并通知原施工单位维修。质量保修责任方和原施工单位应当自接到通知书之日起七日内到达现场与建设单位或者用户确定维修方案。维修费用由质量保修责任方按规定承担。

5. 因该工程质量保修责任发生纠纷的，当事人可以通过协商或者调解解决，也可以依据仲裁协议申请仲裁或者向人民法院起诉。

建设单位（章）：　　　　施工单位（章）：

年　　月　日　　　　年　　月　日

本质量保修书一式七份，勘察、设计、施工、监理、建设单位、质监站各一份。

____________________商品房屋
住宅工程质量保证书

7015

保证约人　甲方（卖方）：
　　　　　乙方（买方）：

由甲方开发新建坐落在__________市__________区（镇）__________路（街）__________住宅工程第_______单位、第_______层__________#住房__________套的房地产（房屋建筑面积_______平方米）出售给乙方。为加强商品住宅质量管理，确保商品住宅售后服务质量水平，维护商品住宅消费者合法权益，根据建设部建房［1998］102号《商品住宅实行住宅质量保证书和住宅使用说明书制度的规定》要求，如果商品住宅售出后在以下保修范围、保修期限内出现质量缺陷，由甲方履行保修义务，承担保修责任。

一、该工程在竣工验收时，经验收组评价其工程质量等级为_______，且已办理竣工验收备案手续。在正常使用条件下地基基础工程和主体结构工程，按设计文件和有关规定该住宅的合理使用年限为_______年，在正常合理使用的年限内出现危及结构安全的质量缺陷，由甲方履行保修义务、承担保修责任。

二、在正常使用情况下该商品住宅以下部位、部件的保修内容与保修期为：

1. 屋面墙面、地下室和厨房、厕所及卫生间地面、管道等防渗漏的保修期为5年；

2. 墙面、顶棚抹灰面脱落、地面找平基层或水泥砂浆面层空鼓开裂、大面积起砂等及门窗翘裂，五金件等零配件和卫生洁具不符合标准规定要求等引起的损坏，其保修期均为2年；

3. 供热、供冷系统和设备的保修期为2个采暖期、供冷期；

4. 灯具、电器开关和管道堵塞的质量保修期为半年，其他部位、部件的保修期限为_______年；

5. 该商品住宅售出后，由甲方委托的________________物业管理公司负责维修处理；

6. 该商品住宅于_______年_______月_______日由甲方交付乙方使用，交付时乙方对该住宅设备、设施的正常运行进行了认可。乙方验收后自行添置、改动的设施、设备，由乙方自行承担维修责任。保修期从竣工验收合格之日，即_______年_______月_______日起计算。

三、在保修期内，因该住宅工程质量缺陷造成房屋所有人、使用人或者第三方人身、财产损害的，乙方可以向甲方提出赔偿要求，甲方向造成该商品住宅工程质量缺陷的责任方追偿。因保修不及时造成新的人身、财产损害，由造成拖延的责任方承担赔偿责任；因乙方使用不当，如擅自改动结构、设备位置的不当装修等，或第三方和不可抗力造成的质量缺陷，不属甲方保修范围。

房屋住宅使用说明书见附录。

甲方（章）：	乙方（章）：
法定代表人：	法定代表人：
联系电话：	联系电话：
年　月　日	年　月　日

商品房屋住宅工程使用说明书 7016

________________（买方用户）：

由我公司开发、____________________设计、____________________施工、________________监理、________________工程质量监督站代表政府监督的________________商品住宅工程，于______年______月______日正式办理了竣工验收手续。该住宅位于________________，建筑面积______平方米，结构类型为__________、______层。现就该住宅结构主要部位（部件）的类型、性能、标准等简要情况及其使用时应注意的事项说明如下：

1. 该套（幢）住宅平面示意图（见附图）中的粗实线为承重墙，粗虚线为自重墙，细实线为填充墙、保温墙等；在使用或进行家庭居室装饰装修时，不得随意在承重墙上穿洞，拆除连接阳台门窗的自重墙体，扩大原有门窗尺寸或者另建门窗。

2. 该套（幢）住宅楼地面的设计活荷载，阳台为________________ kN/m^2、其他为________________ kN/m^2；在使用或进行家庭居室装饰装修时，不得随意增加楼地面的静、活荷值，不得随意在室内不砌墙、刨凿顶板或者超负荷吊顶、安装大型灯具、吊扇，不得破坏或者拆改厨房、厕所等有防水要求的楼地面的防水层。

3. 该套（幢）住宅的上水管道为________________、采用明（暗）敷，下水管道为________________、采用明（暗）敷，消防管道为________________、采用明（暗）敷，燃气、热力管道为________________、采用明（暗）敷，照明及家用电器设备用电、通讯等线路采用穿管暗（明）敷，配电负荷为______ A（安）；在使用或进行家庭居室装饰装修时，不得损坏或者拆改上述管线的设置，更不得不经穿管直接埋设电线及超负荷用电。

4. 厨房、厕所、阳台等地面的地漏盖板及屋面雨水管、洞口的铅丝球，应经常清理不得丢失和淤积杂物，严禁在卫生洁具内抛弃垃圾，引起下水管道堵塞。

5. 房屋所有人、使用人进行家庭装饰装修，凡涉及拆改主体结构和明显加大荷载的，必须按照建设部第46号令《建筑装饰装修管理规定》第八条规定的程序办理；进行简易装饰装修（如仅做面层涂料、贴墙纸、铺面砖等）的，应当到房屋产权单位或物业管理单位登记备案。

家庭居室装饰装修不论是自行进行还是委托他人进行，均应当采取有效安全防护和消防等措施，不得大量使用易燃装饰材料，不得从楼上向地面或由垃圾道、下水道抛弃因装饰居室而产生的废弃物及其他物品，尽量减轻或者避免对相邻居民正常生活所造成的影响。

房地产开发企业（章）：

年　　月　　日

单位工程施工技术文件目录表

7017

单位工程名称：________________

序 号	文件编号	类　别	项　　目	页　号	附　　录

填表人：____________

工程档案资料移交清单

7018

编　号	专　业	档案资料内容	页　数	附　注

经办人：　　　　　　　　　　　　　　　　上级技术部门负责人：

施工单位 签章	接收单位 签章	说明

移交时间：　　年　　月　　日

施工组织设计（施工方案）审批明细表 7019

序　号	报送单位	工程名称	工程类别	报送日期	审批人

受监工程检验简要纪录卡

7020

编号：

<table>
<tr><td>建 设 单 位</td><td>工 程 名 称</td><td>结构性质</td><td>层数</td><td>设计面积（平方）</td><td>投资金额（万元）</td><td>工程地址</td></tr>
<tr><td></td><td></td><td></td><td></td><td></td><td></td><td></td></tr>
<tr><td>建设单位工程代表</td><td>工程设计单位</td><td colspan="2">设计负责人</td><td colspan="2">开工日期</td><td>竣工日期</td></tr>
<tr><td></td><td></td><td colspan="2"></td><td colspan="2"></td><td></td></tr>
<tr><td>施 工 单 位</td><td>工程施工负责人</td><td colspan="3">市质监站专职监督人员</td><td colspan="2">工程质量评定等级</td></tr>
<tr><td></td><td></td><td colspan="3"></td><td colspan="2"></td></tr>
<tr><td>分部工程名称</td><td>验 收 日 期</td><td colspan="2">建设单位
验 证 人</td><td>设计单位
验 证 人</td><td>施工单位
验 证 人</td><td>市质监站
验 证 人</td></tr>
<tr><td>地 基 验 槽</td><td>年 月 日</td><td colspan="2"></td><td></td><td></td><td></td></tr>
<tr><td>基 础 工 程</td><td>年 月 日</td><td colspan="2"></td><td></td><td></td><td></td></tr>
<tr><td>桩 基 工 程</td><td>年 月 日</td><td colspan="2"></td><td></td><td></td><td></td></tr>
<tr><td>主 体 工 程</td><td>年 月 日</td><td colspan="2"></td><td></td><td></td><td></td></tr>
<tr><td>装饰、装修、门窗、
防水及水电
安装工程</td><td>年 月 日</td><td colspan="2"></td><td></td><td></td><td></td></tr>
<tr><td>施工中的工程质量事故处理</td><td colspan="6"></td></tr>
<tr><td>验收技术资料
存档单位及签收人</td><td colspan="6"></td></tr>
<tr><td>备 注</td><td colspan="6"></td></tr>
</table>

注：有关验收的详细情况，随时记入当天日记中。

单位工程开工报告

7021

<table>
<tr><td colspan="2">工程名称</td><td colspan="2"></td><td>工程地点</td><td colspan="3"></td></tr>
<tr><td colspan="2">建筑面积</td><td colspan="2"></td><td>结构类型</td><td></td><td>层次</td><td></td></tr>
<tr><td colspan="2">建设单位</td><td colspan="2"></td><td>工程造价</td><td></td><td>承包方式</td><td></td></tr>
<tr><td colspan="2">施工单位</td><td colspan="2"></td><td>计划进场人数</td><td></td><td>实际进场人数</td><td></td></tr>
<tr><td colspan="2">预定开工日期</td><td colspan="2">年 月 日</td><td>计划竣工日期</td><td colspan="3">年 月 日</td></tr>
<tr><td colspan="2">国家定额工期</td><td></td><td>合同协议竣工日期</td><td colspan="2">年 月 日</td><td colspan="2">主管部门审查</td></tr>
<tr><td rowspan="11">单位工程开工的基本条件</td><td colspan="5">设计经过审查，图纸已会审</td><td colspan="2"></td></tr>
<tr><td colspan="5">道路基本畅通</td><td colspan="2"></td></tr>
<tr><td colspan="5">场地平整基本就绪</td><td colspan="2"></td></tr>
<tr><td colspan="5">现场供水供电已通</td><td colspan="2"></td></tr>
<tr><td colspan="5">施工组织设计（施工方案）经过审批</td><td colspan="2"></td></tr>
<tr><td colspan="5">（1）施工技术措施已确定</td><td colspan="2"></td></tr>
<tr><td colspan="5">（2）施工图纸预算和施工预算已编制完毕</td><td colspan="2"></td></tr>
<tr><td colspan="5">（3）主要材料已进场，并能保证供应</td><td colspan="2"></td></tr>
<tr><td colspan="5">（4）成品、半成品加工构件能保证供应</td><td colspan="2"></td></tr>
<tr><td colspan="5">（5）主要施工机具设备已进场</td><td colspan="2"></td></tr>
<tr><td colspan="5">（6）劳动力已落实，进度计划已编制</td><td colspan="2"></td></tr>
<tr><td colspan="2">施工单位：
（签章）
年 月 日</td><td colspan="2">建设单位：
（签章）
年 月 日</td><td colspan="2">监理单位：
（签章）
年 月 日</td><td colspan="2">主管部门：
（签章）
年 月 日</td></tr>
</table>

质量事故返工报告

7022

年　　月　　日

工程名称		分项工程	
事故原因			

1. 事故发生日期：　　年　　月　　日

2. 事故的部位及危害程度的说明____________________

3. 发生事故的经过说明____________________

4. 造成的损失________元　其中：人工________工日，金额________元

材料损失________元　其他________________元

5. 事故处理结果的说明：____________________

技术负责人		质量检查员		施工员		组长	

不合格工序评审及处置记录

7023

施工单位：　　　　　　　　　　　　　　　　　　　　　　　　　评审时间：　　年　　月　　日

<table>
<tr><td>工程名称</td><td colspan="2"></td><td colspan="2">不合格部　位</td><td colspan="2"></td><td>检验依据</td><td></td></tr>
<tr><td rowspan="6">参加评审人员（签字）</td><td>姓　名</td><td>职　务</td><td>职　称</td><td>签　字</td><td>姓　名</td><td>职　务</td><td>职　称</td><td>签　字</td></tr>
<tr><td></td><td></td><td></td><td></td><td></td><td></td><td></td><td></td></tr>
<tr><td></td><td></td><td></td><td></td><td></td><td></td><td></td><td></td></tr>
<tr><td></td><td></td><td></td><td></td><td></td><td></td><td></td><td></td></tr>
<tr><td></td><td></td><td></td><td></td><td></td><td></td><td></td><td></td></tr>
<tr><td></td><td></td><td></td><td></td><td></td><td></td><td></td><td></td></tr>
<tr><td>事故内容</td><td colspan="8"></td></tr>
<tr><td>产生原因</td><td colspan="8"></td></tr>
<tr><td>纠正措施</td><td colspan="8"></td></tr>
<tr><td>处理意见</td><td colspan="8"></td></tr>
<tr><td>审批人</td><td colspan="2"></td><td>审核人</td><td colspan="2"></td><td>记录人</td><td colspan="2"></td></tr>
</table>

说明：1. 填写内容多，另页附表后。

2. 一式两份，质安员（施工员）和质安科各保存一份。

施工现场质量管理检查记录表　　7024

施工现场质量管理检查记录应由施工单位填写，总监理工程师（建设单位项目负责人）进行检查，并做出检查结论。

开工日期：

工程名称			施工许可证（开工证）		
建设单位			项目负责人		
设计单位			项目负责人		
监理单位			总监理工程师		
施工单位		项目经理		项目技术负责人	

序号	项　目	内　容
1	现场质量管理制度	
2	质量责任制	
3	主要专业工种操作上岗证书	
4	分包方资质与对分包单位的管理制度	
5	施工图审查情况	
6	地质勘察资料	
7	施工组织设计（施工方案）及审批	
8	施工技术标准	
9	工程质量检验制度	
10	搅拌站及计量设置	
11	现场材料、设备存放与管理	
12		
检查结论： 总监理工程师： （建设单位项目负责人） 年　月　日		

质检员检验记录

7025

日　期	质 量 检 验 情 况	评 定 意 见

不合格工序通知单

7026

施工单位：　　　　　　　　　　　　　　　　　　通知时间：　　年　　月　　日

<table>
<tr><td>单位工程名称</td><td></td><td>分部工程名称</td><td></td><td>分项工程名称</td><td></td></tr>
<tr><td>不合格部位</td><td colspan="5"></td></tr>
<tr><td>存在的质量问题</td><td colspan="5"></td></tr>
<tr><td>纠正措施</td><td colspan="5"></td></tr>
<tr><td>处理意见</td><td colspan="5"></td></tr>
<tr><td>审批人</td><td></td><td>审核人</td><td></td><td>检查人</td><td></td></tr>
</table>

说明：1. 栏内填写内容多，另页附表后。

2. 一式三份，施工班组、质检员（施工员）、质安科各保存一份。

材料进场验收登记表

7027

工程名称：　　　　　　　　　　　　　　　　　　　　　　　　　　　　　　年　　月　　日

序号	材料名称	出产厂家	规格型号	单位	数量	质量		处理意见	签字（甲、乙）
						合格	不合格		
1									
2									
3									
4									
5									
6									
7									
8									
9									
10									

质量事故（返工）处理记录

7028

建设单位________________　　　　年　　月　　日

事故发生部位			发生时间	

事故发生原因	对质量事故处理意见	处理情况结果

返工加固修补发生工料费用	人工、机械（元）	材料（元）	合计（元）	制表单位		队长 组长		检查员	

加工件通知单

7029

建设单位：

工程项目：

年　月　日

序号	名称	规格	单位	数量	图号	需用日期	备注或草图

审核：　　　　　　　　制表：

图纸名称		编　号	

图号	材料名称规格	单位	数量	加工件单位	加工数量	交付日期

工程名称		绘制		绘制日期	
		审核		比　　例	

单位工程质量优良奖报批表

7031

年 月 日

<table>
<tr><td>建设单位</td><td colspan="2"></td><td>项目工程
名 称</td><td colspan="2"></td><td>单位工程
名 称</td><td></td></tr>
<tr><td>施工单位</td><td colspan="2"></td><td>开竣工日期</td><td colspan="2"></td><td>单位工程建安
工作量(元)</td><td></td></tr>
<tr><td rowspan="3">单位工程
质量评定
等 级</td><td colspan="2">评定及监检部门</td><td>人 员</td><td>意 见</td><td>日 期</td><td colspan="2">以下由审批部门填写</td></tr>
<tr><td>建设单位</td><td></td><td></td><td></td><td></td><td>质检科审批
编 号</td><td></td></tr>
<tr><td>设计单位</td><td></td><td></td><td></td><td></td><td>核定奖金(元)</td><td></td></tr>
<tr><td rowspan="2"></td><td>施工单位</td><td></td><td></td><td></td><td></td><td>扣 款(元)</td><td></td></tr>
<tr><td></td><td></td><td></td><td></td><td></td><td>实发奖金(元)</td><td></td></tr>
<tr><td colspan="2">单位工程质量评定表编号</td><td></td><td>共 页</td><td rowspan="2">审批说明</td><td colspan="3" rowspan="2"></td></tr>
<tr><td>分部工程质量情况</td><td colspan="3"></td></tr>
<tr><td colspan="2">分公司质量检验部门意见
年 月 日(章)</td><td colspan="2">分公司计划部门意见
年 月 日(章)</td><td>公司计划部门审查意见
年 月 日(章)</td><td colspan="2">公司质检科审查意见
年 月 日(章)</td><td>公司人事科审查意见
年 月 日(章)</td></tr>
</table>

填报人：

施工技术资料移交明细表

7032

工程名称：

序号	案卷题名	数量						备注
		文字材料		图样材料		其他		
		册	张	册	张	册	张	
1	原材料、半成品、成品出厂证明和试（检）验记录							
2	施工技术准备记录							
3	施工记录							
4	设备基础验收记录							
5	隐蔽工程检验记录							
6	采暖、卫生与煤气工程							
7	电气安装工程							
8	通风与空调工程							
9	电梯安装工程							
10	机械设备安装工程							
11	金属结构工程							
12	工程质量检验评定							
13	竣工验收资料							
14	竣　工　图							
15	设计变更洽商记录							
16	其　　他							

资料接收人：　　　年　　月　　日　　　　　　资料移交人：　年　　月　　日

交工工程项目一览表

7033

工程名称：

序号	单位（分部）工程名称	交工工程量		开工日期	竣工日期	工程质量评定等级	备注
		单位	数量				

主任工程师：　　　　填表人：　　　　年　月　日

单位工程交工验收证明书

7034

建设单位：　　　　　　　　　　　　　　　　　　　　年　　月　　日

序号	单位工程	工程造价	开工日期	竣工日期	验收日期	质量签定		备　注
						优良	合格	
	合　计							
	其中：电力，照明工程							
	给排水管道工程							
	工业管道工程							
	采　暖　工　程							
	通风、空调工程							
	设备安装工程							

验收意见：

验收人：　　　　建设单位代表：　　　　施工单位代表：　　　　制表人：

单位工程竣工验收证明书

7035

年　　月　　日

<table>
<tr><td>委托编号</td><td></td><td>建筑面积(m^2)</td><td></td><td>开工日期</td><td></td></tr>
<tr><td>工程名称</td><td></td><td>结构类型</td><td></td><td>竣工日期</td><td></td></tr>
<tr><td>工程地点</td><td></td><td>工程造价(元)</td><td></td><td>验收日期</td><td></td></tr>
<tr><td>建设单位</td><td></td><td>设计单位</td><td></td><td>施工单位</td><td></td></tr>
<tr><td colspan="6">验收意见:</td></tr>
</table>

<table>
<tr><td>施工单位</td><td>签字盖章</td><td>建设单位</td><td>签字盖章</td><td>设计单位</td><td>签字盖章</td><td>质量监督站</td><td>签字盖章</td></tr>
<tr><td></td><td>签字盖章</td><td></td><td>签字盖章</td><td></td><td>签字盖章</td><td></td><td>签字盖章</td></tr>
</table>

单位工程质量综合评定表

7036

<table>
<tr><td colspan="2">工程名称</td><td colspan="2"></td><td>建设面积（m^2）</td><td></td></tr>
<tr><td colspan="2">建设地址</td><td colspan="2"></td><td>结构类型</td><td></td></tr>
<tr><td colspan="2">层数（跨度）
及总高度（m）</td><td colspan="2"></td><td>工程造价（元）</td><td></td></tr>
<tr><td colspan="2">开工日期</td><td>年　月　日</td><td>竣工日期</td><td colspan="2">年　月　日</td></tr>
<tr><td>设计单位意见</td><td colspan="5">参验人员签字：　　　　年　月　日</td></tr>
<tr><td>施工单位意见</td><td colspan="5">参验人员签字：　　　　年　月　日</td></tr>
<tr><td>建设单位意见</td><td colspan="5">参验人员签字：　　　　年　月　日</td></tr>
<tr><td>监理单位意见</td><td colspan="5">参验人员签字：　　　　年　月　日</td></tr>
</table>

续表

<table>
<tr><th>项 目</th><th>企 业 评 定</th><th>核 定 情 况</th></tr>
<tr><td>分部
工程
质量
评定
汇总</td><td>共　　分部；
其中优良　　分部；
优良率　　%；
主体分部质量等级：
装饰分部质量等级：
安装主要分部质量等级：</td><td>共　　分部；
其中优良　　分部；
优良率　　%；
主体分部质量等级：
装饰分部质量等级：
安装主要分部质量等级：</td></tr>
<tr><td>质量
保证
资料
评定</td><td>共检查　　项，
其中符合要求　　项，
经签定符合要求　　项。
检查结果：</td><td>共检查　　项，
其中符合要求　　项，
经核查符合要求　　项。
检查结果：</td></tr>
<tr><td>观感
质量
评定</td><td>应　得　　分
实　得　　分
得分率　　%</td><td>应　得　　分
实　得　　分
得分率　　%</td></tr>
<tr><td colspan="2">企业评定等级：

企业经理：　　　　公　章
企业技术负责人：　　年　月　日</td><td>监督站核定结果：

质量监督员：
技术负责人：　　　　公　章
站　长：　　年　月　日</td></tr>
</table>

分部分项工程验收单

7037

单位工程名称：　　　　　　　　　　　　　　　　　　　年　月　日

顺序	分部分项工程			施工技术员	施工班组	质量评定		备注
	名称	单位	工程量			优良	合格	
验收意见	验收人：							

验收单位：　　　　　　施工单位：　　　　　　施工负责人：

未完工程项目表

7038

序号	分部分项工程名称	施工图号	工程量	未完工原因	处理意见

建设单位	施工单位
公　章 现场代表　　年　月　日	公　章 主任工程师　　年　月　日

注：未完工程项目：包括不符合质量要求的不合格工程和甩项漏项及遗留未解决的工程项目。　　制表：

优良工程检验评定表

7039

<table>
<tr><td colspan="2">施工单位</td><td></td><td>工程名称</td><td colspan="4"></td></tr>
<tr><td colspan="2">工程编号</td><td></td><td>建设面积</td><td colspan="4"></td></tr>
<tr><td rowspan="2">序号</td><td rowspan="2">检查项目</td><td rowspan="2" colspan="2">检查内容及评分</td><td rowspan="2">检查情况</td><td rowspan="2">满分</td><td colspan="2">实得分</td></tr>
<tr><td>分公司自评</td><td>公司复评</td></tr>
<tr><td>1</td><td>观感质量检验</td><td colspan="2">按照相应专业质量检验评定标准规定的内容及要求进行抽查。观感质量得分率在85%及其以上时，得满分；否则，不得分。对抽查情况与原质量评定结果有出入的项目可扩大比例检查，如符合要求可酌情减分，如仍不符合要求，不得分</td><td></td><td>10</td><td></td><td></td></tr>
<tr><td>2</td><td>实测</td><td colspan="2">当保证项目抽查结果100%达到相应质量检验评定标准的规定要求；基本项目每项抽检的处（件）符合相应质量检验评定标准的合格规定，其中有50%及其以上的处（件）符合优良规定；允许偏差项目抽检的点数中有90%及其以上的实测值在相应质量检验评定标准的允许偏差范围内得满分。实测情况达不到上述要求时，不得分</td><td></td><td>15</td><td></td><td></td></tr>
<tr><td>3</td><td>试运、试压</td><td colspan="2">转动设备单机试运一次成功，容器及管线试压一次成功，反应、处理、加工、生产性设备以及电气、仪表等投运一次成功得满分；
试运、试压二次成功得3分，三次以上成功者不得分；无试运、试压内容的单位工程，此项分可并入实测项目中</td><td></td><td>5</td><td></td><td></td></tr>
<tr><td>4</td><td>质量事故</td><td colspan="2">无质量事故得满分；否则，不得分</td><td></td><td>5</td><td></td><td></td></tr>
<tr><td>5</td><td>质量保证资料</td><td colspan="2">各项质量保证资料齐全、工整、准确，得满分；有缺陷时可酌情减分或不得分</td><td></td><td>10</td><td></td><td></td></tr>
<tr><td>6</td><td colspan="4">总计评分</td><td>45</td><td></td><td></td></tr>
<tr><td colspan="2">分公司经理</td><td></td><td>制表</td><td colspan="4" rowspan="2">审查意见</td></tr>
<tr><td colspan="2">公司质量管理部门</td><td colspan="2">年　月　日</td></tr>
</table>

单位（子单位）工程质量竣工验收记录 7040

<table>
<tr><td colspan="2">工程名称</td><td></td><td>结构类型</td><td></td><td>层数/建筑面积</td><td>/</td></tr>
<tr><td colspan="2">施工单位</td><td></td><td>技术负责人</td><td></td><td>开工日期</td><td></td></tr>
<tr><td colspan="2">项目经理</td><td></td><td>项目技术负责人</td><td></td><td>竣工日期</td><td></td></tr>
<tr><td>序号</td><td colspan="2">项　目</td><td colspan="2">验 收 记 录</td><td colspan="2">验 收 结 论</td></tr>
<tr><td>1</td><td colspan="2">分部工程</td><td colspan="2">共　分部，经查　分部
符合标准及设计要求　分部</td><td colspan="2"></td></tr>
<tr><td>2</td><td colspan="2">质量控制资料核查</td><td colspan="2">共　项，经审查符合要求
项，经核定符合规范要求　项</td><td colspan="2"></td></tr>
<tr><td>3</td><td colspan="2">安全和主要使用功能核查及抽查结果</td><td colspan="2">共核查　项，符合要求　项，
共抽查　项，符合要求　项，
经返工处理符合要求　项，</td><td colspan="2"></td></tr>
<tr><td>4</td><td colspan="2">观感质量验收</td><td colspan="2">共抽查　项，符合要求　项，
不符合要求　项</td><td colspan="2"></td></tr>
<tr><td>5</td><td colspan="2">综合验收结论</td><td colspan="4"></td></tr>
<tr><td rowspan="2">参加验收单位</td><td colspan="2">建设单位</td><td>监理单位</td><td>施工单位</td><td colspan="2">设计单位</td></tr>
<tr><td colspan="2">（公章）

单位（项目）负责人
年　月　日</td><td>（公章）

总监理工程师
年　月　日</td><td>（公章）

单位负责人
年　月　日</td><td colspan="2">（公章）

单位（项目）负责人
年　月　日</td></tr>
</table>

7041

竣工验收通用记录		编　号	
工程名称		建设单位名称	
验收项目		设计单位名称	
开工日期	年　月　日	监理单位名称	
竣工日期	年　月　日	施工单位名称	
管理单位名称		邀请单位名称	
验收内容、范围及数量：			
验收结论：□合格　□不合格			
遗留问题及解决方案：			

管理单位签字公章：	建设单位签字公章：	设计单位签字公章：
监理单位签字公章：	施工单位签字公章：	邀请单位签字公章：

注：本表城建档案馆、建设单位、监理单位、施工单位各保存一份。

分项分部工程质量验收证明书 7042

单位工程名称：________________

建筑面积：________________

结构类型、层数：________________

施工单位名称：________________

分项、分部工程名称：________________

<table>
<tr><td rowspan="4">质
量
验
收
意
见</td><td>施工单位意见：

总工程师________ 年 月 日
项目经理________ 年 月 日
施工企业质量部门章</td></tr>
<tr><td>设计单位意见：

设计项目负责人________ 年 月 日
设计单位部门章</td></tr>
<tr><td>监理单位意见：

总监理工程师________ 年 月 日
监理项目部门章</td></tr>
<tr><td>建设单位意见：

项目负责人________ 年 月 日
建设单位部门章</td></tr>
<tr><td colspan="2">质量监督站：

____________________分项（部）工程质量验收证明收到

经办人________ 年 月 日 监督站部门章</td></tr>
</table>

施工单位工程质量竣工报告（合格证明书） 7044

<table>
<tr><td>单位工程名称</td><td colspan="4"></td></tr>
<tr><td>建 筑 面 积</td><td></td><td colspan="2">结构类型、层数</td><td></td></tr>
<tr><td>施工单位名称</td><td colspan="4"></td></tr>
<tr><td>施工单位地址</td><td colspan="4"></td></tr>
<tr><td>施工单位邮编</td><td></td><td colspan="2">联 系 电 话</td><td></td></tr>
<tr><td colspan="5">质量验收意见：</td></tr>
<tr><td colspan="2">项目经理：</td><td colspan="2">年　月　日</td><td rowspan="4">施
工
企
业
公
章</td></tr>
<tr><td colspan="2">企业质量负责人：
（质量科长）</td><td colspan="2">年　月　日</td></tr>
<tr><td colspan="2">企业技术负责人：
（总工程师）</td><td colspan="2">年　月　日</td></tr>
<tr><td colspan="2">企业法人代表：</td><td colspan="2">年　月　日</td></tr>
</table>

勘察单位工程质量检查报告（合格说明书） 7045

<table>
<tr><td>单位工程名称</td><td colspan="3"></td></tr>
<tr><td>勘察单位名称</td><td colspan="3"></td></tr>
<tr><td>勘察单位地址</td><td colspan="3"></td></tr>
<tr><td>勘察单位邮编</td><td></td><td>联系电话</td><td></td></tr>
<tr><td colspan="4">质量验收意见：</td></tr>
</table>

<table>
<tr><td>项目负责人：</td><td>年 月 日</td><td rowspan="3">勘
察
企
业
公
章</td></tr>
<tr><td>企业技术负责人：</td><td>年 月 日</td></tr>
<tr><td>企业法人代表：</td><td>年 月 日</td></tr>
</table>

设计单位工程质量检查报告（合格说明书） 7046

<table>
<tr><td>单位工程名称</td><td colspan="3"></td></tr>
<tr><td>设计单位名称</td><td colspan="3"></td></tr>
<tr><td>设计单位地址</td><td colspan="3"></td></tr>
<tr><td>设计单位邮编</td><td></td><td>联系电话</td><td></td></tr>
<tr><td>设计合理使用年限</td><td colspan="3"></td></tr>
<tr><td>设计允许最终沉降量</td><td colspan="3"></td></tr>
<tr><td colspan="4">质量验收意见：</td></tr>
</table>

<table>
<tr><td>项目负责人：</td><td>年　月　日</td><td rowspan="4">设
计
单
位
公
章</td></tr>
<tr><td>注册建筑师：</td><td>年　月　日</td></tr>
<tr><td>注册结构师：</td><td>年　月　日</td></tr>
<tr><td>单位法人代表：</td><td>年　月　日</td></tr>
</table>

监理单位工程质量评估报告（合格说明书） 7047

<table>
<tr><td>单位工程名称</td><td colspan="3"></td></tr>
<tr><td>监理单位名称</td><td colspan="3"></td></tr>
<tr><td>监理单位地址</td><td colspan="3"></td></tr>
<tr><td>监理单位邮编</td><td></td><td>联系电话</td><td></td></tr>
<tr><td colspan="4">质量验收意见：</td></tr>
</table>

<table>
<tr><td>总监理工程师：</td><td>年 月 日</td><td rowspan="3">监
理
单
位
公
章</td></tr>
<tr><td>企业技术负责人：</td><td>年 月 日</td></tr>
<tr><td>企业法人代表：</td><td>年 月 日</td></tr>
</table>

工程款支付证明

7048

单位工程名称	
建设单位名称	
施工单位名称	
第三方证明单位名称	
工程承包合同总造价	
增加工作量造价	
已支付工程款	
按合同约定应支付工程款	
剩余未支付工程款	
剩余工程款支付时间及方式	
建设单位意见： 法人代表__________ 年 月 日 公章	
施工单位意见： 法人代表__________ 年 月 日 公章	
第三方证明单位意见： 法人代表__________ 年 月 日 公章	

工程质量保修书

7049

<table>
<tr><td>单位工程名称</td><td></td><td>竣工日期</td><td></td></tr>
<tr><td>建设单位名称</td><td></td><td>施工单位名称</td><td></td></tr>
<tr><td colspan="4">本工程在质量保修期内，如发生质量问题，本单位将按照《建设工程质量管理条例》、《房屋建筑工程质量保修办法》的有关规定负责质量保修，属施工质量问题，保修费用由本单位承担，属其他质量问题，保修费用由责任单位承担。</td></tr>
<tr><td>质量保修范围</td><td colspan="3">在正常使用条件下，建设工程的最低保修期限为：
1. 基础设施工程、房屋建筑的地基基础工程和主体结构工程，为设计文件规定的该工程的合理使用年限＿＿＿＿＿年。
2. 屋面防水工程，有防水要求的卫生间，房间和外墙面的防渗漏，为5年。
3. 供热与制冷系统，为2个采暖，制冷期。
4. 电气管线、给排水管道、设备安装为2年。
5. 装饰工程为2年。
其他：</td></tr>
<tr><td colspan="4">注：1. 建设工程保修期，自建设单位竣工验收合格之日起计算。
2. 建设工程超过保修期以后，应有产权所有人（物业管理单位）进入正常的定期保养和维修。</td></tr>
<tr><td rowspan="5">施工单位</td><td>法人代表</td><td></td><td rowspan="5">施工企业（公章）

年　月　日</td></tr>
<tr><td>项目经理</td><td></td></tr>
<tr><td>保修联系人</td><td></td></tr>
<tr><td>联系电话</td><td></td></tr>
<tr><td>联系地址、邮编</td><td></td></tr>
</table>

竣工移交证书	编　号	
工程名称		

致＿＿＿＿＿＿＿＿＿：

兹证明承包单位＿＿＿＿＿＿＿＿＿＿＿＿＿＿＿施工的＿＿＿＿＿工程，已按合同的要求完成，并验收合格，即日起该工程移交建设单位管理，并进入保修期。

附件：单位工程验收记录

总监理工程师（签字）	监理单位（章）
年　月　日	
建设单位代表（签字）	建设单位（章）
年　月　日	

注：本表由监理单位填写，建设单位、监理单位、施工单位、档案馆各一份。

<table>
<tr><td colspan="3">单位工程验收记录</td><td>编　号</td><td></td></tr>
<tr><td colspan="2">工程名称</td><td></td><td>建设单位</td><td></td></tr>
<tr><td colspan="2">建筑面积</td><td></td><td>设计单位</td><td></td></tr>
<tr><td colspan="2">层　　数</td><td></td><td>监理单位</td><td></td></tr>
<tr><td colspan="2">结构类型</td><td></td><td>施工单位</td><td></td></tr>
<tr><td colspan="2">工程地址</td><td></td><td>勘察单位</td><td></td></tr>
<tr><td colspan="2">开工日期</td><td>年　月　日</td><td>竣工日期</td><td>年　月　日</td></tr>
<tr><td rowspan="11">工程内容及自检情况</td><td>建筑工程</td><td colspan="3" rowspan="11"></td></tr>
<tr><td>采暖卫生煤气</td></tr>
<tr><td>电气安装</td></tr>
<tr><td>通风与空调</td></tr>
<tr><td>电梯安装</td></tr>
<tr><td></td></tr>
<tr><td></td></tr>
<tr><td></td></tr>
<tr><td></td></tr>
<tr><td></td></tr>
<tr><td></td></tr>
<tr><td rowspan="2">验收意见</td><td colspan="3" rowspan="2"></td><td>施工单位</td></tr>
<tr><td>（公章）</td></tr>
<tr><td rowspan="2">参加单位公章</td><td>勘察单位</td><td>建设单位</td><td>设计单位</td><td>监理单位</td></tr>
<tr><td>（公章）</td><td>（公章）</td><td>（公章）</td><td>（公章）</td></tr>
</table>

注：本表城建档案馆、建设单位、监理单位、施工单位各保存一份。

钢筋材质试验报告汇总表

7052

工程名称：　　　　　　　　　　　　　年　　月　　日

批次	钢材牌号	钢筋直径（mm）	进场批量（t）	进场批（炉）号	使用部位	送检日期	试验日期	每组试件根数	物理力学性能试验结果						出厂材质证明	备注
									强度（MPa）		伸长率（%）	冷弯性能	焊接性能	结论		
									屈服点	抗拉强度						
1																
2																
3																
4																
5																
6																
7																
8																
9																
10																
合计																

施工单位填报人（签字）：　　　　　　　　　监理（建设）单位核查人（签字）：

钢材出厂质量证明和试验单汇总表

7053

单位工程名称						施工单位				
序号	原件编号	批号	数量	品种规格	出厂日期	屈服强度	极限强度	伸长率	冷弯结果	使用部位

单位工程技术负责人： 年　月　日	整理人： 年　月　日

注：按分项工程为序，先填出厂质量证明（含抄件），后填试验报告。

钢筋连接试验报告汇总表

7054

工程名称：　　　　　　年　　月　　日

批次	连接种类	钢筋直径（mm）	每组试件根数	抽样部位	送检日期	试验日期	试验结果					结论	接头批量（个）	备注
							极限荷重（kN）	极限强度（MPa）	断口距焊缝端尺寸（mm）	焊缝破坏（脆、塑）情况	冷弯试验（D）			
1														
2														
3														
4														
5														
6														
7														
8														
9														
10														
11														
12														

施工单位填报人（签字）：　　　　　　监理（建设）单位核查人（签字）：

水泥材质试验报告汇总表

7055

工程名称：　　　　　　　　　　　　年　　月　　日

批次	品种	出厂批（编）号	进场批量（t）	使用部位	送检日期	试验日期	化学分析情况	物理性能试验结果				生产厂家	出厂材质证明	备注
								强度（MPa）		安定性	认定强度等级			
								抗压	抗折					
1														
2														
3														
4														
5														
6														
7														
8														
9														
10														
合计														

施工单位填报人（签字）：　　　　　　　　监理（建设）单位核查人（签字）：

水泥出厂质量证明和试验单汇总表　7056

工程名称			施工单位		
证单编号	批量（t）	使用部位	厂名、品种标号	复验因由	质　量
单位工程技术负责人： 年　月　日			整理人： 年　月　日		

砖材质试验报告汇总表

工程名称：　　　　　　　　　年　　月　　日

批次	品种	出厂批（编）号	进场数量（万块）	使用部位	进场日期	试验日期	设计强度等级	试验结果				外观质量	生产厂家	出厂材质证明	备注
								强度平均值（MPa）	强度标准值（$\delta \leq 0.21$）	单块强度最小值（$\delta > 0.21$）	认定强度等级				
1															
2															
3															
4															
5															
6															
7															
8															
9															
10															
合计															

施工单位填报人：　　　　　　　　监理（建设）单位核查人：

混凝土、砂浆试块试验报告汇总表

7058

工程名称：　　　　　　　　　　年　　月　　日

批次	试块部位及构件名称	设计强度（MPa）	成型日期	试验日期	龄期（d）	每组试件块数	试压评定强度（MPa）	折算为28天强度	达到设计强度（%）	报告编号	备　注
1											
2											
3											
4											
5											
6											
7											
8											
9											
10											
11											
12											
合计											

施工单位填报人（签字）：　　　　　　　　监理（建设）单位核查人（签字）：

防水材料出厂质量证明试验报告汇总表

7059

工程名称			施工单位	
证单编号	批量（t）	使用部位	名称、品种、规格	质量抽检情况
单位工程技术负责人： 年　月　日			整理人： 年　月　日	

建筑材料、设备出厂合格证、试验单汇总表 7060

工程名称			施工单位		
证单编号	材料、设备名称	型号规格	产地厂家	抽检质量情况	使用部位

单位工程技术负责人： 年　月　日	整理人： 年　月　日

建筑构配件出厂质量证明和抽检单汇总表　　7061

工程名称				施工单位		
序号	证单编号	名称及生产厂名	规格型号	出厂日期	使用部位	质量抽检情况
单位工程技术负责人： 年　月　日				整理人： 年　月　日		

砂浆试块强度试验汇总表

7062

单位工程名称：

序号	试验编号	制作日期	部位名称	砂浆强度（MPa）		达到设计强度（%）	备　注
				设计要求	试验结果		

施工项目技术负责人：　　　　　　　　填表人：　　　　　　　　年　　月　　日

电气设备__________记录汇总表

7063

工程名称			分部（子分部）工程	
施工单位			分包单位	
序号	设备名称型号、规格	记录份数	调试、交接试验、试运行单位	备 注

注：表头“__________”处应填写调试、交接试验、空载试运行、负荷试运行之一。

建筑工程文件的验收与移交

7064

1. 建设工程文件封面和总目录

(1) 建设工程文件总目录卷汇总表

(2) 建设工程文件总目录卷

2. 工程文件封面和目录

(1) 工程文件案卷封面

(2) 工程文件案卷内目录

(3) 工程文件卷内备考表

3. 城建档案封面和目录

(1) 城市建设档案封面

(2) 城市建设档案卷内目录

(3) 城市建设档案卷审核备考表

4. 档案移交

(1) 工程文件移交书

(2) 城市建设档案移交书

(3) 城市建设档案缩微品移交书

(4) 城市建设档案移交目录

工程名称____________________

建设单位____________________

监理单位____________________

施工单位____________________

责 任 人____________________

编 制 人____________________

日　　期________年________月________日

<table>
<tr><td>类别</td><td colspan="4" rowspan="2">工程文件总目录卷汇总表</td></tr>
<tr><td>汇总表</td></tr>
<tr><td>工程名称</td><td colspan="4"></td></tr>
<tr><td>案卷类别</td><td>案卷名称</td><td>卷　数</td><td>整理日期</td><td>城建档案管理员签字</td></tr>
<tr><td>J</td><td>基建文件</td><td></td><td></td><td></td></tr>
<tr><td>L</td><td>监理文件</td><td></td><td></td><td></td></tr>
<tr><td>S</td><td>施工文件</td><td></td><td></td><td></td></tr>
<tr><td>T</td><td>设计文件</td><td></td><td></td><td></td></tr>
<tr><td></td><td></td><td></td><td></td><td></td></tr>
<tr><td></td><td></td><td></td><td></td><td></td></tr>
<tr><td></td><td></td><td></td><td></td><td></td></tr>
</table>

注：1. 各单位工程资料由各单位城建档案管理员负责组卷并签字。

2. 设计资料由建设单位城建档案管理员负责检查验收并签字。

7066

工程文件总目录卷						类别
工程名称				整理单位		
顺序号	案卷号	案卷题名	起止页数	保存单位	保存期限	整理日期
			至	建设单位 □ 监理单位 □ 施工单位 □ 城建档案馆 □	永久 □ 长期 □ 短期 □	
			至	建设单位 □ 监理单位 □ 施工单位 □ 城建档案馆 □	永久 □ 长期 □ 短期 □	
			至	建设单位 □ 监理单位 □ 施工单位 □ 城建档案馆 □	永久 □ 长期 □ 短期 □	
			至	建设单位 □ 监理单位 □ 施工单位 □ 城建档案馆 □	永久 □ 长期 □ 短期 □	
			至	建设单位 □ 监理单位 □ 施工单位 □ 城建档案馆 □	永久 □ 长期 □ 短期 □	
			至	建设单位 □ 监理单位 □ 施工单位 □ 城建档案馆 □	永久 □ 长期 □ 短期 □	
			至	建设单位 □ 监理单位 □ 施工单位 □ 城建档案馆 □	永久 □ 长期 □ 短期 □	
			至	建设单位 □ 监理单位 □ 施工单位 □ 城建档案馆 □	永久 □ 长期 □ 短期 □	
			至	建设单位 □ 监理单位 □ 施工单位 □ 城建档案馆 □	永久 □ 长期 □ 短期 □	

城建档案管理员签字：

工 程 文 件

7067

名　　称：________________________________

案卷提名：________________________________

____

编制单位：________________________________

技术主管：________________________________

编制日期：自　　年　　月　　日起至　　年　　月　　日止

保管期限：____________密级：____________

保存档号：____________

共　　册　　第　　册

工程文件卷内目录				案卷编号		
工程名称			编制单位			
序号	文 件 名 称	文件编号	文件内容	编制日期	页次	备　　注

<table>
<tr><td rowspan="2">工程文件卷内备考表</td><td>案卷编号</td></tr>
<tr><td></td></tr>
<tr><td colspan="2">本案卷已编号的文件材料共＿＿＿＿＿张，其中：文字材料＿＿＿＿＿张，图样材料＿＿＿＿＿张，照片＿＿＿＿＿张。立卷单位对本案卷完整准确情况的审核说明：

立卷人：　　年　　月　　日

审核人：　　年　　月　　日</td></tr>
<tr><td colspan="2">保存单位的审核说明：

技术审核人：　　年　　月　　日

档案接收人：　　年　　月　　日</td></tr>
</table>

档案馆代号：

城市建设档案

7070

名　　称：________________

案卷提名：________________

____

编制单位：________________

技术主管：________________

编制日期：自　　年　　月　　日起至　　年　　月　　日止

保管期限：__________密级：__________

档　　号：__________缩微号：__________

共　　册　　第　　册

单位工程施工技术文件评价记分表 7071

序号	文件名称	标准分	企业自评	核查单位核准分数	备注
C11	建筑与结构工程	350			
0	施工现场质量管理检查记录	2			
1	图纸会审记录	3			
2	设计变更记录	3			
3	施工组织设计	10			
(1)	施工安全措施				
(2)	施工环保措施				
4	开工报告	2			
5	技术交底	10			
6	施工日志	10			
7	原材料（成品）合格证，试（检）验报告	60			
(0)	原材料合格证、试验报告汇总表				
(1)	钢材出厂合格证、试验报告汇总表				
①	钢材出厂合格证				
②	钢材试验报告（机械性能、金相试验）				
(2)	焊条（剂）合格证汇总表				
①	焊条（剂）合格证				
②	烘焙记录				
(3)	水泥出厂合格证、试验报告汇总表				
①	水泥出厂合格证				
②	水泥试验报告				
(4)	砖（砌块）出厂合格证、试验报告汇总表				
①	砖（砌块）出厂合格证				
②	砖（砌块）试验报告				
(5)	防水材料合格证、试验报告汇总表				
①	防水材料出厂合格证				
②	防水材料试验报告				
(6)	构件出厂合格证、试验报告汇总表				
①	构件出厂合格证				
②	构件试验报告				
(7)	骨料出厂合格证、试验报告汇总表				
①	骨料出厂合格证				
②	骨料试验报告				
(8)	外加剂出厂合格证、试验报告汇总表				
①	外加剂出厂合格证				
②	外加剂试验报告				
(9)	建筑装饰修材料出厂合格证、试验报告汇总表				
①	材料出厂合格证				
②	材料试验报告				
③	建筑节能、保温测试记录				
④	室内环境检测报告				
(10)	建筑工业产品登记备案汇总表				
(11)	其他原材料、半成品、成品				
(12)	工程物资选样送审表				

序号	文 件 名 称	标准分	企业自评	核查单位核准分数	备注
(13)	进场物资批次汇总表				
(14)	工程物资进场报验表				
(15)	材料、设备进场验收记录				
①	设备开箱检查记录				
②	材料、配件检验记录				
8	施工试验记录	50			
(0)	施工试验汇总表				
(1)	土壤试验报告				
①	土壤干密度试验报告				
②	土壤击实试验报告				
(2)	砂浆强度试验评定汇总表				
①	砂浆配合比通知单				
②	砂浆试块抗压强度试验报告				
(3)	混凝土试验评定汇总表				
①	混凝土配合比通知单				
②	混凝土试块抗压强度试验报告				
③	混凝土抗渗试验报告				
④	商品混凝土出厂合格证、复试报告				
(4)	钢筋接头焊接试验汇总表				
①	钢筋试焊报告				
②	钢筋接头（焊接）试验报告				
(5)	预应力工程试验汇总表				
①	原材料试验报告				
②	预应力试验记录				
(6)	钢筋机械连接试验汇总表				
①	钢筋接头的型式检验				
②	钢筋接头的施工检验				
9	施工记录	60			
(0)	施工记录汇总表				
(1)	施工测量记录汇总表				
①	控制网设置资料				
②	工程定位测量记录				
③	基槽开挖验线记录				
④	楼层放线记录				
(2)	地基钎探记录				
①	地基钎探记录				
②	钎探平面布点图				
(3)	地基处理记录				
(4)	混凝土工程施工记录				
①	混凝土开盘记录				
②	混凝土施工记录				
(5)	混凝土工程（搅拌、养护）测温记录				
(6)	结构吊装记录				
(7)	预应力钢筋张拉记录				
①	预应力钢筋张拉记录				

序号	文 件 名 称	标准分	企业自评	核查单位核准分数	备注
②	有粘结预应力结构灌浆记录				
(8)	沉降观测记录				
(9)	烟道、垃圾道检查记录				
(10)	工程质量事故（问题）处理记录				
①	工程质量事故调（勘）查记录				
②	建设工程质量事故报告书				
③	不合格项（材料）处理记录				
(11)	防水工程试水检查记录				
(12)	楼地面坡度检查记录				
(13)	样板分项工程检查记录				
(14)	创建无质量通病工程活动记录				
(15)	新材料、新工艺施工记录				
(16)	建筑物垂直度、标高、全高测量记录				
10	隐蔽工程检查验收记录	30			
11	地基基础/主体结构检验及抽样检测资料	20			
(1)	抽样见证、检测资料				
(2)	实体工程结构检验资料				
(3)	基础/主体工程验收记录				
12	工程质量检验记录	60			
(1)	检验批质量验收记录				
(2)	分项工程质量验收记录				
(3)	分部（子分部）工程质量验收记录				
13	预检工程记录	10			
14	班组自检、互检、交接检记录	10			
15	专业分包工程施工技术文件	10			
(1)	桩基础工程施工技术文件				
(2)	钢结构工程施工技术文件				
(3)	幕墙工程施工技术文件				
(4)	高级装修工程施工技术文件				
C12	建筑设备安装工程				
1	建筑给水、排水及采暖工程	40			
(0)	施工现场质量管理检查记录				
(1)	图纸会审记录				
(2)	设计变更洽商记录				
(3)	施工组织设计或施工方案				
(4)	开工报告				
(5)	技术交底				
(6)	施工日志				
(7)	设备、产品质量检查安装记录				
①	设备明细表				
②	设备、产品质量合格证、质量保证书				
③	设备装箱单、商检证明和说明书、开箱报告				
④	设备组装记录				
⑤	设备单体试运行记录				
(8)	预检记录				

序号	文 件 名 称	标准分	企业自评	核查单位核准分数	备注
(9)	隐蔽工程检查验收记录				
(10)	施工试验记录				
①	管道设备强度试验、严密性试验记录				
②	系统清洗记录				
③	排水管灌水、通球、通水试验记录				
④	锅炉、烘（煮）炉，设备试运转记录				
(11)	施工记录				
(12)	工程质量验收记录				
(13)	其他				
2	建筑电气工程	30			
(0)	施工现场质量管理检查记录				
(1)	图纸会审记录				
(2)	设计变更洽商记录				
(3)	施工组织设计或施工方案				
(4)	开工报告				
(5)	技术交底				
(6)	施工日志				
(7)	主要设备、材料、成品和半成品进场验收				
①	设备明细表				
②	设备、产品质量合格证、质量保证书				
③	设备装箱单、商检证明和说明书、开箱报告				
④	设备组装记录				
⑤	设备试运行记录				
(8)	预验记录				
(9)	隐蔽工程验收记录				
(10)	施工试验记录				
①	电气接地电阻、绝缘电阻测试记录				
②	电气照明、动力等系统调试、试运行记录				
(11)	施工记录				
①	大型灯具牢固性施工试验记录				
②	电气照明通电安全检查记录				
(12)	工程质量验收记录				
(13)	其他				
3	通风与空调工程	20			
(0)	施工现场质量管理检查记录				
(1)	图纸会审记录				
(2)	设计变更洽商记录				
(3)	施工组织设计或施工方案				
(4)	开工报告				
(5)	技术交底				
(6)	施工日志				
(7)	主要设备、材料、成品和半成品进场验收				
①	设备明细表				
②	设备、产品质量合格证、质量保证书				
③	设备装箱单、商检证明和说明书、开箱报告				

序号	文件名称	标准分	企业自评	核查单位核准分数	备注
④	设备组装记录				
⑤	设备试运行记录				
(8)	预验记录				
(9)	隐蔽工程验收记录				
(10)	施工试验记录				
1)	制冷、空调水管道强度试验、严密性试验记录				
2)	制冷系统的工作性能试验记录				
3)	凝结水系统排水灌水试验记录				
4)	通风、空调系统调试记录				
①	通风、空调系统无负荷联合试运转				
②	风量、温度测试记录				
③	洁净室洁净度测试记录				
(11)	施工记录				
(12)	工程质量验收记录				
(13)	其他				
4	电梯工程	10			
(0)	施工现场质量管理检查记录				
(1)	图纸会审记录				
(2)	设计变更洽商记录				
(3)	施工组织设计或施工方案				
(4)	开工报告				
(5)	技术交底				
(6)	施工日志				
(7)	电梯设备随机文件和进场检查验收记录				
①	土建布置图				
②	产品出厂合格证				
③	门锁装置、限速器、安全钳及缓冲器的形式试验合格证书复印件				
④	装箱单				
⑤	安装、使用维护说明书				
⑥	动力电路和安全电路的电气原理图				
⑦	其他				
(8)	预检记录				
(9)	隐蔽工程验收记录				
(10)	施工试验记录				
(11)	施工记录				
(12)	工程质量验收记录				
(13)	其他				
5	智能化建筑工程	10			
(0)	施工现场质量管理检查记录				
(1)	图纸会审记录				
(2)	设计变更洽商记录				
(3)	施工组织设计或施工方案				
(4)	开工报告				
(5)	技术交底				
(6)	施工日志				

序号	文 件 名 称	标准分	企业自评	核查单位核准分数	备注
(7)	材料、设备出厂合格证、技术文件及进场试（检）验报告				
①	材料、设备明细表				
②	设备、产品质量合格证、质量保证书				
③	设备装箱单记录				
④	设备组装记录				
⑤	设备单体试运行记录				
⑥	系统技术操作和维护手册				
(8)	预检记录				
(9)	隐蔽工程验收记录				
(10)	施工试验记录				
①	系统电源绝缘电阻、接地电阻测试报告				
②	系统功能测定及设备调试记录				
③	系统试运行检测报告				
(11)	施工检查记录				
(12)	工程质量验收记录				
(13)	其他				
D12	专业竣工图	15			
1	建筑竣工图				
2	结构竣工图				
3	装饰装修工程竣工图				
4	给排水工程（消防工程）竣工图				
5	电气工程（智能化工程）竣工图				
6	采暖通风空调工程竣工图				
7	燃气工程竣工图				
E1	工程竣工总结	5			
1	工程概况表				
2	工程竣工总结				
E21	建筑安装工程验收记录	20			
1	单位（子单位）工程质量验收记录				
2	竣工验收证明书				
3	竣工验收报告				
4	竣工验收备案表（包括各专项验收认可文件）				
5	工程质量保修书				

检查单位	应得分	实得分	得分率	等级	责任人	时间
施工单位						
监理单位						
质监站						
结　论						

注：单位工程施工技术文件基本评价标准等级定为：良好、一般和较差。

工程竣工总结

1. 工程概况表

2. 工程竣工总结

工程名称____________________

责 任 人____________________

编 制 人____________________

日期________年________月________日

<table>
<tr><td colspan="3">建设工程概况</td><td>档号
（由档案馆填写）</td><td></td></tr>
<tr><td colspan="2">建设工程名称</td><td></td><td>工程曾用名：</td><td></td></tr>
<tr><td colspan="2">建设工程地址</td><td colspan="3"></td></tr>
<tr><td colspan="2">规划许可证号</td><td></td><td>设计工程号</td><td></td></tr>
<tr><td colspan="2">保证金号</td><td></td><td>工程决算（元）</td><td></td></tr>
<tr><td colspan="2">开工日期</td><td>年　月　日</td><td>竣工日期</td><td></td></tr>
<tr><td rowspan="4">建设单位</td><td>单位名称</td><td></td><td>单位代码</td><td></td></tr>
<tr><td>单位地址</td><td></td><td>邮政编码</td><td></td></tr>
<tr><td>联系人</td><td></td><td>电　话</td><td></td></tr>
<tr><td colspan="2">建设单位上级主管</td><td colspan="2"></td></tr>
<tr><td colspan="2">与本工程有关单位</td><td colspan="2">单位名称</td><td>单位代码</td></tr>
<tr><td colspan="2">产权单位</td><td colspan="2"></td><td></td></tr>
<tr><td colspan="2">规划批准单位</td><td colspan="2"></td><td></td></tr>
<tr><td colspan="2">设计单位</td><td colspan="2"></td><td></td></tr>
<tr><td colspan="2">施工单位</td><td colspan="2"></td><td></td></tr>
<tr><td colspan="2">竣工单位</td><td colspan="2"></td><td></td></tr>
<tr><td colspan="2">竣工测量单位</td><td colspan="2"></td><td></td></tr>
<tr><td colspan="2">管理单位</td><td colspan="2"></td><td></td></tr>
<tr><td colspan="2">使用单位</td><td colspan="2"></td><td></td></tr>
</table>

<table>
<tr><td>总建筑面积（m^2）</td><td></td><td>总占地面积（m^2）</td><td></td><td>主要建筑物最高高度（m）</td><td></td></tr>
<tr><td>填表单位</td><td colspan="2"></td><td>填表人</td><td colspan="2"></td></tr>
<tr><td>审核人</td><td colspan="2"></td><td>填表日期</td><td colspan="2">年　月　日</td></tr>
</table>

注：本表由建设单位填写，工程竣工后，建设单位向城建档案馆移交工程档案时使用本表。

技术进步经济效益与节约三材计算认证书 7079

附表四：　　　　　　　　　　　　　　　　　　　　　　　　年　　月　　日

<table>
<tr><td>项目名称</td><td></td><td>项目类别</td><td></td></tr>
<tr><td>应用工程名称</td><td></td><td>应用时间</td><td></td></tr>
<tr><td>认证书编号</td><td>技认字（　　）第　　号</td><td>项目技术负责人</td><td></td></tr>
<tr><td>技术进步项目简要内　　容</td><td colspan="3"></td></tr>
<tr><td>经济效益计算范围</td><td colspan="3"></td></tr>
<tr><td>技术进步取得的经济效益与节约三材数量计算方法及说明</td><td colspan="3"></td></tr>
<tr><td>财务部门认证</td><td colspan="2">复审确认意见</td><td>认证人：
部门主管：</td></tr>
<tr><td>材料部门认证</td><td colspan="2">复审确认意见</td><td>认证人：
部门主管：</td></tr>
<tr><td>单位审定意见</td><td colspan="2"></td><td>填报人：
技术主管：</td></tr>
</table>

说明：1. 每表只填写一项技术进步取得效益的原始数据。

2. 各栏经办人及其主管部门签字盖章后，方能有效。

工程变更经济签证单

7080

建设单位：　　　　　　　　　　　　　　　　　　　　　　　　　　　编号：

单位工程：　　　　　　　　　　　　　　　　　　　　　　　　　　　年　　月　　日

变更增（减）工作量	变更原因及内容						更改证件
名称及规格	单位	单价	增加部分		减少部分		备　注
			数　量	合　价	数　量	合　价	

建设单位：（公章） 负责人： 年　月　日	施工单位：（公章） 负责人： 年　月　日

注：本单位施工技术人员负责填写一式四份交对方签证后自留两份。　　　　　　　　制表人：

技术经济签证单

7081

建设单位： 签证编号： 字 号

单位工程名称： 年 月 日

签证原因：	本单位实际签证金额： 元				
签证内容：（需图示者请附图示）	项目名称	单位	数量	单位	（＋－）合价
	造价合计				
	建设单位意见：				

建设单位 经办人 施工单位 经办人（所属部门 ）

注：本签证单不包括设计变更等情况，凡属应办或可办补充预算的，一律遵照程序办理补充预算，以免发生超投资情况。

工程质量整改完成报告书

7082

（　）第　　号

________工程质量监督站：

由我单位建设（施工）的________工程，你站于________年________月________日来现场监督抽查发现存在质量问题，并签发岳质监改字（　）第（　）号《工程质量整改通知书》，按照要求我单位组织有关人员将工程存在的问题按国家有关法律、法规及强制性标准或施工图已整改完毕，请你站予以复查。

整改情况简述：

附：有关资料________份（张）

监理（建设）单位（公章）：　　　　施工单位（公章）：

监理（建设）单位项目负责人（签字）：　　　　施工单位项目负责人（签字）：

年　月　日　　　　年　月　日

注：本报告书一式四份，建设、施工、监理、监督单位各一份。

______________单位（子单位）工程

质 量 竣 工 验 收 申 请 报 告

7083

__________建设单位：

由我公司承担施工的__________单位（子单位）工程，现已按该工程的设计及施工合同约定的内容要求完成（甩项分部（子分部）分项工程及其原因见后）。经公司审查，质量控制（保证）资料及其见证送检等签证手续基本齐全、真实。监督抽样和结构检测、功能性指标达标，资料齐全，质量监督站检查提出的质量问题已整改完毕。实物工程分项分部（子分部）的划分与质量评定基本正确，观感得分率为__________%。依据国家现行《建筑工程施工质量验收统一标准》（GB50300—2001）规定的质量等级，我公司自评该单位（子单位）工程的质量等级为__________，特请你单位在__________年__________月__________日前组织竣工验收。《单位（子单位）工程质量综合评定表》、《单位（子单位）工程质量控制（保证）资料核查记录》和《单位（子单位）工程观感质量检验评定表》分别见岳质监统编施工 2002-20、21、22 表（附后）。全部工程技术资料及岳质监统编施工 2002-1、2、3、6、7、8、12、13、14 表及工程竣工图已按有关规定整理成册，随报告送来核查。

甩项的分部（子分部）分项工程及其原因：

项目经理签字：　　　　　　施工单位法人代表签字：

总监理工程师签字：　　　　施工单位（公章）：

年　　月　　日

（八）

建设工程
其他用表

质量保证资料核查汇总表

8001

项目名称：

项目	序号	项 目 名 称		
设计文件	1	设计图纸及说明		
	2	结构计算书		
	3	设计修改文件		
	4	材料代用文件		
材料质量证书	5	铝合金材料出厂质量证书		
	6	玻璃出厂质量证书		
	7	建筑密封材料出厂质量证书		
	8	结构硅酮密封胶及耐候胶出厂质量证书及有效期限证明		
	9	保温材料及防火材料出厂质量证书		
	10	构件出厂质量证书		
	11	工程中所用钢材、五金件及其他材料出厂质量证书		
检验报告	12	玻璃性能检验报告		
	13	铝型材化学成分检验报告		
	14	铝型材力学性能检验报告		
	15	钢材化学成分检验报告		
	16	钢材力学性能检验报告		
	17	耐候胶性能检验报告		
	18	建筑用硅酮密封胶检验报告		
	19	相容性试验报告		
	20	玻璃幕墙性能检验报告		
施工安装质量	21	施工过程洽商记录		
	22	隐蔽工程验收文件		
	23	施工安装自检记录		
	24	施工安装分项、分部、单位工程质量评（核）定资料		
	25	建筑幕墙竣工验收文件		
商检报告	26	玻璃		
	27	耐候胶		
	28	结构胶		
	29	铝材		

年重点抽查项目一览表

8002

序号	工程名称	工程地点	结构	层次	施工单位	合同工期	建筑面积（m^2）	合同造价（万元）	执行项目经理	电话	备注
1											
2											
3											
4											
5											
6											
7											

年必查项目一览表

8003

序号	工程名称	工程地点	结构	层次	施工单位	合同工期	建筑面积（m^2）	合同造价（万元）	执行项目经理	电话	备注
1											
2											
3											
4											
5											
6											
7											
8											
9											
10											
11											
12											

项目综合检查评分汇总表

8004

<table>
<tr><td rowspan="2">总计得分（满分100分）</td><td colspan="3">工程质量检查得分</td><td colspan="3">安全管理CI覆盖检查得分</td><td colspan="3">合约管理检查得分</td><td colspan="3">施工进度检查得分</td><td colspan="3">环境管理检查得分</td></tr>
<tr><td>得分</td><td>权重</td><td>得分</td><td>得分</td><td>权重</td><td>加权得分</td><td>得分</td><td>权重</td><td>加权得分</td><td>得分</td><td>权重</td><td>加权得分</td><td>得分</td><td>权重</td><td>加权得分</td></tr>
<tr><td></td><td></td><td>25%</td><td></td><td></td><td>30%</td><td></td><td></td><td>25%</td><td></td><td></td><td>15%</td><td></td><td></td><td>5%</td><td></td></tr>
<tr><td colspan="16">评述：</td></tr>
<tr><td>检查人员</td><td colspan="10"></td><td colspan="3">负 责 人</td><td colspan="2"></td></tr>
<tr><td>受检单位</td><td colspan="10"></td><td colspan="3">项目经理</td><td colspan="2"></td></tr>
</table>

施工项目质量管理检查表

8005

<table>
<tr><td colspan="2">工程名称</td><td></td><td>开工时间</td><td colspan="3"></td></tr>
<tr><td colspan="2">施工单位</td><td></td><td>项目经理</td><td colspan="3"></td></tr>
<tr><td colspan="2">项目技术负责人</td><td></td><td>质 量 员</td><td colspan="3"></td></tr>
<tr><td>序号</td><td>检查项目</td><td colspan="2">评 分 标 准</td><td>应得分</td><td>扣减分</td><td>实得分</td></tr>
<tr><td>1</td><td>质量保证体系与质量管理责任制</td><td colspan="2">未建立质量保证体系、质量责任制的扣5分
未执行责任制或未对责任制进行考核的扣2分
管理人员责任制考核不合格未采取措施的扣3分
经济承包中无质量目标的扣3分
未按规定配备专（兼）职质检员的扣5分</td><td>5</td><td></td><td></td></tr>
<tr><td>2</td><td>质量目标管理</td><td colspan="2">未制定项目质量目标的扣5分
未进行质量目标分解的（分解到专业、分包方、班组）扣2分
无目标考核规定的扣3分，未进行目标考核的扣2分
未达到分部分项工程质量目标的扣3分</td><td>5</td><td></td><td></td></tr>
<tr><td>3</td><td>工程质量检查制度</td><td colspan="2">未制定质量检查制度的扣10分
质量检查无记录的扣5分
质量检查隐患无整改通知或整改无记录、未落实的扣2~6分</td><td>10</td><td></td><td></td></tr>
<tr><td>4</td><td>施工组织设计、施工方案</td><td colspan="2">施工组织设计未经审批的扣10分，未按其实施或指导性差的扣2~4分
专业性较强的特殊过程、重要过程未编制作业指导书的扣2~4分
无质量保证措施的扣8分
质量保证措施无针对性的扣2~4分
质量保证措施未落实的扣2~4分</td><td>10</td><td></td><td></td></tr>
<tr><td>5</td><td>技术交底</td><td colspan="2">无书面技术交底的扣10分
未执行三级技术交底制度的扣4~6分
交底内容不全面或无针对性的扣2~4分
交底未履行签字手续的扣2~4分</td><td>10</td><td></td><td></td></tr>
<tr><td>6</td><td>质量验收</td><td colspan="2">未制定质量验收制度的扣10分
无质量验收记录或记录不全面的扣10分
质量验收记录未履行签字手续的扣2~4分</td><td>10</td><td></td><td></td></tr>
<tr><td>7</td><td>成品保护</td><td colspan="2">未制定成品保护措施的扣10分
未进行成品保护交底的扣2~4分
成品保护措施未落实或落实不好的扣4~5分</td><td>10</td><td></td><td></td></tr>
</table>

续表

8	分承包资格及管理制　度	未签订分包合同或劳务合同的扣10分，未建立劳务档案的扣4~6分 分包合同或劳务合同中未明确质量目标的或不能满足项目质量目标的扣2~4分 未对分包单位编制的施工技术措施等文件进行审批和监督实施的扣2~4分	10		
9	工程实体质　量	工程实体存在永久缺陷的扣15分，观感不佳扣3~10分 现场实测合格率90%以上为15分，90%~70%每降一点扣0.5分，70%以下扣15分	15		
10	质量保证资　料	资料未收集、分类整理的扣15分 资料不真实的扣4~8分，资料有明显错误的，扣1分/处 与工程进度不同步的扣4~6分 资料未及时履行签字盖章等手续的扣4~6分	15		
		合　计	100		

检查人员：　　　　　　　　　　　　　　　　　　检查时间：

受检负责人：　　　　　　　　（签名）

施工项目安全管理、CI覆盖检查表

8006

工程名称			开工时间			
施工单位			项目经理			
项目技术负责人			安全员			
序号	检查项目	评 分 标 准		应得分	扣减分	实得分
1	安全管理	安全生产责任制1分，目标管理1分，施工组织设计1分，安全技术交底1分，安全检查1分，安全教育1分，班前安全活动1分，特种作业持证上岗1分，工伤事故处理1分，安全标志1分		10		
2	文明施工	现场围挡1分，封闭管理1分，施工场地1分，材料堆放1分，现场住宿1分，现场防火1分，治安管理0.8分，施工现场标牌0.8分，生活设施0.8分，保健急救0.8分，社区服务0.8分		10		
3	CI覆盖	工地外貌1.5分，现场办公室2.5分，门卫室0.5，现场图牌1分，生活临建1.5分，施工机械设备1分，楼面形象1分，人员形象1分		10		
4	脚手架	施工方案1分，架体稳定1分，架体与建筑结构拉结1分，杆件间距与剪刀撑1分，脚手板与防护栏杆1分，交底与验收1分，小横杆设置1分，杆件搭接0.5分，架体内封闭0.5分，脚手架材质0.5分，通道0.5分，卸料平台1分		10		

续表

<table>
<tr><td rowspan="2">5</td><td rowspan="2">基坑支护与模板工程</td><td>基坑支护</td><td>施工方案1分，临边防护0.5分，坑壁支护0.5分，排水措施0.5分，坑边荷载0.5分，上下通道0.5分，土方开挖0.5分，基坑支护变形监测0.5分，作业环境0.5分</td><td rowspan="2">10</td><td rowspan="2"></td><td rowspan="2"></td></tr>
<tr><td>模板工程</td><td>施工方案0.5分，支撑系统0.5分，立柱稳定0.5分，施工荷载0.5分，模板存放0.5分，支拆模板0.5分，模板验收0.5分，混凝土强度0.5分，运输道路0.5分，作业环境0.5分</td></tr>
<tr><td>6</td><td>三宝四口防护</td><td colspan="2">安全帽2分，安全网2.5，安全带1分，楼梯口、电梯井口防护1.2分，预留洞口、坑井防护1.3分，通道口防护1分，阳台、楼板、屋面等临边防护1分</td><td>10</td><td></td><td></td></tr>
<tr><td>7</td><td>施工用电</td><td colspan="2">外电防护2分，接地与接零保护系统1分，配电箱、开关箱2分，现场照明1分，配电线路1.5分，电器装置1分，变配电装置0.5分，用电档案1分</td><td>10</td><td></td><td></td></tr>
<tr><td rowspan="2">8</td><td rowspan="2">物料提升与外用电梯</td><td>物料提升</td><td>架体制作0.45分，限位保险装置0.45分，架体稳定0.45分，钢丝绳0.4分，楼层卸料平台防护0.4分，吊篮0.4分，安装验收0.45分，架体0.5分，传动系统0.45分，联络信号0.35分，卷扬机操作棚0.35分，避雷0.35分</td><td rowspan="2">10</td><td rowspan="2"></td><td rowspan="2"></td></tr>
<tr><td>外用电梯</td><td>安全装置0.5分，安全防护0.5分，司机0.5分，荷载0.5分，安装与拆卸0.5分，安装验收0.5分，架体稳定0.5分，联络信号0.5分，电报安全0.5分，避雷0.5分</td></tr>
<tr><td>9</td><td>塔吊</td><td colspan="2">力矩限制器1.3分，限位器1.3分，保险装置0.7分，附墙装置与夹轨钳1分，安装与拆卸1分，塔吊指挥0.7分，路基与轨道1分，电气安全1分，多塔作业1分，安装验收1分</td><td>10</td><td></td><td></td></tr>
<tr><td>10</td><td>起重吊装</td><td colspan="2">施工方案0.5分，起重机械1分，钢丝绳与地锚0.5分，吊点0.5分，司机、指挥0.5分，地耐力0.25分，起重作业0.3分，高处作业0.45分，作业平台0.25分，构件堆放0.25分，警戒0.25分，操作工0.25分</td><td>5</td><td></td><td></td></tr>
<tr><td>11</td><td>施工机具</td><td colspan="2">平刨0.5分，圆盘锯0.5分，手持电动工具0.5分，钢筋机械0.5分，电焊机0.5分，搅拌机0.5分，气瓶0.5分，翻斗车0.5分，潜水泵0.5分，打桩机械0.5分</td><td>5</td><td></td><td></td></tr>
<tr><td colspan="4">合　计</td><td>100</td><td></td><td></td></tr>
</table>

说明：本检查表采用《建筑施工安全检查标准》（JGJ 59—99）的检查分类及评分方法。

检查人员：　　　　　　　　　　　　　　　　　检查时间：

受检负责人：　　　　　　　　　　（签名）

项目施工进度检查表

8007

工程名称		开工时间	
施工单位		项目经理	
项目技术负责人		施 工 员	

序号	检查项目	扣 分 标 准	应得分	扣减分	实得分
1	施工进度计划	未编制进度计划的扣20分 进度计划未经审批的扣15分 进度计划不能满足合同要求的扣20分 进度计划未分解到单位工程的扣10分 进度计划未分解到专业的扣10分 无进度保证措施的扣10分 进度保证措施未落实的扣10分	20		
2	施工进度实施	未建立例会制度的扣20分 未编制月进度计划的扣15分 未明确记录施工实际进度的扣10分 实际进度严重偏离有效计划的扣10分 未及时办理工期顺延签证的扣10分 实际进度无法实现有效合同工期的扣20分	20		
3	施工进度检查	未建立进度检查制度的扣20分 进度检查无记录的扣10分 进度偏差未分析原因的扣10分 未编制月生产进度报表的扣10分	20		
4	施工进度调整	由于施工调度原因引起的进度偏差未调整的扣20分 调整后的进度不能满足合同工期的扣20分 出现重大工程变更未及时办理顺延签证及未调整施工进度的扣10分	20		
5	项目综合检查自查月报	未在规定时间内报送报表，每1月扣1分，扣完为止 未报送报表，每缺1月扣2分，扣完为止 报表无故缺项或缺页，每缺1项扣0.5分，每缺1项扣1分，扣完为止 自检不实事求是的扣5～10分	20		
		合　　计	100		

检查人员：　　　　　　　　　　　　　　　　　　检查时间：

受检负责人：　　　　　　　　　　　　　　　　（签名）

质量保证资料核查汇总表

8001

项目名称：

项目	序号	项目名称		
设计文件	1	设计图纸及说明		
	2	结构计算书		
	3	设计修改文件		
	4	材料代用文件		
材料质量证书	5	铝合金材料出厂质量证书		
	6	玻璃出厂质量证书		
	7	建筑密封材料出厂质量证书		
	8	结构硅酮密封胶及耐候胶出厂质量证书及有效期限证明		
	9	保温材料及防火材料出厂质量证书		
	10	构件出厂质量证书		
	11	工程中所用钢材、五金件及其他材料出厂质量证书		
检验报告	12	玻璃性能检验报告		
	13	铝型材化学成分检验报告		
	14	铝型材力学性能检验报告		
	15	钢材化学成分检验报告		
	16	钢材力学性能检验报告		
	17	耐候胶性能检验报告		
	18	建筑用硅酮密封胶检验报告		
	19	相容性试验报告		
	20	玻璃幕墙性能检验报告		
施工安装质量	21	施工过程洽商记录		
	22	隐蔽工程验收文件		
	23	施工安装自检记录		
	24	施工安装分项、分部、单位工程质量评（核）定资料		
	25	建筑幕墙竣工验收文件		
商检报告	26	玻璃		
	27	耐候胶		
	28	结构胶		
	29	铝材		

年重点抽查项目一览表

8002

序号	工程名称	工程地点	结构	层次	施工单位	合同工期	建筑面积（m^2）	合同造价（万元）	执行项目经理	电话	备注
1											
2											
3											
4											
5											
6											
7											

年必查项目一览表

8003

序号	工程名称	工程地点	结构	层次	施工单位	合同工期	建筑面积（m^2）	合同造价（万元）	执行项目经理	电话	备注
1											
2											
3											
4											
5											
6											
7											
8											
9											
10											
11											
12											

项目综合检查评分汇总表

8004

<table>
<tr><td rowspan="2">总计
得分
（满分
100 分）</td><td colspan="3">工程质量
检查得分</td><td colspan="3">安全管理 CI 覆盖
检查得分</td><td colspan="3">合约管理
检查得分</td><td colspan="3">施工进度
检查得分</td><td colspan="3">环境管理
检查得分</td></tr>
<tr><td>得
分</td><td>权
重</td><td>得分</td><td>得
分</td><td>权
重</td><td>加权
得分</td><td>得
分</td><td>权
重</td><td>加权
得分</td><td>得
分</td><td>权
重</td><td>加权
得分</td><td>得
分</td><td>权
重</td><td>加权
得分</td></tr>
<tr><td></td><td></td><td>25%</td><td></td><td></td><td>30%</td><td></td><td></td><td>25%</td><td></td><td></td><td>15%</td><td></td><td></td><td>5%</td><td></td></tr>
<tr><td colspan="16">评述：</td></tr>
</table>

检查人员		负 责 人	
受检单位		项目经理	

施工项目质量管理检查表 8005

工程名称		开工时间	
施工单位		项目经理	
项目技术负责人		质量员	

序号	检查项目	评分标准	应得分	扣减分	实得分
1	质量保证体系与质量管理责任制	未建立质量保证体系、质量责任制的扣5分 未执行责任制或未对责任制进行考核的扣2分 管理人员责任制考核不合格未采取措施的扣3分 经济承包中无质量目标的扣3分 未按规定配备专（兼）职质检员的扣5分	5		
2	质量目标管理	未制定项目质量目标的扣5分 未进行质量目标分解的（分解到专业、分包方、班组）扣2分 无目标考核规定的扣3分，未进行目标考核的扣2分 未达到分部分项工程质量目标的扣3分	5		
3	工程质量检查制度	未制定质量检查制度的扣10分 质量检查无记录的扣5分 质量检查隐患无整改通知或整改无记录、未落实的扣2~6分	10		
4	施工组织设计、施工方案	施工组织设计未经审批的扣10分，未按其实施或指导性差的扣2~4分 专业性较强的特殊过程、重要过程未编制作业指导书的扣2~4分 无质量保证措施的扣8分 质量保证措施无针对性的扣2~4分 质量保证措施未落实的扣2~4分	10		
5	技术交底	无书面技术交底的扣10分 未执行三级技术交底制度的扣4~6分 交底内容不全面或无针对性的扣2~4分 交底未履行签字手续的扣2~4分	10		
6	质量验收	未制定质量验收制度的扣10分 无质量验收记录或记录不全面的扣10分 质量验收记录未履行签字手续的扣2~4分	10		
7	成品保护	未制定成品保护措施的扣10分 未进行成品保护交底的扣2~4分 成品保护措施未落实或落实不好的扣4~5分	10		

续表

8	分承包资格及管理制度	未签订分包合同或劳务合同的扣10分，未建立劳务档案的扣4~6分 分包合同或劳务合同中未明确质量目标的或不能满足项目质量目标的扣2~4分 未对分包单位编制的施工技术措施等文件进行审批和监督实施的扣2~4分	10		
9	工程实体质量	工程实体存在永久缺陷的扣15分，观感不佳扣3~10分 现场实测合格率90%以上为15分，90%~70%每降一点扣0.5分，70%以下扣15分	15		
10	质量保证资料	资料未收集、分类整理的扣15分 资料不真实的扣4~8分，资料有明显错误的，扣1分/处 与工程进度不同步的扣4~6分 资料未及时履行签字盖章等手续的扣4~6分	15		
		合　计	100		

检查人员：　　　　　　　　　　　　　　　　检查时间：
受检负责人：　　　　　　　　（签名）

施工项目安全管理、CI覆盖检查表　　8006

工程名称			开工时间			
施工单位			项目经理			
项目技术负责人			安全员			
序号	检查项目	评分标准		应得分	扣减分	实得分
1	安全管理	安全生产责任制1分，目标管理1分，施工组织设计1分，安全技术交底1分，安全检查1分，安全教育1分，班前安全活动1分，特种作业持证上岗1分，工伤事故处理1分，安全标志1分		10		
2	文明施工	现场围挡1分，封闭管理1分，施工场地1分，材料堆放1分，现场住宿1分，现场防火1分，治安管理0.8分，施工现场标牌0.8分，生活设施0.8分，保健急救0.8分，社区服务0.8分		10		
3	CI覆盖	工地外貌1.5分，现场办公室2.5分，门卫室0.5，现场图牌1分，生活临建1.5分，施工机械设备1分，楼面形象1分，人员形象1分		10		
4	脚手架	施工方案1分，架体稳定1分，架体与建筑结构拉结1分，杆件间距与剪刀撑1分，脚手板与防护栏杆1分，交底与验收1分，小横杆设置1分，杆件搭接0.5分，架体内封闭0.5分，脚手架材质0.5分，通道0.5分，卸料平台1分		10		

续表

<table>
<tr><td rowspan="2">5</td><td rowspan="2">基坑支护与模板工程</td><td>基坑支护</td><td>施工方案1分，临边防护0.5分，坑壁支护0.5分，排水措施0.5分，坑边荷载0.5分，上下通道0.5分，土方开挖0.5分，基坑支护变形监测0.5分，作业环境0.5分</td><td rowspan="2">10</td><td rowspan="2"></td><td rowspan="2"></td></tr>
<tr><td>模板工程</td><td>施工方案0.5分，支撑系统0.5分，立柱稳定0.5分，施工荷载0.5分，模板存放0.5分，支拆模板0.5分，模板验收0.5分，混凝土强度0.5分，运输道路0.5分，作业环境0.5分</td></tr>
<tr><td>6</td><td>三宝四口防护</td><td colspan="2">安全帽2分，安全网2.5，安全带1分，楼梯口、电梯井口防护1.2分，预留洞口、坑井防护1.3分，通道口防护1分，阳台、楼板、屋面等临边防护1分</td><td>10</td><td></td><td></td></tr>
<tr><td>7</td><td>施工用电</td><td colspan="2">外电防护2分，接地与接零保护系统1分，配电箱、开关箱2分，现场照明1分，配电线路1.5分，电器装置1分，变配电装置0.5分，用电档案1分</td><td>10</td><td></td><td></td></tr>
<tr><td rowspan="2">8</td><td rowspan="2">物料提升与外用电梯</td><td>物料提升</td><td>架体制作0.45分，限位保险装置0.45分，架体稳定0.45分，钢丝绳0.4分，楼层卸料平台防护0.4分，吊篮0.4分，安装验收0.45分，架体0.5分，传动系统0.45分，联络信号0.35分，卷扬机操作棚0.35分，避雷0.35分</td><td rowspan="2">10</td><td rowspan="2"></td><td rowspan="2"></td></tr>
<tr><td>外用电梯</td><td>安全装置0.5分，安全防护0.5分，司机0.5分，荷载0.5分，安装与拆卸0.5分，安装验收0.5分，架体稳定0.5分，联络信号0.5分，电报安全0.5分，避雷0.5分</td></tr>
<tr><td>9</td><td>塔吊</td><td colspan="2">力矩限制器1.3分，限位器1.3分，保险装置0.7分，附墙装置与夹轨钳1分，安装与拆卸1分，塔吊指挥0.7分，路基与轨道1分，电气安全1分，多塔作业1分，安装验收1分</td><td>10</td><td></td><td></td></tr>
<tr><td>10</td><td>起重吊装</td><td colspan="2">施工方案0.5分，起重机械1分，钢丝绳与地锚0.5分，吊点0.5分，司机、指挥0.5分，地耐力0.25分，起重作业0.3分，高处作业0.45分，作业平台0.25分，构件堆放0.25分，警戒0.25分，操作工0.25分</td><td>5</td><td></td><td></td></tr>
<tr><td>11</td><td>施工机具</td><td colspan="2">平刨0.5分，圆盘锯0.5分，手持电动工具0.5分，钢筋机械0.5分，电焊机0.5分，搅拌机0.5分，气瓶0.5分，翻斗车0.5分，潜水泵0.5分，打桩机械0.5分</td><td>5</td><td></td><td></td></tr>
<tr><td></td><td colspan="3">合　计</td><td>100</td><td></td><td></td></tr>
</table>

说明：本检查表采用《建筑施工安全检查标准》（JGJ 59—99）的检查分类及评分方法。

检查人员：　　　　　　　　　　　　　　　　检查时间：

受检负责人：　　　　　　　　（签名）

项目施工进度检查表

8007

<table>
<tr><td colspan="2">工程名称</td><td colspan="2"></td><td>开工时间</td><td colspan="3"></td></tr>
<tr><td colspan="2">施工单位</td><td colspan="2"></td><td>项目经理</td><td colspan="3"></td></tr>
<tr><td colspan="2">项目技术负责人</td><td colspan="2"></td><td>施 工 员</td><td colspan="3"></td></tr>
<tr><td>序号</td><td colspan="2">检查项目</td><td colspan="2">扣 分 标 准</td><td>应得分</td><td>扣减分</td><td>实得分</td></tr>
<tr><td>1</td><td colspan="2">施工进度计划</td><td colspan="2">未编制进度计划的扣20分
进度计划未经审批的扣15分
进度计划不能满足合同要求的扣20分
进度计划未分解到单位工程的扣10分
进度计划未分解到专业的扣10分
无进度保证措施的扣10分
进度保证措施未落实的扣10分</td><td>20</td><td></td><td></td></tr>
<tr><td>2</td><td colspan="2">施工进度实施</td><td colspan="2">未建立例会制度的扣20分
未编制月进度计划的扣15分
未明确记录施工实际进度的扣10分
实际进度严重偏离有效计划的扣10分
未及时办理工期顺延签证的扣10分
实际进度无法实现有效合同工期的扣20分</td><td>20</td><td></td><td></td></tr>
<tr><td>3</td><td colspan="2">施工进度检查</td><td colspan="2">未建立进度检查制度的扣20分
进度检查无记录的扣10分
进度偏差未分析原因的扣10分
未编制月生产进度报表的扣10分</td><td>20</td><td></td><td></td></tr>
<tr><td>4</td><td colspan="2">施工进度调整</td><td colspan="2">由于施工调度原因引起的进度偏差未调整的扣20分
调整后的进度不能满足合同工期的扣20分
出现重大工程变更未及时办理顺延签证及未调整施工进度的扣10分</td><td>20</td><td></td><td></td></tr>
<tr><td>5</td><td colspan="2">项目综合检查自查月报</td><td colspan="2">未在规定时间内报送报表，每1月扣1分，扣完为止
未报送报表，每缺1月扣2分，扣完为止
报表无故缺项或缺页，每缺1项扣0.5分，每缺1项扣1分，扣完为止
自检不实事求是的扣5～10分</td><td>20</td><td></td><td></td></tr>
<tr><td></td><td colspan="2"></td><td colspan="2">合　计</td><td>100</td><td></td><td></td></tr>
</table>

检查人员：　　　　　　　　　　　　　　　　检查时间：

受检负责人：　　　　　　　　　　　　　　（签名）

项目环境管理检查表

8008

项目名称：

项目经理：　　　　　　　　　　　　环境管理责任人：

检查时间：　　　　　　　　　　　　检查人：

序号	项　　目	检查内容及评分标准	应得分	实得分
1	目标指标	①未根据全局或公司环境管理目标指标分解量化制定出本项目的环境管理目标指标，扣15分 ②建立目标、指标时未考虑法规和其他要求、环境因素和相关方意见，扣8分 ③未建立相应的组织机构和明确职责来保证目标、指标的控制和实现，扣6分	15	
2	环境因素识别评价	①未组织有关人员对本项目生产及生活办公范围进行环境因素识别评价，扣20分 ②环境因素识别不充分、有明显遗漏，扣5分；环境因素评价打分不合理，扣5分	20	
3	重要环境因素控制	①未建立本项目的重要环境因素清单，扣20分 ②现场确认重大环境因素有遗漏，扣5分 ③重要环境因素未纳入管理方案，扣8分	20	
4	管理方案实施改进	①未制定环境管理方案，扣20分 ②管理方案不切实际可操作性差，扣5分 ③有管理方案但未按方案实施管理，扣8分 ④对管理方案的实施未进行有效性监视与测量，扣5分 ⑤应急响应与准备，5分 ⑥记录填写与保管，5分	30	
5	相关方	①与相关方的信息交流，5分 ②有相关方投诉，扣5分 ③接到相关方投诉不整改，扣10分	15	

项目合约、分包、价本分离检查评分表 8009

<table>
<tr><td colspan="2">工程名称</td><td></td><td>工程开、竣 工时间</td><td colspan="3"></td></tr>
<tr><td colspan="2">项目经理</td><td></td><td>合约管理员</td><td colspan="3"></td></tr>
<tr><td colspan="2">分包管理员</td><td></td><td>成本核算员</td><td colspan="3"></td></tr>
<tr><td>序号</td><td>检查项目</td><td colspan="2">扣 分 标 准</td><td>应得分</td><td>扣减分</td><td>实得分</td></tr>
<tr><td>1</td><td>合约管理</td><td colspan="2">1. 项目没有合同书，扣5分
2. 项目印章使用不符合要求，扣2~5分
3. 项目主要管理人员不熟悉合同的，一人扣0.5分
4. 项目未签订责任合同，扣3分
5. 项目对合同变更未进行评审，每一份扣2分
6. 工程签证甲方未签字的，每一份扣1分
7. 工程施工质量未达到合同要求，扣2~5分
8. 工程施工进度未达到合同要求，扣2~5分
9. 工程施工安全未达到合同要求，扣2~5分</td><td>35</td><td></td><td></td></tr>
<tr><td>2</td><td>分承包管理</td><td colspan="2">1. 分包队伍的确定未进行招、议标，扣5分
2. 分包队伍非合格分供商名册中承包商，扣3分
3. 专业分包管理费收取10%~12%，扣2分
4. ①无分包合同，扣6分
②无分包资质、资料，扣3分
③无分包商业绩资料，扣2分
④分包商人员及上岗资料不全，扣2分
5. ①分包管理资金未按合同进行，扣3分
②分包商人员未按合同要求到位，扣3分
③分包商违约未按合同约定进行，扣5分
6. 分包质量指标未完成，扣3分
7. 分包工期指标未完成，扣2分
8. 分包安全指标未完成，扣2分</td><td>35</td><td></td><td></td></tr>
<tr><td>3</td><td>价本分离</td><td colspan="2">1. 项目计划成本承包责任制：10分
①未测算项目计划成本并按局要求建立经济责任制，扣5分
②测算项计划成本不及时，扣1~3分
③项目成本管理程序不符合相关管理办法，扣2~5分
2. 成本过程控制：10分
①项目未编制月（或季度）目标成本或项目目标成本编制时间滞后或不准确，扣1~3分
②项目无月度（或季度）人工费、材料费、机械费的计划量与实际统计量的对比分析资料不真实，扣1~3分
③项目合约部未按时进行实际成本统计或统计数据失真，扣1~3分
④项目部未建立变更签证索赔动态台账或台账不完善,扣1~3分
3. 成本分析活动：10分
①无过程和月度成本分析会或分析会流于形式，无实际指导意义或改进意见，扣2~5分
②项目成本员未提出成本分析报告上报局/公司审核，扣2~5分</td><td>30</td><td></td><td></td></tr>
</table>

检查人员签名：　　　　　　　　　　　　　　检查时间：

接受检查人员签名：

项目成本管理检查表

8010

工程名称		建设单位		结构型式		建筑面积	
设计单位		监理单位		项目经理		成 本 员	
承包范围		承包方式		合同造价		合同工期	

序号	检查项目	检 查 内 容	检 查 情 况
1	成本管理体系	是否与公司签订目标成本责任书	
		管理岗位设置	
		检查制度	
2	成本日常管理	是否确定目标成本	
		是否开展目标成本管理	
		是否编制成本计划	
		成本控制措施	
		成本考核及成本核算	
		成本分析及降耗措施	
3	成本基础管理	执行国家政策、法令、定额情况	
		成本信息管理	
		计量及原始记录	
		内部价格	

序号	检查项目	人工费		材料费		机械费		其他直接费		间接费	
4	成本构成（万元）	计划	实际	计划	实际	计划	实际	计划	实际	计划	实际

存在问题：

整改意见：

检查负责人：　　　　　　　　　　　　　　检查员：

年　月　日　　　　　　　　　　　　　　年　月　日

项目劳务管理检查表

8011

<table>
<tr><td colspan="2">工程名称</td><td></td><td>建设单位</td><td></td><td>结构型式</td><td></td><td>建筑面积</td><td></td></tr>
<tr><td colspan="2">设计单位</td><td></td><td>监理单位</td><td></td><td>项目经理</td><td></td><td>专职劳资员</td><td></td></tr>
<tr><td colspan="2">承包范围</td><td></td><td>承包方式</td><td></td><td>合同造价</td><td></td><td>合同工期</td><td></td></tr>
<tr><td colspan="2">劳务队名称</td><td></td><td>负 责 人</td><td></td><td>劳务价格</td><td></td><td>联系电话</td><td></td></tr>
<tr><td>序号</td><td>检查项目</td><td colspan="4">检 查 内 容</td><td colspan="3">检 查 情 况</td></tr>
<tr><td rowspan="3">1</td><td rowspan="3">合同情况</td><td colspan="4">总包合同对劳务提供的要求</td><td colspan="3"></td></tr>
<tr><td colspan="4">劳务合同的签订是否评审，评审程序是否合理</td><td colspan="3"></td></tr>
<tr><td colspan="4">劳务合同条款、内部价格情况</td><td colspan="3"></td></tr>
<tr><td rowspan="5">2</td><td rowspan="5">劳务日常管理</td><td colspan="4">质量安全进场教育</td><td colspan="3"></td></tr>
<tr><td colspan="4">上岗专业技能教育</td><td colspan="3"></td></tr>
<tr><td colspan="4">特殊工种持证上岗情况</td><td colspan="3"></td></tr>
<tr><td colspan="4">政府主管部门要求</td><td colspan="3"></td></tr>
<tr><td colspan="4">归档管理</td><td colspan="3"></td></tr>
<tr><td rowspan="5">3</td><td rowspan="5">安全及劳动保护</td><td colspan="4">安全技术交底记录</td><td colspan="3"></td></tr>
<tr><td colspan="4">安全及劳动保护制度</td><td colspan="3"></td></tr>
<tr><td colspan="4">安全及劳动保护用品的配备</td><td colspan="3"></td></tr>
<tr><td colspan="4">日常检查</td><td colspan="3"></td></tr>
<tr><td colspan="4">事故处理记录</td><td colspan="3"></td></tr>
<tr><td colspan="9">存在问题：</td></tr>
<tr><td colspan="9">整改意见：

检查负责人：　　　　　　　　　　　　　　　　　检查员：
年　月　日　　　　　　　　　　　　　　　　　年　月　日</td></tr>
</table>

项目质量、技术管理检查表

8012

<table>
<tr><td>工程名称</td><td colspan="2"></td><td>建设单位</td><td></td><td>结构型式</td><td></td><td>建筑面积</td><td></td></tr>
<tr><td>设计单位</td><td colspan="2"></td><td>项目经理</td><td></td><td>技术负责人</td><td></td><td>专职质量员</td><td></td></tr>
<tr><td>承包范围</td><td colspan="2"></td><td>承包方式</td><td></td><td>合同造价</td><td></td><td>合同工期</td><td></td></tr>
<tr><td>序号</td><td>检 查 项 目</td><td colspan="3">检 查 内 容</td><td colspan="4">检 查 情 况</td></tr>
<tr><td rowspan="4">1</td><td rowspan="4">质量管理体系</td><td colspan="3">质量目标</td><td colspan="4"></td></tr>
<tr><td colspan="3">质量管理责任制</td><td colspan="4"></td></tr>
<tr><td colspan="3">质量岗位设置</td><td colspan="4"></td></tr>
<tr><td colspan="3">质量检查制度</td><td colspan="4"></td></tr>
<tr><td rowspan="6">2</td><td rowspan="6">现场质量管理</td><td colspan="3">质量计划</td><td colspan="4"></td></tr>
<tr><td colspan="3">全面质量管理</td><td colspan="4"></td></tr>
<tr><td colspan="3">质量检查及过程质量控制</td><td colspan="4"></td></tr>
<tr><td colspan="3">成品保护</td><td colspan="4"></td></tr>
<tr><td colspan="3">质量评定及质量记录</td><td colspan="4"></td></tr>
<tr><td colspan="3">质量事故</td><td colspan="4"></td></tr>
<tr><td rowspan="3">3</td><td rowspan="3">技术工作
责任制</td><td colspan="3">技术管理责任制</td><td colspan="4"></td></tr>
<tr><td colspan="3">技术岗位设置</td><td colspan="4"></td></tr>
<tr><td colspan="3">技术检查制度</td><td colspan="4"></td></tr>
<tr><td rowspan="7">4</td><td rowspan="7">现场技术管理</td><td colspan="3">施工组织设计</td><td colspan="4"></td></tr>
<tr><td colspan="3">专项方案与技术交底</td><td colspan="4"></td></tr>
<tr><td colspan="3">施工技术标准</td><td colspan="4"></td></tr>
<tr><td colspan="3">测量定位，技术复核</td><td colspan="4"></td></tr>
<tr><td colspan="3">试验检验，计量工作</td><td colspan="4"></td></tr>
<tr><td colspan="3">科技成果，施工工法</td><td colspan="4"></td></tr>
<tr><td colspan="3">技术资料</td><td colspan="4"></td></tr>
<tr><td colspan="9">存在问题：

整改意见：

检查负责人：　　　　　　　　　　　　　　　　检查员：
年　月　日　　　　　　　　　　　　　　　　年　月　日</td></tr>
</table>

项目安全管理检查表

8013

<table>
<tr><td>工程名称</td><td></td><td>建设单位</td><td></td><td>结构型式</td><td></td><td>建筑面积</td><td></td></tr>
<tr><td>设计单位</td><td></td><td>监理单位</td><td></td><td>项目经理</td><td></td><td>专职安全员</td><td></td></tr>
<tr><td>承包范围</td><td></td><td>承包方式</td><td></td><td>合同造价</td><td></td><td>合同工期</td><td></td></tr>
</table>

<table>
<tr><th>序号</th><th>检 查 项 目</th><th>检 查 内 容</th><th>检 查 情 况</th></tr>
<tr><td rowspan="5">1</td><td rowspan="5">安全管理体系</td><td>安全管理责任制</td><td></td></tr>
<tr><td>安全管理岗位设置</td><td></td></tr>
<tr><td>安全检查制度</td><td></td></tr>
<tr><td>安全管理目标</td><td></td></tr>
<tr><td>安全生产制度</td><td></td></tr>
<tr><td rowspan="4">2</td><td rowspan="4">安全生产技术管理</td><td>安全技术措施</td><td></td></tr>
<tr><td>安全生产技术交底</td><td></td></tr>
<tr><td>安全教育培训</td><td></td></tr>
<tr><td>安全生产技术资料</td><td></td></tr>
<tr><td rowspan="11">3</td><td rowspan="11">安全生产日常管理</td><td>安全生产日常检查情况</td><td></td></tr>
<tr><td>定期安全生产会议</td><td></td></tr>
<tr><td>机械设备及施工用电</td><td></td></tr>
<tr><td>“三宝”“四口”防护</td><td></td></tr>
<tr><td>脚手架</td><td></td></tr>
<tr><td>特殊工种持证上岗</td><td></td></tr>
<tr><td>高处作业及吊装</td><td></td></tr>
<tr><td>特殊季节安全生产措施</td><td></td></tr>
<tr><td>文明施工与环境保护</td><td></td></tr>
<tr><td>依法维护及劳动保护</td><td></td></tr>
<tr><td>安全事故处理</td><td></td></tr>
</table>

存在问题：

整改意见：

检查负责人：　　　　　　　　　　　　检查员：

年　月　日　　　　　　　　　　　　年　月　日

项目材料管理检查表

8014

<table>
<tr><td>工程名称</td><td></td><td>建设单位</td><td></td><td>结构型式</td><td></td><td>建筑面积</td><td></td></tr>
<tr><td>设计单位</td><td></td><td>监理单位</td><td></td><td>项目经理</td><td></td><td>材 料 员</td><td></td></tr>
<tr><td>承包范围</td><td></td><td>承包方式</td><td></td><td>合同造价</td><td></td><td>合同工期</td><td></td></tr>
</table>

<table>
<tr><td>序号</td><td>检 查 项 目</td><td colspan="4">检 查 内 容</td><td colspan="4">检 查 情 况</td></tr>
<tr><td rowspan="2">1</td><td rowspan="2">材料使用计划</td><td colspan="4">材料总需用量计划</td><td colspan="4"></td></tr>
<tr><td colspan="4">分阶段需用量计划</td><td colspan="4"></td></tr>
<tr><td rowspan="4">2</td><td rowspan="4">采购与供应</td><td colspan="4">采购供应管理制度</td><td colspan="4"></td></tr>
<tr><td colspan="4">合格分供方评审及名册</td><td colspan="4"></td></tr>
<tr><td colspan="4">材料内部计划价及指导价</td><td colspan="4"></td></tr>
<tr><td colspan="4">运输及付款方式</td><td colspan="4"></td></tr>
<tr><td rowspan="3">3</td><td rowspan="3">进场验收及
质量控制</td><td colspan="4">进场验收记录</td><td colspan="4"></td></tr>
<tr><td colspan="4">材料出厂证明</td><td colspan="4"></td></tr>
<tr><td colspan="4">材料复检证明</td><td colspan="4"></td></tr>
<tr><td rowspan="3">4</td><td rowspan="3">现场堆放
及使用</td><td colspan="4">堆放是否整齐，有无标识</td><td colspan="4"></td></tr>
<tr><td colspan="4">防雨、防潮、防火、防盗措施</td><td colspan="4"></td></tr>
<tr><td colspan="4">限额领料及奖惩措施</td><td colspan="4"></td></tr>
<tr><td rowspan="3">5</td><td rowspan="3">核算与分析</td><td colspan="4">核算制度</td><td colspan="4"></td></tr>
<tr><td colspan="4">有无定期材料耗用分析</td><td colspan="4"></td></tr>
<tr><td colspan="4">材料使用节超分析</td><td colspan="4"></td></tr>
<tr><td rowspan="2">6</td><td rowspan="2">主材采购
价格（元）</td><td>钢材</td><td>水泥</td><td>商品
混凝土</td><td>红砖</td><td>砂</td><td>石</td><td>木材</td><td>其他
材料</td></tr>
<tr><td></td><td></td><td></td><td></td><td></td><td></td><td></td><td></td></tr>
<tr><td colspan="10">存在问题：

整改意见：

检查负责人：　　　　　　　　　　　　　　检查员：
年　月　日　　　　　　　　　　　　　　年　月　日</td></tr>
</table>

项目设备管理检查表

8015

<table>
<tr><td>工程名称</td><td></td><td>建设单位</td><td></td><td>结构型式</td><td></td><td>建筑面积</td><td></td></tr>
<tr><td>设计单位</td><td></td><td>监理单位</td><td></td><td>项目经理</td><td></td><td>设备管理员</td><td></td></tr>
<tr><td>承包范围</td><td></td><td>承包方式</td><td></td><td>合同造价</td><td></td><td>合同工期</td><td></td></tr>
</table>

<table>
<tr><th>序号</th><th>检 查 项 目</th><th>检 查 内 容</th><th>检 查 情 况</th></tr>
<tr><td rowspan="7">1</td><td rowspan="7">管理资料</td><td>需用计划</td><td></td></tr>
<tr><td>进出场交接记录</td><td></td></tr>
<tr><td>大型设备搬运措施</td><td></td></tr>
<tr><td>台账</td><td></td></tr>
<tr><td>安装验收记录</td><td></td></tr>
<tr><td>持证上岗</td><td></td></tr>
<tr><td>履历书</td><td></td></tr>
<tr><td rowspan="5">2</td><td rowspan="5">现场使用</td><td>安全操作规程</td><td></td></tr>
<tr><td>安装是否符合要求，有无防护措施</td><td></td></tr>
<tr><td>机容机貌，周边环境</td><td></td></tr>
<tr><td>设备技术状况，有无带病作业</td><td></td></tr>
<tr><td>违章作业情况</td><td></td></tr>
<tr><td rowspan="2">3</td><td rowspan="2">维护保养</td><td>维修保养计划，实施记录</td><td></td></tr>
<tr><td>设备维护保养情况</td><td></td></tr>
<tr><td rowspan="3">4</td><td rowspan="3">资产管理</td><td>退场、停用设备情况</td><td></td></tr>
<tr><td>设备有无丢失、人为损坏</td><td></td></tr>
<tr><td>是否按规定购置设备、机具</td><td></td></tr>
<tr><td rowspan="3">5</td><td rowspan="3">安全管理</td><td>有无定期检查记录</td><td></td></tr>
<tr><td>事故是否隐瞒不报，以大报小</td><td></td></tr>
<tr><td>是否有事故记录资料</td><td></td></tr>
<tr><td rowspan="4">6</td><td rowspan="4">持证上岗
人员配置</td><td>有无专（兼）职设备员</td><td></td></tr>
<tr><td>有无管理制度</td><td></td></tr>
<tr><td>是否有无证上岗人员</td><td></td></tr>
<tr><td>人员配置是否合理</td><td></td></tr>
<tr><td colspan="4">存在问题：

整改意见：

检查负责人：　　　　　　　　　　　　　　　　　　　　检查员：
年　月　日　　　　　　　　　　　　　　　　　　　　年　月　日</td></tr>
</table>

项目合同管理检查表

8016

工程名称		建设单位		结构型式		建筑面积	
设计单位		监理单位		项目经理		合同管理员	
承包范围		承包方式		合同造价		合同工期	

序号	检 查 项 目	检 查 内 容	检 查 情 况
1	合同管理责任制	合同归口管理制度	
		合同管理考核制度	
		合同用章管理制度	
		合同台账、统计及归档	
2	合同签约检查	建设主管部门或其授权机构是否审查备案	
		合同签证与公证	
		是否违背国家现行法律、政策	
		工程取费情况，是否优惠	
		价款支付方式	
		工期、质量要求及奖罚约定	
		资源投入要求	
		其他要求	
		内部分包、合同采购合同是否执行评审程序	
3	合同履行情况	履约情况	
		有无变更，次数，原因	
		有无违约，次数，原因	
		有无纠纷，次数，原因	
		索赔与反索赔情况	
		有无调解、仲裁、诉讼活动	

存在问题：

整改意见：

检查负责人：　　　　　　　　　　　　　　　　检查员：

年　月　日　　　　　　　　　　　　　　　　　年　月　日

CI评分表

8017

企业名称	项目名称	项目负责人
项目开 竣工日期	项目通信地址、电话	CI负责人

CI创优工程检查情况

序号	项目	内　　容	基础分数	维护分数	扣分	奖励分	实际分数
一	工地外貌	1. 大门：					
		结构	1				
		尺寸	1	2			
		色彩	2				
		文字组合	2				
		（尺寸、色彩、比例、字样）					
		2. 围墙：					
		材质　尺寸　色彩	2				
		标准组合（内、外墙）	2	2			
		辅助图形	1				
		（尺寸、色彩、比例、字样）					
		3. 国旗、司旗（色彩、比例）：	2	1			
二	现场办公室	1. 外观：					
		材质	1				
		色彩	2	1.5			
		项目经理部名牌	1				
		门牌	2				
		2. 办公室外墙：					
		B式组合，临街、二层以上（尺寸、色彩、比例、字样）	2	0.5			
		3. 内部：					
		装修材质	1				
		色彩	1				
		室内布置（卫生整洁）	1.5	1.5			
		（桌椅、办公柜、窗帘、墙面）					
		项目经理、书记室桌旗	1				
		墙上图牌(款式、材质、标准组合）	1				

序号	项目	内　　容	基础分数	维护分数	扣分	奖励分	实际分数
三	会议室或接待室	1. 外观：					
		材质　色彩	2	1			
		门牌	1				
		2. 内部：					
		装修材质　色彩	1				
		室内布置（桌布、桌旗、窗帘）	2	1			
		总公司企业宗旨　质量方针（字的色彩、标准组合）	2				
		项目效果图	1				
		3. 总公司代表性工程照片：		1			
		（尺寸、色彩、比例）	2				
四	门卫室	材质　色彩　规格	1				
		门牌　内部环境　卫生	1.5	1			
		门卫制度	0.5				
五	现场图牌	1. 施工图牌：					
		材质　尺寸　色彩	1.5				
		格式　字体	1.5	1.5			
		总公司企业理念	1				
		标准组合	1.5				
		2. 导向牌：					
		材质	0.5				
		尺寸　色彩	1.5	1.5			
		标准组合	1.5				
六	生活临建	1. 宿舍：					
		外观色彩	1.5				
		外导向牌　门牌	1.5	1			
		内部整洁度　规章制度	1.5				
		2. 食堂：					
		外观色彩	1				
		外导向牌　门牌	1	1			
		内部整洁度　规章制度	1.5				
		3. 洗手间：					
		外观色彩	1				
		外导向牌　门牌	1	1			
		内部整洁度　规章制度	1				

序号	项目	内容	基础分数	维护分数	扣分	奖励分	实际分数
		1. 配电箱：					
		色彩	1	1			
		标准组合	1.5				
	施工机械设备	2. 塔吊：					
七		色彩　标志组合（双面）	2	1			
		位置　方向	1				
		3. 其他机械设备标准组合：					
		色彩	1	1			
		标准组合	1				
		1. 品牌布：					
		色彩	2	1.5			
八	楼面形象	标准组合	2				
		2. 专用标语：					
		色彩	2	1.5			
		标准与文字组合	2				
		1. 安全帽：					
		标志	1.5	1.5			
		按规定配戴	2				
		2. 胸卡：					
九	人员形象	规格	1	0.5			
		标准组合	1				
		3. 名片：规范组合（项目领导）	1				
		4. 服装：					
		标准组合	1			2	
		1. 封面格式：					
		项目效果图　字体	1.5				
		标准组合	1				
		2. CI 策划书：					
十	材料汇总	内容准确、符合实际	1.5				
		色彩准确、图形规范	1.5				
		3. CI 执行情况：					
		各类表格记录（齐全）	2				
		图片完整、准确	2				
		4. CI 原始记录（齐全）：	2	1			
总成绩							

注：评分标准满分为 120 分。分为 10 大项、27 小项。

合格工程供方名录

8020

发布单位：　　　　　　　　使用范围：　　　　　　　　发布时间：

序号	分包方名称	业务范围	资质等级	类别	人数	单位或负责人地址	负责人	电　话	合作时间	代表工程	综合评价

说明：1. 业务范围如有资质等级填写资质范围，如无资质等级填写主体清包、劳务清包、装饰清包、架子工、混凝土工、防水施工、钢筋工等。

2. 类别填写单位工程、分部工程、分项工程、普通劳务等。

3. 使用情况填写最近三年内在哪些项目使用。

4. 综合评价填写上年度使用单位的评价结论，分优秀、良好、合格三个等级，上年度未使用的填写未使用。

参 考 文 献

1. 北京市建设委员会发布. 建设工程监理规程（DBJ 01—41—2002）

2. 北京市建设委员会发布. 建设工程资料管理规程（DBJ 01—51—2003）

3. 北京市建设委员会发布. 市政基础设施工程资料管理规程（DBJ 01—71—2003）